普通高等教育农业农村部"十三五"规划教材
全国高等农林院校"十三五"规划教材
全国高等农林院校教材经典系统
中国农业教育在线数字课程配套教材

家畜解剖学及组织胚胎学

第 四 版

杨银凤　主编

中国农业出版社

图书在版编目（CIP）数据

家畜解剖学及组织胚胎学/杨银凤主编．—4版．—北京：中国农业出版社，2011.1（2023.12重印）
全国高等农林院校"十一五"规划教材
ISBN 978-7-109-15041-6

Ⅰ.①家… Ⅱ.①杨… Ⅲ.①畜禽－动物解剖学－高等学校－教材②畜禽－兽医学：组织学（生物）－高等学校－教材③畜禽－兽医学：胚胎学－高等学校－教材 Ⅳ.①S852.1

中国版本图书馆CIP数据核字（2010）第194266号

中国农业出版社出版
（北京市朝阳区农展馆北路2号）
（邮政编码100125）
责任编辑　武旭峰　王晓荣
文字编辑　刘　北

北京通州皇家印刷厂印刷　新华书店北京发行所发行
1980年5月第1版　2011年1月第4版
2023年12月第4版北京第11次印刷

开本：787mm×1092mm 1/16　印张：24.5　插页：4
字数：587千字
定价：63.50元

（凡本版图书出现印刷、装订错误，请向出版社发行部调换）

第四版修订人员

（以姓名笔画为序）

主　　编　　杨银凤（内蒙古农业大学）
副 主 编　　李福宝（安徽农业大学）
　　　　　　陈耀星（中国农业大学）
　　　　　　何飞鸿（内蒙古农业大学）
　　　　　　范光丽（西北农林科技大学）
参编人员　　方富贵（安徽农业大学）
　　　　　　王彩云（内蒙古农业大学）
　　　　　　陈正礼（四川农业大学）
　　　　　　吴建云（西南大学）
　　　　　　赵慧英（西北农林科技大学）
　　　　　　崔　燕（甘肃农业大学）
　　　　　　彭克美（华中农业大学）
　　　　　　董玉兰（中国农业大学）
　　　　　　熊喜龙（扬州大学）
审　　稿　　刘为民（佛山科技大学）
　　　　　　沈霞芬（西北农林科技大学）
　　　　　　曹贵方（内蒙古农业大学）
　　　　　　赫晓燕（山西农业大学）

第三版修订人员

主　　编　马仲华（内蒙古农业大学）
副 主 编　何飞鸿（内蒙古农业大学）
　　　　　陈耀星（中国农业大学）
　　　　　李福宝（安徽农业大学）
参编人员　都格尔斯仁（内蒙古农业大学）
　　　　　彭克美（华中农业大学）
　　　　　崔　燕（甘肃农业大学）
　　　　　刘　波（中国人民解放军军需大学）
　　　　　范光丽（西北农林科技大学）
　　　　　杨增明（东北农业大学）
　　　　　武枫林（南京农业大学）
审　　稿　黄兆铭（云南农业大学）
　　　　　沈和湘（安徽农业大学）
　　　　　张玉龙（河南农业大学）
　　　　　杜恒忠（邯郸农业专科学校）
　　　　　邓泽沛（中国农业大学）
　　　　　秦鹏春（东北农业大学）
　　　　　祝寿康（南京农业大学）
　　　　　沈霞芬（西北农林科技大学）
　　　　　曹贵方（内蒙古农业大学）

第二版修订人员

主　编　马仲华（内蒙古农牧学院）
副主编　沈和湘（安徽农学院）
审定者　祝寿康（南京农业大学）
　　　　　黄奕生（安徽农学院）
　　　　　黄兆铭（云南农业大学）

第一版编审人员

主　编	马仲华		内蒙古农牧学院
副主编	沈和湘		安徽农学院
编　者	马仲华	岳淑梅	内蒙古农牧学院
	刘嘉芬		山西农学院
	沈和湘	黄奕生	安徽农学院
	钱菊汾	刘家因	西北农学院
	于梅芳		北京农业大学
	张心田		东北农学院
	谢铮铭	张钧昌	甘肃农业大学
	祝寿康		南京农学院
	黄兆铭		新疆八一农学院
审　稿	叶镇邦		广西农学院
	李宝仁	林大诚	北京农业大学
	李萃修		新疆八一农学院
	秦鹏春		东北农学院
	郭和以		内蒙古农牧学院
	聂其灼		南京农学院
	陆　桐		江苏农学院
	谢铮铭		甘肃农业大学

第四版前言

马仲华教授主编的全国高等教育"面向21世纪课程教材"《家畜解剖学及组织胚胎学》第三版自2001年出版以来,得到同行的肯定和好评,被大多数高等农业院校选用。该教材第三版已使用近8年,随着科学技术的不断进步,教学改革的不断深入,教材内容需要及时补充和更新,以适应目前的教学需要。为此,中国农业出版社决定进行修订,并由杨银凤教授担任《家畜解剖学及组织胚胎学》第四版教材的主编。根据中国农业出版社全国高等农业院校教材出版规划要求,于2008年10月组成了编审班子,参加修订的大部分人员都是在教学第一线的中青年教师。于2008年10月24日至26日在内蒙古农业大学召开了编审会议,对编写大纲进行了充分的讨论,并根据各院校参编人员的特长分配了编写任务。

第四版教材在总体上保留了第三版的格局,只是在尽可能的反映出解剖学及组织胚胎学的最新研究成果,并与生产实践紧密结合,以适应不断发展的教学需要。对第四版教材的具体说明如下:

1. 教材内容仍分为上、中、下三篇,但将下篇的家禽解剖学改为中篇,与上篇的家畜解剖学相衔接,以方便教学内容的安排,下篇为组织胚胎学。

2. 根据当前养殖业的需要以及各院校教学的实际需求,解剖学仍以牛(羊)为主叙述,并将犬、猪、马的解剖学知识进行阐述。由于骆驼的分布范围较小,所以,本教材将骆驼的有关知识进行了删减。

3. 书中主要解剖学名词均以兽医解剖学名词为依据,并注拉丁原文,用斜体表示;组织学、胚胎学名词注英文原文。尽可能地做到专业名词的统一。

4. 本教材文中的插图均为线条图,并沿用了第三版中的大部分插图,为了便于学生学习,部分章节的插图做了必要的增、删。

5. 在编审过程中,尽可能做到解剖学与组织学的内容协调呼应,避免重复。适当增加了一些总结性或比较性的表格,便于学生学习。

本教材的修订得到了内蒙古农业大学教务处以及内蒙古农业大学动物科学与医学学院的领导的重视与支持。修订过程中得到全体编审人员的积极配合。

特别是沈霞芬教授、刘为民教授、曹贵方教授及赫晓燕教授等对教材修订给予了大力支持。谨此一并致以真诚的谢意。

由于编者水平有限，书中疏漏之处，敬请广大读者给予批评指正。

杨银凤

2010 年 9 月于呼和浩特

本教材于 2017 年 12 月被列入普通高等教育农业部（现更名为农业农村部）"十三五"规划教材［农科（教育）函〔2017〕第 379 号］。

第三版前言

本教材被教育部列入全国高等教育"面向21世纪课程教材"。

全国高等农业院校教材《家畜解剖学及组织胚胎学》，1980年出版以来，得到同行的肯定和好评，被大多数院校畜牧专业选用，有些院校兽医专业以及相关专业的培训班也采用该教材。该教材第二版已使用了十余年，随着时间的推移，科学技术不断进步，教学改革不断深入，对教材提出新的更高的要求，为此，2001年2月提出修订第三版的申请。经有关专家评审，根据中国农业出版社全国高等农业院校教材出版规划，决定组织教材第三版的修订工作。2001年3月组成了编审班子，参加修订的人员都是在教学第一线的中青年教师；审稿人员均邀请资深老教师担任。于2001年3月21日至25日在内蒙古农业大学召开了编审会议。

会议对修订原则，具体修改意见及分工进行了认真讨论，形成了共识。在此基础上分工修订。为了争取时间，确保质量，审稿采取对口方式进行。先由撰稿人提出修订稿，交专业审稿教师提出修改意见，再由撰稿人修改后，最后汇总到主编处进行统稿。

关于第三版教材具体说明如下：

1. 拓宽专业面，由畜牧专业用拓宽为畜牧兽医类（动物生产类）专业用。为此，对全书内容做了适当增、删，以适应多专业需求。

2. 根据当前养殖业和疫病防治的需要，解剖学仍以牛（羊）为主叙述，并增加了骆驼、犬等动物。

3. 更新组织学、胚胎学内容。力求反映学科最新进展。

4. 为了便于组织教学，内容编排仍保持第二版框架。分为上篇——家畜解剖；中篇——组织胚胎；下篇——家禽解剖。各章、节编排除个别调整外，维持第二版结构体系。

5. 书中主要解剖学名词注拉丁原文；组织学、胚胎学名词注英文原文。均以兽医解剖学名词为依据。

6. 主要器官组织一章中，由于照片插图模糊不清，均以线条图代替，便于学生阅读。其他章节插图也做了必要的增、删。

本教材的修订，得到内蒙古农业大学动物科学与医学学院的党政领导的重视与支持。修订过程中得到全体编审人员的密切配合。特别指出的是秦鹏春教授、祝寿康教授、沈和湘教授对教材修订给予了大力支持。谨此一并致以真诚的谢意。

由于作者水平有限，书中疏漏与错误之处，敬请读者给予批评，指正。

马仲华

2001 年 12 月于呼和浩特

第 二 版 说 明

　　本书第二版是经过广泛征求读者意见,在第一版的基础上进行修订的。为了适应教学安排的需要,本书在内容编排上做了较大的调整,修订后全书分为解剖学、组织胚胎学和家禽解剖三篇,共十二章。本书在内容上也做了必要的修改和补充,力求体现畜牧专业的特点,反映现代科学水平。还改绘和新增插图78幅。

　　本书的修订工作,首先由第一版作者提出修改稿,然后由马仲华、沈和湘、祝寿康、黄奕生、黄兆铭五人组成的修订小组进行讨论和审改,最后由马仲华对全书进行统一审修定稿。

　　由于作者水平和时间所限,书中疏漏和错误之处,希望读者提出宝贵意见,以便再版时修改。

1987.8.27

目 录

第四版前言
第三版前言
第二版说明

绪论 ································· 1
 一、家畜解剖学及组织胚胎学的研究内容
  及其意义 ·························· 1
 二、家畜解剖学及组织胚胎学的发展简史 ··· 2
 三、组织学与胚胎学的研究方法 ········· 4
 四、畜体各部名称 ····················· 7
 五、畜体的轴、面与方位术语 ··········· 8
 六、组织结构的立体形态与断面形态 ····· 10

上篇 家畜解剖

第一章 运动系统 ·························· 12
 第一节 骨与骨连接 ··················· 12
  一、总论 ····························· 12
  二、躯干骨及其连接 ··················· 18
  三、头骨及其连接 ····················· 24
  四、四肢骨及其连接 ··················· 31
 第二节 肌肉 ························· 42
  一、总论 ····························· 42
  二、皮肌 ····························· 45
  三、前肢的主要肌肉 ··················· 46
  四、躯干的主要肌肉 ··················· 54
  五、头部的主要肌肉 ··················· 57
  六、后肢的主要肌肉 ··················· 59
  七、马站立和运动时四肢肌肉的作用 ····· 64

第二章 被皮系统 ·························· 66
 第一节 皮肤 ························· 66
  一、表皮 ····························· 67
  二、真皮 ····························· 67
  三、皮下组织 ························· 67
 第二节 毛 ··························· 67
  一、毛的形态和分布 ··················· 67
  二、毛的结构 ························· 68
  三、换毛 ····························· 68
 第三节 皮肤腺 ······················· 69
  一、汗腺 ····························· 69
  二、皮脂腺 ··························· 69
  三、乳腺 ····························· 69
 第四节 蹄 ··························· 71
  一、牛（羊）蹄的构造 ················· 71
  二、马蹄的构造 ······················· 72
  三、猪蹄的构造 ······················· 74
  四、犬、猫脚的构造 ··················· 74
  五、指（趾）枕 ······················· 74
 第五节 角 ··························· 75
  一、角的形态 ························· 75
  二、角的结构 ························· 75

第三章 内脏学 ···························· 77
  一、内脏的概念 ······················· 77
  二、内脏的一般形态和结构 ············· 77
  三、体腔和浆膜 ······················· 78
  四、腹腔分区 ························· 80
 第一节 消化系统 ····················· 81
  一、口腔和咽 ························· 81
  二、食管和胃 ························· 91
  三、肠、肝和胰 ······················· 96
 第二节 呼吸系统 ····················· 107
  一、鼻 ······························· 108
  二、咽、喉、气管和支气管 ············· 109

三、肺 …… 111	二、脑 …… 158
第三节　泌尿系统 …… 111	三、脑脊髓膜和脑脊液循环 …… 165
一、肾 …… 112	四、脑脊髓传导路 …… 166
二、输尿管、膀胱、尿道 …… 115	第三节　周围神经系 …… 168
第四节　生殖系统 …… 116	一、脊神经 …… 168
一、母畜生殖器官 …… 116	二、脑神经 …… 177
二、公畜生殖器官 …… 120	三、植物性神经 …… 181
第四章　脉管学 …… 130	**第六章　感觉器官** …… 186
第一节　心血管系统 …… 130	第一节　视觉器官 …… 186
一、心脏 …… 131	一、眼球 …… 186
二、血管 …… 135	二、眼球的辅助装置 …… 189
第二节　淋巴系统 …… 148	第二节　位听器官 …… 190
一、淋巴管道 …… 149	一、外耳 …… 190
二、淋巴组织 …… 150	二、中耳 …… 191
三、淋巴器官 …… 150	三、内耳 …… 192
第五章　神经系统 …… 155	**第七章　内分泌系统** …… 194
第一节　概论 …… 155	第一节　内分泌腺 …… 194
一、神经系统的基本结构和活动方式 …… 155	一、垂体 …… 194
	二、肾上腺 …… 195
二、神经系统的划分 …… 155	三、甲状腺 …… 195
三、神经系统的常用术语 …… 156	四、甲状旁腺 …… 196
第二节　中枢神经系 …… 156	五、松果腺 …… 196
一、脊髓 …… 156	第二节　内分泌组织 …… 197

中篇　家禽解剖

第八章　家禽解剖 …… 200	五、胸腔和膈 …… 215
第一节　运动系统 …… 200	第四节　泌尿系统 …… 216
一、骨和关节 …… 200	一、肾 …… 216
二、肌肉 …… 204	二、输尿管 …… 217
第二节　消化系统 …… 206	第五节　生殖系统 …… 218
一、口咽 …… 206	一、公禽生殖器官 …… 218
二、食管和嗉囊 …… 207	二、母禽生殖器官 …… 219
三、胃 …… 208	第六节　心血管和淋巴系统 …… 222
四、肠和泄殖腔 …… 209	一、心血管系统 …… 222
五、肝和胰 …… 210	二、淋巴系统 …… 224
第三节　呼吸系统 …… 211	第七节　神经系统、感觉器官和内分泌器官 …… 226
一、鼻腔 …… 211	
二、喉和气管 …… 211	一、神经系统 …… 226
三、肺 …… 213	二、感觉器官 …… 230
四、气囊 …… 214	三、内分泌器官 …… 231

· 2 ·

第八节　被皮系统 …………………… 232
　一、皮肤 ……………………………… 232
　二、羽毛 ……………………………… 233
　三、其他衍生物 ……………………… 234

下篇　组织胚胎

第九章　细胞 …………………………… 236
　第一节　细胞和细胞间质 …………… 236
　　一、细胞的构造 …………………… 236
　　二、细胞间质 ……………………… 245
　第二节　细胞的基本生命现象 ……… 245
　　一、细胞的增殖 …………………… 245
　　二、新陈代谢 ……………………… 248
　　三、感应性 ………………………… 248
　　四、细胞的运动 …………………… 248
　　五、细胞的内吞和外吐 …………… 248
　　六、细胞的分化、衰老和死亡 …… 249
第十章　基本组织 ……………………… 250
　第一节　上皮组织 …………………… 250
　　一、被覆上皮 ……………………… 250
　　二、腺上皮和腺 …………………… 256
　　三、感觉上皮 ……………………… 258
　第二节　结缔组织 …………………… 258
　　一、疏松结缔组织 ………………… 258
　　二、致密结缔组织 ………………… 261
　　三、脂肪组织 ……………………… 262
　　四、网状组织 ……………………… 262
　　五、软骨组织 ……………………… 262
　　六、骨组织 ………………………… 264
　　七、血液及淋巴 …………………… 266
　第三节　肌组织 ……………………… 270
　　一、骨骼肌 ………………………… 270
　　二、心肌 …………………………… 272
　　三、平滑肌 ………………………… 273
　第四节　神经组织 …………………… 274
　　一、神经元 ………………………… 275
　　二、神经元之间的联系——突触 … 277
　　三、神经胶质细胞 ………………… 279
　　四、神经纤维 ……………………… 280
　　五、神经末梢与效应器 …………… 281
第十一章　主要器官的组织结构 ……… 284
　第一节　心血管系统 ………………… 284
　　一、心脏 …………………………… 284
　　二、血管 …………………………… 285
　第二节　皮肤及皮肤衍生物 ………… 288
　　一、皮肤 …………………………… 288
　　二、毛 ……………………………… 291
　　三、皮脂腺 ………………………… 292
　　四、汗腺 …………………………… 293
　　五、乳腺 …………………………… 293
　第三节　消化管及消化腺 …………… 295
　　一、食管 …………………………… 295
　　二、胃 ……………………………… 296
　　三、肠 ……………………………… 299
　　四、肝 ……………………………… 302
　　五、胰腺 …………………………… 305
　第四节　呼吸器官——肺 …………… 306
　第五节　泌尿器官——肾 …………… 309
　第六节　雌性生殖器官 ……………… 314
　　一、卵巢 …………………………… 314
　　二、输卵管 ………………………… 318
　　三、子宫 …………………………… 318
　第七节　雄性生殖器官 ……………… 319
　　一、睾丸 …………………………… 319
　　二、附睾 …………………………… 322
　　三、输精管 ………………………… 322
　　四、副性腺 ………………………… 323
　第八节　淋巴器官 …………………… 324
　　一、胸腺 …………………………… 324
　　二、淋巴结 ………………………… 326
　　三、脾 ……………………………… 330
　　四、单核吞噬细胞系统 …………… 332
　第九节　脑 …………………………… 332
　　一、小脑 …………………………… 332
　　二、大脑 …………………………… 333
　第十节　内分泌腺 …………………… 334
　　一、脑垂体 ………………………… 335
　　二、肾上腺 ………………………… 337

三、甲状腺 ……………………… 338
四、甲状旁腺 …………………… 339
五、松果体 ……………………… 340
六、APUD 细胞系统和 DNES 系统的
　　概念 ………………………… 340

第十二章　畜禽胚胎学 ……………… 342
　第一节　家畜的胚胎发育 …………… 342
　　一、生殖细胞的起源 ………………… 342
　　二、配子发生 ………………………… 342

三、配子的形态结构 …………… 344
四、早期胚胎发育 ……………… 347
五、胚体的形成、三胚层分化和组织
　　器官发生 ………………… 352
六、胎膜与胎盘 ………………… 359
　第二节　家禽的胚胎发育 ………… 364
　　一、生殖细胞的形态和结构 ………… 364
　　二、鸡胚的早期发育 ………………… 366
　　三、胎膜的形成及生理作用 ………… 372

主要参考文献 …………………………………………………………………………… 376

绪 论

一、家畜解剖学及组织胚胎学的研究内容及其意义

家畜解剖学及组织胚胎学是研究家畜、家禽身体的形态结构及其发生发展规律的科学。它包括解剖学、组织学和胚胎学三个部分。

(一) 解剖学 (anatomy)

家畜解剖学 (anatomy of domestic animals) 是借助于刀、剪、锯等解剖器械,采用切割的方法,通过肉眼(包括使用扩大镜或解剖镜)观察,来研究畜禽有机体各器官的正常形态、构造、色泽、位置及相互关系的学科,又称为大体解剖学 (gross anatomy)。

解剖学由于研究目的不同,有许多分支:按照畜禽的功能系统(如运动系统、消化系统等)阐述畜禽机体各器官的形态结构称为系统解剖学 (systemic anatomy);根据临床的需要,按部位(如颈部、胸部等)记述各器官排列位置、关系的称为局部解剖学 (topographic anatomy);研究畜禽机体不同生长发育阶段,各器官变化规律的称为发育解剖学 (developmental anatomy);以了解器官形成的特点和原因为目的而进行的比较多种动物同一器官的形态结构变化的称为比较解剖学 (comparative anatomy);用 X 线观察机体器官结构的称为 X 线解剖学 (X-ray anatomy)。本教材根据动物类专业需要,按运动、被皮、消化、呼吸、泌尿、生殖、心血管系统、淋巴系统、神经系统、感觉器官、内分泌系统等功能系统叙述。

(二) 组织学 (histology)

主要借助显微镜研究畜禽机体微细结构及其与功能关系的科学,又称显微解剖学 (microscopic anatomy)。

畜禽机体的组织是由细胞和细胞间质发育分化形成的,而器官则又是由几种不同的组织构成的。因此,组织学的研究内容又包括细胞、基本组织和器官组织 3 个部分。

细胞是畜禽机体形态和功能的基本单位,是畜禽机体新陈代谢、生长发育、繁殖分化的形态基础。因此,只有在了解细胞的基本结构和功能的基础上才能学习基本组织。

组织是由一些形态相似和功能相关的细胞和细胞间质构成。通常根据形态、功能和发生将组织分为上皮组织、结缔组织、肌组织和神经组织四大类。基本组织就是研究上述四种组织的形态结构和功能特点的,是学习器官组织的基础。

器官是由几种不同组织按一定规律组合成执行特定生理功能的结构。器官学就是研究在正常情况下畜体各器官的微细结构及其功能。

(三) 胚胎学 (embryology)

是研究家畜和家禽个体发生规律的科学。即研究从受精开始到个体形成,整个胚胎发育

过程的形态、功能变化规律及其与环境条件的关系。

胚胎学的内容包括胚胎的早期发育（卵裂、原肠形成、三胚层形成与分化等）、器官发生以及胎膜和胎盘。

家畜解剖学及组织胚胎学是动物科学与动物医学专业的专业基础课之一，与其他专业基础课和专业课，如生理学、病理学、兽医学、饲养学等课程都有着密切的联系，是学好上述课程必不可少的基础。要想打好这个基础，必须持有形态与功能统一、局部与整体统一、发生发展和理论联系实际的观点来学习家畜解剖学及组织胚胎学，并且要运用科学的逻辑思维，在分析的基础上进行归纳综合，以便整体地、全面地掌握和认识畜禽机体各部的形态结构特征。

从生产实践角度看，要大力发展畜牧业生产，就必须用科学的方法饲养管理、培育良种、防治疾病和大量繁殖家畜家禽，不断提高畜禽产品的数量和质量，提高人民生活水平，早日实现畜牧业生产现代化的目标。为此，我们必须掌握畜禽机体的形态结构和胚胎发生发育的规律，才能进一步掌握畜禽的生理功能，只有在深入了解畜禽构造和生理功能的基础上才有可能运用这些规律，去合理地饲养、繁殖改良畜禽和防治畜禽疫病，使畜牧业健康、快速地发展，从而促进人类健康。

二、家畜解剖学及组织胚胎学的发展简史

（一）解剖学发展简史

解剖学的创始人是古代名医希波克拉底（Hippocrates，前460—前377），他参照动物身体的结构描述人体，把神经同肌腱混淆起来，推想动脉中含有空气。古希腊学者亚里士多德（Aristoteles，前384—前322）提出了心脏是血液循环的中枢，血液自心脏流入血管。古罗马解剖学家盖仑（Galen，131—200）认为神经是按区分布，第一部比较完整的解剖学著作《医经》即由盖仑完成。欧洲文艺复兴时期以后，解剖学得到了迅速发展。

我国秦汉时期便有关于人体形态的记载，如《黄帝内经》中就已明确提出了"解剖"一词以及一直沿用至今的脏器的名称。汉代名医华佗（145—208）当时对人体结构有所了解。明朝喻本元、喻本亨兄弟二人，总结前人和自己的经验，编著了《元亨疗马集》，书中对动物的形态结构进行了介绍。清代的王清任（1768—1831）认为"灵机记性不在心而在于脑，……所听之声归于脑"。

19世纪末，我国建立了现代家畜解剖学学科，但解剖学师资和专业工作者为数不多，家畜解剖学仍处于落后状态。从20世纪50年代开始，畜牧兽医事业蓬勃发展，解剖学科也得到了发展。特别是近20年来，随着科学科技的进步，生物力学、免疫学、组织化学、分子生物学等向解剖学渗透，一些新兴技术如示踪技术、免疫组织化学技术、细胞培养技术和原位分子杂交技术等在形态学研究中被广泛采用，使这个古老的学科焕发出青春的异彩，尤其是神经解剖学有了突飞猛进的发展。

（二）组织学发展简史

光学显微镜（light microscope）（LM简称光镜）是16世纪末于荷兰发明。1665年，英国人胡克（Hooke，1635—1703）用光镜观察了软木塞薄片后，将所发现的蜂房状小室命名为"细胞"。其实，他所见到的仅是植物的细胞壁，却无意中开创了用显微镜研究生物构

造的先河。此后，意大利人马尔比基（Malpighi，1628—1694）观察了脾、肺、肾、表皮；荷兰人列文虎克（Leeuwenhoek，1632—1723）发现了红细胞、精子、肌纤维；格拉夫（Graaf，1641—1673）发现了卵泡。1801年，法国人比沙（Bichat，1771—1802）提出"组织"一词，他把人体组织分为21种，并认为是组织构成了各种器官。

1932年，德国人卢斯卡（Ruska，1906—1988）发明了电子显微镜（electron microscope，EM）（简称电镜），使观察工具的分辨率从光镜的 $0.2\mu m$ 提高到约 $0.2nm$。约20年后，发展出了与之相适的超薄切片术；同时，以观察物体表面结构为目的的扫描电镜问世。新的观察工具和技术相结合，为人们开辟出一个崭新奇妙的视觉空间，组织学进入第二个黄金时代。人们观察到了细胞膜、细胞器、染色体、细胞间纤维成分的超微结构，发现了组织与器官中大量新的细胞种类、各种细胞间的连接和空间配置关系，为深入阐明细胞、组织和器官的功能提供了新的依据；组织学也从细胞水平飞跃到了亚细胞水平。

（三）胚胎学发展简史

古希腊学者亚里士多德最早对胚胎发育进行过观察，他推测胚胎来源于月经血与精液的混合，并对鸡胚的发育做过一些较为正确的描述。1651年，英国学者哈维（W. Harvey，1578—1658）发表《论动物的生殖》，记述了多种鸟类与哺乳动物胚胎的生长发育，提出"一切生命皆来自卵"的假设。显微镜问世后，荷兰学者列文虎克（Leeuwenhoek，1632—1723）与格拉夫（Graaf，1641—1673）分别发现精子与卵泡，意大利学者马尔比基（Malpighi，1628—1694）观察到鸡胚的体节、神经管与卵黄血管，他们主张"预成论"学说，认为在精子或卵内存在初具成体形状的幼小胚胎，它逐渐发育长大为成体。18世纪中叶，德国学者沃尔夫（Wolff，1733—1794）指出，早期胚胎中没有预先存在的结构，胚胎的四肢和器官是经历了由简单到复杂的渐变过程而形成的，因而提出了"渐成论"。1828年，爱沙尼亚学者贝尔（Baer，1792—1876）发表《论动物的进化》一书，报告了多种哺乳动物及人卵的发现。他观察到人和各种脊椎动物的早期胚胎极为相似，随着发育的进行才逐渐出现纲、目、科、属、种的特征（此规律被称为Baer定律）。他认为，不同动物胚胎的比较比成体的比较能更清晰地证明动物间的亲缘关系。贝尔的研究成果彻底否定了"预成论"，并创立了比较胚胎学。1855年，德国学者雷马克（Remark，1815—1865）根据沃尔夫与贝尔的一些报告及自己的观察，提出胚胎发育的三胚层学说，这是描述胚胎学起始的重要标志。1859年，英国学者达尔文（C. R. Darwin，1809—1882）在《物种起源》中对Baer定律给予强有力的支持，指出不同动物胚胎早期的相似表明物种起源的共同性，后期的相异则是由于各种动物所处外界环境的不同所引起。至19世纪60年代，德国学者缪勒（Müllerl，1821—1897）与海克尔（Haeckel，1834—1919）进一步提出"个体发生是种系发生的重演"的学说，简称"重演律"。这一学说大体上是事实，但由于胚胎发育期短暂，不可能重演全部祖先的进化过程，如哺乳动物胚中可见一类似鱼的鳃裂，但未发展为鳃。

自19世纪末，人们开始探讨胚胎发育的机理。德国学者斯佩曼（Spemann，1869—1941）应用显微操作技术对两栖动物胚胎进行了分离、切割、移植、重组等实验。如移植的视杯可导致体表外胚层形成晶状体；移植原口背唇至另一胚胎，使之产生了第二胚胎等。根据这些结果，斯佩曼提出了诱导学说，认为胚胎的某些组织（诱导者）能对邻近的组织（反应者）的分化起诱导作用。这些实验与理论奠立了实验胚胎学。为了探索诱导物的性质，一些学者应用化学与生物化学技术研究胚胎发育过程中细胞与组织内的化学物质变化、新陈代谢特点、能量消长变化等，以及它们与胚胎形态演变的关系。英国学者尼达姆（Needham，又名李约瑟，1900—1995）总结了这方面的研究成果，于1931年发表《化学胚胎学》一书。

20世纪50年代，随着DNA结构的阐明和中心法则的确立，诞生了分子生物学。人们开始用分子生物学的观点和方法研究胚胎发生过程中遗传基因表达的时空顺序和调控机理，遂形成分子胚胎学。分子胚胎学与实验胚胎学、细胞生物学、分子遗传学等学科互相渗透，发展建立了发育生物学，主要研究胚胎发育的遗传物质基础、胚胎细胞和组织的分子构成和生理生化及形态表型如何以遗传为基础进行演变，来源于亲代的基因库如何在发育过程中按一定时空顺序予以表达，基因型和表型间的因果关系等。发育生物学已成为现代生命科学的重要基础学科。

我国的胚胎学研究是于20世纪20年代开始的。朱洗（1899—1962）、童第周（1902—1979）、张汇泉（1899—1986）等学者在胚胎学的研究与教学中均卓有贡献。朱洗对受精的研究，童第周对卵质与核的关系、胚胎轴性、胚层间相互作用的研究，张汇泉对畸形学的研究，都开创和推动了我国胚胎学的发展。

三、组织学与胚胎学的研究方法

（一）显微镜

组织学与胚胎学的研究离不开显微镜，目前应用先进的光学显微镜可将标本放大到4 000多倍，但由于受到光波的限制，分辨率只能达到0.2μm这个极限。电子显微镜用电子流作"光源"，可放大几万倍至几十万倍，其分辨率达0.2nm。借助各种光镜能观察到细胞和组织的微细结构称为光镜结构，在电子显微镜显示的结构称为超微结构或电镜结构。

1. 光学显微镜（LM）

（1）生物显微镜　是组织学中最常用的观察工具，它由机械和光学两大部分构成。机械部分由镜座、镜臂、载物台、标本推进器、镜筒、物镜转换器和调焦螺旋等组成。光学部分由物镜、目镜、聚光器、反光镜等组成（图绪-1）。生物显微镜的结构简单，使用方便，经过改造放大倍数可由几十倍扩大到几千倍。还可以用荧光屏显示，也可拍成照片。

（2）荧光显微镜　用来观察组织细胞中的荧光物质。如维生素A可显绿色荧光；若用吖啶橙染色可使细胞内的DNA呈黄绿色荧光，RNA呈橘红色荧光。荧光显微镜广泛应用于免疫荧光

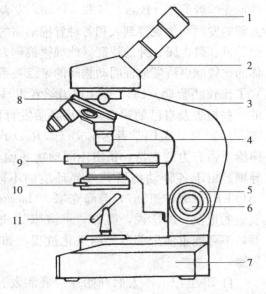

图绪-1　光学显微镜的结构

1. 目镜　2. 镜筒　3. 镜臂　4. 物镜　5. 粗调螺旋
6. 微调螺旋　7. 镜座　8. 物镜转换器　9. 载物台
10. 聚光器　11. 反光镜

抗体法，用荧光素标记抗体，用于检测抗原的存在和分布。

(3) 相差显微镜　多用于观察活细胞的各种形态。相差显微镜可将各种结构由于对光产生不同的折射作用，使无色透明样品中的微细结构转换为光的明暗差，使观察的细胞反差明显、景象清楚，是细胞生物学、细胞工程、组织培养等现代生物学必备的研究工具。

(4) 暗视野显微镜　此种显微镜有一个暗视野集光器，使光线不能直接进入物镜而呈暗视野，让标本内的小颗粒产生的衍射光或折射光进入物镜，颗粒在暗视野中呈明亮的小点，如同在暗室中射入的一束光线内可见到微小的尘埃一样。暗视野显微镜分辨率较高，适用于观察细胞核和线粒体的运动。

(5) 共焦激光扫描显微镜　共焦激光扫描显微镜以激光为光源，采用共聚焦成像系统和电子光学系统，可使样品内的任何一点的反射光形成的图像被准确的接收下来并产生信号，传递到彩色显示器上，再连接微机图像分析系统进行二维和三维图像分析处理，可对细胞的多种功能进行全自动、高效、快速的微量定性和定量测定。

(6) 偏光显微镜　根据某些组织细胞微细结构的不同，当光线通过标本时，光速和折射率会发生不同程度改变的特性来制作的。如肌原纤维上的明暗带，明带属于单折光性，视野明亮，而暗带属双折光性，视野变暗，这样，不用染色就能把肌节的明、暗带区分开来。偏光显微镜用于研究组织晶体物质及纤维等的光学性质。

2. 电子显微镜（EM）

(1) 透射电子显微镜　是以电子束穿透样品，经聚合放大后显像于荧光屏上进行观察和摄片。用电镜观察的样品要制成超薄切片，超薄切片厚 50nm，要经过固定、包埋、切片、染色等步骤。放大的图像在荧光屏上出现黑白反差的影像，呈现黑色的结构为电子密度高，浅色结构为电子密度低。

(2) 扫描电子显微镜　用于观察组织表面的立体结构，样品经真空干燥镀膜后即可观察。经电子束扫描在荧光屏呈现富有立体感的表面图像，如细胞表面的突起、微绒毛等。

(3) 超高压电子显微镜　即电压在 500kV 以上的电镜，它的电子束可穿透较厚的切片，用于观察和研究细胞内部的立体超微结构。

(二) 研究方法

由于光学显微镜的改进和电子显微镜的广泛应用以及新研究方法的不断出现，组织学与胚胎学近年来发展十分迅速。研究和学习组织学与胚胎学的方法很多，如固定组织研究方法、活体组织研究方法以及不断出现的新技术研究方法，无论何种方法，均需将机体的器官和组织经过特殊处理，再应用各种显微镜进行观察研究后得出科学的结果。

1. 固定组织的研究方法

(1) 组织学制片技术　是组织学制片技术中最基本且被广泛使用的一种常规切片法，即石蜡切片技术。取动物新鲜组织块，用固定液浸泡，使组织中的蛋白质迅速凝固，以保持生活状态下的结构。常用的固定剂有酒精、甲醛、苦味酸等。固定好的组织经脱水、透明等步骤后包埋于石蜡中，包埋好的组织块用切片机切成 5~7μm 厚的薄片。贴于载玻片上，然后脱蜡、染色。为了显示不同结构可采用不同的染色方法。常用的为苏木精（hematoxylin）伊红（eosin）法，简称为 H.E 染色或普通染色。经染色的标本最后用树胶加盖玻片封固，制成永久标本。在教学中我们观察的切片大部分用这种方法制成。有些液态组织如血液可用涂片方法制备标本。有些组织本身很薄（如腹膜、疏松结缔组织）可制成薄层张片标本。涂片和张片也要经过固定、染色等步骤。

（2）组织化学（histochemistry）和细胞化学（cytochemistry）方法　组织化学和细胞化学方法，是通过化学或物理反应形成有色沉淀来显示组织细胞内的化学成分。通过显微镜观察，对组织和细胞内的化学成分进行定位、定性和定量研究。如过碘酸雪夫氏反应（periodic acid schiff's rection，PAS 反应）是显示细胞内糖类的方法；油红 O 可使细胞内的脂滴呈红色；甲基绿-焦宁染色可使 DNA 呈蓝绿色，RNA 呈红色。

（3）免疫组织化学技术（immunohistochemistry）　免疫组织化学是利用特异性的抗原抗体反应来研究组织或细胞内所含抗原物质的定位和定量的技术。凡具有抗原性的物质，如多肽、激素、酶等，即使含量极微也可用此方法检出。由于组织和细胞内的抗原抗体反应是不可见的，所以需要事先将某种标记物结合在抗体上，借此在光镜和电镜下观察是否发生特异性反应，以及反应的部位。根据标记物的种类，可将免疫组化方法分为荧光抗体法、酶抗体法、金标记抗体法、放射性同位素法等。

（4）显微放射自显影术（microautoradiography）　也称为同位素示踪术。应用某种具有放射性的同位素标记物，注入动物体内或加入培养细胞的培养基内，该物质被细胞摄取后，将组织或细胞制成切片或涂片，并在切片或涂片表面涂上一层感光乳胶，放进暗匣中，细胞内放射性同位素产生的射线就会慢慢使乳胶感光，再经显影和定影处理即得到放射性同位素分布和强度的影像，也就是被同位素标记的物质的分布和浓度。此技术在细胞学的研究中占有重要的地位。

2. 活体组织细胞的研究方法

（1）组织培养（tissue culture）方法　观察生活状态的细胞常用组织培养。组织培养也称为体外实验，在无菌条件下，把活细胞或活组织放在体外适宜的环境中培养成活，对培养的细胞可附加各种条件（如温度、激素、药物等）对细胞直接影响，观察细胞运动、吞噬、分化、繁殖等的变化。组织培养是研究活细胞的最好方法。在培养皿内分离出单个细胞，进行培养后可获得由单个细胞繁殖的纯细胞株，称为克隆（clone）。克隆技术广泛应用于生物学、医学、胚胎学等各个领域，成为研究遗传学、细胞免疫、病毒、肿瘤防治等重要手段。

（2）细胞融合（cell fusion）　是用人工方法将两个或两个以上的细胞合并成一个新细胞的技术。有的新细胞具有很强的生命力，可培育出新的动物杂交品种，其应用前景非常广阔。

（3）细胞电泳（cell electrophoresis）　细胞电泳是在显微镜下观察细胞在电场作用下泳动速度的一种方法。细胞表面有不同的电荷，在外加电场的作用下，分别泳向两极，其泳动的速度与所带电荷的性质与数量有关，从而了解细胞表面结构和功能变化。

（4）活体染色（vital staining）　活体染色是将无毒或毒性很小的某种染料如台盼蓝、锂洋红等注入动物体内，被一些细胞摄取后，再制成切片。在光镜下观察染料颗粒的多少及存在位置，可研究细胞的吞噬功能及分布等情况。

3. 新技术研究方法　随着科学技术的发展，高科技仪器的开发应用，出现了许多新研究技术，仅简单介绍几种：

（1）细胞形态计量术（cell morphometry）　细胞形态计量术是运用几何学和统计学原理，应用图像分析仪测算出组织和细胞内各微细结构的体积、数量、大小及分布等数值的一种新技术手段。

(2) 流式细胞术（flow cytometry，FCM） 也称为激发荧光细胞分类术，是借助激发荧光细胞分类器（流式细胞仪）对单个细胞逐个进行高速定量分析和分类的一种技术。该仪器是集喷射、激光、电子、电脑等综合性技术的高科技产品。特点是速度快、精确性高、灵敏度好，已成为一种重要手段广泛用于细胞动力学、遗传学、免疫学等的研究。

(3) 显微分光光度测量术（microspectrophotometry） 根据某些物质分子对光波进行选择性吸收的原理，在显微镜下对样品中的微细结构内的化学物质进行测定的技术，它可精确测定标本中的一个细胞、一个核，甚至核仁内的核酸、酶和其他极微量物质的含量。

(4) 冷冻蚀刻复型术（freeze etch replica） 将标本快速冷冻后劈开，在断裂面上喷镀金属膜，再将组织溶去，用电镜观察断裂面的金属复制膜，能显示细胞微细结构的立体图像。它可揭示细胞膜上蛋白质的颗粒分布等，此技术是研究细胞结构的重要手段。

四、畜体各部名称

家畜身体都是两侧对称的，可分为头、躯干和四肢三部分（图绪-2）。

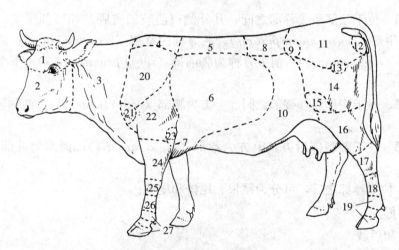

图绪-2　牛体各部名称

1. 颅部　2. 面部　3. 颈部　4. 鬐甲部　5. 背部　6. 肋部　7. 胸骨部　8. 腰部
9. 髋结节　10. 腹部　11. 荐臀部　12. 坐骨结节　13. 髋关节　14. 股部
15. 膝部　16. 小腿部　17. 跗部　18. 跖部　19. 趾部　20. 肩胛部　21. 肩关节
22. 臂部　23. 肘部　24. 前臂部　25. 腕部　26. 掌部　27. 指部

(一) 头

头（caput）位于畜体的最前方，以内眼角和颧弓为界又可分为上方的颅部与下方的面部。

1. 颅部 又可分为以下几部分：

(1) 枕部（regio occipitalis） 位于颅部后方、两耳之间。

(2) 顶部（regio parietatlis） 位于枕部的前方。

(3) 额部（regio frontalis） 位于顶部的前方，左、右眼眶之间。

(4) 颞部 (regio temporalis)　位于顶部两侧，耳与眼之间。

(5) 耳廓部 (regio auricularis)　指耳和耳根附近。

(6) 眼部 (regio palpedralis)　包括眼及眼睑。

2. 面部　又可分为以下几部分：

(1) 眶下部 (regio infraorbitalis)　位于眼眶前下方。

(2) 鼻部 (regio nasalis)　位于额部前方，以鼻骨为基础，包括鼻背和鼻侧。

(3) 鼻孔部 (regio narium)　包括鼻孔和鼻孔周围。

(4) 唇部 (regio labialis)　包括上唇和下唇。

(5) 咬肌部 (regio masseterica)　位于颞部下方。

(6) 颊部 (regio buccalis)　位于咬肌部前方。

(7) 颏部 (regio mentalis)　位于下唇下方。

（二）躯干

除头和四肢以外的部分称为躯干，包括颈部、胸背部、腰腹部、荐臀部和尾部。

1. 颈部 (regio cervicis)　以颈椎为基础，颈椎以上的部分称为颈上部；颈椎以下的部分称为颈下部。

2. 胸背部　位于颈部和腰荐部之间，其外侧被前肢的肩胛部和臂部覆盖，其前方较高的部分称为鬐甲部 (regio intersapularis)；后方称为背部 (regio dosralis)；侧面以肋骨为基础称为肋部 (regio costalis)；前下方称为胸前部 (regio praestemalis)；下部称为胸骨部 (regio sternal)。

3. 腰腹部　位于胸部和荐臀部之间。上方为腰部 (regio lumbalis)；两侧和下面为腹部 (regio abdomen)。

4. 荐臀部　位于腰腹部后方，上方为荐部 (regio sacralis)；侧面为臀部 (regio glutaea)。

5. 尾部　位于荐部之后，可分为尾根、尾体和尾尖。

（三）四肢

包括前肢和后肢。

1. 前肢　前肢借肩胛和臂部与躯干的胸背部相连，自上而下可分为肩胛部 (regio scapularis)、臂部 (regio branchialis)、前臂部 (regio antebranchium) 和前脚部 (regio manus)。前脚部又包括腕部 (curpus)、掌部 (metacarpus) 和指部 (digitus)。

2. 后肢　由臀部与荐部相连，可分为股部 (femur)、小腿部 (crus) 和后脚部。后脚部包括跗部 (tarsus)、跖部 (metatarsus) 和趾部 (digitus)。

五、畜体的轴、面与方位术语

为了说明畜体各部结构的位置关系，必须了解有关定位用的轴、面与方位术语（图绪-3）。

（一）轴

家畜都是四足着地，其身体长轴（或称纵轴），从头端至尾端，是和地面平行的，长轴

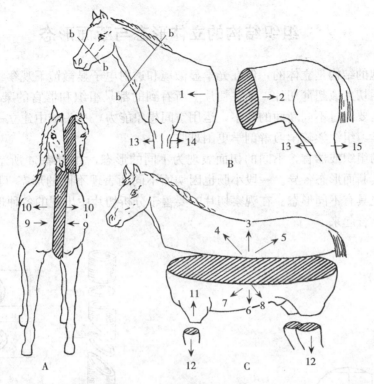

图绪-3 三个基本切面及方位
A. 正中矢状面 B. 横断面 C. 额面（水平面） b-b. 横断面
1. 前 2. 后 3. 背侧 4. 前背侧 5. 后背侧 6. 腹侧 7. 前腹侧 8. 后腹侧
9. 内侧 10. 外侧 11. 近端 12. 远端 13. 背侧 14. 掌侧 15. 跖侧

也可用于四肢和各器官，均以纵长的方向为基准。如四肢的长轴则是四肢上端至下端，是与地面垂直的轴。

（二）面

1. 矢状面 是与畜体长轴平行而与地面垂直的切面。居于体正中的矢状切面，可将畜体分为完全相等的两半，称为正中矢状面；与正中矢状面平行的其他面称侧矢状面。

2. 横断面 是与畜体长轴垂直的切面，位于躯干的横断面可将畜体分为前后两部分。与器官长轴垂直的切面也称横断面。

3. 额面（水平面） 为与身体长轴平行且与矢状面和横断面相垂直的切面。额面可将畜体分为背侧和腹侧两部分。

（三）方位

靠近畜体头端的称为前或头侧（*cranialis*）；靠近尾端的称为后或尾侧（*caubalis*）；靠近脊柱的一侧称为背侧（*dosalis*），也就是上面；靠近腹部的一侧称为腹侧（*ventralis*），也就是下面；靠近正中矢状面的一侧称为内侧（*mediatis*）；远离正中矢状面的一侧称为外侧（*lateralis*）。确定四肢的方位常用近端（*proximalis*）是靠近躯干的一端；远端（*distalis*）是远离躯干的一端。前肢和后肢的前面称背侧；前肢的后面称掌侧（*volaris*）；后肢的后面称跖侧（*plantaris*）。

· 9 ·

六、组织结构的立体形态与断面形态

组织和细胞的结构是立体的，但在光学显微镜和透射电子显微镜下观察组织和细胞的结构必须制成普通切片或超薄切片，而在切片上所看到的都是组织和器官的某一个断面形态，学习组织学就是要通过不同断面的观察，运用空间想象能力，在头脑中建立一个立体形态的概念。因此，学习组织学较学习解剖学更困难些。

同一结构的组织或器官，不同的切面表现为不同的形态，如图绪-4所示，一个鸡蛋由于切面不同，其断面形态各异。一段小肠也因切面不同而表现不同的形态（图绪-5），一个细胞不同切面也具有不同形态。在观察切片时要善于分析切片中出现的各种现象，把断面形态与立体形态结合起来。

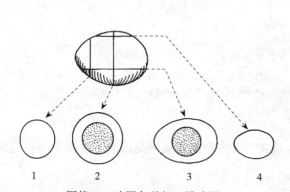

图绪-4 鸡蛋各种切面模式图
1. 偏锐端横切 2. 正中横切
3. 偏侧纵切 4. 近卵壳处的纵切

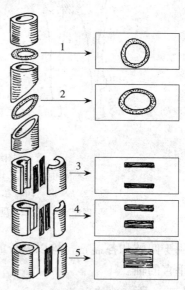

图绪-5 肠管不同切面模式图
1. 横切 2. 斜切
3. 正中纵切 4. 偏外纵切
5. 管壁纵切箭头方向表示贴到载片上的形态

上 篇
家畜解剖

第一章 运动系统

家畜的运动系统由骨、骨连接和肌肉三部分组成。全身骨由骨连接连接成骨骼，构成畜体的坚固支架，在维持体型、保护脏器和支持体重方面起着重要的作用。肌肉附着于骨上，肌肉收缩时，以骨连接为支点牵引骨骼改变位置，产生各种运动。因此在运动中，骨起杠杆作用，骨连接是运动的枢纽，肌肉则是运动的动力。所以说，骨和骨连接是运动系统的被动部分，在神经系统支配下的肌肉则是运动系统的主动部分。

运动系统构成了家畜的基本体型，其重量占家畜体重相当大的比例，为体重的75%～80%，因此，运动系统直接影响役畜的使役能力、肉用畜禽的屠宰率及肌肉品质。另外，位于皮下的一些骨的突起和肌肉可以在体表摸到，在畜牧兽医实践中常用来作为确定内部器官位置和体尺测量的标志。

第一节 骨与骨连接

一、总 论

家畜全身的每一块骨（os）都是一个骨器官，均具有一定的形态和机能，主要由骨组织构成，坚硬而有弹性，有丰富的血管、淋巴管及神经，具有新陈代谢及生长发育的特点，并具有改建和再生的能力。骨基质内沉积有大量的钙盐和磷酸盐，是畜体的钙、磷库，并参与钙磷的代谢与平衡。骨髓有造血功能。

（一）骨的类型

家畜全身的骨骼，因位置和机能不同，形状也不一样，一般可分为长骨、扁骨、短骨和不规则骨四种类型。

1. 长骨（os longum） 呈圆柱状，中部较细，称为骨干或骨体，骨干中空为骨髓腔，容纳骨髓；两端膨大称为骺（epiphysis）或骨端。在骨干和骺之间有软骨板，称骺软骨，幼龄时明显，成年后骺软骨骨化与骨干愈合。长骨主要分布于四肢的游离部，如肱骨和股骨等，主要作用是支持体重和形成运动杠杆。

2. 扁骨（os planum） 一般为板状，主要位于颅腔、胸腔的周围以及四肢带部，如颅骨、肋骨和肩胛骨等，可保护脑和内脏器官，或供大量肌肉附着。

3. 短骨（os breve） 约呈立方形，多成群的分布于四肢的长骨之间，如腕骨和跗骨，除起支持作用外，还有分散压力和缓冲震动的作用。

4. 不规则骨（os compositum） 形状不规则，一般构成畜体中轴，如椎骨和蝶骨等，其具有支持、保护和供肌肉附着等多方面的作用。

（二）骨的构造

骨由骨膜、骨质、骨髓和血管、神经等构成（图1-1）。

1. 骨膜（periosteum） 是被覆在骨表面的一层致密结缔组织膜。骨膜呈淡粉红色，富有血管和神经。在腱和韧带附着的地方，骨膜显著增厚，腱和韧带的纤维束穿入骨膜，有的深入骨质中。骨的关节面上没有骨膜，由关节软骨覆盖着。

骨膜分深浅两层。浅层为纤维层，富有血管和神经，具有营养保护作用。深层为成骨层，富有细胞成分。幼龄时期正在生长的骨，成骨层很发达，直接参与骨的生成；到成年期成骨层逐渐萎缩，细胞转为静止状态，但它终生保持分化能力。在骨受损伤时，成骨层有修补和再生骨质的作用。

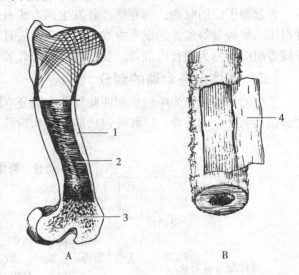

图1-1 骨的构造
A. 肱骨的纵切面，上端表示骨松质的结构 B. 长骨骨干示骨膜
1. 骨密质 2. 骨髓腔 3. 骨松质 4. 骨膜

2. 骨质 是构成骨的基本成分。分骨密质和骨松质两种。骨密质（substantia compacta）分布于长骨的骨干、骺和其他类型骨的表面，致密而坚硬。骨松质（substantia spongiosa）分布于长骨骺和其他类型骨的内部，由许多骨板和骨针交织呈海绵状，这些骨板和骨针的排列方式与该骨所承受的压力和张力的方向是一致的。骨密质和骨松质的这种配合使骨具有坚固性，又减轻了骨的重量。

3. 骨髓（medulla ossium） 位于长骨的骨髓腔和骨松质的间隙内。胎儿和幼龄动物全是红骨髓。红骨髓内含有不同发育阶段的各种血细胞和大量毛细血管，是重要的造血器官。随着动物年龄的增长，骨髓腔中的红骨髓逐渐被黄骨髓所代替，因此成年动物有红、黄两种骨髓。黄骨髓主要是脂肪组织，具有储存营养的作用。

4. 血管、神经 骨具有丰富的血液供应，分布在骨膜上的小血管经骨表面的小孔进入并分布于骨密质。较大的血管称为滋养动脉，穿过骨的滋养孔分布于骨髓。

骨膜、骨质和骨髓均有丰富的神经分布。

（三）骨的化学成分和物理特性

骨是由有机质和无机质两种化学成分组成的。在新鲜骨中，水占50%，有机质占21.85%，无机质占28.15%。干燥的牛骨中有机质占33.30%，无机质占66.70%。有机质主要为骨胶原（osseinum），成年家畜约占1/3，决定骨的弹性和韧性。如用酸溶液脱去骨内钙盐，只剩有机质，骨虽保留原来形状，但失去了支持作用，柔软易弯曲。无机质主要是磷酸钙、碳酸钙、氟化钙等，约占2/3，决定骨的坚固性。将骨煅烧后，除去有机质，骨的外形仍保留，但脆而易破碎。有机质和无机质的比例，随年龄和营养状况不同有很大的变化。幼畜有机质多，骨柔韧富弹性；老畜无机质多，骨质硬而脆，易发生骨折。妊娠母畜骨内钙质被胎儿吸收，使母畜骨质疏松而发生骨软症。乳牛在泌乳期，如饲料成分比例失调，也可发生上述情况。为了预防骨软症，应注意饲料成分的调配。

（四）骨的发生和发育

骨起源于胚胎时期的间充质。骨发生的方式有两种。一种是直接由胚性结缔组织膜形成骨组织，如面骨等扁骨的成骨方式，称为膜内成骨；另一种是先形成软骨，在软骨的基础上形成骨组织，称为软骨内成骨，如四肢骨和椎骨等。

（五）畜体全身骨骼的划分

家畜的骨骼可分为中轴骨和四肢骨两大部分（图1-2、图1-3、图1-4、图1-5）。中轴骨包括躯干骨和头骨。四肢骨包括前肢骨和后肢骨。现将全身骨骼的划分列表如下：

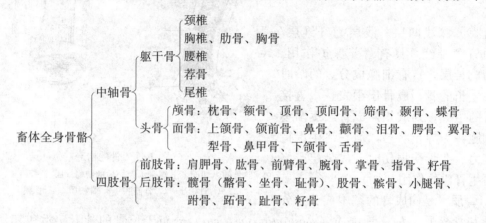

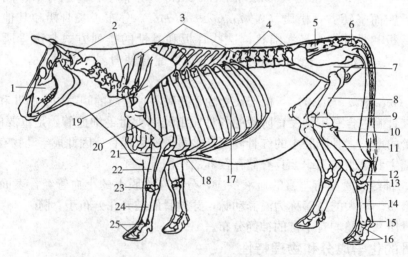

图1-2 牛的骨骼

1. 头骨 2. 颈椎 3. 胸椎 4. 腰椎 5. 荐骨 6. 尾椎 7. 髋骨
8. 股骨 9. 髌骨 10. 腓骨 11. 胫骨 12. 踝骨 13. 跗骨 14. 跖骨
15. 近籽骨 16. 趾骨 17. 肋骨 18. 胸骨 19. 肩胛骨 20. 肱骨
21. 尺骨 22. 桡骨 23. 腕骨 24. 掌骨 25. 指骨

（六）骨连接

骨与骨之间借纤维结缔组织、软骨或骨组织相连，形成骨连接。由于骨间的连接方式及其运动情况不同，可分为两大类，即直接连接和间接连接。

第一章 运动系统

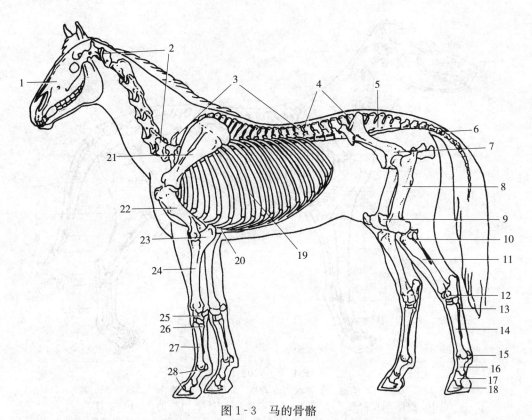

图1-3 马的骨骼
1. 头骨 2. 颈椎 3. 胸椎 4. 腰椎 5. 荐骨 6. 尾椎 7. 髋骨 8. 股骨 9. 髌骨 10. 腓骨 11. 胫骨 12. 跗骨 13. 第四跖骨 14. 第三跖骨 15. 近籽骨 16. 系骨 17. 冠骨 18. 蹄骨 19. 肋骨 20. 胸骨 21. 肩胛骨 22. 肱骨 23. 尺骨 24. 桡骨 25. 腕骨 26. 第四掌骨 27. 第三掌骨 28. 指骨

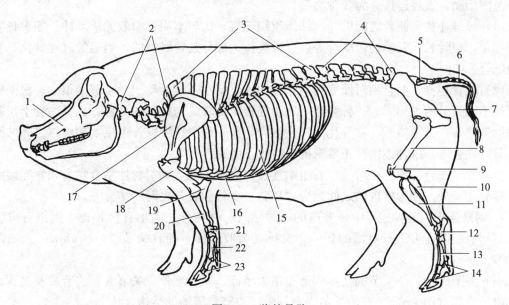

图1-4 猪的骨骼
1. 头骨 2. 颈椎 3. 胸椎 4. 腰椎 5. 荐骨 6. 尾椎 7. 髋骨 8. 股骨 9. 髌骨 10. 腓骨 11. 胫骨 12. 跗骨 13. 跖骨 14. 趾骨 15. 肋骨 16. 胸骨 17. 肩胛骨 18. 肱骨 19. 尺骨 20. 桡骨 21. 腕骨 22. 掌骨 23. 指骨

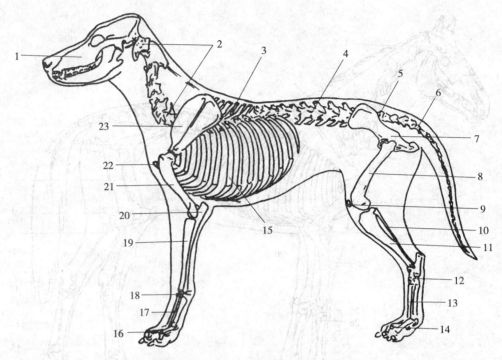

图 1-5 犬的骨骼
1. 头骨 2. 颈椎 3. 胸椎 4. 腰椎 5. 荐椎 6. 尾椎 7. 髋骨 8. 股骨 9. 髌骨
10. 腓骨 11. 胫骨 12. 跗骨 13. 跖骨 14. 趾骨 15. 肋骨 16. 指骨
17. 掌骨 18. 腕骨 19. 桡骨 20. 尺骨 21. 肱骨 22. 胸骨 23. 肩胛骨

1. 直接连接 两骨的相对面或相对缘借结缔组织直接相连，其间无腔隙，不活动或仅有小范围活动。直接连接分为3种类型。

（1）**纤维连接** 两骨之间以纤维结缔组织连接，比较牢固，一般无活动性。如头骨缝间的缝韧带，桡骨和尺骨的韧带联合等。这种连接大部分是暂时性的，当老龄时常骨化，变成骨性结合。

（2）**软骨连接** 两骨相对面之间借软骨相连，基本不能运动或活动范围很小。根据软骨组织的不同又分两种形式。一种是透明软骨连接，如蝶骨与枕骨的结合，长骨的骨干与骺之间的骺软骨等，到老龄时，常骨化为骨性结合；另一种是纤维软骨连接，如椎体之间的椎间盘、骨盆联合等，这种连接在正常情况下终生不骨化。

（3）**骨性结合** 两骨相对面以骨组织连接，完全不能运动。骨性结合常由软骨连接或纤维连接骨化而成。如荐椎椎体之间融合，髂骨、坐骨和耻骨之间的结合等。

2. 间接连接 是骨连接中较普遍的一种形式。骨与骨之间不直接相连，周围有滑膜包围，其间有腔隙，可进行灵活的运动，又称为滑膜连接，简称关节（*articulatio*）。如四肢的关节。

（1）**关节的构造** 关节的基本构造包括关节面、关节软骨、关节囊、关节腔及血管、神经和淋巴管等（图1-6）。有的关节尚有韧带、关节盘等辅助结构。

①关节面（*facies articularis*）和关节软骨（*cartilago articularis*） 关节面是骨与骨相接触的光滑面，骨质致密，形状彼此互相吻合。关节面表面覆盖一层透明软骨为关节软

骨。关节软骨表面光滑，富有弹性，有减轻冲击和吸收震动的作用。

②关节囊（capsula articularis） 是围绕在关节周围的结缔组织囊，它附着于关节面的周缘及其附近的骨面上，封闭关节腔。囊壁分内、外两层：外层是纤维层，由致密结缔组织构成，具有保护作用，其厚度与关节的功能相一致，负重大而活动性较小的关节，纤维层厚而紧张，运动范围大的关节纤维层薄而松弛；内层是滑膜层，薄而柔润，由疏松结缔组织构成，能分泌透明黏稠的滑液，有营养软骨和润滑关节的作用。滑膜常形成绒毛和皱襞，突入关节腔内，以扩大分泌和吸收的面积。

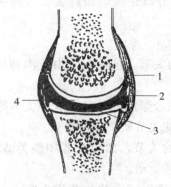

图1-6 关节构造模式图
1. 关节囊纤维层 2. 关节囊滑膜层
3. 关节腔 4. 关节软骨

③关节腔（cavum articulare） 为滑膜和关节软骨共同围成的密闭腔隙，内有少量滑液，滑液呈无色透明或浅淡黄色的黏性液体，具有润滑、缓冲震动和营养关节软骨的作用。关节腔的形状、大小因关节而异。

④血管、神经和淋巴管 关节的血管主要来自附近的血管分支，在关节周围形成血管网，再分支到骨骺和关节囊。神经也来自附近神经的分支，分布于关节囊和韧带。关节囊各层均有淋巴管网分布。关节软骨内无血管、神经和淋巴管分布。

⑤关节的辅助结构 是适应关节功能而形成的一些结构，见于大多数关节。主要包括韧带、关节盘和关节唇。

a. 韧带（ligamentum） 见于多数关节，由致密结缔组织构成。位于关节囊外的为囊外韧带，其中在关节两侧者，称为内、外侧副韧带。位于关节囊内的称为囊内韧带，囊内韧带均有滑膜包围，故不在关节腔内，而是位于关节囊的纤维层和滑膜层之间。如髋关节的圆韧带等。位于骨间的称为骨间韧带。韧带能增强关节的稳固性，并对关节的运动有限制作用。

b. 关节盘（discus articularis） 是介于两关节面之间的纤维软骨板。如膝关节的半月板，其周缘附着于关节囊，把关节腔分为上下两半，有使关节面吻合一致、扩大运动范围和缓冲震动的作用。

c. 关节唇（labrum articularis） 为附着在关节窝周围的纤维软骨环，可加深关节窝、扩大关节面，并有防止边缘破裂的作用，如髋臼周围的唇软骨。

（2）关节的运动 关节的运动与关节面的形状有密切关系，其运动的形式基本上可依照关节的3种轴分为3组拮抗性的动作。

①屈、伸运动 关节沿横轴运动，凡是使形成关节的两骨接近，关节角变小的称为屈；反之，使关节角变大的称为伸。

②内收、外展运动 关节沿纵轴运动，使骨向正中矢状面移动的为内收；相反，使骨远离正中矢状面的运动为外展。

③旋转运动 骨环绕垂直轴运动时称旋转运动。向前内侧转动的称为旋内，向后外侧转动的称旋外。家畜四肢只有髋关节能作小范围的旋转运动。寰枢关节的运动也属旋转运动。

（3）关节的类型
①按构成关节的骨数，可分为单关节和复关节两种。单关节由相邻的两骨构成，如前肢

的肩关节。复关节由两块以上的骨构成，或在两骨间夹有关节盘组成，如腕关节、膝关节等。

②根据关节运动轴的数目，可将关节分为3种。

a. 单轴关节　一般是由中间有沟或嵴的滑车关节面构成的关节。这种关节由于沟和嵴的限制，只能沿横轴在矢状面上作屈、伸运动。

b. 双轴关节　是由凸并呈椭圆形的关节面和相应的窝相结合形成的关节。这种关节除了可沿横轴作屈、伸运动外，还可沿纵轴左右摆动。家畜的寰枕关节属于双轴关节。

c. 多轴关节　是由半球形的关节头和相应的关节窝构成的关节，如肩关节和髋关节。这种类型的关节除能作屈、伸、内收和外展运动外，尚能作旋转运动。

此外，两个或两个以上结构完全独立的关节，但必须同时进行活动的关节称为联合关节，如下颌关节。

二、躯干骨及其连接

（一）躯干骨

躯干骨包括脊柱、肋和胸骨。躯干骨除具有支持头部和传递推动力外，还可作为胸腔、腹腔和骨盆腔的支架，容纳并保护内脏器官。

1. 脊柱（columna vertebralis）　构成畜体中轴。脊柱由一系列椎骨借软骨、关节与韧带紧密连接形成。脊柱内有椎管，容纳并保护脊髓。椎骨根据其所在位置可分颈椎、胸椎、腰椎、荐椎和尾椎。

（1）椎骨的一般构造　组成脊柱的各段椎骨（vertebrae）形态和构造虽有差异，但基本结构相似，均由椎体、椎弓和突起组成（图1-7）。

① 椎体（corpus vertebralis）　位于椎骨的腹侧，呈短圆柱形，前面略凸称椎头，后面稍凹称椎窝。相邻椎骨的椎头与椎窝由椎间软骨（椎间盘）相连接。

② 椎弓（arcus vertebralis）是椎体背侧的拱形骨板。椎弓与椎体之间形成椎孔，所有的椎孔依次相连，形成椎管（canalis vertebralis）容纳脊髓。椎弓基部的前后缘各有一对切迹。相邻椎弓的切迹合成椎间孔（foramen intervertebralis），供血管、神经通过。

③ 突起（processus）　有3

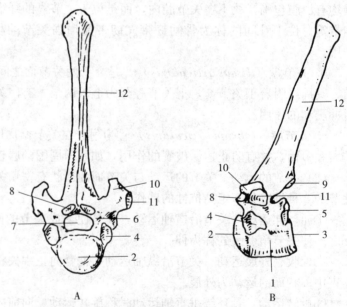

图1-7　典型椎骨的构造（马的胸椎）
A. 前面　B. 侧面
1. 椎体　2. 椎头　3. 椎窝　4. 前肋凹　5. 后肋凹　6. 椎弓
7. 椎孔　8. 关节前突　9. 关节后突　10. 横突　11. 小关节面　12. 棘突

种，从椎弓背侧向上方伸出的一个突起，称为棘突（processus spinosus）。从椎弓基部向两侧伸出的一对突起，称为横突（processus transversus）。横突和棘突是肌肉和韧带的附着处。从椎弓背侧的前后缘各伸出一对关节突（processus articulares），关节前突的关节面向前向上，关节后突的关节面向后向下，相邻椎弓的前、后关节突构成关节。

(2) 各段椎骨的形态特征

① 颈椎（vertebrae cervicales） 家畜颈部长短不一，但均由 7 枚颈椎组成。第一和第二颈椎由于适应头部多方面的运动，形态特化明显。第三至六颈椎的形态基本相似。第七颈椎是颈椎向胸椎的过渡类型。

第一颈椎又称为寰椎（atlas）（图 1-8），呈环形，由背侧弓和腹侧弓构成。前面有较深的前关节凹，与头骨的枕骨髁成关节。后面有后关节面，与第二颈椎成关节。寰椎的两侧是一对宽骨板，称为寰椎翼（ala atlantis），其外侧缘可以在体表摸到。牛、猪的寰椎无横突孔，犬的寰椎翼较宽，无翼孔。

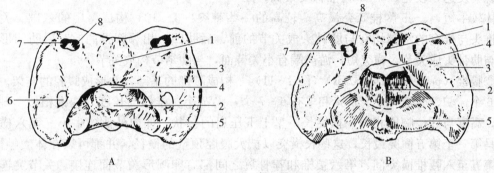

图 1-8 寰 椎
A. 马的寰椎 B. 牛的寰椎
1. 背侧弓 2. 腹侧弓 3. 寰椎翼 4. 椎孔 5. 后关节面 6. 横突孔 7. 翼孔 8. 椎外侧孔

第二颈椎又称为枢椎（axis）（图 1-9），椎体前端形成发达的齿突，与寰椎的后关节面形成轴转关节。棘突纵长呈嵴状。无关节前突，牛的横突粗大，马的很小，仅有一支伸向外后方。

第三至六颈椎（图 1-10）椎体发达，其长度与颈部长度相适应。牛的较短，马的较长，

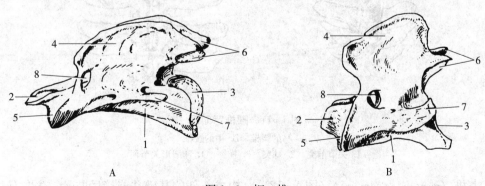

图 1-9 枢 椎
A. 马的枢椎 B. 牛的枢椎
1. 椎体 2. 齿突 3. 椎窝 4. 棘突 5. 鞍状关节面 6. 关节后突 7. 横突 8. 椎外侧孔

猪的最短。椎头和椎窝均很明显。前、后关节突很发达。牛的棘突从第三至七颈椎逐渐增高。马的棘突不发达。横突在马分前后两支，在牛分为背腹两支，基部有横突孔。各颈椎横突孔连成横突管（canalis transversarium）供血管神经通过。

第七颈椎短而宽，椎窝两侧有一对后肋凹，与第一肋骨构成关节。横突短而粗，无横突孔。棘突较显著。

②胸椎（vertebrae thoracales）（图1-7）位于背部，各种家畜数目不同，牛、羊13个，马18个，猪14~15个，犬13个。牛胸椎椎体长，棘突发达，较宽，2~6胸椎棘突最高；马

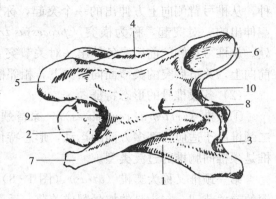

图1-10 马的第四颈椎
1. 椎体 2. 椎头 3. 椎窝 4. 棘突
5. 关节前突 6. 关节后突 7. 横突
8. 横突孔 9. 椎前切迹 10. 椎后切迹

的椎体较牛短，3~5胸椎棘突最高，较高的一些棘突（3~10）构成鬐甲的基础。关节突小。椎头与椎窝的两侧均有与肋骨头成关节的前、后肋凹。相邻胸椎的前、后肋凹形成肋窝，与肋骨头成关节。横突短，游离端有小关节面，与肋结节构成关节。

③腰椎（vertebrae lumbales）（图1-11） 构成腰部的基础，并形成腹腔的支架。牛和马有6个，驴、骡常有5个，猪和羊有6~7个，犬7个。椎体的长度与胸椎相似；棘突较发达，高度与后位胸椎相等；横突长，呈上下压扁的板状，伸向外侧，牛第三至六横突最长，马第三至第五横突最长，这些长横突以扩大腹腔顶壁的横径，并都可以在体表触摸到。在马第五至六腰椎横突间、第六腰椎和荐骨翼之间都有卵圆形关节面连接。关节突连接紧密，以增加腰部的牢固性。

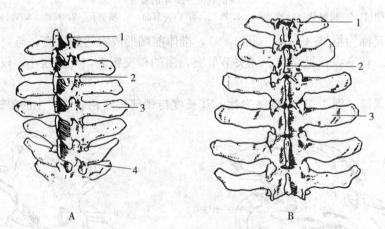

图1-11 腰椎背面观
A. 马的腰椎 B. 牛的腰椎
1. 关节前突 2. 棘突 3. 横突 4. 卵圆形关节面

④荐椎（vertebrae sacrum）（图1-12） 构成荐部的基础并连接后肢骨。牛和马均为5个，猪、羊4个，犬3个。成年时荐椎愈合成一整体，称为荐骨（Os sacrum），以增加荐部的牢固性。荐椎的横突相互愈合，前部宽并向两侧突出，称为荐骨翼。翼的背外侧有粗糙的

耳状关节面，与髂骨构成关节。第一荐椎椎头腹侧缘较突出，称为荐骨岬。荐骨的背面和盆面每侧各有 4 个孔，分别称为荐背侧孔和荐盆侧孔，是血管神经的通路。牛的荐骨比马大，愈合较完全，腹侧面凹，棘突顶端愈合形成粗厚的荐骨正中嵴，翼后部横突愈合成薄锐的荐外侧嵴，荐骨翼的前面无关节面。马的荐骨呈三角形，棘突未愈合。猪的荐骨愈合较晚且不完全，棘突不发达，常部分缺失，荐骨翼与牛的相似，荐骨盆面的弯曲度较牛为小。

⑤尾椎（vertebrae coccygeae）数目变化较大，牛有 18～20 个，马有 14～21 个，羊有 3～24 个，猪有 20～23 个，犬有 20～30 个。前几个尾椎仍具有椎弓、棘突和横突，向后椎弓、棘突和横突则逐渐退化，仅保留棒状椎体并逐渐变细。牛前几个尾椎椎体腹侧有成对腹棘，中间形成一血管沟，供尾中动脉通过。

2. 肋、胸骨和胸廓

（1）肋（costae）（图 1-13） 肋左右成对，构成胸廓的侧壁。哺乳动物的肋很发达，构成呼吸运动的杠杆。肋由肋骨和肋软骨两部分构成。

①肋骨（os costalis） 位于肋的背侧，近端前方有肋骨小头（caput costalis），与两相邻胸椎的肋凹形成的肋窝成关节；肋骨小头的后方有肋结节（tuberculum costalis），与胸椎横突成关节。肋骨的远侧端与肋软骨相连。在肋骨的后缘内侧有血管、神经通过的肋沟。

②肋软骨（cartilago costalis） 位于肋的腹侧，由透明软骨构成，前几对肋的肋软骨直接与胸骨相连称为真肋或胸骨肋；其余肋的肋软骨则由结缔组织

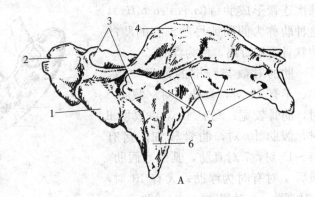

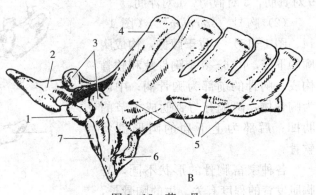

图 1-12 荐 骨
A. 牛的荐骨 B. 马的荐骨
1. 椎头 2. 荐骨翼 3. 关节前突 4. 棘突
5. 荐背侧孔 6. 耳状关节面 7. 卵圆关节面

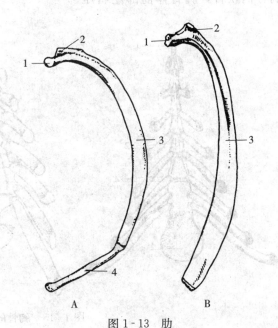

图 1-13 肋
A. 马的第八肋（内面） B. 牛的第八肋（内面）
1. 肋骨小头 2. 肋结节 3. 肋骨 4. 肋软骨

顺次连接形成肋弓（arcus costalis），这种肋称为假肋或弓肋。有的肋的肋软骨末端游离，称为浮肋。

肋的对数与胸椎的数目一致，牛、羊有 13 对，真肋 8 对，假肋 5 对，肋骨较宽；马有 18 对，真肋 8 对，假肋 10 对，肋骨较细；猪有 14～15 对，7 对真肋，其余为假肋，最后 1 对有时为浮肋；犬有 13 对，9 对真肋，3 对假肋，1 对浮肋。

（2）胸骨（sternum）（图 1-14、图 1-15） 位于腹侧，构成胸廓的下壁，由 6～8 个胸骨片和软骨构成。胸骨的前部为胸骨柄；中部为胸骨体，两侧有与真肋成关节的肋凹；后部为上下扁的圆形剑状软骨。

各种家畜胸骨的形状不同，与胸肌发育的程度有关。牛的胸骨长，缺柄软骨，胸骨体上下压扁，无胸骨嵴。马的胸肌发达，胸骨呈舟状，近端有柄软骨，胸骨体前部左右压

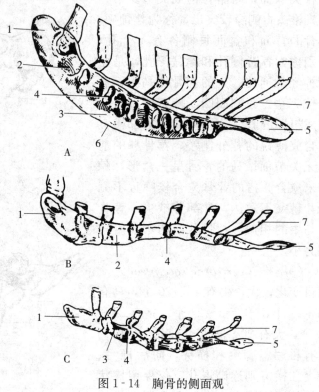

图 1-14 胸骨的侧面观
A. 马 B. 牛 C. 猪
1. 胸骨柄 2. 胸骨片 3. 胸骨体 4. 肋窝
5. 剑状软骨 6. 胸骨嵴 7. 肋软骨

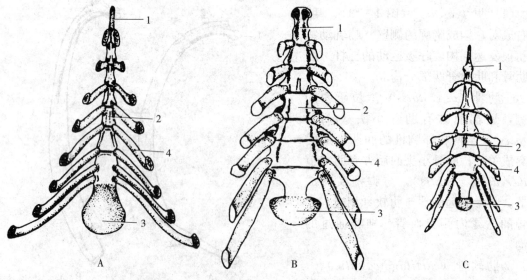

图 1-15 胸骨的背面观
A. 马 B. 牛 C. 猪
1. 胸骨柄 2. 胸骨体 3. 剑状软骨 4. 肋软骨

扁，有发达的胸骨嵴，后部上下压扁。猪的胸骨与牛相似，但胸骨柄明显突出。

(3) 胸廓　胸廓由胸椎、肋和胸骨组成。胸廓前部的肋较短，并与胸骨连接，坚固性强但活动范围小，适应于保护胸腔内脏器官和连接前肢。胸廓后部的肋长且弯曲，活动范围大，形成呼吸运动的杠杆。相邻肋之间的空隙称为肋间隙。胸廓前口较窄，由第一胸椎、第一对肋和胸骨柄围成。胸廓后口较宽大，由最后胸椎、最后1对肋、肋弓和剑状软骨构成。

家畜胸廓的容积和形态虽各有不同，但形状基本相似，均为平卧的截顶圆锥状。

牛的胸廓较短，胸前口较高，胸廓底部较宽而长，后部显著增宽。

马的胸廓较长，前部两侧扁，向后逐渐扩大。胸前口为椭圆形，下方狭窄；胸后口相当宽大，呈倾斜状。

猪的肋骨长度差异较小，且弯曲度大，因此，胸廓近似圆筒形。

(二) 躯干骨的连接

躯干骨的连接分为脊柱连接和胸廓关节。

1. 脊柱的连接　可分为椎体间连接、椎弓间连接和脊柱总韧带。

(1) 椎体间连接　是相邻两椎骨的椎头与椎窝借纤维软骨构成的椎间盘 (*disci inter vertebrales*) 相连接，椎间盘的外围是纤维环，中央为柔软的髓核（是脊索退化的遗迹）。因此，椎体间的连接既牢固又允许有小范围的运动。椎间盘愈厚的部位，运动的范围愈大。家畜颈部、腰部和尾部的椎间盘较厚，因此这些部位的运动较灵活。

(2) 椎弓间连接　是相邻椎骨的关节突构成的关节，有关节囊。颈部的关节突发达，关节囊宽松，活动性较大。

(3) 脊柱总韧带　是贯穿脊柱、连接大部分椎骨的韧带，包括棘上韧带、背纵韧带和腹纵韧带（图1-17）。

①棘上韧带 (*lig. supraspinale*)　位于棘突顶端，由枕骨伸至荐骨。在颈部特别发达，形成强大的项韧带。项韧带 (*lig. nuchae*)（图1-16、图1-18）由弹性组织构成，呈黄色。其构造可分为索状部和板状部。索状部呈圆索状，起于枕外隆凸，沿颈部上缘向后，附着于第三、第四胸椎的棘突，向后延续为棘上韧带。板状部起于第二、第三胸椎棘突和索状部，

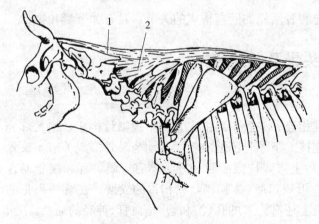

图1-16　牛的项韧带
1. 索状部　2. 板状部

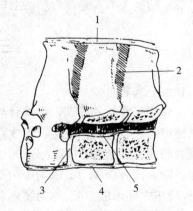

图1-17　马胸椎的椎间关节
1. 棘上韧带　2. 棘间韧带　3. 椎间盘
4. 腹纵韧带　5. 背纵韧带

向前下方止于第二至第六颈椎的棘突。板状部由左、右两叶构成，中间由疏松结缔组织连接。索状部也是左右两条，沿中线相接。项韧带的作用是辅助颈部肌肉支持头部。牛、马的项韧带很发达，牛项韧带板状部后部不分为两叶，猪的项韧带不发达。

② 背纵韧带（*lig. longitudinale dorsale*） 位于椎管底部、椎体的背侧，由枢椎至荐骨，在椎间盘处变宽并附着于椎间盘上。

③ 腹纵韧带（*lig. longitudinale ventrale*） 位于椎体和椎间盘的腹面，并紧密附着于椎间盘上，由胸椎中部开始，终止于荐骨的骨盆面。

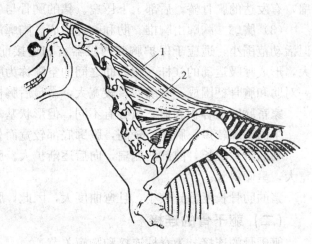

图 1-18 马的项韧带
1. 索状部 2. 板状部

脊柱的运动是许多椎间运动的总和，虽然每一个椎间的活动范围有限，但整个脊柱仍能作范围较大的屈伸和侧运动。

(4) 寰枕关节和寰枢关节

①寰枕关节（*art. atlantooccipitalis*） 由寰椎的前关节凹与枕髁形成，为双轴关节，可做屈、伸运动和小范围的侧运动。

②寰枢关节（*art. atlantoepistrophica*） 由寰椎的鞍形关节面与枢椎的齿突构成，可沿枢椎的纵轴做旋转运动。

2. 胸廓的关节 包括肋椎关节和肋胸关节。

(1) 肋椎关节 是肋骨与胸椎构成的关节。包括肋骨小头与肋窝形成的关节和肋结节与横突的小关节面构成的关节。两个关节各有关节囊和短韧带。胸廓前部的肋椎关节活动性较小，胸廓后部的活动性较大。

(2) 肋胸关节 是胸骨肋的肋软骨与胸骨两侧的肋窝构成的关节，具有关节囊和韧带。

三、头骨及其连接

(一) 头骨

头骨位于脊柱的前端，由枕骨与寰椎相连。头骨主要由扁骨和不规则骨构成，绝大部分借结缔组织和软骨组织连接，形成直接连接。下颌骨因适应咀嚼运动与颞骨形成关节。头骨分颅骨和面骨。颅骨（*ossa cranii*）位于后上方，构成颅腔和感觉器官—眼、耳和嗅觉器官的保护壁。面骨（*ossa faciei*）位于前下方，形成口腔、鼻腔、咽、喉和舌的支架。在有些头骨的内、外骨板之间形成空腔，称为窦。在头骨上还有许多的孔、沟和管，是血管、神经的通路。

1. 头骨的一般特征

(1) 颅骨 颅骨包括位于正中线上的单骨：枕骨、顶间骨、蝶骨和筛骨；与位于正中线两侧的对骨：顶骨、额骨和颞骨（图 1-19、图 1-20、图 1-21）。

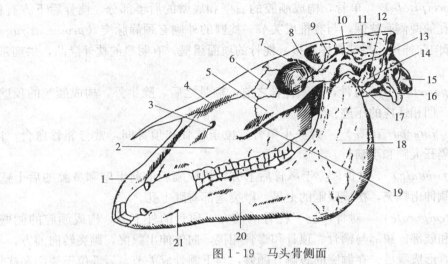

图 1-19 马头骨侧面
1. 切齿骨 2. 上颌骨 3. 眶下孔 4. 鼻骨 5. 颧骨 6. 泪骨 7. 眶上孔 8. 额骨
9. 下颌骨的冠状突 10. 颧弓 11. 顶骨 12. 外耳道 13. 枕骨 14. 颞骨 15. 枕髁
16. 颈静脉突 17. 髁状突 18. 下颌骨支 19. 面嵴 20. 下颌骨体 21. 颏孔

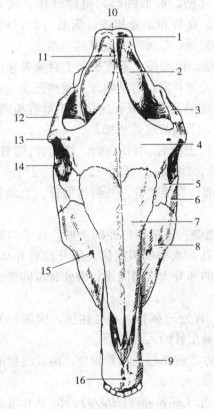

图 1-20 马头骨背面
1. 枕骨 2. 顶骨 3. 颧突 4. 额骨
5. 泪骨 6. 颧骨 7. 鼻骨 8. 上颌骨
9. 切齿骨 10. 枕嵴 11. 顶间骨 12. 颧弓
13. 眶上孔 14. 眼窝 15. 眶下孔 16. 切齿孔

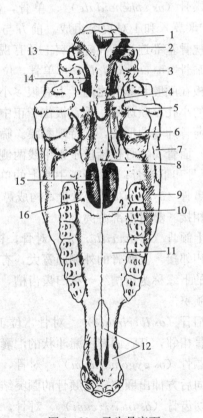

图 1-21 马头骨底面
1. 枕骨大孔 2. 枕髁 3. 岩颞骨 4. 蝶骨体
5. 颞髁 6. 翼骨 7. 颧骨 8. 犁骨 9. 上颌骨
10. 腭骨 11. 上颌骨腭突 12. 切齿骨
13. 颈静脉突 14. 破裂孔 15. 鼻后孔 16. 腭前孔

①枕骨（os occipitale） 单骨，构成颅腔的后壁和底壁的后半部分。枕骨后下方有枕骨大孔通椎管，孔的两侧有枕髁，与寰椎成关节。枕髁的外侧有颈静脉突（processus jugularis）。枕骨基部向前伸延，与蝶骨体连接。枕骨的项面粗糙，有明显的枕外隆凸，供韧带、肌肉附着。

②顶骨（os parietale） 对骨，位于枕骨之前，额骨之后，除牛外，构成颅腔的顶壁，内面有与脑的沟、回相适应的压迹。

③顶间骨（os interparietale） 为一小单骨，位于枕骨和顶骨间，常与邻骨愈合，内面有枕内隆凸，隔开大脑和小脑。

④额骨（os frontale） 对骨，位于鼻骨后上方，构成颅腔的前上壁和鼻腔的后上壁，外面平整，向外侧伸出颧突，构成眼眶的上界。颧突基部有眶上孔。

⑤颞骨（os temporale） 对骨，位于枕骨的前方，顶骨的外下方，构成颅腔的侧壁。分为鳞部、岩部和鼓部。鳞部与额骨、顶骨和蝶骨相接，向外伸出颧突，颧突转向前方，与颧骨颞突相结合，形成颧弓。在颧突的腹侧有颞髁，与下颌骨成关节。岩部位于鳞部和枕骨之间，内耳和内耳道在岩部，岩部腹侧有连接舌骨的茎突。鼓部位于岩部的腹外侧，外侧有骨性外耳道，向内通鼓室（中耳），鼓室在腹侧，形成突向腹外侧的鼓泡。

⑥蝶骨（os sphenoidale） 单骨，位于颅腔的底壁，形似蝴蝶，由蝶骨体、两对翼（眶翼和颞翼）和1对翼突组成。前方与筛骨、腭骨、翼骨和犁骨相连，侧面与颞骨相接，后面与枕骨基部连接。在蝶骨翼上还有视神经孔、眶裂等，是神经、血管的通路。

⑦筛骨（os ethmoidale） 单骨，位于颅腔的前壁，由筛板、垂直板和1对筛骨迷路组成。筛板在颅腔和鼻腔之间，上有很多小孔，脑面形成筛骨窝，容纳嗅球。嗅神经就是通过筛板上的小孔至嗅球的。垂直板位于正中，形成鼻中隔的后部。筛骨迷路位于垂直板两侧，由许多薄骨片卷曲形成，支持嗅黏膜。筛骨上接额骨，下面与蝶骨相接。

（2）面骨 面骨包括位于正中线两侧的对骨：鼻骨、上颌骨、泪骨、颧骨、切齿骨、腭骨、翼骨、鼻甲骨和下颌骨；与位于正中线上的单骨：犁骨和舌骨（图1-19，图1-20，图1-21）。

①鼻骨（os nasale） 对骨，构成鼻腔顶壁的大部。后接额骨，外侧与泪骨、上颌骨和切齿骨相接。鼻骨前部游离。

②上颌骨（os maxillare） 对骨，构成鼻腔的侧壁、底壁和口腔的上壁。几乎与所有的面骨相邻接。上颌骨的外侧面宽大，有面嵴和眶下孔，水平的板状腭突隔开口腔和鼻腔。上颌骨的下缘称为齿槽缘，有臼齿齿槽，前方无齿槽的部分为齿槽间缘。内外骨板间形成发达的上颌窦。

③泪骨（os lacrimale） 对骨，位于眼眶前部，背侧与鼻骨、额骨相接，腹侧与上颌骨、颧骨相邻，其眶面有一漏斗状的泪囊窝，为骨性鼻泪管的入口。

④颧骨（os zygomaticum） 对骨，位于泪骨下方，前面与上颌骨相接，构成眼眶的下壁，并向后方伸出颞突，与颞骨的颧突结合，形成颧弓。

⑤切齿骨（os incisizvum） 对骨，又称为颌前骨（os premaxillare），位于上颌骨的前方。除反刍兽外，骨体上均有切齿齿槽。骨体向后伸出腭突和鼻突。腭突水平伸出，向后接上颌骨腭突，共同构成口腔顶壁。鼻突伸向后上方，与上颌骨和鼻骨相接，并与鼻骨的游离端形成鼻切齿骨切迹。

⑥腭骨（os palatinum） 对骨，位于上颌骨内侧后方。构成鼻后孔的侧壁与硬腭后部

的骨质基础。

⑦翼骨（os pterygoideum） 对骨，为狭窄而薄的小骨板，附着于蝶骨翼突的内侧，形成鼻后孔的两侧。

⑧犁骨（os vomer） 单骨，位于蝶骨体前方、鼻腔底面的正中，背面呈沟状，接鼻中隔软骨和筛骨垂直板。

⑨鼻甲骨（os conchae nasalis） 是两对卷曲的薄骨片，附着于鼻腔的两侧壁上，上面的一对称为上鼻甲骨，下面的一对称为下鼻甲骨。鼻甲骨可支持鼻黏膜，并将每侧鼻腔分为上、中、下三个鼻道。

⑩下颌骨（os mandibula） 对骨，是面骨中最大的骨，分左、右两半，每半分下颌骨体和下颌支。下颌骨体位于前方，呈水平位，较厚，前部的切齿部有切齿齿槽，后部的臼齿部有臼齿齿槽，切齿齿槽与臼齿齿槽之间为齿槽间缘。下颌支位于后方，呈垂直位。下颌支上端的后方有下颌髁与颞骨成关节；前方有较高的冠状突，供肌肉附着。在下颌骨体与下颌支之间的下缘，有下颌血管切迹。两侧下颌骨之间形成下颌间隙。

⑪舌骨（os hyoideum）（图1-22） 单骨，位于下颌间隙后部，由数块小骨组成，支持舌根、咽及喉。可分为舌骨体和舌骨支。舌骨体或基舌骨呈横位的短柱状，向前方伸出舌突，支持舌根；舌骨支包括甲状舌骨、角舌骨、茎舌骨。舌骨体向后方伸出1对甲状舌骨，与喉的甲状软骨相连接，向后上方伸出角舌骨和茎舌骨，与岩颞骨的茎突相连。

2. 鼻旁窦（sinus paranasales） 为一些头骨的内、外骨板之间含气腔体的总称，它们直接或间接与鼻腔相通，故称为鼻旁窦。鼻旁窦可增加头骨的体积而不增加其重量，并对眼球和脑起保护和隔热的作用。主要有额窦、上颌窦、腭窦和筛窦等。在兽医临床上较重要的是额窦和上颌窦。

3. 家畜头骨的主要特征
（1）牛的头骨（图1-23）

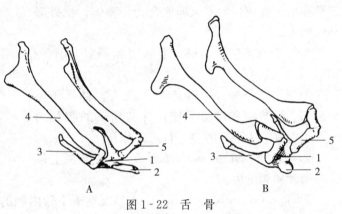

图1-22 舌 骨
A. 马的舌骨 B. 牛的舌骨
1. 基舌骨 2. 舌骨突 3. 甲状舌骨 4. 茎舌骨 5. 角舌骨

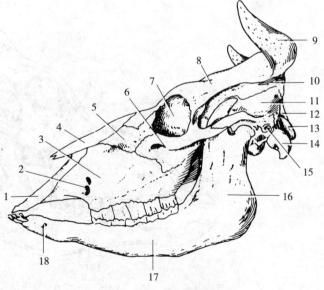

图1-23 牛头骨侧面
1. 切齿骨 2. 眶下孔 3. 上颌骨 4. 鼻骨 5. 泪骨 6. 颧骨 7. 眶窝 8. 额骨 9. 角突 10. 顶骨 11. 颞骨 12. 枕骨 13. 枕髁 14. 颈静脉突 15. 外耳道 16. 下颌支 17. 下颌体 18. 颏孔

牛的头骨呈角锥形，较短而宽。额骨发达，约占背面的一半，呈四方形，宽而平坦，后缘与顶骨之间形成额隆起，为头骨的最高点。有角的牛，额骨后方两侧有角突。颧突向两侧伸出，是头骨背面的最宽处，颧突基部有眶上沟及眶上孔。鼻骨较短而窄，前后几乎等宽，前端有深的切迹。切齿骨的骨体薄而扁平，无切齿齿槽，两侧的切齿骨互相分开，前部距离较宽。上颌骨和下颌骨各有6个臼齿齿槽，下颌骨体前方有4个切齿齿槽，前方外侧有颏孔。颅腔的后壁由顶骨、顶间骨和枕骨构成，此三骨在出生前或生后不久即愈合为一整体。枕外隆凸较粗大。

牛的鼻旁窦包括额窦、上颌窦和腭窦（图1-24）。

①额窦（*sinus frontalis*） 很大，伸延于整个额部、颅顶壁和部分后壁，并与角突的腔相通连。正中有一中隔，将左、右两窦分开。

②上颌窦（*sinus maxillaris*） 主要在上颌骨、泪骨和颧骨内。

③腭窦（*sinus paiatinus*） 上颌窦在眶下管内侧的部分很发达，伸入上颌骨腭突与腭骨内形成腭窦。

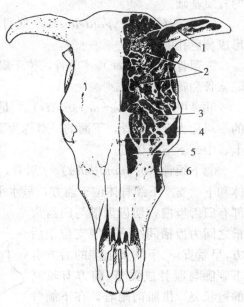

图1-24 牛的额窦和上颌窦
1. 角腔 2. 额大窦 3. 额小窦
4. 眶窝 5. 上鼻甲窦 6. 上颌窦

绵羊的头骨（图1-25）基本上与牛相似，主要不同点在颅骨。在眼眶后部最宽，也是

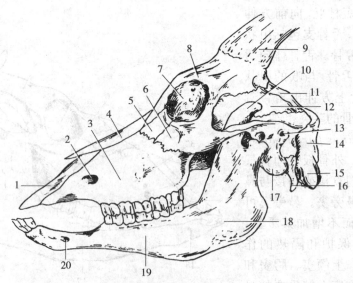

图1-25 绵羊头骨侧面
1. 切齿骨 2. 眶下孔 3. 上颌骨 4. 鼻骨 5. 泪骨 6. 颧骨
7. 眶窝 8. 额骨 9. 角突 10. 冠状突 11. 顶骨 12. 颞骨 13. 外耳道
14. 枕骨 15. 枕髁 16. 颈静脉突 17. 鼓泡 18. 下颌支 19. 下颌体 20. 颏孔

颅顶最高的地方，有角羊的角突从该部伸出。额骨后部倾斜接顶骨。顶骨构成颅腔的后上壁，枕骨构成头骨的项面，并有明显的枕外嵴。

水牛头骨（图 1-26、图 1-27）与绵羊相似，颅顶呈穹隆形。额骨有发达的角突，向两侧伸出。颞骨部的鼓泡发达。面骨较长，切齿骨较宽。犁骨特别发达，将鼻腔和鼻后孔也完全分隔为左右两半。

（2）马的头骨（图 1-28）
马的头骨全形略呈长的锥形四面体，额骨较平坦而宽广，颧突基部有眶上孔。鼻骨后宽而前窄，前端尖称为鼻棘。切齿骨前端腹侧有 3 个切齿齿槽。上颌骨较长，表面有明显的面嵴，向前延伸至第三臼齿相对处。面嵴的前上方有眶下孔。切齿骨与鼻骨间形成深的鼻切齿骨切迹。下颌骨构成下颌部。下颌支比牛的发达。

马的鼻旁窦包括额窦和上颌窦。

①额窦 位于额骨内、外骨板

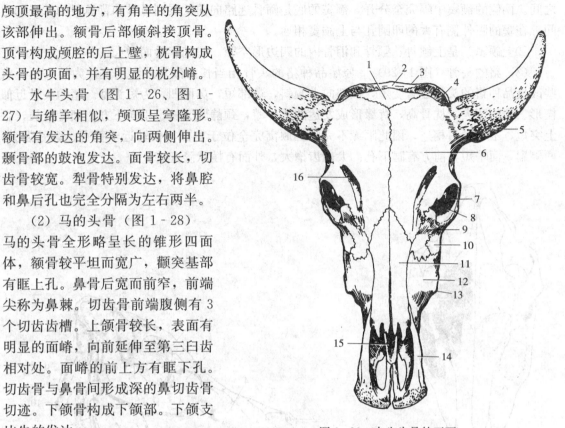

图 1-26 水牛头骨的正面
1. 顶骨 2. 顶间骨及枕骨 3. 枕嵴 4. 颞骨 5. 角突
6. 额骨 7. 眶窝 8. 泪泡 9. 泪骨 10. 颧骨 11. 鼻骨
12. 上颌骨 13. 面结节 14. 切齿骨 15. 犁骨 16. 眶上孔

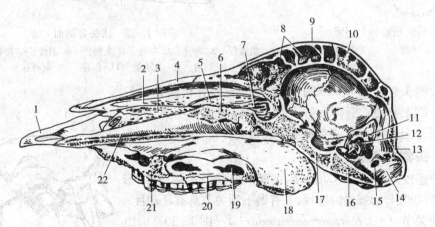

图 1-27 水牛头骨的纵切面
1. 切齿骨 2. 背鼻甲骨 3. 腹鼻甲骨 4. 鼻骨 5. 筛鼻甲 6. 筛骨垂直板
7. 筛骨迷路 8. 额窦 9. 额骨 10. 顶骨 11. 岩颞骨 12. 内耳道 13. 枕骨
14. 枕骨大孔 15. 舌下神经孔 16. 枕骨基部 17. 蝶骨体 18. 犁骨
19. 腭窦 20. 腭骨 21. 上颌骨 22. 犁骨沟

之间。两侧的额窦中隔完全分开。额窦的底是筛骨迷路向前扩展到鼻骨和背鼻甲的后半部之间,在窦的腹外侧有大的卵圆孔与上颌窦相通。

②上颌窦 是上颌骨、颧骨和泪骨内的四边形空腔。窦随年龄而增大。

(3) 猪的头骨（图 1-29） 原始品种猪的头骨相当长,额部外形平直,为长头型。有些改良品种猪的头骨显著变短,额部向上倾斜,鼻部短,鼻面凹,为短头型。猪的头骨近似楔形。项面宽大,枕骨高,背缘形成发达的枕外嵴,颈静脉突长,垂向下方。额骨较长,颧上突短,不与颧弓相连,因此眶缘不完整。颞窝完全位于侧面,长轴近于垂直。颧弓强大,两侧扁。面嵴短,前方有眶下孔。犬齿齿槽大,外面有嵴状隆起。

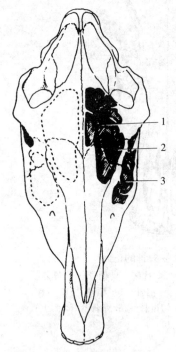

图 1-28 马的额窦和上颌窦

1. 额窦 2. 卵圆孔 3. 上颌窦

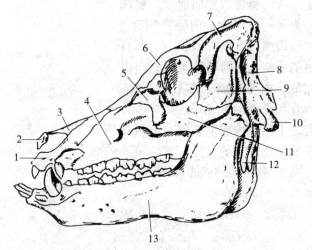

图 1-29 猪头骨侧面

1. 切齿骨 2. 吻骨 3. 鼻骨 4. 上颌骨 5. 泪骨 6. 额骨 7. 顶骨 8. 枕骨 9. 颞骨 10. 枕骨髁 11. 颧骨 12. 颈静脉突 13. 下颌骨

(4) 犬的头骨 形状和大小因品种不同差异很大,一般为卵圆形,眶上突短,眶窝后部直接与颧骨相连无明显界线。下颌骨体不完全愈合,下颌支后角形成角突。

(二) 头骨的连接

头骨的连接大部分为不动连接,主要形成缝隙连接;有的形成软骨连接,如枕骨和蝶骨的连接。只有颞下颌关节具有活动性。

颞下颌关节（art. temporomandibularis）（图 1-30） 由颞骨的颞髁与下颌骨的下颌髁构成。两关节面间夹有椭圆形的关节盘,将关节腔分为互不相通的两部分。关节囊的外侧有外侧韧带,牛无后韧带,马有由弹性纤维构成的后韧带。一对颞下颌关节是联动的,可进行开口、闭口和侧运动。

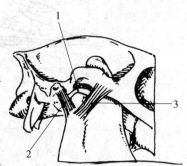

图 1-30 马的下颌关节

1. 关节盘 2. 后韧带 3. 侧韧带

此外，舌骨也具有一定的活动性。

四、四肢骨及其连接

四肢骨包括前肢骨和后肢骨。四肢骨分带部骨和游离部骨。带部骨是指肢体与躯干相连接的骨，其余的部分为游离部骨。由于适应前进运动，四肢各骨间形成活动的关节。

（一）前肢骨

家畜的前肢骨包括肩胛骨、肱骨、前臂骨和前脚骨。完整的肩带骨由3块骨组成，即肩胛骨、乌喙骨和锁骨，有蹄动物因四肢运动单纯化，乌喙骨和锁骨都已退化，仅保留一块肩胛骨。前臂骨由尺骨和桡骨组成。前脚骨由腕骨、掌骨、指骨和籽骨组成（图1-31、图1-32）。

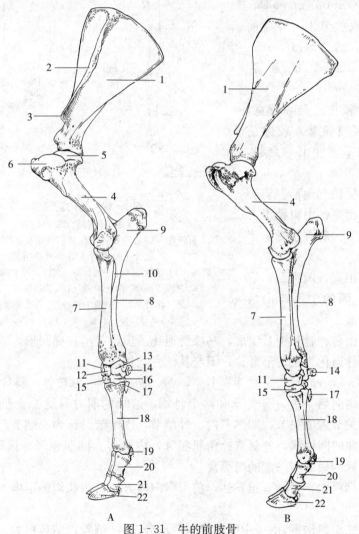

图1-31 牛的前肢骨
A. 外侧面（左） B. 内侧面（右）
1. 肩胛骨 2. 肩胛冈 3. 肩峰 4. 肱骨 5. 肱骨头 6. 外侧结节 7. 桡骨 8. 尺骨 9. 鹰嘴
10. 前臂骨间隙 11. 桡腕骨 12. 中间腕骨 13. 尺腕骨 14. 副腕骨 15. 第二、三腕骨
16. 第四腕骨 17. 第五掌骨 18. 大掌骨 19. 近籽骨 20. 系骨 21. 冠骨 22. 蹄骨

1. 肩胛骨（os scapula） 是三角形的扁骨，斜位于胸廓两侧的前上部，由后上方斜向前下方。其背缘附有肩胛软骨（cartilago scapulae）。外侧面有一条纵行的隆起，称为肩胛冈（spina scapulae）。冈的前上方为冈上窝（fossa supraspinata），后下方为冈下窝（fossa infraspinata）。肩胛骨的远端较粗大，有一浅关节窝，称为关节盂（肩臼）（cavitas glenoidalis），与肱骨头成关节。关节盂前方有突出的盂上结节（tuberculum supraglenoidale）或肩胛结节。

牛的肩胛骨较长。上端较宽，下端较窄。肩胛冈显著，较偏前方。冈的下端向下方伸出一突起，称为肩峰。

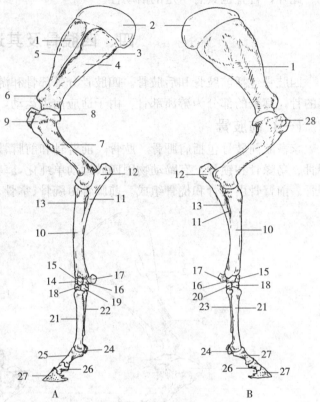

图 1-32 马的前肢骨（左）
A. 外侧面　B. 内侧面
1. 肩胛骨　2. 肩胛软骨　3. 肩胛冈　4. 冈下窝　5. 冈上窝
6. 盂上结节　7. 肱骨　8. 肱骨头　9. 外侧结节　10. 桡骨　11. 尺骨
12. 鹰嘴　13. 前臂骨间隙　14. 桡腕骨　15. 中间腕骨　16. 尺腕骨
17. 副腕骨　18. 第三腕骨　19. 第四腕骨　20. 第二腕骨
21. 第三掌骨　22. 第四掌骨　23. 第二掌骨　24. 近籽骨
25. 系骨　26. 冠骨　27. 蹄骨　28. 内侧结节

马的肩胛骨呈长三角形。肩胛冈平直，游离缘粗厚，中央稍上方粗大，称为冈结节。肩胛软骨呈半圆形。

猪的肩胛骨很宽，前缘凸。肩胛冈为三角形，冈的中部弯向后方，有大的冈结节。

犬的肩带骨由肩胛骨和锁骨组成，乌喙骨退化。肩胛骨呈长椭圆形，肩胛冈发达，下部肩峰呈沟状，锁骨退化为三角形薄片，不与其他骨连接。

2. 肱骨（os humerus） 又称为臂骨（os branchialis），为长骨。斜位于胸部两侧的前下部，由前上方斜向后下方。分骨干和两个骨端。近端的前方有肱二头肌沟；后方为肱骨头，与肩胛骨的关节盂成关节；两侧有内、外结节，内结节又称为小结节，外结节又称为大结节。骨干呈扭曲的圆柱状，外侧有三角肌粗隆，内侧有大圆肌粗隆。远端有髁状关节面，与桡骨成关节。髁的后面有一深的鹰嘴窝。

牛的肱骨近端粗大，大结节很发达，前部弯向内方，二头肌沟偏于内侧，无中间嵴。三角肌粗隆较小。

马的肱骨的二头肌沟宽，由一中间嵴分为两部分。外结节较内结节稍大。三角肌粗隆较大。

猪的肱骨与牛的相似。

犬的肱骨无三角肌粗隆。

3. 前臂骨（ossa antebrachii） 由桡骨和尺骨组成，为长骨，其位置几乎与地面垂直。

桡骨（radius）位于前内侧，发达，主要起支持作用，近端与肱骨成关节，近端的背内侧有粗糙的桡骨粗隆，远端与近列腕骨成关节。尺骨（ulna）位于后外侧，近端特别发达，向后上方突出形成鹰嘴，骨干和远端的发育程度因家畜种类而异。桡骨和尺骨之间的间隙称为前臂骨间隙。

牛的前臂骨，桡骨较短且宽，尺骨鹰嘴发达，骨干与远端较细，远端较桡骨稍长。成年牛尺骨骨干与桡骨愈合，有上下两个前臂骨间隙。

马的前臂骨，桡骨发达，骨干中部稍向前弯曲，尺骨仅近端发达，骨干上部与桡骨愈合，下部与桡骨合并，远端退化消失。

猪的前臂骨，桡骨短，稍呈弓形，尺骨发达，比桡骨长，近端粗大，鹰嘴特别长。桡骨和尺骨以骨间韧带紧密连接。

犬的前臂骨，桡骨弯曲而前后压扁，尺骨较桡骨长，自上而下逐渐变细。

4. 腕骨（ossa carpi） 位于前臂骨和掌骨之间，由两列短骨组成。近列腕骨有4块，由内向外依次为：桡腕骨、中间腕骨、尺腕骨和副腕骨。远列腕骨一般为4块，由内向外依次为第一、二、三、四腕骨。近列腕骨的近侧面为凸凹不平的关节面，与桡骨远端成关节。近、远列腕骨与各腕骨之间均有关节面，彼此成关节。远列腕骨的远侧面与掌骨成关节。整个腕骨的背侧面较隆突，掌侧面凸凹不平，副腕骨向后方突出。

牛的腕骨（图1-31、图1-33）由6块组成，近列腕骨4块，远列腕骨2块，内侧的较大，由第二和第三腕骨愈合而成，外侧为第四腕骨，第一腕骨退化。

马的腕骨（图1-32）由7块组成。近列腕骨4块。远列腕骨3块，由内侧向外侧为：第二、三、四腕骨。第一腕骨小，不常有。

猪的腕骨（图1-34）由8块组成。近列腕骨和远列腕骨均有4块。第一腕骨很小。

犬的腕骨由7块组成，排成2列，近列腕骨3块，从内向外依次为桡腕骨与中间腕骨愈合为1块、尺腕骨和副腕骨，远列腕骨4块即第一、二、三、四腕骨。

5. 掌骨（ossa metacarpalia） 为长骨，近端接腕骨，远端接指骨。有蹄动物的掌骨有不同程度的退化。

牛有3块掌骨（图1-33），第三、第四掌骨发达，近端和骨干愈合在一起，称为大掌骨。骨干短而宽。近端有关节面，与远列腕骨成关节。远端较宽，形成两个滑车关节面，分别与第三、四指的系骨和近籽骨成关节。第五掌骨为一圆锥形小骨，附于第四掌骨的近端外侧。

马有3块掌骨（图1-32），第三掌骨发达，又称为大掌骨，其方向与地面垂直，呈半圆柱状。近端稍粗大，有与远列腕骨成关节的关节面；远端稍宽，形成滑车关节面。与系骨近端和两个近籽骨成关节。第二和第四掌骨是远端退化的小掌骨，近端较粗大，有关节面与远列腕骨成关节，向下逐渐变细，由韧带连接于第三掌骨的内、外侧。

猪有4块掌骨（图1-34），由内侧向外侧为第二、三、四、五掌骨。第三、第四掌骨发达，第二和第五掌骨较小。近端与远列腕骨相连，远端各连一指骨。

犬的掌骨由5块组成，即第一、二、三、四、五掌骨，其中第三、四掌骨为大掌骨，其他为小掌骨。

6. 指骨（ossa digitorum）**和籽骨**（ossa sesamoidea） 各种家畜指的数目不同，一般每一指都具有3个指节骨：第一指节骨称为近指节骨（系骨），第二指节骨称为中指节骨（冠骨），第三指节骨称为远指节骨（蹄骨）。此外，每一指还有2块近籽骨和1块远籽骨，

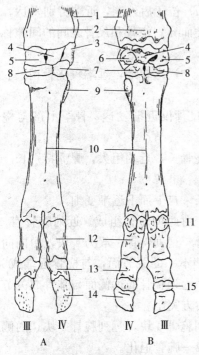
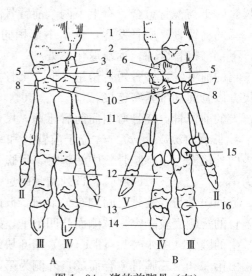

图 1-33 牛的前脚骨（左）
A. 背侧 B. 掌侧
1. 尺骨 2. 桡骨 3. 尺腕骨 4. 中间腕骨
5. 桡腕骨 6. 副腕骨 7. 第四腕骨
8. 第二、三腕骨 9. 第五掌骨 10. 大掌骨
11. 近籽骨 12. 系骨 13. 冠骨 14. 蹄骨
15. 远籽骨 Ⅲ. 第三指 Ⅳ. 第四指

图 1-34 猪的前脚骨（左）
A. 背侧 B. 掌侧
1. 尺骨 2. 桡骨 3. 尺腕骨 4. 中间腕骨 5. 桡腕骨
6. 副腕骨 7. 第一腕骨 8. 第二腕骨 9. 第四腕骨
10. 第三腕骨 11. 掌骨 12. 系骨 13. 冠骨
14. 蹄骨 15. 近籽骨 16. 远籽骨 Ⅱ. 第二指
Ⅲ. 第三指 Ⅳ. 第四指 Ⅴ. 第五指

它们是肌肉的辅助器官。

牛有4个指，即第二、三、四、五指。其中第三和第四指发达，称为主指。每指有3个指节骨，即系骨、冠骨和蹄骨。系骨呈圆柱状，两端较粗，骨干较细，近端与掌骨远端成关节，远端与冠骨相对的关节面成关节。冠骨与系骨的形状相似，但较短。蹄骨近似三棱锥形，位于蹄匣内，外形与蹄相似，蹄尖向前并弯向轴面。壁面的前面和远轴面是隆凸的斜面，轴面稍凹，称为指间面。近端有关节窝，与冠骨远端成关节。前缘有伸腱突，后方接远籽骨。底面的后端粗厚，为屈肌腱附着处。第二和第五指，又称为悬指，每个悬指仅有2块指节骨，即冠骨和蹄骨，不与掌骨成关节，仅以结缔组织相连于系关节的掌侧。

籽骨：近籽骨每主指各有2块，共有4块，呈三角锥状。远籽骨每主指各有1块，共有2块，呈横向四边形。悬指无籽骨。

马只有第三指（图1-32），系骨是一较短的长骨，前后略扁，两端较粗，骨干较细。近端有关节面与掌骨远端构成关节，远端有与冠骨相对的关节面。冠骨短，宽度稍大于长度，两端的关节面与系骨相似。蹄骨位于蹄匣内，外形与蹄相似，近端有与冠骨远端相接的关节面，前方有伸腱突。壁面呈半环状的斜面，与地面呈45°～50°角。底面前部是一凹面，后部粗糙，称为屈腱面。

近籽骨 2 块，为形状相似的锥形短骨，位于大掌骨远侧的后面。远籽骨 1 块，呈舟状，位于冠骨与蹄骨之间的后面。

猪有 4 个指（图 1-34），每指都具有 3 个指节骨。第三和第四指发达，指骨的形态与牛相似。第二和第五指比较短而细。第三、四指各有 1 对近籽骨和 1 块远籽骨，第二、五指仅各有 1 对近籽骨。

犬有 5 个指；除第一指仅有 2 节指节骨外，其他指均有 3 节指节骨。籽骨有掌侧籽骨 9 个，背侧籽骨 4~5 个。

（二）前肢的关节

前肢的肩胛骨与躯干骨间不形成关节，以肩带肌连接。前肢各骨间均形成关节，由上向下依次为肩关节、肘关节、腕关节和指关节。指关节又分为系关节、冠关节和蹄关节（图 1-35）。肩关节为多轴关节，其余均为单轴关节，主要进行屈、伸运动。

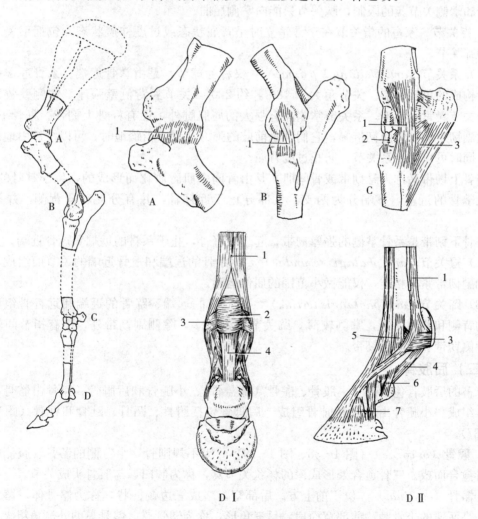

图 1-35 马的前肢关节

A. 肩关节 1. 关节囊 B. 肘关节 1. 外侧副韧带 C. 腕关节 1. 外侧副韧带 2. 骨间韧带 3. 副腕骨下韧带 D. 指关节（DⅠ掌侧面、DⅡ侧面） 1. 悬韧带 2. 籽骨间韧带 3. 籽骨侧韧带 4. 籽骨下韧带 5. 系关节侧副韧带 6. 冠关节侧副韧带 7. 蹄关节侧副韧带

1. 肩关节（articulatio humeri） 由肩胛骨远端的关节盂和肱骨头构成，关节角顶向前，站立时关节角度为120°～130°（牛为100°）。关节囊宽松，没有侧副韧带。肩关节虽为多轴关节，但由于两侧肌肉的限制，主要进行屈伸运动。

2. 肘关节（art. cubiti） 由肱骨远端和前臂骨近端的关节面构成，关节角顶向后，关节角度为150°左右。在关节囊的两侧有内、外侧副韧带，只能做屈伸运动。

3. 腕关节（art. carpi） 为复关节，由桡骨远端、腕骨和掌骨近端构成，包括桡腕关节、腕间关节和腕掌关节。根据运动来看，关节角顶向前，关节角度几乎成180°。关节囊的纤维层背侧面较薄而宽松，掌侧面特别厚而紧。关节囊的滑膜层形成3个囊，桡腕关节的最宽松，关节腔最大，活动性也最大；腕间关节次之；腕掌关节的关节腔最小，活动性也最小。腕间囊在第三、第四腕骨之间，与腕掌囊相通。腕关节有1对长的内、外侧副韧带。在牛腕关节的背侧面有两条斜向的背侧韧带，腕骨间的韧带数目较少。由于关节面的形状、骨间韧带和掌侧关节囊的限制，腕关节只能向掌侧屈曲。

4. 指关节 家畜的指关节在正常站立时呈背屈状态或过度伸展状态，包括系关节、冠关节和蹄关节。

（1）系关节（art. phalangis primae） 又称为球节，是由掌骨远端、系骨近端和1对近籽骨构成的单轴关节。关节角大于180°，约220°。关节囊背侧壁强厚，掌侧壁较薄，侧韧带与关节囊紧密相连。系关节掌侧除有强大的屈肌腱外，还有籽骨上韧带、籽骨下韧带、籽骨侧副韧带和籽骨间韧带等，它们都是前肢的弹力装置，当踏地时，可以缓冲由地面来的震动，同时可以固定系关节，防止过度背屈。

籽骨上韧带又称为悬韧带或骨间肌，是由骨间中肌腱质化而形成的，位于掌骨的掌侧，起于大掌骨的近端，下端分为两支，大部分止于近籽骨，并有分支转向背侧，并入指伸肌腱。

籽骨下韧带是系骨掌侧的强厚韧带，起于近籽骨，止于系骨的远端和冠骨近端。

（2）冠关节（art. phalagis secundae） 由系骨的远端和冠骨近端的关节面组成，关节囊和侧副韧带紧密相连，仅能做小范围的屈伸运动。

（3）蹄关节（art. phalangis tertiae） 由冠骨的远端、蹄骨的近端和远籽骨组成。关节囊的背侧和两侧强厚，掌侧较薄。蹄关节韧带较多，除侧副韧带外，还有指节间轴侧韧带、背侧韧带和指间远韧带。

（三）后肢骨

家畜的后肢骨包括髋骨、股骨、髌骨（膝盖骨）、小腿骨和后脚骨。髋骨由髂骨、坐骨和耻骨组成。小腿骨由胫骨和腓骨组成。后脚骨包括跗骨、跖骨、趾骨和籽骨（图1-36、图1-37）。

1. 髋骨（os coxae）（图1-38、图1-39） 为不规则骨。由背侧的髂骨、腹侧的坐骨和耻骨愈合而成。三骨愈合处形成深的杯状关节窝，称为髋臼，与股骨头成关节。

①髂骨（os ilium） 位于前上方。后部窄，略成三边棱柱状，称为髂骨体，髂骨体背侧缘为高而薄的坐骨棘。前部宽而扁，呈三角形，称为髂骨翼。髂骨翼的外侧角粗大，称为髋结节；内侧角称为荐结节。翼的外侧面称为臀肌面，内侧面称为骨盆面。在骨盆面上有粗糙的耳状关节面，与荐骨翼的耳状关节面成关节。

②坐骨（os ischii） 位于后下方。构成骨盆底壁的后部。后外侧角粗大，称为坐骨结

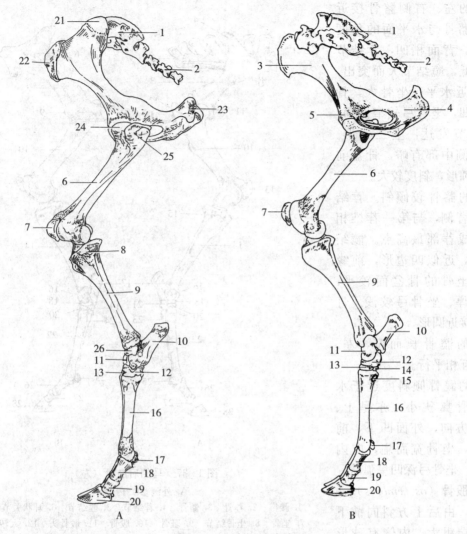

图1-36 水牛后肢骨
A. 外侧（左） B. 内侧（右）
1. 荐骨 2. 尾椎 3. 髂骨 4. 坐骨 5. 耻骨 6. 股骨 7. 髌骨 8. 腓骨 9. 胫骨 10. 跟骨 11. 距骨 12. 中央、第四跗骨 13. 第二、三跗骨 14. 第一跗骨 15. 第二跖骨 16. 大跖骨 17. 近籽骨 18. 系骨 19. 冠骨 20. 蹄骨 21. 荐结节 22. 髋结节 23. 坐骨结节 24. 股骨头 25. 大转子 26. 踝骨

节。两侧坐骨的后缘形成弓状，称为坐骨弓。前缘与耻骨围成闭孔，背侧缘参与形成坐骨棘的后部。内侧缘与对侧相接，形成骨盆联合的后部。外侧部参与髋臼的形成。

③耻骨（os pubis） 较小，位于前下方，构成骨盆底的前部，并构成闭孔的前缘。内侧部与对侧耻骨相接，形成骨盆联合的前部。外侧部参与形成髋臼。

骨盆由左、右髋骨、荐骨和前3～4个尾椎以及两侧的荐结节阔韧带构成，为一前宽后窄的圆锥形腔。前口以荐骨岬、髂骨及耻骨为界；后口的背侧为尾椎，腹侧为坐骨，两侧为荐结节阔韧带的后缘。骨盆的形状和大小因性别而异。总的来说，母畜的骨盆比公畜的大而宽敞，荐骨与耻骨的距离（骨盆纵径）较公畜大；髋骨两侧对应点的距离较公畜远，也就是骨盆的横径也较大；骨盆底的耻骨部较凹，坐骨部宽而平，骨盆后口也较大。

牛的左、右侧髂骨接近平行。髂骨与水平面的角度比马小，背面稍凹，荐结节位置较低，髋结节大而突出，前缘接近水平。坐骨大，骨盆面深凹，坐骨弓较窄而深；坐骨结节发达，呈三角形。骨盆腹侧中部有嵴，骨盆前口呈椭圆形，斜度较大。

马的髂骨较倾斜。荐结节突向背侧，与第一荐椎相对，形成荐部最高点。髋结节粗厚，近似四边形，前缘倾斜。坐骨的骨盆面较平；后缘粗厚，坐骨弓较浅。骨盆前口接近圆形。

猪的髂骨长而窄，左、右两侧互相平行。

犬的髂骨倾斜度近于水平，髂骨翼狭小，亦呈上、下垂直方向，外面凹下，前缘隆凸，坐骨宽而扁，向内方展开，坐骨弓深凹呈弧状。

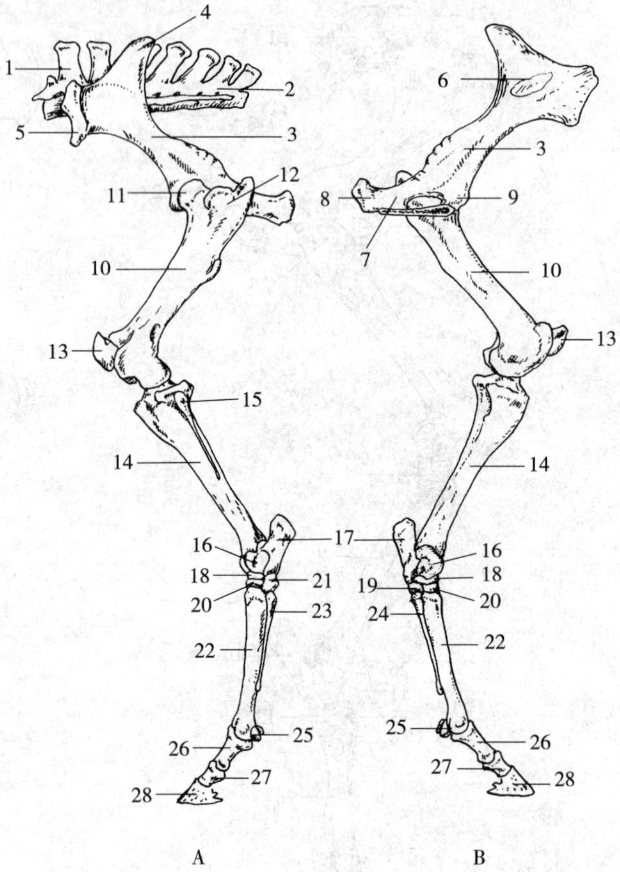

2. 股骨（os femoris）为长骨，由后上方斜向前下方。近端粗大，内侧有球形的股骨头，与髋臼成关节，头的中央有一凹陷称为头窝，供圆韧带附着；外侧有粗大的突起，称为大转子。骨干呈圆柱形。远端粗大，前方为滑车关节面，与髌骨成关节；后方有两个股骨髁，与胫骨成关节。

牛的股骨（图1-36）近端股骨头较小，关节面有一部分向外伸延，大转子向外突出，内侧缘的上部有粗糙的小转子，没有第三转子。骨干较细，呈圆柱形。远端前方滑车关节面的内嵴较外嵴宽而突出。

马的股骨（图1-37）近端大转子发达，由一切迹分为前、后两部。骨干的背面圆而光滑，后面较平坦，外侧有发达的第三转子，内侧缘上部有粗厚的小转子。远端前方的滑车关节面的内嵴高而向前上方突出。

猪的股骨基本与牛相似，但较短。大转子的高度不超过股骨头。上部内侧有小转子。没有第三转子。

犬的股骨大转子低矮，无第三转子。

图1-37 马的后肢骨（左）
A. 外侧 B. 内侧
1. 腰椎 2. 荐骨 3. 髂骨 4. 荐结节 5. 髋结节 6. 耳状关节面
7. 坐骨 8. 坐骨结节 9. 耻骨 10. 股骨 11. 股骨头 12. 大转子
13. 髌骨 14. 胫骨 15. 腓骨 16. 距骨 17. 跟骨 18. 中央跗骨
19. 第一、二跗骨 20. 第三跗骨 21. 第四跗骨 22. 第三跖骨
23. 第四跖骨 24. 第二跖骨 25. 近籽骨 26. 系骨 27. 冠骨 28. 蹄骨

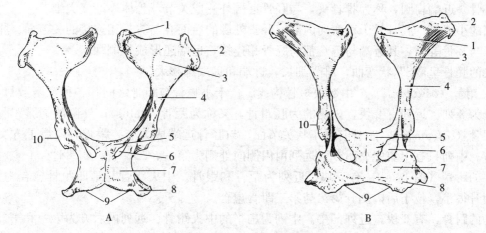

图 1-38 髋骨的背侧面
A. 马的髋骨 B. 牛的髋骨
1. 荐结节 2. 髋结节 3. 髂骨翼 4. 髂骨体 5. 耻骨 6. 闭孔 7. 坐骨 8. 坐骨结节 9. 坐骨弓 10. 髋臼

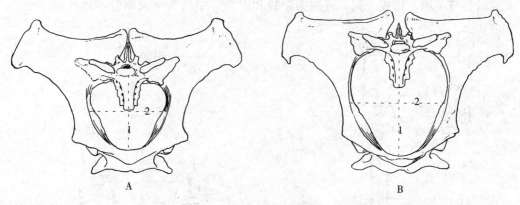

图 1-39 公、母马骨盆的比较（前面观）
A. 公马的骨盆 B. 母马的骨盆
1. 骨盆前口的纵径 2. 骨盆前口的横径

3. 髌骨（patella） 又称为膝盖骨，是一大籽骨，位于股骨远端的前方，与股骨滑车关节面成关节。髌骨的前面粗糙，供肌腱、韧带附着，后面为关节面，内侧附着有纤维软骨，其弯曲面与滑车内嵴相适应。

牛的髌骨近似圆锥形。马的呈四边形。猪的髌骨窄而厚，呈尖端向下的长三面锥体。犬的髌骨狭长。

4. 小腿骨（ossa cruris） 包括胫骨和腓骨。胫骨（tibia）是一个发达的长骨，由前上方斜向后下方，呈三面棱柱状。近端粗大，有内、外髁，与股骨的髁成关节，髁的前方为粗厚的胫骨隆起，向下延续为胫骨嵴。骨干为三面体。远端有滑车关节面，与胫跗骨成关节。腓骨（fibula）位于胫骨外侧，与胫骨间形成小腿间隙，发育程度因家畜而不同。

牛的胫骨（图 1-36）发达，形态同上述。腓骨近端与胫骨愈合为一向下的小突起，骨体消失。远端形成一块小的踝骨（os malleolare），与胫骨远端外侧成关节。

马的小腿骨（图 1-37），胫骨发达，近端外侧有一小关节面与腓骨头连接。腓骨为一退化的小骨。近端扁圆，称为腓骨头，与胫骨近端外侧成关节。骨体逐渐变尖细。

猪的小腿骨，胫骨骨干稍弯向内侧，胫骨外髁的后面有与腓骨相连接的关节面。腓骨较发达，与胫骨等长，其近端与远端都与胫骨相连接，远端还形成外侧踝。

犬的胫骨呈"S"状弯曲，腓骨细长，近端和远端都膨大。

5. 跗骨（ossa tarsi） 由数块短骨构成。位于小腿骨与跖骨之间。各种家畜数目不同，一般分为3列。近列有2块，内侧的为胫跗骨，又称为距骨（talus）；外侧的为腓跗骨，又称为跟骨（calcaneus）。距骨有滑车状关节面，与胫骨远端成关节。跟骨有向后上方突出的跟结节。中列只有1块中央跗骨。远列由内侧向外侧为第一、二、三、四跗骨。

牛的跗骨（图1-40）有5块，近列为距骨和跟骨。中央跗骨与第四跗骨愈合为1块。第一跗骨很小，位于后内侧。第二与第三跗骨愈合。

马的跗骨，有6块，近列同牛。中列为扁平的中央跗骨。远列内后方为第一和第二跗骨愈合成的不规则小骨，中间为扁平的第三跗骨，外侧为较高的第四跗骨。

猪有7块跗骨（图1-41），近列同马、牛。中列有中央跗骨。远列有4块，为第一、二、三、四跗骨。

犬的跗骨有7块，排成3列，近列为距骨和跟骨，中列为中央跗骨，远列为第一、二、

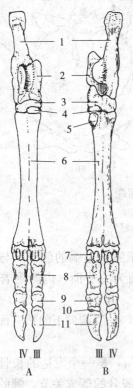

图1-40 牛的后脚骨
A. 背侧面 B. 跖侧面
1. 跟骨 2. 距骨 3. 中央第四跗骨
4. 第二、三跗骨 5. 第二趾骨 6. 第三、四跖骨
7. 近籽骨 8. 系骨 9. 冠骨 10. 远籽骨
11. 蹄骨 Ⅲ. 第三趾 Ⅳ. 第四趾

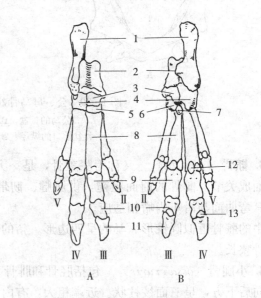

图1-41 猪的后脚骨
A. 背侧面 B. 跖侧面
1. 跟骨 2. 距骨 3. 中央跗骨 4. 第四跗骨 5. 第三跗骨
6. 第二跗骨 7. 第一跗骨 8. 跖骨 9. 系骨 10. 冠骨
11. 蹄骨 12. 近籽骨 13. 远籽骨 Ⅱ. 第二趾
Ⅲ. 第三趾 Ⅳ. 第四趾 Ⅴ. 第五趾

三、四跖骨。

6. 跖骨（ossa metatarsalia）　趾骨和籽骨（图1-40、图1-41）分别与前肢相应的掌骨、指骨和籽骨相似，但较细长。牛的大跖骨（第三、第四跖骨）比前肢大掌骨细长，第二跖骨为一退化的小跖骨，呈小盘状，附着于大跖骨的后内侧。马的跖骨较前肢掌骨细而长，蹄骨较前肢的小，底面凹入较深，壁面与地面的角度比前肢的略大。

（四）后肢关节

家畜的后肢在推动身体前进方面起主要作用。因此，髋骨与荐骨由荐髂关节牢固连接起来，以便把后肢肌肉收缩时产生的推动力沿脊柱传至前肢。后肢游离部的关节有髋关节、膝关节、跗关节和趾关节，趾关节也包括系关节、冠关节和蹄关节。后肢各关节与前肢各关节相对应，除趾关节外，各关节角的方向相反，这种结构有利于家畜站立时保持姿势的稳定。后肢各关节除髋关节外，均有侧副韧带，故均为单轴关节。

1. 荐髂关节（art. sacroiliaca）　由荐骨翼与髂骨的耳状关节面构成，关节面不平整，周围有短而强的关节囊，并有一层短的韧带加固。因此家畜的荐髂关节几乎不能活动。

在荐骨和髂骨之间还有一些强固的韧带——荐髂背侧韧带、荐髂外侧韧带和荐结节阔韧带（图1-42）。其中荐结节阔韧带（荐坐韧带）最大，为一四边形的宽广韧带，构成骨盆的侧壁，背侧附着于荐骨侧缘和第一、二尾椎的横突，腹侧附着于坐骨棘和坐骨结节，其前缘与髂骨间形成坐骨大孔，下缘与坐骨之间形成坐骨小孔，供血管、神经通过。

2. 髋关节（art. coxae）（图1-43）　由髋臼和股骨构成。为多轴关节，关节角顶向后，在站立时关节角约为115°，关节囊宽松。在股骨头与髋臼之间，有一条短而强的圆韧带连接。马、骡、驴还有一条副韧带，来自腹直肌的耻前腱，沿耻骨腹面向两侧连于股骨头。髋关节能进行多方面运动，但主要是屈、伸运动；在关节屈曲时常伴有外展和旋外，在伸展时伴有内收和旋内。

3. 膝关节（art. genus）（图1-43）　为复关节，包括股胫关节和股膑关节。关节角顶向前，关节角约为150°，为单轴关节。

股胫关节是由股骨远端的一对髁和胫骨近端以及插入其间的2个半月板构成的复关节，关节囊的前壁薄，后壁稍厚。除有一对侧副韧带外，关节中

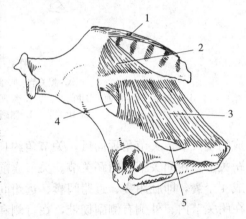

图1-42　马的骨盆韧带
1. 荐髂背侧韧带　2. 荐髂外侧韧带
3. 荐结节阔韧带　4. 坐骨大孔　5. 坐骨小孔

央还有交叉的十字韧带连接股骨与胫骨。此外，半月板还有一些短韧带，与股骨和胫骨相连。半月板一方面使关节面相吻合，此外还可减轻震动。股胫关节主要是屈伸运动，在屈曲时可做小范围的旋转运动。

股膑关节由膑骨和股骨远端滑车关节面构成。关节囊宽松。膑骨除以股膑内外侧韧带连于股骨远端外，在其前方还有3条强大的膑直韧带，连于胫骨近端的胫骨隆起上。膑直韧带与关节囊之间填充着脂肪。股膑关节的运动主要是膑骨在股骨滑车上滑动，通过改变股四头肌作用力的方向而伸展膝关节。

4. 跗关节（art. tarsi）（图1-43）　又称为飞节，是由小腿骨远端、跗骨和跖骨近端构

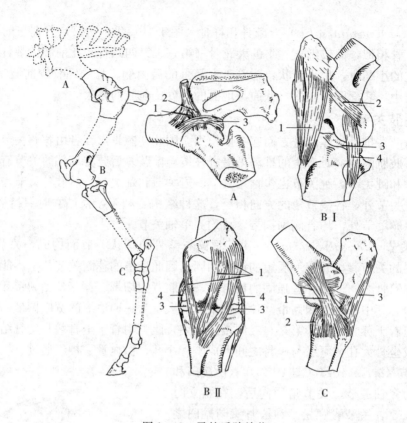

图 1-43 马的后肢关节
A. 髋关节　1. 圆韧带　2. 副韧带　3. 横韧带
B. 膝关节（BⅠ侧面，BⅡ前面）1. 髌直韧带　2. 股髌外侧韧带　3. 半月板　4. 股胫外侧副韧带
C. 跗关节　1. 侧副韧带　2. 背侧韧带　3. 跖侧韧带

成的复关节。关节角顶向后，关节角约153°，为单轴关节，仅能做屈伸运动。跗关节包括胫跗关节、跗间关节和跗跖关节。关节囊前壁宽松，后壁紧而强厚，紧密附着于跗骨；滑膜形成4个囊，即胫跗囊、近跗间囊、远跗间囊和跗跖囊，其中以胫跗囊最大，并向内侧突出。在跗关节内、外侧有侧副韧带，在背侧和跖侧也各有韧带，限制跗关节的活动并加固连接。牛的跗关节除胫跗关节有相当大的运动外，距骨与中央跗骨之间也有一定的活动性，马的跗关节仅胫跗关节能做屈伸运动，其余3个关节连接紧密，活动范围极小，只起缓冲作用。

5. 趾关节　包括系关节、冠关节和蹄关节。其构造与前肢指关节相同。

（何飞鸿）

第二节　肌　肉

一、总　论

（一）肌器官的构造（图1-44）

组成运动器官的每一块肌肉（musculus）都是一个复杂的器官，由肌腹和肌腱两部分构成。

1. 肌腹　肌腹主要由骨骼肌纤维按一定方向排列构成，此外还有结缔组织、血管、神经和淋巴管。包在整块肌肉外表面的结缔组织，形成肌外膜（*epimysium*）。肌外膜向内伸入，把肌纤维分成大小不同的肌束，称为肌束膜（*perimysium*）。肌束膜再向肌纤维之间深入，包围着每一条肌纤维，称为肌内膜（*endomysium*）。肌膜是肌肉的支持组织，使肌肉具有一定的形状，营养好的家畜肌膜内含有脂肪组织，在肌肉断面上呈大理石状花纹。血管、淋巴管和神经随着肌膜进入肌组织。肌肉内分布有大量的毛细血管网、运动神经末梢和本体感觉神经末梢，对肌肉的代谢和机能调节有重要意义。

2. 肌腱　肌肉的两端一般有由规则的致密结缔组织构成的肌腱（*tendo musculi*）。腱纤维借肌内膜直接连接肌纤维的端部或贯穿于肌腹中。肌腱不能收缩，但具有很强的韧性和抗张力，其纤维伸入到骨膜和骨质中，使肌肉牢固地附着于骨上。

3. 肌肉　根据肌腹内腱纤维的含量和肌纤维的排列方向，可分为动力肌、静力肌和动静力肌3种。

(1) 动力肌　肌腹由肌纤维及柔软的肌膜组成，肌纤维的方向与肌腹的长轴平行。这种肌肉收缩迅速有力，幅度较大，是推动身体前进的主要动力。但消耗的能量多，易疲劳。

(2) 静力肌　肌腹中肌纤维很少，甚至消失，由腱纤维所代替，因而失去收缩能力，只起连接等机械作用。在家畜静止时起维持身体姿势的作用，如马的腓骨第三肌。

(3) 动静力肌（图1-45）　肌腹中含有或多或少的腱质，构造复杂。根据肌腹中腱的分布和肌纤维的方向，又可以分为：半羽状肌、羽状肌和复羽状肌。表面有一条腱索或腱膜，肌纤维斜向排列于一侧的为半羽状肌；腱索伸入肌腹中间，肌纤维以一定角度对称地排列于腱索两侧的为羽状肌；肌腹中有数条腱索或腱层，肌纤维有规律斜向排列于腱索两侧的为复羽状肌。动静力肌由于肌腹中有腱索，肌纤维短，但数量大为增多，从而增强了肌腹的收缩力，而且不易疲劳，但收缩幅度较小。动静力肌在维持身体姿势和运动中均起着重要作用。

（二）肌肉的形态和内部结构

肌肉由于位置和机能不同，而有不同的形态，一般可以分为：

1. 板状肌　呈薄板状，主要位于腹部和肩带部，其形状和大小不一，有的呈扇形，如背阔肌；有的呈锯齿状，如下锯肌；有的呈带状，如臂头肌等。板状肌可延续为腱膜，以增加肌肉的坚固性。

2. 多裂肌　主要分布于脊柱的椎骨之间，是由许多短肌

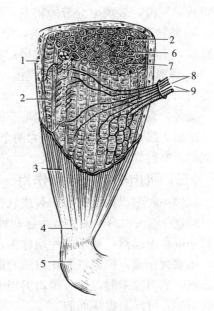

图1-44　肌器官构造模式图
1. 肌外膜　2. 肌纤维　3. 肌腹　4. 肌腱
5. 骨　6. 肌束膜　7. 肌内膜　8. 神经　9. 血管

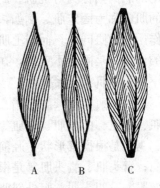

图1-45　肌腹内部构造模式图
A. 半羽状肌　B. 羽状肌
C. 复羽状肌

束组成的肌肉，表现出分节的特点，如背最长肌、髂肋肌等。

3. 纺锤形肌 多分布于四肢，中间膨大部分，主要由肌纤维构成，称为肌腹，两端多为腱质，上端为肌头，下端为肌尾。有些肌肉有数个肌头或肌尾。

4. 环形肌 分布于自然孔周围，如口轮匝肌，肌纤维环绕自然孔排列，形成括约肌，收缩时可关闭自然孔。

此外，畜体内还有一些其他形态的肌肉，如仅有一个肌尾而有数个肌头的肌肉（臂三头肌、肌四头肌）；由一中间腱分为两个肌腹的二腹肌；以及由一段肌纤维和一段腱纤维交错构成的具有腱划的腹直肌等。

（三）肌肉的起止点和作用

肌肉一般都以两端附着于骨或软骨，中间越过一个或多个关节。当肌肉收缩时，肌腹变短（缩短 1/3～1/2），以关节为运动轴，牵引骨发生位移而产生运动。肌肉收缩时，固定不动的一端称为起点，活动的一端称为止点。例如四肢的肌肉，通常靠近躯干或四肢近端为起点，远端为止点。但起点和止点随着运动状况的变化也可发生改变，如臂头肌在站立时头端是止点，肌肉收缩时可举头颈，但当前进运动时，头颈伸直固定不动，头端则变为起点，肌肉收缩时，可向前提举前肢。

肌肉根据收缩时对关节的作用，可分为伸肌、屈肌、内收肌和外展肌等。肌肉对关节的作用与其位置的配布有密切关系。伸肌配布在关节的伸面，即通过关节角顶，当肌肉收缩时可使关节角变大从而伸展关节。屈肌配布于关节的屈面，即关节角内，肌肉收缩时使关节角变小实现关节的屈曲。内收肌位于关节的内侧。外展肌则位于关节的外侧。掌握了肌肉配布的规律，根据关节的类型和关节角的方向，便可大致确定作用于该关节的肌群及其位置，如肘关节为单轴关节，关节角顶向后，那么该关节只有伸、屈两组肌肉，而且伸肌位于后方，屈肌位于前方。

肌肉起止点之间越过一个关节的，只对一个关节起作用，如冈上肌只能伸肩关节；起止点之间越过多个关节的肌肉，则可对多个关节起作用，如指深屈肌，不仅能屈指关节，而且可以屈腕关节和伸肘关节。

家畜在运动时，每个动作并不是单独一块肌肉起作用，而是许多肌肉互相配合的结果。在一个动作中，起主要作用的肌肉称为主动肌；起协助作用的肌肉称为协同肌；而产生相反作用的肌肉则称为对抗肌。此外，还有些肌肉参与稳定躯干或肢体近侧部分，这些起固定作用的肌肉称为固定肌。例如，屈肩关节时，三角肌和大圆肌为主动肌，背阔肌也有屈肩关节的作用，为协同肌，而冈上肌为对抗肌，斜方肌和菱形肌固定肩胛骨，为固定肌。每一块肌肉的作用不是固定不变的，在不同工作条件下起不同的作用。

（四）肌肉的命名

肌肉一般是根据其作用、结构、形状、位置、肌纤维方向及起止点等特征而命名的。如伸肌、屈肌、内收肌、咬肌等的命名是根据其作用；二腹肌、三头肌等是根据其结构；三角肌、锯肌是根据其形状；胫前肌、颞肌等是根据其位置；直肌、斜肌、横肌等是根据其纤维方向；臂头肌、胸头肌等是根据其起止点。大多数肌肉是结合了数个特征而命名的，如指外侧伸肌、股四头肌、腹外斜肌等。

（五）肌肉的辅助器官

肌肉的辅助器官包括筋膜、黏液囊、腱鞘、滑车和籽骨。

1. 筋膜（fascia） 为被覆在肌肉表面的结缔组织膜，可分为浅筋膜和深筋膜。

①浅筋膜（fascia superficialis） 位于皮下，又称为皮下筋膜，由疏松结缔组织构成，覆盖于整个肌肉表面，各部厚薄不一。有些部位的浅筋膜中分布有皮肌。营养好的家畜浅筋膜内蓄积大量脂肪，形成皮下脂肪层。浅筋膜连接皮肤与深部组织，有保护、储存脂肪和调节体温等功能。

②深筋膜（fascia profunda） 在浅筋膜之下，由致密结缔组织构成，致密而坚韧，包围在肌群的表面，并伸入肌肉之间，附着于骨上，形成肌肉间隔。深筋膜在某些部位（如前臂、小腿等处）形成总的筋膜鞘；在关节附近形成环韧带以固定腱的位置；有些筋膜可作为肌肉的附着点。总之，深筋膜可以固定肌肉的位置，使肌肉或肌群能够单独地进行收缩，为肌肉的工作创造有利条件。在病理情况下，深筋膜一方面可限制炎症的扩散，另一方面，深筋膜形成的筋膜间隙，又可成为病变蔓延的途径。

2. 黏液囊（bursa mucosae）（图 1-46 A） 是密闭的结缔组织囊。囊壁薄，内面衬有滑膜，囊内有少量黏液，多位于肌、腱、韧带、皮肤与骨的突起之间，有减少摩擦的作用。有些黏液囊是关节囊的突出部分，与关节腔相通，称为滑膜囊（bursa synovialis）。

3. 腱鞘（vagina symovialis tendinis）（图 1-46 B） 多位于腱通过活动范围较大的关节处。由黏液囊呈筒状包裹于腱的外面形成。鞘壁表面为纤维层，深面是滑膜。滑膜分内外两层，外层称为壁层，附着于纤维层内面；内层称为腱层，紧贴于腱的表面，两层滑膜在腱系膜处连续。壁层与腱层之间有少量滑液，可减少腱活动时的摩擦。

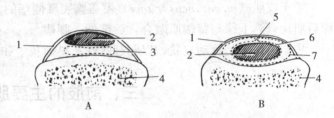

图 1-46 黏液囊和腱鞘构造模式图
A. 黏液囊 B. 腱鞘
1. 纤维膜 2. 腱 3. 滑膜 4. 骨
5. 腱系膜 6. 滑膜腱层 7. 滑膜壁层

4. 滑车（trochlea） 多位于骨的突出部，为具有沟的滑车状突起，表面覆有软骨，腱与滑车之间常垫有黏液囊，以减少腱与骨之间的摩擦。

5. 籽骨（os seasamoideum） 是位于关节处的小骨。籽骨有关节面与相邻骨成关节，腱通过籽骨时附着于籽骨。有改变肌肉作用力的方向及减少摩擦的作用。

二、皮 肌

皮肌（m. cutaneus）（图 1-47）为分布于浅筋膜中的薄层肌，大部分与皮肤深面紧密相连。皮肌并不覆盖全身，根据部位可分为面皮肌、颈皮肌、肩臂皮肌及躯干皮肌。

面皮肌（m. cutaneus faciei） 薄而不完整，覆盖于下颌间隙、腮腺和咬肌表面，有分支向前伸达口角，称为唇皮肌（m. cutaneus labiorum）。牛还有宽大的额皮肌。犬面皮肌发达，其大部分是颈皮肌的延续，分布于面部侧面下部，向前至口角及上唇。

颈皮肌（m. cutaneus coli） 牛无此肌，马的颈皮肌起自胸骨柄和颈正中缝，向颈的腹侧伸延，起始部较厚，向前逐渐变薄，有的马特别发达，可与面皮肌相连。犬颈皮肌很发达，又称为颈阔肌。肌纤维从颈背部向前下方，至面部外侧面。

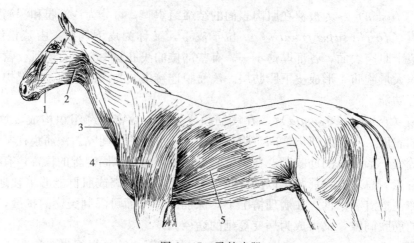

图1-47 马的皮肌
1. 唇皮肌 2. 面皮肌 3. 颈皮肌 4. 肩臂皮肌 5. 躯干皮肌

肩臂皮肌（m. cutaneus omobrachialis）覆盖于肩臂部，牛的较窄。犬的亦较小。

躯干皮肌（m. cutaneus trunci）覆盖胸腹壁侧壁的大部分，前缘接肩臂皮肌，下缘与胸深后肌融合，上缘与背阔肌融合，后部伸入膝褶。

皮肌的作用是颤动皮肤，以驱赶蚊蝇及抖掉灰尘和水滴等。

三、前肢的主要肌肉

前肢肌肉（图1-48、图1-49、图1-50、图1-51）可分为肩带肌、肩部肌、臂部肌和

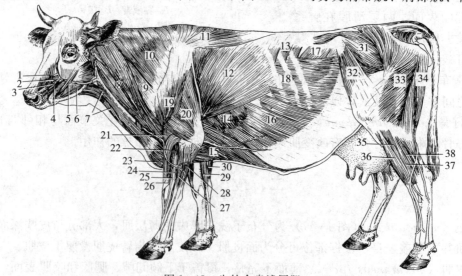

图1-48 牛的全身浅层肌
1. 鼻唇提肌 2. 上唇固有提肌 3. 鼻外侧开肌 4. 上唇降肌 5. 颧肌 6. 下唇降肌 7. 胸头肌 8. 臂头肌 9. 肩胛横突肌 10. 颈斜方肌 11. 胸斜方肌 12. 背阔肌 13. 后背侧锯肌 14. 腹侧锯肌 15. 胸深后肌 16. 腹外斜肌 17. 腹内斜肌 18. 肋间外肌 19. 三角肌 20. 臂三头肌 21. 臂肌 22. 腕桡侧伸肌 23. 胸浅肌 24. 指总伸肌 25. 指内侧伸肌 26. 腕斜伸肌 27. 指外侧伸肌 28. 腕外侧屈肌 29. 腕桡侧屈肌 30. 腕尺侧屈肌 31. 臀中肌 32. 阔筋膜张肌 33. 臀股二头肌 34. 半腱肌 35. 腓骨长肌 36. 腓骨第三肌 37. 趾外侧伸肌 38. 趾深屈肌

第一章 运动系统

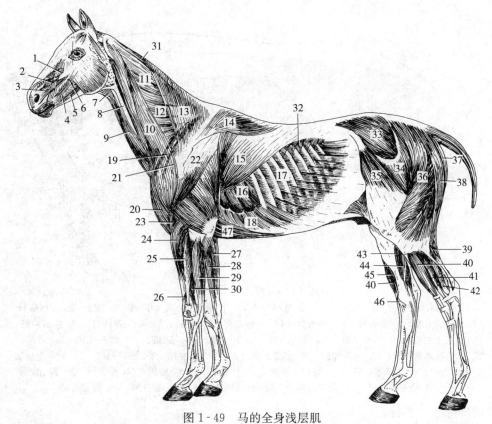

图 1-49 马的全身浅层肌

1.上唇提肌 2.鼻唇提肌 3.鼻孔外侧开肌 4.颊肌 5.下唇降肌 6.颧肌 7.肩胛舌骨肌 8.颈静脉 9.胸头肌 10.臂头肌 11.夹肌 12.颈腹侧锯肌 13.颈斜方肌 14.胸斜方肌 15.背阔肌 16.胸腹侧锯肌 17.肋间外肌 18.腹外斜肌 19.胸深前肌 20.降胸肌 21.冈上肌 22.三角肌 23.臂肌 24.腕桡侧伸肌 25.指总伸肌 26.腕斜伸肌 27.腕尺侧屈肌 28.腕桡侧屈肌 29.腕外侧屈肌 30.指外侧伸肌 31.菱形肌 32.后背侧锯肌 33.臀中肌 34.臀浅肌 35.阔筋膜张肌 36.臀股二头肌 37.半膜肌 38.半腱肌 39.腓肠肌 40.趾长伸肌 41.趾外侧伸肌 42.趾深屈肌 43.腘肌 44.趾深屈肌内侧头 45.胫骨前肌 46.腓骨第三肌 47.胸深后肌

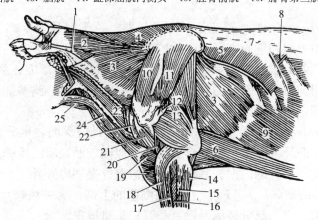

图 1-50 牛的躯干深层肌

1.头最长肌 2.夹肌 3.腹侧锯肌 4.菱形肌 5.背阔肌 6.胸深肌 7.背腰筋膜 8.后背侧锯肌 9.腹外斜肌 10.冈上肌 11.冈下肌 12.小圆肌 13.臂三头肌 14.腕尺侧屈肌 15.指外侧伸肌 16.指总伸肌 17.指内侧伸肌 18.腕桡侧伸肌 19.胸降肌 20.臂肌 21.臂二头肌 22.锁骨下肌 23.臂头肌 24.胸头肌 25.胸骨舌骨肌

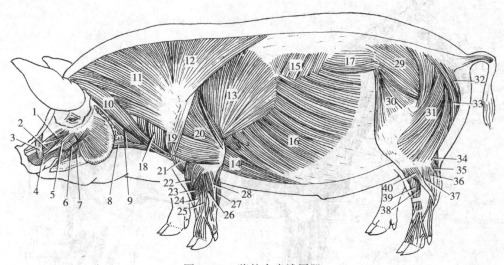

图 1-51 猪的全身浅层肌

1. 上唇固有提肌 2. 鼻孔外侧开肌 3. 鼻唇提肌 4. 口轮匝肌 5. 吻降肌 6. 颧肌 7. 下唇降肌
8. 胸骨舌骨肌 9. 胸头肌 10. 臂头肌 11. 颈斜方肌 12. 胸斜方肌 13. 背阔肌 14. 胸深后肌
15. 后上锯肌 16. 腹外斜肌 17. 腰髂肋肌 18. 冈上肌 19. 三角肌 20. 臂三头肌 21. 臂肌
22、23. 腕桡侧伸肌 24. 腕斜伸肌 25. 指总伸肌 26. 第五指伸肌 27. 指浅屈肌 28. 腕外侧屈肌
29. 臀中肌 30. 阔筋膜张肌 31. 臀股二头肌 32. 半膜肌 33. 半腱肌 34. 腓肠肌 35. 趾深屈肌
36. 第五趾伸肌 37. 第四趾伸肌 38. 趾长伸肌 39. 腓骨第三肌 40. 腓骨长肌

前臂及前脚部肌四部分。

（一）肩带肌

肩带肌是连接躯干与前肢的肌肉，大多为板状肌，一般起于躯干，止于前肢的肩胛骨和肱骨。根据位置，可分为背侧和腹侧两组。背侧组起于头骨和脊柱，从背侧连接前肢，包括斜方肌、菱形肌、背阔肌和臂头肌，牛、犬、猪还有肩胛横突肌。腹侧组起自颈椎、肋骨和胸骨，从腹侧连接前肢，包括胸肌和腹侧锯肌。

1. 背侧组

（1）斜方肌（*m. trapezius*）　是扁平的三角形肌，位于肩颈上半部的浅层，根据起点和肌纤维方向分为颈斜方肌和胸斜方肌。牛的较厚，两部之间无明显分界。马的较薄，明显地分为颈、胸两部。颈斜方肌起自项韧带索状部，肌纤维斜向后下方；胸斜方肌起自前10个胸椎棘突，肌纤维斜向前下方。犬的较薄，两部分界明显。颈、胸两部均止于肩胛冈。其作用是提举、摆动和固定肩胛骨。

（2）菱形肌（*m. rhomboideus*）　在斜方肌和肩胛软骨的深面，也分颈、胸两部。颈菱形肌狭长，呈三棱形，肌纤维纵行；胸菱形肌薄，近似四方形，肌纤维垂直。菱形肌两部的起点同斜方肌，止于肩胛软骨的内面。其作用为向前上方提举肩胛骨。

（3）背阔肌（*m. latissimus dorsi*）　位于胸侧壁的上部。为一块略呈三角形大板状肌。肌纤维由后上方斜向前下方，部分被躯干皮肌和臂三头肌覆盖。

牛的背阔肌除起自腰背筋膜，还起于9～11肋骨、肋间外肌和腹外斜肌的筋膜。其止点分3部分，前部分止于大圆肌肌腱，中部止于臂三头肌长头内面的腱膜，后部与胸深肌同止于肱骨内侧结节。

马的背阔肌起自腰背筋膜，止于肱骨内面。

犬的背阔肌起自腰背筋膜，止于肱骨大圆肌粗隆和大圆肌腱。

背阔肌的主要作用：①向后上方牵引肱骨，屈肩关节；②当前肢踏地时，牵引躯干向前；③牛背阔肌的肋部可协助吸气。

(4) 臂头肌（m. brachiocephalicus） 呈长而宽的带状，位于颈侧部浅层，自头伸延到臂，形成颈静脉沟的上界。

牛的臂头肌前部特别宽，后部显著变窄，仅覆盖肩关节前面。起于枕骨、颞骨和下颌骨，止于肱骨嵴。

马的臂头肌全长宽度一致，后端包盖肩关节的前面和外侧面。起于枕骨、颞骨、环椎翼和2～4颈椎横突，止于肱骨外侧的三角肌粗隆和肱骨嵴。

犬的臂头肌呈长带状，结构比较复杂，是一块复合肌，即锁臂肌、锁颈肌和锁乳突肌。均起于锁骨（锁腱划内），分别止于颈部中线、颞骨的乳突和肱骨前缘内侧。

臂头肌的作用：①牵引前肢向前，伸肩关节；②提举和侧偏头颈。

(5) 肩胛横突肌（m. omotransversarius） 牛肩胛横突肌的前部位于臂头肌的深层，后部位于颈斜方肌和臂头肌之间。起于环椎翼，止于肩峰部的筋膜。马无此肌。

犬的肩胛横突肌同牛。

2. 腹侧组

(1) 胸浅肌（m. pecturalis superficialis） 位于前臂与胸骨之间的皮下。分为前、后两部，前部为胸降肌（胸浅前肌），后部为胸横肌（胸浅后肌）。胸浅肌的主要作用是内收前肢。

牛的胸浅肌较薄，前、后两部分界不明显。

马的胸浅肌明显地分为前、后两部。胸降肌很发达，突出于胸前部，起于胸骨柄，止于肱骨嵴。胸横肌较薄，起于胸骨嵴，止于前臂内侧筋膜。

犬的胸浅肌两部分界明显，胸降肌较小，起于胸骨柄，止于肱骨嵴。胸横肌较大，起自前2、3胸骨节，止于前臂内侧筋膜。

(2) 胸深肌（m. pectoralis profundus） 位于胸浅肌的深层，大部分被胸浅肌覆盖。胸深肌的作用：①内收和摆动前肢；②前肢踏地时可牵引躯干向前。

牛的胸深肌很大，略呈三角形，起于腹黄膜、剑状软骨和胸骨侧面，止于肱骨内外结节。

马的胸深肌分前、后两部。前部为锁骨下肌（胸深前肌）略呈三棱形，起于胸骨侧面前半部，向前上方逐渐变狭，行经肩关节前面及冈上肌前缘，止于冈上肌上端的筋膜。后部为深胸肌（胸深后肌），也很发达，形状起止点与牛相似。

犬的胸深肌长而大，从胸骨至臂，大部分位于胸浅肌之下。起自胸骨腹侧、剑突软骨部，止于肱骨内外侧结节。

(3) 腹侧锯肌（m. serratus ventralis） 为一宽大的扇形肌，下缘呈锯齿状，位于颈、胸部的外侧面。可分为颈、胸两部。颈腹侧锯肌全为肌质；胸腹侧锯肌较薄，表面和内部混有厚而坚韧的腱层。

牛的颈腹侧锯肌很发达，起自后5～6个颈椎的横突和前3个肋骨；胸腹侧锯肌起于4～9肋骨的外面，均止于肩胛骨的锯肌面和肩胛软骨内面。

马的颈腹侧锯肌起于后4个颈椎的横突，胸腹侧锯肌起于前8~9个肋骨外面，均止于肩胛骨内面的锯肌面和肩胛软骨内面。

犬的颈腹侧锯肌起自后5个颈椎横突，胸腹侧锯肌起自前7~8肋骨的下部，止于肩胛骨内面的锯肌面。

两侧腹侧锯肌，特别是多腱质的胸腹侧锯肌，形成一弹性吊带，将躯干悬吊在两前肢之间。站立时，两侧腹侧锯肌同时收缩，可提举躯干；颈腹侧锯肌收缩可举颈；胸腹侧锯肌收缩可以协助吸气。一般收缩可将体重移向对侧的前肢。

（二）肩部肌

肩部肌（图1-52、图1-53、图1-54）分布于肩胛骨的外侧面及内侧面，起于肩胛骨，止于肱骨，跨越肩关节，可伸、屈肩关节和内收、外展前肢。可分为外侧组和内侧组。

1. 外侧组

（1）冈上肌（*m. supraspinatus*）　位于冈上窝内。牛的冈上肌全为肌质。马的有强韧的腱膜。犬的冈上肌发达，超出肩胛骨的前缘，部分与冈下肌相融合。起于冈上窝和肩胛软骨。止腱分2支，分别止于肱骨内、外侧结节的前部。作用为伸肩关节和固定肩关节。

（2）冈下肌（*m. infraspinatus*）　位于冈下窝内，一部分被三角肌覆盖。起于冈下窝及肩胛软骨。止于肱骨外侧结节。作用为外展及固定肩关节。

（3）三角肌（*m. deltoideus*）　呈三角形，位于冈下肌的浅层。借冈下肌腱膜起于肩胛冈和肩胛骨后角。牛还有起于肩峰的头，止于肱骨外侧的三角肌粗隆。作用为屈肩关节。

犬的三角肌分为两部分，近侧部以腱膜起自肩胛冈的全长，远侧部起自肩峰，呈纺锤形，与近侧部融合共同止于肱骨的三角肌粗隆。

2. 内侧组

（1）肩胛下肌（*m. subscapularis*）　位于肩胛骨内侧面。起于肩胛下窝，在牛明显地分为3个肌束，止于肱骨的内侧结节。作用为内收和固定肩关节。

（2）大圆肌（*m. teres major*）　位于肩胛下肌后方，呈带状。起于肩胛骨后角，止于肱骨内面。作用为屈肩关节。

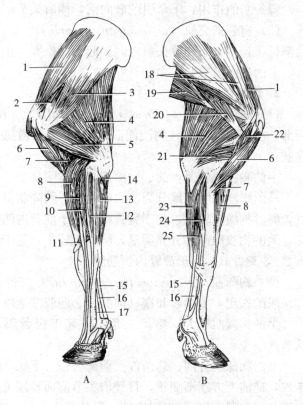

图1-52　牛的前肢肌
A. 外侧　B. 内侧
1. 冈上肌　2. 冈下肌　3. 三角肌　4. 臂三头肌长头
5. 臂三头肌外侧头　6. 臂二头肌　7. 臂肌　8. 腕桡侧伸肌
9. 指内侧伸肌　10. 指总伸肌　11. 腕斜伸肌
12. 指外侧伸肌　13. 腕外侧屈肌　14. 指深屈肌
15. 指浅屈肌腱　16. 指深屈肌腱　17. 悬韧带　18. 肩胛下肌
19. 背阔肌　20. 大圆肌　21. 臂三头肌内侧头　22. 喙臂肌
23. 腕尺侧屈肌　24. 腕桡侧屈肌　25. 指浅屈肌

(三) 臂部肌（图1-52、图1-53、图1-54）

臂部肌分布于肱骨周围，起于肩胛骨和肱骨，跨越肩关节及肘关节，止于前臂骨。主要对肘关节起作用，对肩关节也有作用。可分为伸肌、屈肌两组。伸肌组位于肱骨后方，有臂三头肌和前臂筋膜张肌；屈肌组有臂二头肌和臂肌。

1. 伸肌组

（1）臂三头肌（*m. triceps brachii*） 位于肩胛骨后缘与肱骨形成的夹角内，呈三角形，是前肢最大的一块肌肉。分3个头：长头最大，起于肩胛骨的后缘；外侧头较厚，起于肱骨外侧面；内侧头最小，牛的较大，马的不发达，起于肱骨内面。犬的臂三头肌有4个头，即长头、外侧头、内侧头和副头。共同止于尺骨鹰嘴。主要作用为伸肘关节，长头还有屈肩关节的作用。

（2）前臂筋膜张肌（*m. tensor fasciae antebrachii*） 位于臂三头肌的后缘和内面。牛的狭长而薄，起自肩胛骨后角，以一扁腱止于鹰嘴内侧面。马的宽而薄，只后缘较厚，以一薄腱膜起于背阔肌止端和肩胛骨后缘，止于鹰

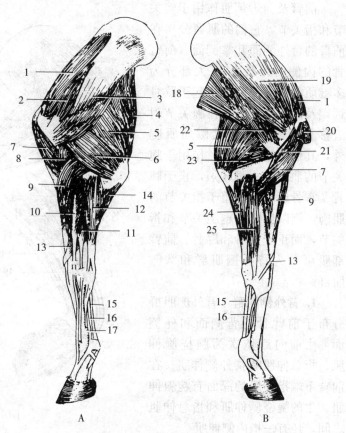

图1-53 马的前肢肌
A. 外侧 B. 内侧

1. 冈上肌 2. 冈下肌 3. 三角肌 4. 前臂筋膜张肌 5. 臂三头肌长头
6. 臂三头肌外侧头 7. 臂二头肌 8. 臂肌 9. 腕桡侧伸肌
10. 指总伸肌 11. 指外侧伸肌 12. 腕外侧屈肌 13. 腕斜伸肌
14. 指深屈肌尺骨头 15. 指浅屈肌腱 16. 指深屈肌腱 17. 悬韧带
18. 背阔肌 19. 肩胛下肌 20. 胸深后肌 21. 喙臂肌 22. 大圆肌
23. 臂三头肌内侧头 24. 腕尺侧屈肌 25. 腕桡侧屈肌

嘴及前臂筋膜。犬的呈薄带状，起于背阔肌外侧筋膜，止于鹰嘴。作用为伸肘关节，在马，还可以紧张前臂筋膜。

2. 屈肌组

（1）臂二头肌（*m. biceps brachii*） 为多腱质的纺锤形肌，位于肱骨前面。以强腱起于肩胛骨盂上结节，经结节间沟下行，止于桡骨粗隆。犬的止于尺骨和桡骨粗隆。作用主要是屈肘关节，也有伸肩关节的作用。

（2）臂肌（*m. brachialis*） 位于肱骨的臂肌沟内，起自肱骨后面上部，向下经臂二头肌与腕桡侧伸肌之间，转到前臂近端内侧面，止于桡骨近端内侧缘。犬的止于尺骨和桡骨粗隆。作用为屈肘关节。

肩臂部内侧肌与腹侧锯肌之间由疏松结缔组织连接，有利于肩胛骨在胸壁上前后摆动。

（四）前臂及前脚部肌（图1-52、图1-53、图1-54）

前臂及前脚部肌作用于腕关节和指关节，它们的肌腹分布在前臂的背外侧面和掌侧面（前臂骨的内侧面无肌肉）。大部分为多腱质的纺锤形肌，均起于肱骨远端及前臂骨近端，在腕关节附近移行为腱，除腕尺侧屈肌腱外，其他均包有腱鞘。作用于腕关节的肌肉，止腱较短，止于腕骨及掌骨近端。作用于指关节的肌肉，则以长腱跨越腕关节和指关节，而止于冠骨和蹄骨。前臂部肌可分为背外侧肌群和掌侧肌群。

1. 背外侧肌群 背外侧肌群分布于前臂骨的背侧面和外侧面，由前向后依次为腕桡侧伸肌、指总伸肌和指外侧伸肌；在前臂下端指伸肌的深面有腕斜伸肌。牛的腕桡侧伸肌和指总伸肌之间，还有一指内侧伸肌。

（1）腕桡侧伸肌（*m. extensor carpi radialis*） 位于桡骨的背侧面，起于肱骨远端外侧，肌腹于前臂下部延续为一扁腱，经腕关节背侧面向下，止于第三掌骨近端的掌骨粗隆。腱通过腕关节

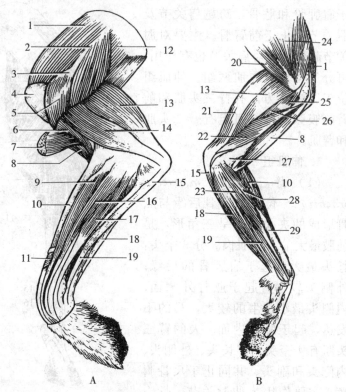

图1-54 犬前肢肌
A. 外侧 B. 内侧
1. 冈上肌 2. 肩胛冈 3. 肩峰 4. 肱骨大结节 5. 三角肌 6. 臂肌
7. 臂头肌 8. 臂二头肌 9. 指总伸肌 10. 腕桡侧伸肌
11. 拇长外展肌 12. 冈下肌 13. 臂三头肌长头 14. 臂三头肌外侧头
15. 腕尺侧屈肌 16. 指外侧伸肌 17. 腕桡侧伸肌 18. 指浅屈肌
19. 指深屈肌 20. 大圆肌 21. 前臂筋膜张肌 22. 臂三头肌内侧头
23. 腕桡侧屈肌 24. 肩胛下肌 25. 喙臂肌 26. 臂三头肌副头
27. 臂骨 28. 旋前圆肌 29. 桡骨

前方的表面包有腱鞘。犬的腕桡侧伸肌止第二、三掌骨近端背面的小粗隆。主要作用为伸腕关节，由于有腱索与臂二头肌相连，当站立时有固定肩、肘、腕3个关节的作用。

（2）指总伸肌（*m. extensor digitorum communis*） 牛的指总伸肌较小，位于指内侧伸肌与指外侧伸肌之间，起于肱骨远端外面及尺骨近端外面，在前臂下端延续为一细腱，经腕关节和掌骨的背面向下伸延，至掌骨远端分为两支，分别沿内、外侧指的背缘向下，止于蹄骨伸腱突。

马的指总伸肌位于桡骨的外侧面，在腕桡侧伸肌后方，主要起于肱骨远端前面、桡骨近端外侧和尺骨外侧。肌腹为典型的羽状肌，在前臂下部延续为腱，经腕关节背外侧面、掌骨和系骨的背侧面向下伸延，止于蹄骨的伸腱突。在腕关节处分出一小腱，并入指外侧伸肌腱中。

犬的指总伸肌位于腕桡侧伸肌的后方，起于肱骨外侧上髁与肘关节外侧韧带，4个腱在腕关节下方相互分开，分别止于第二、三、四、五指蹄骨的伸腱突。

指总伸肌的作用为伸指及腕，也有屈肘的作用。

(3) 指内侧伸肌（*m. extensor digitalis medialis*） 又称第三指固有伸肌（*m. extensor digiti tertii proprius*），牛的指内侧伸肌位于腕桡侧伸肌与指总伸肌之间。起点同指总伸肌。其肌腹与腱紧贴于指总伸肌及其腱的内侧缘。止于第三指的冠骨近端背侧缘及蹄骨。马无此肌。第三指固有伸肌的作用为伸展第三指。犬的指内侧伸肌（又称拇长伸肌），起于尺骨上1/3的背面，其腱在腕关节处于指总伸肌腱和指外侧伸肌腱之间下行，分两个止点腱止于第一、二指蹄骨背面，并有一很细的腱止于第三指。

(4) 指外侧伸肌（*m. extensor digitalis lateralis*） 位于前臂外侧面，在指总伸肌后方，牛的发达；马的很小，又称为第四指固有伸肌（*m. extensor digiti quarti proprius*），起自桡骨近端外侧、桡骨和尺骨的外侧面。止腱经腕关节外侧面向下延伸至掌部，继续沿指总伸肌腱外侧缘下行。牛的止于第四指的冠骨及蹄骨；马的止于系骨近端。作用为伸指、腕关节，牛的还可以外展第四指。

犬的指外侧伸肌发达，起于肱骨外侧上髁，其腱在腕关节下分成3支，主要止于第三、四、五指蹄骨的伸腱突。

(5) 腕斜伸肌（*m. extensor carpi obliquus*） 又称为拇长外展肌（*m. abductor pollicis longus*）。呈薄而小的三角形，起于桡骨和尺骨之间沟的下部，在指伸肌的深面斜向内下方，越过腕桡侧伸肌腱表面及腕关节，止于第三掌骨近端内侧。马的起于桡骨外侧下半部，止于内侧掌骨（第二掌骨）近端。犬的与牛的相似，止于第一掌骨近端。

2. 掌侧肌群 掌侧肌群分布于前臂骨的掌侧面。肌群的浅层为屈腕的肌肉，包括腕外侧屈肌、腕桡侧屈肌和腕尺侧屈肌。深层为屈指肌肉，指浅屈肌和指深屈肌。

(1) 腕外侧屈肌（*m. flexor carpi lateralis*） 原名腕尺侧伸肌（*m. extensor carpi ulnaris*），但在牛、马、犬因位置靠后，起屈腕作用。位于前臂外侧后部，指外侧伸肌的后方。起于肱骨远端外侧后部。有二止腱，前腱较强，止于第四掌骨近端，犬的止于第五掌骨近端；后腱止于副腕骨。作用为屈腕、伸肘。

(2) 腕尺侧屈肌（*m. flexor carpi ulnaris*） 位于前臂内侧后部，起于肱骨远端内侧后部和鹰嘴内侧面，以强腱止于副腕骨。作用为屈腕、伸肘。

(3) 腕桡侧屈肌（*m. flexor carpi radialis*） 位于腕尺侧屈肌前方，起于肱骨远端内侧，牛的止于第三掌骨近端内侧，马的止于第二掌骨近端。作用为屈腕、伸肘。

(4) 指浅屈肌（*m. flexor digitorum superficialis*） 牛的指浅屈肌位于前臂后方，被屈腕肌包围。起于肱骨远端内侧。肌腹分浅、深二部，各有一腱，向下分别通过腕管和腕横韧带，延伸至掌中部又合成一总腱，并立即分为二支，分别止于内、外侧指的冠骨后面。每支腱在系骨掌侧与来自悬韧带的腱板形成腱环，供指深屈肌腱通过。

马的指浅屈肌位于腕尺侧屈肌与指深屈肌之间。有两个头：肱骨头起自肱骨远端内侧，肌腹与指深屈肌不易分离，在腕关节上方延续为一强腱；桡骨头为一强腱质带，起于桡骨后面下半部，在腕关节上方并入肱骨头腱内，通过腕管，走在指深屈肌腱的浅层，在系关节附近构成一环，有指深屈肌腱通过，在系骨远端分为二支，分别止于系骨和冠骨的两侧。

犬的位于前臂后内侧，覆盖着指深屈肌。肌腹伸至腕近端，其腱于副腕骨内侧通过腕部的屈面，穿过屈肌支持带浅、深层之间，而后几乎平均分成4个腱支，分别止于第二、三、四、五指的冠骨近端掌面，在掌指关节处，每支腱束形成一个腱环，供指深屈肌腱通过。

指浅屈肌的作用：在运动时，屈指关节和腕关节；在站立时，可维持肘以下各类关节的角度，支持体重。

（5）指深屈肌（*m. flexor digitorum profundus*）　位于前臂骨的后面，被其他屈肌包围。共有3个头，分别起于肱骨远端内面、鹰嘴及桡骨后面。3个头合成一总腱，经腕管向下伸延至掌部。

牛的指深屈肌腱在系关节上方分为两支，分别通过指浅屈肌腱形成的腱环，止于内、外侧指的蹄骨掌侧面后缘。

马的指深屈肌腱在掌部变成一圆索，走于悬韧带与指浅屈肌之间，在掌中部又有腱头加入，最后穿过指浅屈肌的腱环及其分支之间下行，以扁腱止于蹄骨的屈腱面。

犬的指深屈肌腱在腕部融合为一总腱，被屈肌支持带固定在腕管内。在腕部远侧，指深屈肌腱分为5支，穿过指浅屈肌的腱环（除第一指腱外），止于相应指的蹄骨掌侧面基部。

指深屈肌的作用与指浅屈肌相同。

此外犬还有一较发达的旋前圆肌（*m. mronatorteres*），位于前臂内侧，腕桡侧伸肌之后，腕桡侧屈肌之前。起于肱骨内侧上髁，止于桡骨上1/3处的内侧缘。可旋内前臂和屈肘关节。

四、躯干的主要肌肉

躯干肌包括脊柱肌、颈腹侧肌、胸壁肌及腹壁肌。

（一）脊柱肌

脊柱肌是支配脊柱活动的肌肉，可分为背侧肌与腹侧肌两部分。

1. 脊柱背侧肌　脊柱的背侧肌肉（图1-55）很发达，尤其是颈部。其作用是：两侧同时收缩时，可伸脊柱、举头颈；一侧收缩时，可向一侧偏脊柱。除下述肌肉外，紧靠脊柱还有一些分节性的小肌束，如多裂肌、横突间肌等。

（1）背腰最长肌（*m. longissimus thoracis et lumborum*）　位于胸椎、腰椎的棘突与横突和肋骨椎骨端所形成的三棱形凹陷内，是体内最大的肌肉，表面覆盖有一层腱膜，由许多肌束综合而成。起于髂骨嵴、荐骨、腰椎和后位胸椎的棘突。在第十二胸椎附近分为上、下两部：上部称背颈棘肌，接受由前4个胸椎棘突来的一些肌束，逐渐变大，向前在头半棘肌内方通过，止于后4个颈椎的棘突；下部向前下方走，经腹侧锯肌内侧，止于腰椎、胸椎、最后颈椎的横突以及肋骨外面。

作用：两侧同时收缩，有很强的伸背腰作用，还有伸颈和帮助呼气的作用。一侧收缩可使脊柱侧屈。

（2）髂肋肌（*m. iliocostalis*）　位于背腰最长肌的腹外侧，狭长而分节，由一系列斜向前下方的肌束组成。起于腰椎横突末端和后10（牛）或15（马）个肋骨的前缘，向前止于所有肋骨的后缘（牛）和前12、13个肋骨的后缘及第七颈椎横突（马）。犬的起于髂骨翼、腰椎横突和后几个肋骨前缘，止于肋骨后缘及第七颈椎的横突。作用为向后牵引肋骨，协助呼气。

（3）夹肌（*m. splenius*）　位于颈椎、鬐甲和项韧带索状部之间，呈三角形，其后部被斜方肌及颈腹侧锯肌覆盖。起于棘横筋膜（前部胸椎棘突和横突之间的深筋膜）、项韧带索

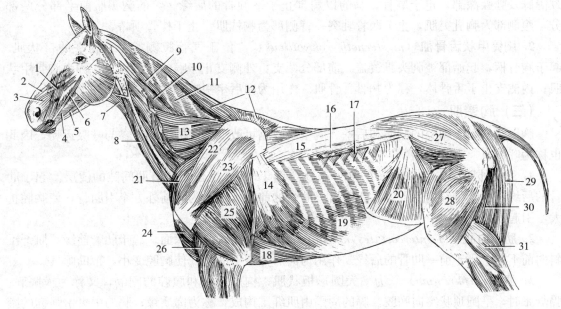

图 1-55 马躯干深层肌

1. 鼻唇提肌 2. 上唇固有提肌 3. 鼻孔外侧开肌 4. 颊肌 5. 下唇降肌 6. 颧肌 7. 肩胛舌骨肌 8. 胸头肌 9. 头最长肌 10. 环最长肌 11. 头半棘肌 12. 菱形肌 13. 颈腹侧锯肌 14. 胸腹侧锯肌 15. 背腰最长肌 16. 髂肋肌 17. 后背侧锯肌 18. 胸深后肌 19. 腹外斜肌 20. 腹内斜肌 21. 降胸肌 22. 冈上肌 23. 冈下肌 24. 臂二头肌 25. 臂三头肌 26. 臂肌 27. 臀中肌 28. 股四头肌 29. 半腱肌 30. 半膜肌 31. 腓肠肌

状部，止于枕骨、颞骨及前4、5个颈椎。犬的夹肌较大，起自前3个胸椎棘突和整个颈正中缝，止于项嵴和颞骨乳突。作用：两侧同时收缩举头颈，一侧收缩则偏头颈。

（4）头半棘肌（*m. semispinalis capitis*） 位于夹肌与项韧带板状部之间，为强大的三角形肌，有4～5条腱划。起于棘横筋膜及前8、9个（牛）或6、7个（马）胸椎横突及颈椎关节突，以强腱止于枕骨后面。作用同夹肌。

2. 脊柱腹侧肌 脊柱腹侧肌不发达，仅存在于颈部和腰部。作用是向腹侧弯曲脊柱。

（1）颈长肌（*m. longus coli*） 位于颈椎及前5～6个胸椎的腹侧面，由一些短的肌束构成。作用为屈颈。

（2）腰小肌（*m. psoas minor*） 为一狭长肌，位于腰椎腹侧面和椎体两旁。起于腰椎及最后（牛）或后3个（马）胸椎椎体腹侧面，止于髂骨中部。作用为屈腰。

（3）腰大肌（*m. psoas major*） 是腰椎腹侧诸肌中最大的肌肉，位于腰小肌的外侧，起于最后1～2肋骨椎骨端和腰椎椎体及横突腹侧，与髂肌合成髂腰肌，止于股骨小转子。作用是屈腰、屈髋关节。

（二）颈腹侧肌

颈腹侧肌（图1-50、图1-51、图1-55）位于颈部腹侧，有胸头肌及胸骨甲状舌骨肌，它们包围于颈部气管、食管及大血管的腹面及两侧。

1. 胸头肌（*m. sternocephalicus*） 位于颈下部外侧，构成颈静脉沟的下缘。起于胸骨柄两侧，两侧胸头肌的起点紧密相接。牛的胸头肌向前分浅、深两部分：浅部称为胸下颌肌（*m. sternomandibularis*），止于下颌骨下缘；深部称为胸乳突肌（*m. stenomastoideus*），经颈静脉及腮腺深部，止于颞骨。马的以扁腱止于下颌骨的后缘。犬的胸头肌前半部分两部分，腹侧部为胸乳突肌，止于颞骨乳突；背侧部为胸枕肌，止于枕骨项嵴。

2. 胸骨甲状舌骨肌（*m. sternothyrohyoideus*）　位于气管腹侧，为一扁平的带状肌。起于胸骨柄，起始部被胸头肌覆盖。前部分两支：外侧支止于喉的甲状软骨，称为胸骨甲状肌；内侧支止于舌骨体，称为胸骨舌骨肌。作用为向后牵引喉和舌骨，协助吞咽。

（三）胸壁肌

胸壁肌分布于胸腔的侧壁和后壁。胸壁肌收缩可改变胸腔的容积，参与呼吸运动，因此也称为呼吸肌。主要包括：

1. 肋间外肌（*m. intercostales externi*）（图1-49）　位于所有肋间隙的浅层。起于肋骨的后缘，肌纤维斜向后下方，止于后一肋骨的前缘。作用为向前外方牵引肋骨，使胸腔扩大，引起吸气。

2. 肋间内肌（*m. intercostales interni*）　位于肋间外肌的深面。起于肋骨前缘，肌纤维斜向前下方，止于前一肋骨的后缘。作用为向后方牵引肋骨，使胸腔变小，帮助呼气。

3. 膈（*diaphragma*）　为一大圆形板状肌，构成胸腔和腹腔的间隔，又称为横膈膜。膈舒张时，呈圆顶状突向胸腔。膈的周围由肌纤维构成，称为肉质缘；膈的中央由强韧的腱膜构成，称为中心腱。

膈的肉质缘分腰部、肋部和胸骨部。腰部的肌质形成了左、右膈脚，附着在前4个腰椎的腹面，肌束伸至膈的中心。肋部附着于肋骨内面，从第八对肋骨向上，沿肋骨和肋软骨的结合处，至最后肋骨内面。胸骨部附着于剑突软骨的背侧面。

膈上有3个孔：①主动脉裂孔（*hiatus aorticus*），位于左、右膈脚之间；②食管裂孔（*hiatus esophageus*），位于右膈脚肌束间，接近中心腱；③腔静脉孔（*foramen venae cavae*），位于中心腱上，稍偏中线右侧。

膈收缩时，使突向胸腔的凸度变小，扩大胸腔的纵径，引起吸气；膈松弛时，由于腹壁肌肉回缩，腹腔内脏向前压迫膈，使凸度增大，胸腔纵径变小，帮助呼气。

（四）腹壁肌

腹壁肌（图1-56）构成腹腔的侧壁和底壁，由四层纤维方向不同的板状肌构成，其表面覆盖有腹壁筋膜。牛和马的腹壁深筋膜由弹力纤维构成，呈黄色，称为腹黄膜。腹黄膜强韧而有弹性，可协助腹壁肌支持内脏。

1. 腹外斜肌（*m. obliquus abdominis externus*）　为腹壁肌的最外层，位于腹黄膜的深面。以锯齿状起于第五至最后

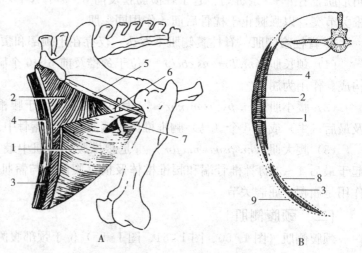

图1-56　马腹壁肌模式图
A. 外侧面　B. 横断面
1. 腹外斜肌　2. 腹内斜肌　3. 腹直肌　4. 腹横肌　5. 腹股沟韧带
6. 腹股沟管腹环　7. 腹股沟管皮下环　8. 腹直肌内鞘　9. 腹直肌外鞘

肋骨的外面，起始部为肌质，肌纤维斜向后下方，在肋弓下约一掌处变为腱膜，止于腹白线。腹外斜肌腱膜在髋结节至耻骨前缘处，加厚形成腹股沟韧带（lig. inguinale），在其前方腱膜上有一长约10cm的裂隙，为腹股沟管的皮下环。

2. 腹内斜肌（*m. obliquus abdominis internus*） 是腹壁肌的第二层，位于腹外斜肌深面。其肌质部较厚，起于髋结节，在牛起于腰椎横突，呈扇形向前下方扩展，逐渐变为腱膜，止于腹白线，在牛则止于最后肋骨，其腱膜分内外两层，外层与腹外斜肌腱膜交织在一起，形成腹直肌外鞘壁。在腹内斜肌与腹股沟韧带之间，有一裂隙，为腹股沟管腹环。

3. 腹直肌（*m. rectus abdominis*） 呈宽带状，位于腹白线两侧腹底壁的腹直肌鞘内。起于胸骨两侧和肋软骨，肌纤维纵行，最后以强厚的耻前腱止于耻骨前缘。在腹直肌的肌腹上有5～6条（牛）或9～11条（马）腱划。腹直肌像两条坚韧的带子兜住腹腔。

4. 腹横肌（*m. transversus abdominis*） 是腹壁肌的最内层，较薄，起于腰椎横突与弓肋下端的内面，肌纤维上下行，以腱膜止于腹白线。其腱膜与腹内斜肌腱膜内层构成腹直肌内鞘壁。

5. 腹股沟管（*canal inguinalis*） 位于腹股沟部，是斜行穿过腹外斜肌和腹内斜肌之间的楔形缝隙，为胎儿时期睾丸从腹腔下降到阴囊的通道。有内外两个口：外口通皮下，称为腹股沟皮下环，为腹外斜肌腱膜上的裂隙；内口通腹腔，为腹内斜肌与腹股沟韧带之间的裂隙。在马，皮下环长10～12cm，腹环长约10cm，腹股沟管长约10cm。公畜的腹股沟管明显，内有精索、血管和神经通过。母畜的腹股沟管仅供血管、神经通过。

犬腹壁的腹外斜肌和腹内斜肌肌质部较大，腹直肌上有3～4条腱划。腹横肌的腱膜后半部分为两层，参与形成腹直肌的内、外鞘。

腹壁肌的作用是形成坚韧的腹壁，容纳和支持腹腔脏器；当腹壁肌收缩时，可增大腹压，协助呼气、排粪、分娩等。

五、头部的主要肌肉

头部肌可分为面部肌和咀嚼肌。

（一）面部肌

面部肌（图1-57）是位于口腔和鼻孔等自然孔周围的肌肉，可分为开张自然孔的开肌和关闭自然孔的括约肌。

1. 开肌 一般均起于面骨，止于自然孔周围，主要有：

（1）鼻唇提肌（*m. levator nasolabialis*） 呈薄板状，起于额骨和鼻骨交界处，肌腹分浅、深两部，分别止于鼻孔外侧和上唇。犬的不分层。作用为上提上唇，开张鼻孔。

（2）犬齿肌（*m. caninus*） 又

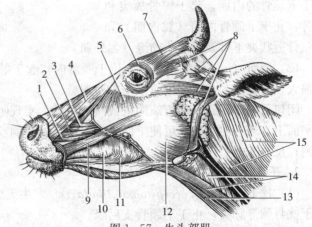

图1-57 牛头部肌
1. 上唇降肌 2. 犬齿肌 3. 上唇提肌 4. 鼻唇提肌 5. 下眼睑降肌 6. 眼轮匝肌 7. 额皮肌 8. 耳肌 9. 颧肌 10. 颊肌 11. 下唇降肌 12. 咬肌 13. 胸骨舌骨肌 14. 胸头肌 15. 臂头肌

称为鼻孔外侧开肌（*m. dilator naris lateralis*），起于面嵴前方，穿行鼻唇提肌浅、深两部之间。牛的位于上唇提肌与上唇降肌之间；马的呈三角形。犬的起于眶下孔附近，止于上唇。作用为开张鼻孔。

（3）上唇提肌（*m. levator labii superioris*）　牛的较小，起于面结节，穿过鼻唇提肌两层间，以数条细腱止于鼻唇镜。马的特别发达，起于泪骨，向前走于鼻唇提肌下面，两侧止腱合并，止于上唇。犬的起于眶下孔后方，止于上唇。作用为上提上唇。

（4）下唇降肌（*m. deprssor labii inferioris*）　位于颊肌下缘，向前伸延，止于下唇。犬缺此肌。

2. 括约肌　位于自然孔周围，有关闭自然孔的作用。

（1）口轮匝肌（*m. orbicularis oris*）　呈环状，构成上、下唇的基础。牛口轮匝肌两侧的肌纤维在上唇正中不衔接。犬口轮匝肌不发达，下唇部肌纤维少。

（2）颊肌（*m..buccinator*）　位于颊部，构成口腔侧壁。作用为参与吸吮、咀嚼等动作。

（二）咀嚼肌

咀嚼肌是使下颌发生运动的肌肉。草食兽的咀嚼肌很发达，可分为闭口肌和开口肌。

1. 闭口肌（图1-58）　是磨碎食物的动力来源，所以很发达且富有腱质，包括咬肌、翼肌和颞肌。

（1）咬肌（*m. masseter*）　位于下颌支的外面，起于颧弓和面嵴，止于下颌支的外面。犬的咬肌发达，起于颧弓，止于咬肌窝、下颌骨支的腹外侧面和角突，表面有强大、闪光的腱膜，内有许多肌间腱束。

（2）翼肌（*m. pterygoideus*）位于下颌骨的内面，起于蝶骨翼突和翼骨，止于下颌骨内面（翼内肌）和下颌骨冠状突下部及下颌头前缘（翼外肌）。

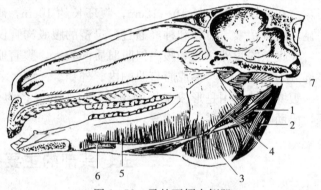

图1-58　马的下颌内侧肌
1. 二腹肌　2. 枕颌肌　3. 翼内肌　4. 茎舌骨肌
5. 颌舌骨肌　6. 颌舌肌　7. 翼外肌

（3）颞肌（*m. temporalis*）　位于颞窝内，起于颞窝，止于下颌骨冠状突。犬的颞肌非常强大，多腱质，并有部分肌束与咬肌混合。

闭口肌的作用是牵引下颌向上或做侧运动，实现咀嚼运动。由于各肌起点、止点不在一个平面上，当一侧收缩时可使下颌做侧运动，如左侧咬肌与对侧翼肌同时收缩，下颌则移向左侧；反之亦然。

2. 开口肌

（1）枕下颌肌（*m. occipitomandibularis*）　牛无此肌，马的枕下颌肌位于下颌骨后缘，起于枕骨颈静脉突，止于下颌骨支后缘。

（2）二腹肌（*m. digastricus*）　位于翼肌内面，有前后两个肌腹，起于颈突，斜向前下方，止于下颌骨下缘内侧面。犬的二腹肌发达，中间无明显腱质，只有一个肌腹。

开口肌的作用是向下牵引下颌骨而开口。

六、后肢的主要肌肉

后肢肌肉（图1-59、图1-60、图1-61）较前肢肌肉发达，是推动身体前进的主要动力，包括髋部肌、股部肌、小腿及后脚部肌。

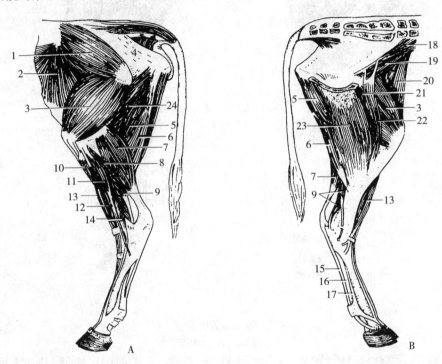

图1-59 牛的后肢肌（外侧臀股二头肌已切除）
A. 外侧面 B. 内侧面
1. 臀中肌 2. 腹内斜肌 3. 股四头肌 4. 荐结节阔韧带 5. 半膜肌 6. 半腱肌 7. 腓肠肌
8. 比目鱼肌 9. 趾深屈肌 10. 胫骨前肌 11. 腓骨长肌 12. 趾长伸肌及趾内侧伸肌
13. 腓骨第三肌 14. 趾外侧伸肌 15. 趾浅屈肌腱 16. 趾深屈肌腱 17. 悬韧带 18. 腰小肌
19. 髂腰肌 20. 阔筋膜张肌 21. 耻骨肌 22. 缝匠肌 23. 股薄肌 24. 内收肌

（一）髋部肌

髋部肌位于髋骨的外面和内面，髋骨外面为臀肌群，内面为髂腰肌。

1. 臀肌群 包括臀浅肌、臀中肌和臀深肌。

（1）臀浅肌（*m. gluteus superficialis*） 牛无此肌。马的位于臀部浅层，呈三角形，以臀筋膜起于髋结节和荐结节，止于股骨外面的第三转子。作用为屈髋和外展髋关节。犬的较发达，位于臀中肌的后方，通过荐结节阔韧带起自荐骨和第一尾椎外侧缘，止于第三转子。作用是伸髋关节和外展后肢。

（2）臀中肌（*m. gluteus medius*） 大而厚，是臀部的主要肌肉，决定臀部的轮廓。起于髂骨翼和荐结节阔韧带，前部还起于腰部背腰最长肌筋膜。止于股骨的大转子。主要作用为伸髋、旋外后肢。由于同背腰最长肌结合，还参与竖立、蹴踢和推进躯干等动作。犬的臀中肌大，呈卵圆形。起于髂骨的臀肌面和髂骨嵴，止于大转子。作用是伸髋关节、外展后肢。

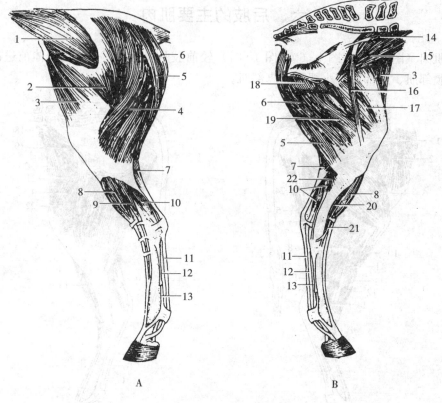

图1-60 马的后肢肌
A. 外侧面 B. 内侧面
1. 臀中肌 2. 臀浅肌 3. 阔筋膜张肌 4. 臀股二头肌 5. 半腱肌 6. 半膜肌 7. 腓肠肌 8. 趾长伸肌
9. 趾外侧伸肌 10. 趾深屈肌 11. 趾浅屈肌腱 12. 趾深屈肌腱 13. 悬韧带 14. 腰小肌 15. 髂腰肌
16. 缝匠肌 17. 股四头肌 18. 股薄肌 19. 内收肌 20. 胫骨前肌 21. 腓骨第三肌 22. 腘肌

（3）**臀深肌**（*m. gluteus profundus*） 位于最深层，被臀中肌覆盖，牛的较宽而薄。马的短而厚，起于坐骨棘，止于大转子前部（马）或大转子前下方（牛）。作用为外展髋关节和旋外后肢。犬的臀深肌呈扇形，完全被臀中肌覆盖，起于髂骨体和坐骨棘，止于大转子前面。作用为伸和外展髋关节，内旋后肢。

2. 髂腰肌（*m. iliopsoas*） 位于髂骨内侧面，由髂肌和腰大肌组成。髂肌起于髂骨翼的腹侧面，腰大肌起于腰椎横突的腹侧面，均止于股骨内面。作用为屈髋关节和旋外后肢。

（二）股部肌

股部肌分布于股骨周围，根据部位分为股后肌群、股前肌群和股内侧肌群。

1. 股后肌群

（1）**臀股二头肌**（*m. gluteobiceps*） 位于股后外侧，是一块长而宽大的肌肉。有两个头；椎骨头（长头）起于荐骨，牛还起于荐结节阔韧带；坐骨头（短头）起于坐骨结节。犬的起于荐结节韧带和坐骨结节。二头合并后下行逐渐变宽，牛、犬的分前、后两部，马的明显地分为前、中、后3部，分别以腱膜止于髌骨、胫骨嵴和跟结节。作用为伸髋、膝和跗关节；在推进躯干、蹴踢和竖立等动作中起伸展后肢作用；在提举后肢时可屈膝关节。

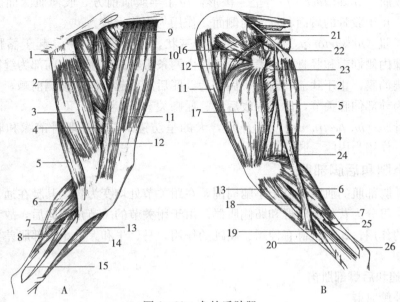

图 1-61 犬的后肢肌

A. 内侧面　B. 外侧面

1. 耻骨肌　2. 内收肌　3. 股薄肌　4. 半膜肌　5. 半腱肌　6. 腓肠肌　7. 趾深屈肌　8. 趾浅屈肌
9. 股直肌　10. 股内肌　11. 缝匠前肌　12. 缝匠后肌　13. 胫骨前肌　14. 胫骨　15. 总跟腱
16. 臀深肌　17. 股外肌　18. 腓骨长肌　19. 趾长伸肌　20. 腓骨短肌　21. 梨状肌　22. 臀中肌
23. 股方肌　24. 小腿后展肌　25. 股二头肌与半腱肌的腱　26. 趾浅屈肌腱

(2) 半腱肌（*m. semitendinosus*）　大而长，起始部位于臀股二头肌的后方，向下构成股部的后缘，止端转到内侧。牛无椎骨头。下端以腱膜止于胫骨嵴的内侧、小腿筋膜和跟结节。马的半腱肌有两个头：椎骨头起于前二尾椎和荐结节阔韧带；坐骨头起于坐骨结节。犬的起于坐骨结节，通过小腿筋膜止于胫骨体内侧面和跟结节。作用同臀股二头肌。

(3) 半膜肌（*m. semimembranosus*）　大，呈三棱形，位于股后内侧。牛起于坐骨结节。马有两个头：椎骨头起于荐结节阔韧带后缘，形成臀部的后缘；坐骨头起于坐骨结节腹侧面。止于股骨远端内侧，在牛还止于胫骨近端内侧。作用为伸髋关节和内收后肢。犬的横断面较半腱肌大，但较短。起于坐骨结节，肌腹分前、后两部，止于股骨远端内侧和胫骨近端内侧。

2. 股前肌群

(1) 阔筋膜张肌（*m. tensor fascia lata*）　位于股部前外侧浅层。起于髋结节，起始部为肌质，较厚，向下呈扇形扩展，延续为阔筋膜，并借阔筋膜止于髌骨和胫骨近端。作用为紧张阔筋膜，屈髋关节和伸膝关节。

(2) 股四头肌（*m. quadriceps femoris*）　大而厚，富于肉质，位于股骨前面及两侧。被阔筋膜张肌覆盖。有4个头，即直头、内侧头、外侧头和中间头。直头起于髂骨体，其余3个头分别起于股骨的内侧、外侧及前面。共同止于髌骨。作用为伸膝关节。

3. 股内侧肌群

(1) 股薄肌（*m. gracilis*）　薄而宽，位于股内侧皮下，起于骨盆联合及耻前腱，以腱膜止于膝关节及胫骨近端内面。作用为内收后肢。

(2) 内收肌（m. adductor） 呈三棱形，位于半膜肌前方，股薄肌深面。起于坐骨和耻骨的腹侧，止于股骨的后面和远端内侧面。作用为内收后肢。

(3) 缝匠肌（m. sartorius） 呈窄而薄的带状，位于股骨内侧。起于髂腰筋膜和腰小肌腱，止于膝内侧韧带和胫骨嵴。犬的缝匠肌由两条带状肌腹组成，前部为缝匠前肌，起于髂骨嵴和胸腰筋膜，止于膝盖骨前面；后部为缝匠后肌，起于髂骨腹侧前棘，止于胫骨近端内侧。作用为前部伸膝关节，后部内收后肢、屈膝关节。

(4) 耻骨肌（m. pectineus） 呈锥形，犬的呈纺锤形。起于耻骨前缘和耻前腱，止于股骨体内侧。作用为内收后肢。

（三）小腿和后脚部肌

小腿和后脚部肌的肌腹都位于小腿周围，在跗关节处均变为腱。其腱在通过跗部处大部分包有腱鞘。可分为背外侧肌群和跖侧肌群。由于跗关节的关节角顶向后，故背外侧肌群有屈跗、伸趾的作用；跖侧肌群有伸跗、屈趾的作用。马、牛和犬的小腿部肌差异较大，故分别叙述。

1. 牛小腿和后脚部肌肉

(1) 背外侧肌群

①腓骨第三肌（m. peroneus tertius） 为发达的纺锤形肌，位于小腿背侧面的浅层，与趾长伸肌和趾内侧伸肌同以一短腱起于股骨远端外侧，至小腿远端延续为一扁腱，经跗关节背侧，止于跖骨近端及跗骨。作用为屈跗关节。

②趾内侧伸肌（m. extensor digitalis medialis） 又称为第三趾固有伸肌。位于腓骨第三肌深面及趾长伸肌前面，起点同腓骨第三肌，止于第三趾的冠骨。作用为伸第三趾。

③趾长伸肌（m. extensoy digitalis longus） 位于趾内侧伸肌后方，其肌腹上部被腓骨第三肌覆盖。起点同前二肌，在小腿远端延续为一细长腱，通过跗关节前方，走于跖骨背侧，在跖骨远端分为两支，分别止于第三、四趾蹄骨的伸腱突。作用为伸趾、屈跗。

④腓骨长肌（m. peroneus longus） 位于小腿外侧面，趾长伸肌后方。肌腹短而扁，呈三角形，起于小腿近端外侧面，其腱向后下方延伸，经跗关节外侧面，越过趾外侧伸肌腱，止于第一跗骨和跖骨近端。作用为屈跗。

⑤趾外侧伸肌（m. xtensor digitalis lateralis） 又称为第四趾固有伸肌，位于小腿外侧，腓骨长肌后方。起于小腿近端外侧，肌腹圆，于小腿远端延续为一长腱，经跗关节、跖骨背侧，止于第四趾的冠骨。作用为伸第四趾。

⑥胫骨前肌（m. tibialis anterior） 位于腓骨第三肌的深面，紧贴胫骨。起于小腿近端外侧，止腱分二支，分别止于跗骨前面和第二、三跖骨。作用为屈跗关节。

(2) 跖侧肌群

①腓肠肌（m. gastrocnemius） 位于小腿后部，肌腹位于股二头肌与半腱肌之间。有内外两个头，分别起于股骨髁上窝的两侧，肌腹很发达，于小腿中部合成一强腱，与趾浅屈肌腱紧紧扭结在一起形成跟腱，止于跟结节。作用为伸跗关节。

②趾浅屈肌（m. flexor digitorum superficialis） 位于腓肠肌两头之间。起于股骨的髁上窝。肌腹较小，其腱在小腿中部由腓肠肌腱前方经内侧转至后方，在跟结节处变宽，包在跟结节表面并附着于其两侧。腱继续向下延伸，经跗部至趾部，腱的止点与前肢指浅屈肌相似。作用是与腓骨第三肌一起，形成连接膝关节与跗关节的静力装置。

③趾深屈肌（*m. felxor digitorum profundus*） 发达，位于胫骨后面。有 3 个头，均起于胫骨后面和外侧缘上部。较大的外侧浅头（胫骨后肌 *m. tibialis posterior*）及较小的外侧深头（拇长屈肌 *m. flexor hallucis longus*）的腱合成主腱，经跟结节内侧，向下沿趾浅屈肌腱深面下行，止点与前肢指深屈肌相似，内侧头（趾长屈肌 *m. flexor digitalis longus*）的细腱经跗关节内侧下行，在跖骨上部并入主腱。作用为屈趾关节，伸跗关节。

2. 马小腿及后脚部肌

（1）背外侧肌群

①趾长伸肌 呈纺锤形，位于小腿背侧面浅层，覆盖腓骨第三肌和胫骨前肌。以强腱起于股骨远端前部，在小腿远端延续为一长腱，经跗、跖、趾的背侧面，止于蹄骨的伸腱突。作用为屈跗关节、伸趾关节。

②趾外侧伸肌 位于小腿外侧趾长伸肌的后方。起于胫骨外侧和腓骨，其腱通过跗关节外侧，在跖骨上中部并入趾长伸肌腱，作用同趾长伸肌。

③腓骨第三肌 为一强腱，位于胫骨前肌与趾长伸肌之间。起于股骨远端前部，沿胫骨前肌背侧下行，在跗关节上方分为两支，分别止于第三跖骨近端及跗骨。作用为连接膝关节和跗关节，当膝关节屈曲时可使跗关节被动屈曲；当站立时，与后肢的其他静力装置（趾浅屈肌和膝直韧带）一起机械地固定膝、跗关节。

④胫骨前肌 紧贴于胫骨前面。起于胫骨近端的外侧面，止腱穿过腓骨第三肌腱二支间，分为两支，分别止于第三跖骨近端前面和第一、二跗骨。作用为屈跗关节。

（2）跖侧肌群

①腓肠肌 与牛的相似。

②趾浅屈肌 肌腹不发达，主要为腱质，腱的止点与前肢指浅屈肌相同。

③趾深屈肌 与牛相似，但外侧浅头较牛小，外侧深头则比牛大，内侧头较小，其腱的止点与前肢指深屈肌相同。

3. 犬小腿及后脚部肌

（1）背外侧肌群

①胫骨前肌（*m. tibialis anterior*） 是位于小腿背外侧最浅层的一块肌肉，内侧缘与胫骨相接触，起自胫骨近端关节缘和前缘，止于第一、二跖骨近端背面。作用为屈跗关节和外旋后爪。

②趾长伸肌（*m. extensoy digitalis longus*） 呈纺锤形，部分被胫骨前肌覆盖，起于股骨远端的伸肌窝，其腱经跗关节屈面向下，在跖骨近端分为 4 支，分别止于第二、三、四、五趾蹄骨的伸腱突。作用为伸趾关节、屈跗关节。

③腓骨长肌（*m. peroneus longus*） 位于趾长伸肌的后方，肌腹呈三角形。起于胫骨外髁、腓骨近端及股骨外上髁，止于第四跗骨和跖骨近端。作用为屈跗关节、内旋后爪，使其跖面转向外侧。

④趾外侧伸肌 肌腹位于腓骨长肌和趾深屈肌之间，起于腓骨头的下方，肌腱经腓骨长肌的后方向下，越过跗关节外侧，止于第五趾趾节骨。

⑤腓骨短肌 起于胫骨和腓骨外侧面远端 1/2 处，肌腱与趾外侧伸肌腱伴行，止于第五趾跖骨近端。

（2）跖侧肌群

①腓肠肌（*m. gastrocnemius*）　与牛的相似，但在两个头的起点腱内各有一枚籽骨，与股骨髁相应的小面成关节。

②趾浅屈肌（*m. flexor digitorum superficialis*）　肌腹呈纺锤形，起自股骨外侧髁上粗隆。其腱在跟结节处变宽，覆盖于跟结节，在跗关节远侧分为两支，每支又均等分叉，形成均等的4支腱，分别止于第二、三、四、五趾的冠骨基部。作用为屈趾、屈膝关节，伸跗关节。

③趾深屈肌（*m. felxor digitorum profundus*）　该肌由两个头组成，即拇长屈肌（大）和趾长屈肌（较小），前者起于胫骨近端2/3，后者起于腓骨近端半部和邻近的骨间膜。止于第二、三、四、五趾蹄骨基部的跖面。作用为屈趾、伸跗关节。

七、马站立和运动时四肢肌肉的作用

构成运动系统的骨、关节和肌肉，在神经系统的支配和调节下，维持着家畜正常站立和各种运动机能，如咀嚼运动、呼吸运动和四肢的前进运动等。下面以马为例分析一下家畜在站立和运动时四肢肌肉的作用。

（一）马站立时四肢肌肉的作用

马可以长时间站立不觉疲劳，甚至可以站着睡觉，这主要由于马的四肢有比较完善的静力装置。这些静力装置由含腱质的静动力肌或静力肌构成，它们可以固定关节为一定角度，从而保持着正常的站立姿势。

前肢从骨骼的结构来看，肩关节和肘关节成角度结合，而腕关节成直线结合，系关节成过度伸展状态。身体的重力从肩胛骨摆动的中心下垂，通过肘关节和腕关节而落于蹄后或蹄中央（图1-62）。当马站立时，由于重力的作用，使肩关节和系关节承受压力，有使肩关节屈曲、系关节发生过度伸展的趋势。而肘关节和腕关节由于重力垂线通过其中心而不发生屈曲。多腱的臂二头肌可固定肩关节，而使之不致屈曲。臂二头肌与腕桡侧伸肌相连的腱膜使肩关节、腕关节和肘关节机械地连接起来。由于重力垂线经过肘关节以及屈腕屈指肌肉的作用，肘关节固定不动。强大的悬韧带、指浅屈肌腱、指深屈肌腱及籽骨下韧带可固定系关节并保持一定的角度。由于腕部的深筋膜与指伸肌腱构成腱韧带器官，可固定腕关节，当腕关节伸展时，指关节亦伸展。另外，躯干由多腱的腹侧下锯肌悬挂在两前肢之间。由于有了上述完善的静力装置，在马站立时前肢可以长时间支持身体而不易疲劳。

后肢骨骼除趾关节外，其他各关节角的方向均与前肢相应关节相反，这种结构对支撑身体、维持稳定的站立姿势是必要的。后肢的重力垂线，从髋关节下垂，通过膝关节和跗关节角内，而落于蹄的中心（图1-63）。当站立时，膝关节、跗关节和系关节均承受压力，而使它们有屈曲的趋势。强大的股四头肌和延续为腱膜的阔筋膜张肌，有固定膝关节、制约其屈曲的作用。几乎完全变为腱的腓骨第三肌和指浅屈肌可机械限制跗关节的屈曲，如膝关节固定，跗关节也随之固定。后肢的系关节同前肢系关节一样，借助于数条腱索而不致发生背屈现象。故后肢亦有较完善的静力装置。但股四头肌为动力肌，收缩时要消耗一定的能量。因此，马站立时后肢经常交替支持体重，而出现歇蹄现象。

（二）马运动时四肢肌肉的作用

家畜的前进运动，主要靠四肢肌肉的作用。四肢肌肉有规律地收缩，使肢体抬起和踏

第一章 运动系统

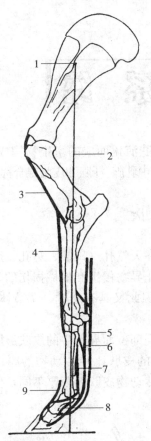

图 1-62 马前肢的静力装置和重力垂线
1. 肩胛骨摆动中心 2. 重力垂线 3. 臂二头肌
4. 腕桡侧伸肌腱 5. 指浅屈肌腱 6. 指深屈肌腱
7. 悬韧带 8. 籽骨下韧带 9. 指伸肌腱

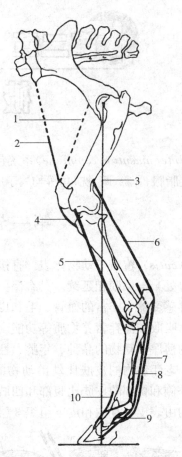

图 1-63 马后肢的静力装置和重力垂线
1. 股四头肌 2. 阔筋膜张肌 3. 重力垂线
4. 膝直韧带 5. 腓骨第三肌 6. 趾浅屈肌 7. 趾深屈肌
8. 悬韧带 9. 籽骨下韧带 10. 趾伸肌腱

地，不断推动身体前进，首先是各关节屈肌收缩，使肢体抬起，然后是各关节伸肌收缩，使肢体伸展，并向前踏进一步，当肢体踏地负重以后，除指（趾）关节外，各关节伸肌收缩（指或趾关节是屈肌收缩）产生推动力，把身体推向前进。

后肢是推动身体前进的主要动力，主要表现在其骨骼的结构和肌肉配布上，后肢各关节均成角度结合，运动幅度较前肢大；髋关节、膝关节和跗关节角的方向均有与前肢相应的关节相反；以及后肢与躯干由坚固的荐髂关节连接起来，这些结构都有利于把后肢肌肉产生的推动力传给躯干。后肢的髋关节、膝关节和跗关节都分布有很强大的伸肌，趾关节则分布有发达的屈肌，当后肢前踏负重时，这些肌肉收缩产生强大的推动力，推动身体前进。

前肢各关节角度与后肢相反（指关节例外），在运动时适合接受由后肢来的推动力，并把躯干牵引向前。连接前肢与躯干强大的肩带肌，可使肩胛骨在胸壁上前后摆动，以增加前肢运动的幅度；发达的肩关节和肘关节的伸肌以及腕关节和指关节强大的屈肌，在前肢踏地负重时收缩产生推动力，牵引躯干向前。

（熊喜龙）

第二章 被皮系统

被皮（integumentum commune）系统包括皮肤和由皮肤演化而成的衍生物构成，如家畜的毛、汗腺、皮脂腺、乳腺、蹄、枕、角等均属于皮肤的衍生物，其中乳腺、汗腺和皮脂腺合称为皮肤腺。

第一节 皮　肤

皮肤（cutis）覆盖于动物体表，直接与外界接触，在天然孔（口裂、鼻孔、肛门和尿生殖道外口等处）与黏膜相延续。具有保护体内组织、防止异物侵害和机械损伤的作用。皮肤中含有多种感受器、丰富的血管、毛和皮肤腺等结构，因此又具有感觉、调节体温、分泌、排泄废物、吸收和储存营养物质等功能。

皮肤的薄厚因动物的品种、年龄、性别及身体的不同部位而异。牛的皮肤最厚，绵羊的皮肤最薄；老年动物的皮肤比幼龄动物的厚；雄性动物的皮肤比雌性动物的厚；动物的背部、四肢外侧和枕部的皮肤比腹部和四肢内侧的厚。虽然动物皮肤的薄厚不同，但其基本结构相似，均由表皮、真皮和皮下组织3层构成（图2-1）。

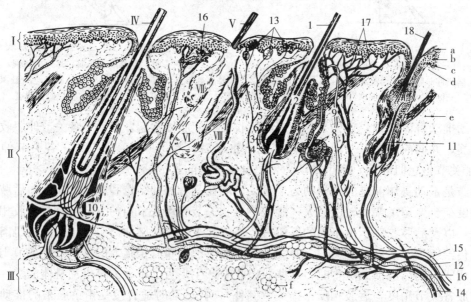

图2-1　皮肤结构的半模式图

Ⅰ.表皮　Ⅱ.真皮　Ⅲ.皮下组织　Ⅳ.触毛　Ⅴ.被毛　Ⅵ.毛囊　Ⅶ.皮脂腺　Ⅷ.汗腺
1.毛干　2.毛根　3.毛球　4.毛乳头　5.毛囊　6.根鞘　7.皮脂腺断面　8.汗腺的断面
9.竖毛肌　10.毛囊内的血窦　11.新毛　12.神经　13.皮肤的各种感受器　14.动脉　15.静脉
16.淋巴管　17.血管丛　18.脱落的毛
a.表皮角质层　b.颗粒层　c.生发层　d.真皮乳头层　e.网状层　f.皮下组织内的脂肪组织

一、表　皮

表皮（epidermis）位于皮肤最表面，厚薄不一，长期受摩擦和压力的部位较厚，角化程度也较明显。表皮由角化的复层扁平上皮构成。表皮内有丰富的神经末梢，但无血管和淋巴管分布，从真皮中摄取所需要的营养物质。

二、真　皮

真皮（corium）位于表皮深层，是皮肤最厚也是最主要的一层。由致密结缔组织构成，含大量的胶原纤维和弹性纤维，坚韧而富有弹性。真皮内含有丰富的血管、淋巴管、神经、竖毛肌、汗腺、皮脂腺和毛囊等结构，能营养皮肤并能感受外界刺激。皮革就是由动物的真皮层鞣制而成的，临床上做皮内注射就是将药物注入真皮层。

三、皮下组织

皮下组织（tela subcutunea）又称为浅筋膜，位于皮肤的最深层，由疏松结缔组织构成。皮肤借皮下组织与深层的肌肉或骨膜相连，并使皮肤具有一定的活动性。皮下组织中常含有脂肪组织，具有保温、储存能量和缓冲机械压力的作用。猪的皮下脂肪特别发达，形成一层很厚的脂膜。在骨突起部位的皮肤，皮下组织有时出现腔隙，形成黏液囊，内含少量黏液，可减少骨与该部位皮肤的摩擦。有些部位的皮下组织中有皮肌。皮下组织发达的部位，皮肤具有较大的移动性，有的松弛成褶，如牛的颈垂。有些部位的皮下组织变成富含弹力纤维和脂肪的特殊组织，构成一定形状的弹力结构，如指（趾）枕等。在皮肤与深层组织紧密相连的部位，如唇、鼻等处，皮下组织则很少或无。皮下注射就是将药物注入此层。

第二节　毛

毛（pilus）由表皮衍生而成，是一种角化的表皮结构，坚韧而有弹性，覆盖于皮肤的表面，具有保温作用。

一、毛的形态和分布

毛遍布动物体全身，不同部位毛的类型、作用和粗细不尽相同。毛有体毛和特殊毛两类。着生在动物体表的普通毛称为被毛（pili lane），是温度的不良导体，有保温作用；着生在动物体的特定部位的一些特殊的长毛，其名称因部位不同而异，如马颅顶部的鬃、颈部的鬣、尾部的尾毛和系关节后部的距毛，公山羊颏部的髯，猪颈背部的猪鬃。有些部位的毛在根部富有神经末梢，称为触毛（pili tactiles），如牛、马唇部的触毛。毛因粗细不同，分为粗毛和细毛。粗毛多分布于头部和四肢。牛、马、猪的被毛多为短而直的粗毛；绵羊的被毛多为细毛；犬的被毛根据品种不同而长短粗细不同；兔的被毛由长而稀少的粗毛、细短而密的绒毛和长而硬的触毛组成。

家畜体表被毛的分布随动物种类的不同而异。牛和马的被毛为单根均匀分布；绵羊的被毛成组分布；猪的被毛常是三根集合成一组分布，其中较长的一根称为主毛；犬的被毛一般4～8根为一簇，其中有长而粗的主毛和细而软的副毛；兔的被毛可分为针毛（枪毛）、绒毛和触毛3种，优良毛皮品种兔的绒毛密而细。

毛在动物体表面成一定方向排列，称为毛流（*flumina pilorum*）。毛流的方向一般与外界的气流和雨水在体表流动的方向相适应，在动物体的不同部位，毛流排列的形式也不相同，在一些特定的部位可形成特殊方向的毛流。如毛的尖端向一点集合，称为点状集合性毛流；尖端从一点向周围分散，称为点状分散性毛流；尖端从两端集中成一条线，称为线状集合性毛流；毛干围绕一中心点成旋转方向向四周放射排列，称为旋毛（图2-2）。

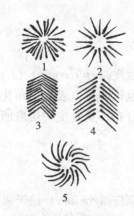

图2-2 毛流的模式图
1. 点状集合性毛流 2. 点状分散性毛流 3. 线状集合性毛流 4. 线状分散性毛流 5. 旋毛

二、毛的结构

毛是表皮的衍生物，由角化的上皮细胞构成。毛分为毛干和毛根两部分。露在皮肤外面的部分称为毛干（*scapus pili*）。埋在真皮和皮下组织内的部分称为毛根（*radix pili*）。毛根末端膨大呈球状，称为毛球（*bulbus pili*），毛球的细胞分裂能力很强，是毛的生长点。毛球底部凹陷呈杯状，有真皮结缔组织伸入其内形成毛乳头（*papilla pili*）。毛乳头内富含血管和神经，毛通过毛乳头获取营养。毛根外面包有上皮组织和结缔组织构成的毛囊（*folliculus pili*）。毛囊的一侧有一束斜行的平滑肌，称为竖毛肌（*m. arrectores pilorum*），受交感神经支配，收缩时可使毛竖立起来。

三、换　毛

毛有一定的寿命，长到一定时期就会衰老脱落，被新毛替代，此过程称为换毛。动物换毛的方式有两种：一种是持续性换毛，换毛不受时间和季节的限制，如马的鬃毛、尾毛，猪鬃，绵羊的细毛等；另一种是季节性换毛，每年春秋两季各换毛一次，如骆驼和兔。大部分动物为混合型换毛，既有持续性换毛又有季节性换毛。不论什么类型的换毛方式，其换毛过程和毛形态变化都是相同的。当毛长到一定时期，毛乳头的血管萎缩，血流停止，毛球的细胞停止增生，并逐渐角化和萎缩，最后与毛乳头分离，毛根脱离毛囊，向皮肤表面移动；同时围绕毛乳头的细胞开始分裂增殖形成新毛，最后旧毛被新毛推出而脱落（图2-3）。

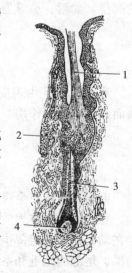

图2-3 毛的更换
1. 旧毛 2. 皮脂腺 3. 新毛 4. 毛乳头

第三节 皮肤腺

皮肤腺（glandulae cutis）位于真皮内，包括汗腺、皮脂腺和乳腺等。

一、汗腺

汗腺（gl. sudoriferae）位于真皮和皮下组织内，为盘曲的单管状腺，末端多数开口于毛囊，少数直接开口于皮肤表面的汗孔（图 2-4）。汗腺分泌汗液，有排泄废物和调节体温的作用。汗腺的发达程度因动物及其品种和身体的部位不同而异。马和绵羊的汗腺最发达，几乎分布于全身皮肤；猪的汗腺也比较发达，但以蹄间分布为最密；牛的汗腺以面部和颈部为最显著，其他部位则不发达；水牛的汗腺比黄牛的更少；犬的汗腺不发达，只在舌、趾枕垫上有汗腺；家兔的汗腺很不发达，仅唇部和鼠蹊部有少许汗腺。

二、皮脂腺

皮脂腺（gl. sebaceae）位于真皮内，在毛囊与竖毛肌之间，为分支泡状腺，在有毛的皮肤，末端开口于毛囊，在无毛的皮肤，直接开口皮肤表面（图 2-4）。动物的皮脂腺分布广泛，除枕、蹄、角、爪和鼻唇镜等处皮肤无皮脂腺外，几乎分布于全身皮肤。皮脂腺的发达程度因动物及其品种和身体的部位不同而异，马和绵羊的皮脂腺发达，猪的不发达。

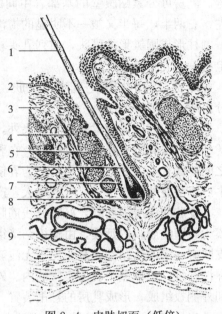

图 2-4 皮肤切面（低倍）
1. 毛干 2. 表皮 3. 真皮 4. 竖毛肌 5. 皮脂腺 6. 毛根 7. 毛囊 8. 毛乳头 9. 汗腺

皮脂腺分泌的皮脂有滋润皮肤和被毛的作用，使皮肤和被毛保持柔韧和光亮，并能防止皮肤干燥和水分渗入皮肤。绵羊的皮脂腺和汗腺混合成脂汗，对羊毛的质量影响很大，可影响羊毛的弹性和坚韧性。

特殊的皮肤腺是汗腺和皮脂腺的变型腺体。由汗腺衍生的腺体，如外耳道皮肤中分泌耵聍的耵聍腺；牛的鼻唇腺、羊的鼻镜腺以及猪的腕腺，可分泌浆液。由皮脂腺衍生的腺体，包括肛门腺、包皮腺、阴唇腺和睑板腺等。绵羊眼内角的眶下窦、腹股沟部的腹股沟窦、二指（趾）间的指（趾）间窦的壁内部都分布有很多皮脂腺和汗腺。马和驴蹄叉腺也属于皮肤腺。颈腺，也称为项腺，是公驼特有的皮肤腺，位于枕嵴后方中线两侧的皮内，发情季节可排出黑棕色而带有异味的分泌物。

三、乳腺

乳腺（gl. mammaria）是哺乳动物特有的皮肤腺，为复管泡状腺，在功能和发生上属于汗腺的特殊变形。雌雄动物均有乳腺。雄性的锥形乳房只具有少数导管埋于脂肪中；雌性动物的乳腺能充分发育，并形成较发达的乳房（uber），随分娩而具有泌乳功能。各种雌性动物乳房的数目、位置和形态均不相同，现分述如下：

（一）牛的乳房

1. 牛乳房的位置和形态　牛的乳房位于耻骨区，并延伸至骨盆的腹侧、两股之间。牛的乳房通常呈半圆形，也有其他形态的乳房，如扁平形乳房、山羊形乳房、发育不均衡乳房等。乳房可分紧贴腹壁的基部、中间的体部和游离的乳头部。乳房被纵行的乳房间沟分为左、右两半，每半又被一不明显的横沟分为前、后两部，共形成4个乳丘。每一个乳丘上有一圆柱形或圆锥形的乳头，前列乳头较长。有时在乳房的后部有一对小的副乳头。每个乳头上有一个乳头管的开口。

2. 牛乳房的构造　乳房由皮肤、筋膜和实质3部分组成（图2-5）。

乳房的皮肤薄而柔软，除乳头外，均长有一些稀疏的细毛。皮肤内有汗腺和皮脂腺。在乳房后部与阴门裂之间呈线状毛流的皮肤纵褶，称为乳镜，可作为评估奶牛产奶潜能的一个指标。乳镜越大，产乳量越高。

皮肤的深层为筋膜，筋膜分浅筋膜和深筋膜。浅筋膜为腹壁浅筋膜的延续，由疏松结缔组织构成，使乳房皮肤有一定的活动性，乳头皮下无浅筋膜。深筋膜富含弹性纤维，包在整个乳房实质的内、外表面，由内侧板和外侧板组成，形成乳房的悬吊装置。两侧的内侧板形

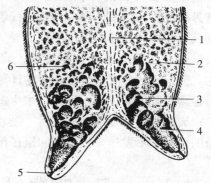

图2-5　牛乳房的构造（纵切面）
1. 乳房中隔　2. 腺小叶　3. 腺乳池
4. 乳头乳池　5. 乳头管　6. 乳道

成乳房悬韧带，将乳房悬吊在腹底壁白线的两侧，并形成乳房的中隔，将乳房分为左右两半。

乳房深筋膜的结缔组织同时伸入乳房的实质内，构成乳腺间质，将乳腺实质分隔成许多腺叶和腺小叶。每一腺小叶是一个分支管道系统，由分泌部和导管部组成。分泌部包括腺泡和分泌小管，其周围有丰富的毛细血管网。腺泡分泌的乳汁经分泌小管至输乳管，许多小的输乳管汇合成较大的输乳管，再汇合成乳道，通入乳房下部的乳腺乳池和乳头内的乳头乳池，再经乳头管的开口排出。

（二）马的乳房

马的乳房呈扁圆形，位于两股之间，明显地分为左、右两半，每半各只有一个乳头，每个乳头各有2～3个乳头管。

（三）羊的乳房

羊的乳房圆锥形，有一对圆锥形的乳头，乳头基部有较大的乳池，每个乳头上有一个乳头管的开口。

（四）猪的乳房

猪的乳房成对排列于腹白线的两侧，常有4～8对，有时有10对。乳池小，每个乳房有一个乳头，每个乳头有2～3个乳头管的开口。

（五）犬、猫的乳房

犬有4～5对乳房，成对排列于胸、腹部正中线的两侧；乳头短，每个乳头有2～4个乳

头管的开口。猫有5对乳头，前2对位于胸部，后3对位于腹部。

(六) 兔的乳房

兔的乳房位于胸腹正中线两侧，一般3~6对，每个乳头约有5条乳腺管开口。

第四节 蹄

蹄（ungula）是马、牛、羊、猪等有蹄类动物指（趾）端着地的部分，由皮肤演变而成。

一、牛（羊）蹄的构造

牛（羊）为偶蹄动物，每肢的指（趾）端有四个蹄，从内向外分别称第二、三、四、五指（趾）蹄。第三、四指（趾）端蹄发达，直接与地面接触，称为主蹄。第二、五指（趾）端蹄很小，不能着地，附着于系关节掌（跖）侧面，称为悬蹄（图2-6）。

(一) 主蹄

主蹄呈锥状，形状与牛（羊）的蹄骨相似，呈三面棱锥形，按部位分为蹄缘、蹄冠、蹄壁、蹄底和蹄枕5部分。蹄与皮肤相连的部分称为蹄缘；蹄缘与蹄壁之间为蹄冠；位于蹄骨轴面和远轴面的部分称为蹄壁；位于蹄骨底面前部的称为蹄底；位于蹄骨底面后部的称为

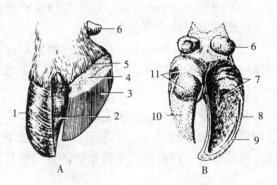

图2-6 牛蹄（一侧的蹄匣已除去）
A. 背面 B. 底面
1. 蹄的远轴侧面 2. 蹄壁的轴侧面 3. 肉壁 4. 肉冠
5. 肉缘 6. 悬蹄 7. 蹄球 8. 蹄底 9. 白线
10. 肉底 11. 肉球

蹄枕。蹄由表皮（蹄匣）、真皮（肉蹄）和皮下组织组成。

1. 蹄匣（capsula ungulae） 蹄匣为蹄的表皮（角质层），质地坚硬，表皮可分为角质壁、角质底和角质球3部分。

(1) 角质壁（paries corneus ungulae） 分轴侧面和远轴侧面。轴侧面凹，仅后半部与对侧主蹄相接；远轴侧面凸，前端弯向轴面并与轴面共同形成角质壁，表面有数条与冠状缘平行的角质轮，其内侧面有许多较窄的角质小叶；远轴侧面可分为前方的蹄尖壁、后方的蹄踵壁以及两者之间的蹄侧壁。角质壁近端有一条颜色稍浅的环状带为蹄冠。蹄冠与皮肤连接部分形成一条柔软的窄带，称为蹄缘。蹄缘柔软而有弹性，可减少蹄匣对皮肤的压力。蹄缘和蹄冠内表面有许多小孔。

角质壁由外、中、内3层结构组成。外层又称为釉层（stratum tectorium），由角化的扁平细胞构成，幼龄动物明显，成年时常脱落。中层又称为冠状层（stratum coronarium），是最厚的一层，主要由平行排列的角质小管构成。内层也称为小叶层（stratum lamellatum），主要由许多平行排列的角小叶组成，小叶较柔软，与肉小叶相嵌合。

(2) 角质底（solea cornea） 位于蹄底面的前部，与地面接触。呈略凹的三角形，与蹄壁下缘间有蹄白线分开，白线为蹄壁角小叶层向蹄底伸延而成。角质底的内表面有许多小

孔，容纳肉底上的乳头。

（3）角质球（torus corneus） 位于蹄底角质的后方，相当于马蹄的一半，呈球形隆起，无蹄支和蹄叉，由较柔软的角质构成。

2. 肉蹄（corium ungulae） 肉蹄由真皮衍生而成，富含血管和神经，颜色鲜红，可分肉壁、肉底和肉球3部分。

（1）肉壁（corium parietis） 与蹄骨的骨膜紧密结合，分肉缘、肉冠和肉叶3部分。肉缘（corium limbi）深层以致密结缔组织与骨膜相接，表面有细而短的乳头，插入角质缘的小孔中，以滋养蹄缘。肉冠（corium coronae）是肉蹄较厚的部分，皮下组织发达，表面有较长的乳头插入蹄冠沟的小孔中，以滋养角质壁。肉叶（corium lamellatum）表面有平行排列的肉小叶嵌入角质小叶中。肉叶无皮下组织，与骨膜直接紧密相连。

（2）肉底（corium soleae） 与角质底相适应。乳头小，插入角质底的小孔中。肉底无皮下组织，与骨膜紧密相连。

（3）肉球（corium tori） 皮下组织发达，含有丰富的弹性纤维，构成指（趾）端的弹力结构，不形成蹄软骨。

（二）悬蹄

悬蹄呈短圆锥状，位于主蹄的后上方，不与地面接触，内有1个或2个指（趾）节骨。悬蹄结构与主蹄相似，也分蹄匣、肉蹄和皮下组织。蹄匣为锥状角质小囊，角质壁也有角质轮，角质较软，内表面有角质小管的开口和角小叶；肉蹄内含有发达的弹性纤维。

二、马蹄的构造

马蹄由蹄匣和肉蹄两部分组成（图2-7、图2-8）。

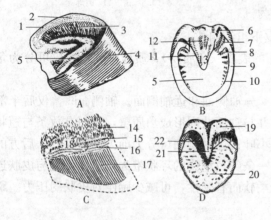

图2-7 马 蹄
A. 蹄匣 B. 蹄匣底面 C. 肉蹄 D. 肉蹄底面
1. 蹄缘 2. 蹄冠沟 3. 蹄壁小叶层 4. 蹄壁 5. 蹄底
6. 蹄球 7. 蹄踵角 8. 蹄支 9. 底缘 10. 白线
11. 蹄叉侧沟 12. 蹄叉中沟 13. 蹄叉 14. 皮肤
15. 肉叉 16. 肉冠 17. 肉壁 18. 蹄软骨的位置
19. 肉蹄 20. 肉底 21. 肉枕 22. 肉支

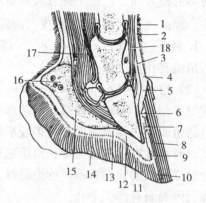

图2-8 马蹄纵切面
1. 表皮 2. 真皮 3. 皮下组织
4. 肉缘 5. 肉冠 6. 肉壁 7. 肉小叶
8. 蹄壁角质 9. 角小叶 10. 蹄白线
11. 蹄底角质 12. 肉底 13. 肉叉
14. 蹄叉 15. 肉叉皮下组织
16. 蹄球皮下组织 17. 屈肌腱
18. 伸肌腱

(一) 蹄匣

蹄匣是蹄的角质层，包括蹄缘、蹄冠、蹄壁、蹄底和蹄叉（枕叉）组成。

1. 蹄缘　为蹄匣上缘与皮肤连续的部分，柔软而有弹性，可减少蹄壁对皮肤的压力。

2. 蹄冠　位于蹄壁的近侧缘，内侧面呈沟状，称为蹄冠沟。沟内有许多小孔，为冠状层角质小管的开口。

3. 蹄壁　构成蹄匣的背侧壁和两侧壁。蹄壁可分为3部分，前为蹄尖壁，两侧为蹄侧壁，后为蹄踵壁。蹄壁的后端向蹄底折转形成蹄支，并向蹄底伸延而消失。其折转部形成的角称为蹄踵角。

蹄壁由釉层、冠状层（保护层）和小叶层构成。

（1）釉层　位于蹄壁的最表面，由角化的扁平细胞构成。幼畜明显，随年龄增长而逐渐剥落而不完整。

（2）冠状层　是角质壁中间最厚的一层，富有弹性和韧性，有保护蹄的内部组织结构和负重的作用。冠状层由很多纵行排列的角质小管和管间角质构成。角质中有色素，故蹄壁常呈暗深色，内层的角质缺乏色素，比较柔软，直接与小叶结合。

（3）小叶层　是蹄壁的最内层，由许多纵行排列的角小叶构成，角小叶无色素，比较柔软，与肉蹄的肉小叶互相紧密嵌合，使蹄壁角质与肉蹄牢固结合。

4. 蹄底　是蹄向着地面略凹陷的部分，位于蹄底缘与蹄叉之间，是蹄的支持面，蹄底内面有许多小孔，以容纳肉底的乳头。

5. 蹄叉　由指（趾）枕的表皮形成。呈楔形，位于蹄底的后方，角质壁较厚，富有弹性。前端深入蹄底中央的部分称为蹄叉尖，蹄叉底面形成蹄叉中沟，两侧与蹄支之间形成蹄叉侧沟。

蹄白线（zone alba）位于蹄壁冠状层的内层与角小叶及填充于角小叶间的叶间角质构成，呈环形，色较浅，角质较软，是确定蹄壁角质厚度的标准，也是装蹄时下钉的定位标志。

(二) 肉蹄

肉蹄为蹄的真皮层，套于蹄匣内面，形状与蹄匣相似。分肉缘、肉冠、肉壁、肉底和肉叉5部分。

1. 肉缘　位于蹄缘角质的深部，表面有细而短的真皮乳头。

2. 肉冠　呈环带状隆起，套于蹄冠沟内，表面密生粗而长的乳头，顶端向下，深入蹄冠沟内的角质小管内。肉冠含有丰富的血管和神经，感觉敏锐，当蹄着地时有感觉地面凸凹和软硬程度的作用。

3. 肉壁　紧贴于蹄骨的背侧面和内、外侧面，其后方呈锐角折返向前形成蹄支真皮。真皮表面有许多纵行的真皮小叶（肉小叶），与蹄壁角质上的角小叶相嵌合。

4. 肉底　紧贴于蹄骨的底面，表面密生细而长的乳头，向下伸入蹄底角质的角质小管中。

5. 肉叉　形状与蹄叉角质相似，表面有发达的乳头。

(三) 蹄的皮下组织

蹄壁和蹄底无皮下组织，其真皮层直接与骨膜紧密结合。蹄缘和蹄冠的皮下组织较薄。

蹄叉的皮下组织特别发达，是三层中最厚的一层，具有丰富的胶原纤维、弹性纤维和脂肪组织，是蹄的弹力装置，可减轻地面对蹄部的反冲作用。

蹄软骨（cortilago ungularis） 为不正形软骨，内、外侧各一块，位于蹄骨与肉枕两侧的后上方。蹄软骨弹性较强，与肉枕共同构成指（趾）端的弹力结构。起缓冲作用，可以防止或减轻骨和韧带的损伤。

三、猪蹄的构造

猪也属于偶蹄动物，每肢端有两个主蹄和两个悬蹄。主蹄的构造与牛（羊）主蹄相似，指（趾）枕更发达，蹄底更小。悬蹄内有完整的指（趾）节骨（图2-9）。

四、犬、猫脚的构造

犬有腕枕、掌枕和指（趾）枕。犬的爪锋利，可分为爪轴、爪冠、爪壁和爪底（图2-10），均由表皮、真皮和皮下组织构成。

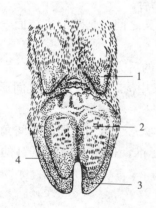

图2-9 猪蹄的底面
1. 悬蹄　2. 蹄球　3. 蹄底　4. 蹄壁

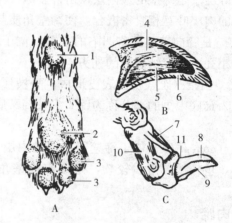

图2-10 犬的指、枕和爪
A. 犬枕　B. 犬爪角质囊（断面）　C. 犬指
1. 腕枕　2. 掌枕　3. 指枕　4. 爪的角质冠
5. 爪的角质壁　6. 爪的角质底
7. 远指节骨韧带　8. 爪冠的真皮
9. 爪壁的真皮　10. 中指节骨　11. 轴形沟

猫每只脚下有一大的脚垫，每一脚指（趾）下各有一小的肉垫，因此行走踏地时声音很轻。

五、指（趾）枕

枕是动物肢端由皮肤衍生而成的一种减震装置。其结构与皮肤相同，可分为枕表皮、枕真皮和枕皮下组织3层。枕表皮角质层发达，柔软而有弹性；枕真皮有发达的乳头和丰富的血管、神经末梢；枕皮下组织发达，含有大量的胶原纤维、弹性纤维和脂肪组织。当动物站立时，枕可起支持和缓冲的作用。同时，它也是一个重要的感觉器官。

足行动物前肢包括腕枕、掌枕、指枕，后肢包括跗枕、跖枕、趾枕。蹄行动物仅保留有指（趾）枕，其余退化或消失。牛、羊只有指（趾）枕，位于蹄底面的后部，又称为蹄枕，即蹄的蹄球。马在腕部上内侧面和跗部下内侧面有退化的角质结构，称为跗蝉，即腕枕和跗枕；在系关节掌侧和跖侧的距，即相当于掌枕或跖枕。

第五节　角

角（cornua）是套在动物额骨两侧的角突上由皮肤衍生而成的鞘状结构，为动物的防卫武器。

一、角的形态

角的形状和大小因动物及其品种、年龄、性别及生长情况而异，一般与额骨角突的形态相一致，通常呈锥形，略带弯曲。有蹄类哺乳动物的角有的呈螺旋状，有的轻巧而细长，有的如短剑状，有的呈紧密的螺旋状，还有的有很多分支。如乳牛角呈圆筒形，水牛角则较大而扁，呈四边形；羊角亦扁，呈三角形。

角分为角基、角体和角尖。角基与额部皮肤相连接，角质薄而柔软。角体为角的中间部分，由角基生长延续而来，角质逐渐变厚。角尖为角的头端部分，角质最厚，甚至成为实体。角的表面螺旋形的隆起，称为角轮。角轮从角的基部开始逐渐向角尖方向形成，牛的角轮仅见于角根部，母牛角轮的出现与妊娠有关，每一次产犊之后就出现新的角轮；羊的角轮较明显，几乎遍及全角。

二、角的结构

角由表皮和真皮构成。角表皮高度角质化，由角质小管和管间角质构成。牛的角质小管排列非常紧密，管间角质很少。羊角则相反。角真皮较薄，位于角表皮的深层，与额部皮肤的真皮相延续，无皮下组织，直接与角突的骨膜结合，表面有发达的乳头。真皮乳头伸入表皮的角质小管内（图2-11）。

角根据结构和起源不同，主要分为空角、实角和纤维角3种。

（1）空角　反刍动物具有的角，中间有骨质的角柱，外部是皮肤变异，由角蛋白构成的角鞘包围。羊角都是额骨的角突衍生出来形成对称骨枝，不分叉，外边包着一层坚硬的角质套，套在骨质的角心上，并且随着角心的生长而扩大。角质套可以脱下，角内为空心的，所以又称为"洞角"，长有"洞角"的羊类、牛类和羚羊类也因之被称为"洞角"动物。"洞角"动物的角无神经和血管，洞角被去掉后，不能再生长。羊类的洞角长

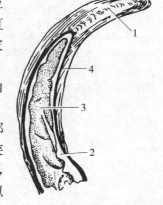

图2-11　牛角断面
1. 角尖　2. 额骨的角突
3. 角腔　4. 角的真皮

到一定程度便停止生长，而且不更换角质套。

（2）实角　由骨质角柱和外部包围的皮肤组成，皮肤上长有茸毛，皮肤脱落会露出角柱，如鹿角，会脱换新角。但长颈鹿的皮肤不会脱落。

（3）纤维角　如犀牛的角，是由角质纤维凝合而成，没有角柱，终生也不会脱换。

（赵慧英）

第三章 内脏学

一、内脏的概念

内脏（viscera）是大部分位于胸腔、腹腔和盆骨腔内的管状器官，且以一端或两端的开口与外界相通，在神经系统和体液的调节下，直接参加动物机体新陈代谢和功能活动，包括消化、呼吸、泌尿和生殖4个系统。研究内脏各器官位置和形态的科学，称为内脏学（splanchnologia）。消化、呼吸和泌尿系统直接参与新陈代谢，以维持动物机体生命活动的正常进行，生殖系统则能繁殖后代，延续种族。此外，胸膜和腹膜和内脏各器官联系密切，故在本章中一并叙述。

二、内脏的一般形态和结构

内脏按有无大而明显的空腔可分为管状器官和实质性器官。

（一）管状器官

管状器官（图3-1）内有空腔，如食管、胃、肠、气管和膀胱等。其管壁一般由3~4层组织构成，由内向外顺次为黏膜、黏膜下组织、肌膜和外膜。

1. 黏膜（tunica mucosa） 构成管壁的最内层。黏膜的色泽淡红色或鲜红色，柔软而湿润，有一定的伸展性，空虚状态时常形成皱褶。黏膜有保护、分泌和吸收等作用，又分上皮、固有膜和黏膜肌膜3层。

（1）上皮（epithelium） 由不同的上皮组织构成，分布在最表层，完成各个部位的不同功能，如保护、吸收或分泌等。

（2）固有膜（lamina propria mucosae） 又称为固有层，由疏松结缔组织构成，具有支持和固定上皮的作用。其中含有血管、淋巴管和神经。在有些管状器官的固有膜内，还含有淋巴组织和腺体等。

（3）黏膜肌层（lamina muscularis mucosae） 由薄层平滑肌构成，位于固有膜和黏

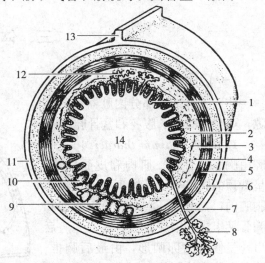

图3-1 管状器官结构模式图
1.上皮 2.固有膜 3.黏膜肌层 4.黏膜下组织
5.内环形肌 6.外纵形肌 7.腺管 8.壁外腺
9.淋巴集结 10.淋巴孤结 11.浆膜 12.十二指肠腺
13.肠系膜 14.肠腔

膜下组织之间。其收缩活动可促进黏膜的血液循环、上皮的吸收和腺体分泌物的排出。

黏膜内除有杯状细胞构成的单细胞腺外，还有各种壁内腺，深入固有膜和黏膜下组织。有的腺体非常发达，延伸出壁外，形成壁外腺，如肝脏等。

2. 黏膜下组织（tela submucosa） 又称为黏膜下层，由疏松结缔组织构成，有连接黏膜和肌层的作用。在富有伸展性的器官如胃、膀胱等处特别发达。此层含有较大的血管、淋巴管和神经丛。有些器官的黏膜下组织内还有腺体，如食管腺和十二指肠腺。

3. 肌层（tunica musculairs） 主要由平滑肌构成，可分成内环层（stratum circulare）和外纵层（stratum lonitudinale），在两层之间有少许结缔组织和神经丛。当环形肌收缩时，可使管腔缩小；当纵行肌收缩时，可使管道缩短而管腔变大；两层肌纤维交替收缩时，可使内容物按一定的方向移动。在管状器官的入口和出口处，环行肌增厚形成括约肌（m. sphincter），起开闭作用。

4. 外膜（tunica adventitia） 为管壁的最外层，在体腔外的管状器官，如颈部食管和直肠的末端，其表面为一层疏松结缔组织，称为外膜。而位于体腔内的管状器官由于外膜表面覆盖一层扁平细胞（间皮），故称为浆膜（tunica serosa）。浆膜能分泌浆液，有润滑作用，可减少器官运动时的摩擦。

（二）实质性器官

实质性器官为一团柔软组织，无明显空腔，由实质和被膜组成。实质主要由腺上皮构成，是实现器官功能的主要部分。被膜由结缔组织构成，被覆于器官的表面，并向实质伸入将器官分隔成若干小叶。分布于实质的结缔组织称为间质，起联系和支架的作用。许多实质性器官是由上皮组织构成的腺体，具有分泌功能。其导管开口于管状器官的管腔内。凡血管、神经、淋巴管、导管等出入实质性器官之处，常为一凹陷，特称此处为该器官的门，如肾门、肝门、肺门等。

三、体腔和浆膜

（一）体腔

体腔是容纳大部分内脏器官的腔隙，可分为胸腔、腹腔和盆骨腔。

1. 胸腔（cavum thoracis） 胸腔由胸廓的骨骼、肌肉和皮肤构成，呈截顶的圆锥形，其锥顶向前，称为胸腔前口，由第一胸椎、第一对肋和胸骨柄组成。锥底向后，称为胸腔后口，呈倾斜的卵圆形，由最后胸椎、肋弓和胸骨的剑状突围成，由膈与腹腔分隔开。胸腔内有心、肺、气管、食管、大血管、神经及淋巴管等。

2. 腹腔（cavum abdominis） 腹腔是体内最大的体腔，位于胸腔之

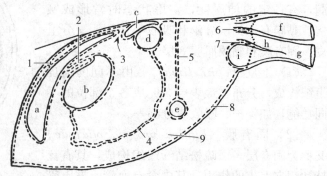

图 3-2 腹膜和腹膜腔模式图（母马）
a. 肝 b. 胃 c. 胰 d. 结肠 e. 小肠 f. 直肠 g. 阴门
h. 阴道 i. 膀胱
1. 冠状韧带 2. 小网膜 3. 网膜囊孔 4. 大网膜 5. 肠系膜
6. 直肠生殖凹陷 7. 膀胱生殖凹陷 8. 腹膜壁层 9. 腹膜腔

后。背侧壁为腰椎、腰肌和膈脚等；侧壁和底壁为腹肌，侧壁还有假肋的肋骨下部和肋软骨及肋间肌；前壁为膈，凸向胸腔，所以腹腔的容积远比从体表所看到的大；后端与盆骨腔相通。腹腔内容纳胃、肠、肝、胰等大部分消化器官，以及肾、输尿管、卵巢、输卵管、子宫和大血管等。

3. 骨盆腔（*cavum pelvis*） 骨盆腔是体内最小的体腔，可视为腹腔向后的延续部分。背侧壁为荐椎和前3~4个尾椎，侧壁为髂骨和荐结节阔韧带，底壁为耻骨和坐骨。前口由荐骨岬、髂骨体和耻骨前缘围成；后口由尾椎、荐结节阔韧带后缘和坐骨弓围成。骨盆腔内有直肠、输尿管、膀胱。母畜还有子宫（后部）、阴道；公畜有输精管、尿生殖道和副性腺等。

（二）浆膜

浆膜为衬在体腔壁和转折包于内脏器官表面的薄膜，贴于体腔壁表面的部分为浆膜壁层，壁层从腔壁移行折转覆盖于内脏器官表面，称为浆膜脏层。浆膜壁层和脏层之间的间隙称为浆膜腔，腔内有浆膜分泌的少许浆液，起润滑作用。

1. 胸膜和胸膜腔 胸膜（*pleura*）（图3-3）为一层光滑的浆膜，分别覆盖在肺的表面和衬贴于胸腔壁的内面。前者称为胸膜脏层或肺胸膜（*pleura pulmonalis*），后者称为胸膜壁层。壁层按部位又分为衬贴于胸腔侧壁的肋胸膜（*pleura costalis*）、膈胸腔面的膈胸膜（*pleura diahrgmatica*）以及参与构成纵隔的纵隔胸膜（*pleura mediastinalis*）。胸膜壁层和脏层在肺根处互相移行，共同围成两个胸膜腔。左、右胸膜腔被纵隔分开，腔内为负压，使两层胸膜紧密相贴，在呼吸运动时，肺可随着胸壁和膈的运动而扩张或收缩。胸膜腔内有胸膜分泌的少量浆液，称为胸膜液，有减少呼吸时两层胸膜摩擦的作用。

2. 纵隔（*mediastinum*） 纵隔位于左、右胸膜腔之间，由两侧的纵隔胸膜以及夹于其间的器官和结缔组织所构成。参与构成纵隔的器官有心脏、心包、胸腺（幼畜特发达）、食管、气管、出入心脏的大血管（除后腔静脉外）、神经（除右膈神经外）、胸导管以及淋巴结等，它们彼此借结缔组织相连。

纵隔在心脏所在的部分称为心纵隔，在心脏之前和之后的部分分别称为心前纵隔和心后纵隔。

3. 腹膜和腹膜腔 腹膜（*peritonaeuon*）是贴于腹腔、盆骨腔壁内面和覆盖在腹腔、盆骨腔内脏器官表面的一层浆膜，可分为腹膜壁层和腹膜脏层。壁层贴于腹腔壁的内面，并向后延续到骨盆腔壁的前半部；脏层覆盖于腹腔和骨盆腔内脏器官的表面，也就是内脏器官的浆膜层。腹膜壁层和腹膜脏层互相移行，两层之间的间隙称为腹膜腔（*cavum peritonaei*）。腹膜腔在公畜完全紧闭，母畜则

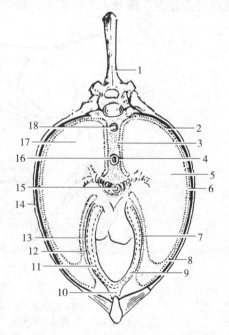

图3-3 胸腔横断面（示胸膜、胸膜腔）
1. 胸椎 2. 肋胸膜 3. 纵隔 4. 纵隔胸膜
5. 左肺 6. 肺胸膜 7. 心包胸膜 8. 胸膜腔
9. 心包腔 10. 胸骨心包韧带 11. 心包浆膜脏层
12. 心包浆膜壁层 13. 心包纤维层 14. 肋骨
15. 气管 16. 食管 17. 右肺 18. 主动脉

因输卵管腹腔口开口于腹膜腔,因此间接与外界相通。在正常情况下,腹膜腔内仅有少量浆液(腹膜液),有润滑作用,可减少脏器间运动时的摩擦。

腹膜从腹腔、骨盆腔壁移行到脏器,或从某一脏器移行到另一脏器,这些移行部的腹膜形成了各种腹膜褶,分别称为系膜、网膜、韧带和皱褶。它们多数由双层腹膜构成,其中常有结缔组织、脂肪、淋巴结以及分布到脏器的血管、淋巴管和神经等,起着连接和固定脏器的作用。系膜(mesenterium)为连于腹腔顶壁与肠管之间宽而长的腹膜褶,如空肠系膜和降结肠(小结肠)系膜等。网膜(omentum)为连于胃和其他脏器之间的腹膜褶,如大网膜和小网膜。韧带和皱褶(plica)为连于腹腔、骨盆腔与脏器之间或脏器与脏器之间短而窄的腹膜褶,如回盲韧带、盲结韧带和尿生殖褶等。此外,腹膜腔的后端在骨盆腔内还形成一些明显的凹陷,如直肠背侧的直肠荐骨凹陷;直肠与子宫、子宫阔韧带(母畜)或尿生殖褶(公畜)之间的直肠生殖凹陷;子宫、子宫阔韧带或尿生殖褶与膀胱、膀胱侧韧带之间的膀胱生殖凹陷;膀胱、膀胱侧韧带与骨盆底壁之间的膀胱耻骨凹陷等。

四、腹腔分区

为了确定各脏器在腹腔内的位置和体表投影,通常以下列几个假想平面,将腹腔划分为十个部(区)(图3-4)。通过两侧最后的肋骨后缘最突出点和髋关节前缘做两个横断面,把腹腔首先分为3部分,即腹前部、腹中部和腹后部。

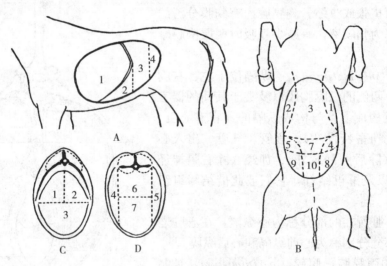

图3-4 腹腔分区
A. 侧面 1、2. 腹前部(1. 季肋部 2. 剑状软骨部) 3. 腹中部 4. 腹后部
B. 腹面 C. 腹前部横断面 D. 腹中部横断面 1. 左季肋部 2. 右季肋部
3. 剑状软骨部 4. 左髂部 5. 右髂部 6. 腰下部 7. 脐部 8. 左腹股沟部
9. 右腹股沟部 10. 耻骨部

1. 腹前部 又分3部。肋弓以下为剑状软骨部(regio xiphoidea);肋弓以上,正中矢面两侧的为左、右季肋部(regio hypochondriaca sinistra et dextra)。

2. 腹中部 又分4部。通过腰椎两侧横突末端的两个矢状面,把腹中部分为左、右髂部（regio iliaca sinistra et dextra）和中间部。中间部的上半部为腰部（regio lumbalis）或肾部（regio renalis）；下半部为脐部（regio umbilicalis）。

3. 腹后部 又分3部。通过腹中部的矢状面向后延续，把腹后部分为左、右腹股沟部（regio inguinalis sinistra et dextra）和中间的耻骨部（regio pubes）。

第一节 消化系统

消化系统（图3-5）包括消化管和消化腺两部分。消化管为食物通过的通道，包括口腔、咽、食道、胃、小肠、大肠和肛门。消化腺为分泌消化液的腺体，消化液中含有多种酶，在消化过程中起催化作用，包括壁内腺和壁外腺。壁内腺广泛分布于消化管的管壁内，如胃腺和肠腺。壁外腺位于消化管外，形成独立的器官以腺管通入消化管腔内，如唾液腺、肝和胰。

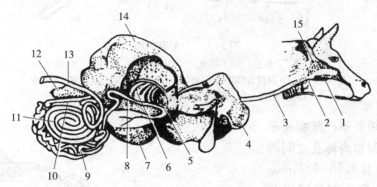

图3-5 牛的消化系统模式图
1. 口腔 2. 咽 3. 食管 4. 肝 5. 网胃 6. 瓣胃 7. 皱胃 8. 十二指肠 9. 空肠 10. 回肠 11. 结肠 12. 盲肠 13. 直肠 14. 瘤胃 15. 腮腺

一、口腔和咽

（一）口腔

口腔（cavum oris）（图3-6、图3-7）为消化管的起始部，有采食、吸吮、泌涎、味觉、咀嚼和吞咽等功能。

口腔的前壁为唇，侧壁为颊，顶壁为硬腭，底壁为下颌骨和舌。前端以口裂（rima oris）与外界相通；后端与咽相通。口腔可分为口腔前庭（vestibulum oris）和固有口腔（cavum oris proprium）两部分。口腔前庭是唇、颊和齿弓之间的空隙；固有口腔为齿弓以内的部分，舌就位于固有口腔内。口腔内面衬有黏膜，在唇缘处与皮肤相接，向后与咽黏膜相连，在口腔底移行于舌和下齿龈。口腔黏膜较厚，富有血管，呈粉红色，常含有色素。其上皮为复层扁平上皮，细胞不断脱落，更新，新脱落的上皮细胞混入唾液中。

1. 唇（labia oris） 分上唇和下唇。上、下唇的游离缘共同围成口裂。口裂的两端会合成口角。口裂的基础由横纹肌（口轮匝肌）构成，外面覆有皮肤，内面衬有黏膜。黏膜深处有唇腺（gl. labiales），腺管直接开口于唇黏膜表面。口唇富有神经末梢，较敏感。

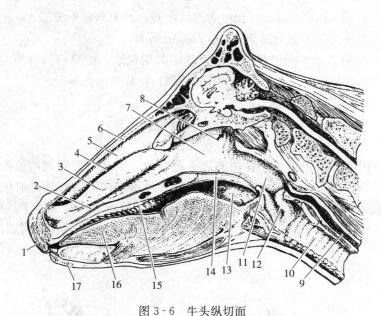

图 3-6 牛头纵切面
1. 上唇 2. 下鼻道 3. 下鼻甲 4. 中鼻道 5. 上鼻甲 6. 上鼻道 7. 鼻咽部 8. 咽鼓管咽口 9. 食管 10. 气管 11. 喉咽部 12. 喉 13. 口咽部 14. 软腭 15. 硬腭 16. 舌 17. 下唇

牛的口唇短而厚，坚实而不灵活。上唇中部和两鼻孔之间的无毛区，称为鼻唇镜（planum naso labiale），表面有鼻唇腺分泌的液体。故健康牛的鼻唇镜常湿润而温度较低。下唇沿游离缘有一狭窄的无毛带。唇黏膜上长有角质锥状乳头，在口角处较长，尖端向后。

羊的口唇薄而灵活，上唇正中有明显的纵沟，在鼻孔间形成无毛带的鼻镜。唇黏膜上有角质乳头，形状与牛相似。

马的口唇灵活，是采食的主要器官。上唇长而薄，表面正中有一纵沟，称为人中（philtrum）。下唇较短厚，其腹侧有一明显的丘形隆起，称为颏，由肌肉、脂肪和结缔组织构成。在口唇和颏部的皮肤上除生有短而细的毛外，还有长而粗的触毛。

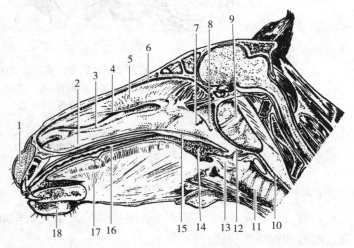

图 3-7 马头纵切面
1. 上唇 2. 下鼻道 3. 下鼻甲 4. 中鼻道 5. 上鼻甲 6. 上鼻道 7. 咽鼓管咽口 8. 鼻咽部 9. 咽鼓管囊 10. 食管 11. 气管 12. 喉咽部 13. 喉 14. 口咽部 15. 软腭 16. 硬腭 17. 舌 18. 下唇

猪的口裂大，口唇活动性小。上唇与鼻连在一起构成吻突（snout），有掘地觅食的作用。下唇尖小，随下颌运动而运动。

犬唇薄，灵活，有许多触毛，人中明显，口裂大。

2. 颊（bucca）　位于口腔两侧，主要由颊肌构成，外覆皮肤，内衬黏膜。在牛、羊的颊黏膜上有许多尖端向后的锥状乳头。在颊肌的上、下缘有颊腺（gl. buccales），腺管直接开口于颊黏膜的表面。此外，在第五上臼齿（牛）或在第三上臼齿（马）相对的颊黏膜上，还有腮腺管的开口。

3. 硬腭（palatum durum）（图 3-8）　构成固有口腔的顶壁，向后与软腭延续，切齿

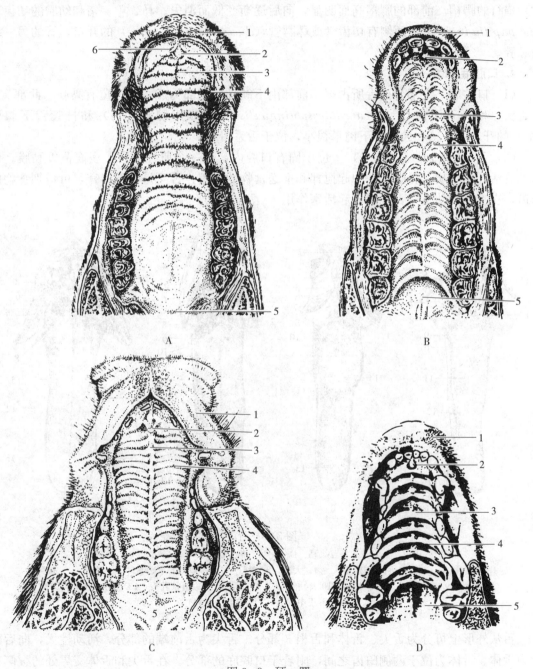

图 3-8　硬　腭
A. 牛　B. 马　C. 猪　D. 犬
1. 上唇　2. 切齿乳头　3. 腭缝　4. 腭褶　5. 软腭　6. 齿垫

骨腭突、上颌骨腭突和颌骨水平部共同构成硬腭的骨质基础。硬腭的黏膜厚而坚实，覆以复层扁平上皮，浅层细胞高度角化；黏膜下组织有丰富的静脉丛，马的更发达，形成一层类似海绵体的结构。硬腭的黏膜在周缘与上齿龈黏膜相移行。牛、羊的硬腭前端无切齿，由该处黏膜形成厚而致密的角质层，称为齿垫。

硬腭的正中有一条腭缝，腭缝的两侧有许多条（牛约20，羊约14，马16～18，猪20～22）横行的腭褶。前部的腭褶高而明显，向后逐渐变低而消失。马、羊、猪和幼驹的切齿乳头（*papilla incisiva*）两侧有切齿管或鼻腭管（*ductus nasopalatinus*）的开口，管的另一端通鼻腔。

4. 口腔底和舌

（1）口腔底　大部分被舌所占据，前部由下颌骨切齿部构成，表面覆有黏膜，此部有1对乳头，称为舌下肉阜（*carunculae sublingualis*），为颌下腺管（马）和长管舌下腺管（牛）的开口处。猪和犬的舌下肉阜很小，位于舌系带处。

（2）舌（*lingua*）（图3-9）　位于固有口腔内，是一个肌性器官，表面覆以黏膜。舌运动灵活，在咀嚼、吞咽运动中起搅拌和推送食物的作用；舌又是味觉器官，可辨别食物的味道；在吮乳的幼畜，舌还可以起活塞作用。

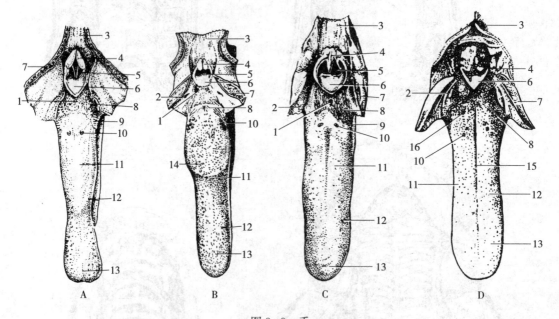

图3-9　舌
A. 马　B. 牛　C. 猪　D. 犬

1. 舌扁桃体　2. 腭扁桃体及窦（牛、猪、犬）　3. 食管　4. 勺状软骨　5. 喉口　6. 会厌　7. 软腭　8. 舌根　9. 叶状乳头（马、猪）　10. 轮廓乳头　11. 舌体　12. 菌状乳头　13. 舌尖　14. 舌圆枕　15. 舌正中沟　16. 圆锥乳头（犬）

舌从外形上可分为舌尖、舌体和舌根3部分。舌尖为舌前端的部分，活动性大，向后延续为舌体。舌体为位于两侧臼齿之间，附着于口腔底的部分。在舌尖和舌体交界处的腹侧有一条（马）或两条（牛、猪）与口腔底相连的黏膜褶，称为舌系带。舌根为附着于舌骨的部分。

舌从构造上分肌肉和黏膜。舌的肌肉属横纹肌，分为舌内肌和舌外肌两组。舌内肌的起止点都在舌内，由纵、横和垂直3种肌束组成。舌外肌很多，起于舌骨和下颌骨，而止于舌内。由于两组肌束在舌内呈不同方向相互交织，所以舌的运动非常灵活。

舌黏膜被覆于舌的表面，其上皮为复层扁平上皮。舌背的黏膜较厚，角质化程度也高，形成许多形态和大小不同的小突起，称为舌乳头。有些舌乳头上分布着味蕾，为味觉器官。舌腹面的上皮薄而平滑。在舌黏膜深层含有舌腺（gl. linguae），以许多小管开口于舌黏膜表面和舌乳头基部。此外，在舌根背侧的固有膜内还有淋巴上皮器官，称为舌扁桃体（tonsila lingualis）。

①牛的舌（图3-9B）　舌体和舌根较宽厚，舌尖灵活，是采食的主要器官。舌背后部有一椭圆形隆起，称为舌圆枕（tonus linguae）。舌乳头有以下3种：

a. 锥状乳头（papillae conicae）　为角质化、圆锥形的乳头，分布于舌尖和舌体的背面，因而舌面粗糙。舌圆枕前方的锥状乳头尖硬，尖端向后；舌圆枕上的形状不一，有的呈圆锥状，有的呈扁平豆状；舌圆枕后方的长而软。

b. 菌状乳头（papillae fungiformes）　呈大头针帽状，数量较多，散布于舌背和舌尖的边缘。上皮中有味蕾，有味觉作用。

c. 轮廓乳头（papillae vallatae）　每侧有8～17个，排列于舌圆枕后部的两侧。轮廓乳头的中央稍隆起，周围有一环状沟。沟内上皮中有味蕾。

②马的舌（图3-9A）　较长，舌尖扁平，舌体较大，舌背上有下列4种乳头：

a. 丝状乳头（papillae filiformes）　呈丝绒状，密布于舌背和舌尖的两侧。乳头的上皮有很厚的角质层，上皮中无味蕾，仅起一般感觉和机械保护作用。

b. 菌状乳头　数量较少，分散在舌背和舌体两侧。

c. 轮廓乳头　一般有两个，位于舌背后部中线两侧，有时在两乳头之间的稍后方，还有一个较小的。

d. 叶状乳头（papillae foliatae）　左、右各一个，位于舌体后部两侧缘，略呈长椭圆形，由一些横行的黏膜褶组成。上皮中有味蕾。

③猪的舌（图3-9C）　窄而长，舌尖薄。舌乳头与马相似。除有丝状乳头、菌状乳头、轮廓乳头和叶状乳头外，在舌根处还有长而软的锥状乳头。

④犬的舌（图3-9D）　前部宽而薄，后部较厚，灵活，舌背正中沟（sulcus medianus lingae）明显。舌背有丝状乳头，舌根处有圆锥乳头，舌背的前部及两侧有菌状乳头散布。舌背后部两侧通常各有2～3个轮廓乳头。腭舌弓部前方同样有小的叶状乳头，在舌尖腹侧正中有一纵向的梭形条索，称为蚓状体（lyssa），由纤维组织、肌组织和脂肪组织构成。

5. 齿（dentes）　是体内最坚硬的器官，镶嵌于切齿骨和上、下颌骨的齿槽内。上、下颌齿排列呈弓状，分别称为上齿弓和下齿弓，上齿弓较下齿弓略宽。齿有切断和磨碎食物的作用。

（1）齿的种类和齿式　齿按形态、位置和功能可分为切齿、犬齿和臼齿3种。

①切齿（dentes incisivi）（图3-10、图3-11、图3-12、图3-13）位于齿弓前部，与口唇相对。马和猪上、下切齿各3对，由内向外分别称为门齿、中间齿和隅齿。牛、羊无上切齿，下切齿有4对，由内向外分别称为门齿、内中间齿、外中间齿和隅齿。

上篇　家畜解剖

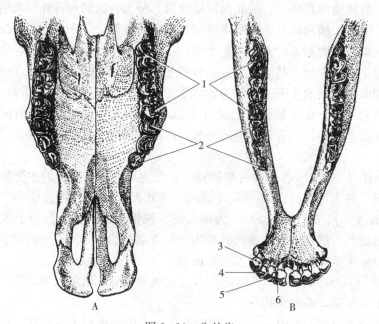

图 3-10　牛的齿
A. 上颌　B. 下颌
1. 后臼齿　2. 前臼齿　3. 隅齿　4. 外中间齿　5. 内中间齿　6. 门齿

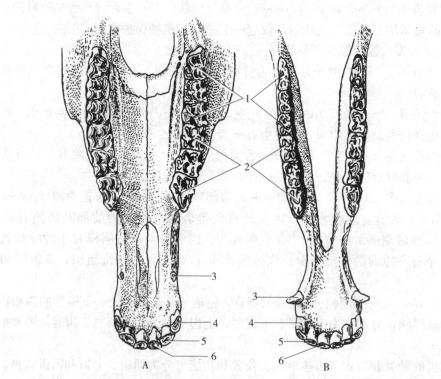

图 3-11　马的齿
A. 上颌　B. 下颌
1. 后臼齿　2. 前臼齿　3. 犬齿　4. 隅齿　5. 中间齿　6. 门齿

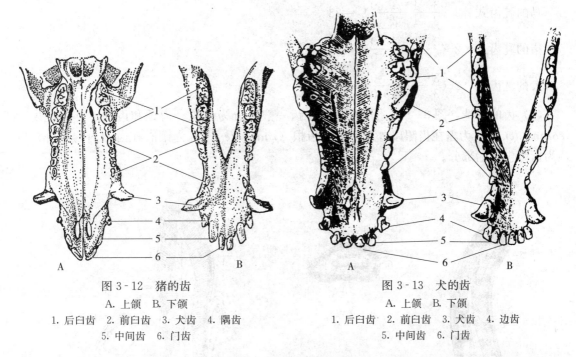

图3-12 猪的齿
A. 上颌　B. 下颌
1. 后白齿　2. 前白齿　3. 犬齿　4. 隅齿
5. 中间齿　6. 门齿

图3-13 犬的齿
A. 上颌　B. 下颌
1. 后白齿　2. 前白齿　3. 犬齿　4. 边齿
5. 中间齿　6. 门齿

②犬齿（dentes canini）　尖而锐，位于齿槽间隙处，约与口角相对。猪和公马有上、下犬齿各1对。牛、羊无犬齿。母马一般无犬齿，有时在下颌出现，但很不发达。

③白齿（dentes molares）　位于齿弓后部，与颊相对，故又称为颊齿。白齿分为前白齿和后白齿。马和牛上、下颌各有前白齿3对（马有时在上颌或上、下颌多1~2对很不发达的狼齿），猪有4对，后白齿都是3对。根据上、下颌齿弓各种齿的数目，写成下列齿式：

即 $2\left(\dfrac{\text{切齿}(I) \quad \text{犬齿}(C) \quad \text{前白齿}(P) \quad \text{后白齿}(M)}{\text{切齿}(I) \quad \text{犬齿}(C) \quad \text{前白齿}(P) \quad \text{后白齿}(M)}\right)$

成年牛、马、猪、犬的齿式如下：

牛的恒齿式　$2\left(\dfrac{0\ 0\ 3\ 3}{4\ 0\ 3\ 3}\right)=32$

母马的恒齿式　$2\left(\dfrac{3\ 0\ 3\ 3}{3\ 0\ 3\ 3}\right)=36$

公马的恒齿式　$2\left(\dfrac{3\ 1\ 3\sim 4\ 3}{3\ 1\ 3(4)\ 3}\right)=40\sim 42\,(44)$

猪的恒齿式　$2\left(\dfrac{3\ 1\ 4\ 3}{3\ 1\ 4\ 3}\right)=44$

犬的恒齿式　$2\left(\dfrac{3\ 1\ 4\ 2}{3\ 1\ 4\ 3}\right)=42$

齿在家畜出生后逐个长出，除后白齿和猪的第一前白齿外，其余齿到一定年龄时按一定顺序更换一次。更换前的齿为乳齿（dentes decidui），更换后的齿为永久齿或恒齿（dentes permanentes）。乳齿一般较小，颜色较白，磨损较快。家畜的乳齿式如下：

牛的乳齿式　$2\left(\dfrac{0\ 0\ 3\ 0}{4\ 0\ 3\ 0}\right)=20$

马的乳齿式 $2(\frac{3\ 1\ 3\ 0}{3\ 1\ 3\ 0})=28$

猪的乳齿式 $2(\frac{3\ 1\ 3\ 0}{3\ 1\ 3\ 0})=28$

犬的乳齿式 $2(\frac{3\ 1\ 4\ 0}{3\ 1\ 4\ 0})=32$

(2) 齿的构造（图3-14、图3-15） 齿一般可分为齿冠、齿颈和齿根3部分。齿冠（corona dentis）为露在齿龈以外的部分，齿根（radix dentis）为镶嵌在齿槽内的部分，齿颈为齿龈包盖的部分。

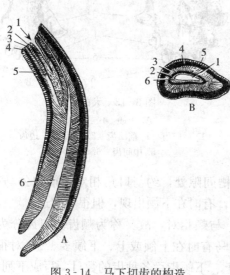
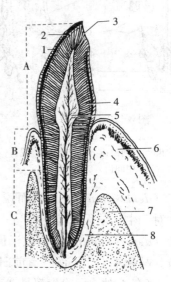

图3-14 马下切齿的构造
A. 纵剖面 B. 咀嚼面（磨面）
1. 齿坎 2. 中央釉质 3. 齿质 4. 外周釉质
5. 齿骨质 6. 齿腔

图3-15 牛切齿的构造
A. 冠齿 B. 齿颈 C. 齿根
1. 齿骨质 2. 釉质 3. 咀嚼面 4. 齿质
5. 齿腔 6. 齿龈 7. 下颌骨 8. 齿周膜

齿主要由齿质构成，在齿冠的齿质外面覆有光滑坚硬呈白色的釉质，在齿根的齿质表面被有齿骨质（或黏合质）。齿根的末端有孔通齿腔（cavum dentis），腔内富有血管和神经的齿髓（pulpa dentis）。齿髓有生长齿质和营养齿组织的作用，发炎时能引起剧烈的疼痛。

家畜的齿可分长冠齿和短冠齿。马的切齿和臼齿以及牛的臼齿属于长冠齿，可随磨面的磨损不断向外生长，所以齿颈不明显。长冠齿的齿骨质除分布于齿根外，还包在齿冠釉质的外面，并折入齿冠磨面的齿坎内，致磨面凹凸不平，有助于草类食物的磨碎。猪齿和牛的切齿属短冠齿，可明显的区分为齿冠、齿颈和齿根3部分，无齿坎。

(3) 牛、马、猪齿的特点

①牛的齿 牛无上切齿，下切齿呈铲形，齿冠色白而短，无齿坎；齿颈明显；齿根圆细，嵌入齿槽内不深，略能摇动。臼齿的形状和构造与马相似，但前臼齿较小，磨面上的新月形釉质褶较马明显。

羊也无上切齿，下切齿齿冠较窄，齿颈不明显，齿根嵌入齿槽内较深，较牢固。

②马的齿

a. 切齿 呈弯曲的楔形，磨面上有一个漏斗状的凹陷称为齿坎（infundibulum），齿坎上部因齿骨质腐蚀作用而呈黑褐色，称为黑窝。当齿磨损后，在磨面上可见到明显的内、外釉质环，它们之间为齿质。

b. 犬齿　乳犬齿很小，常不露出于齿龈之外。公马的恒犬齿发达，呈圆锥状，稍向后弯曲。

c. 臼齿　呈柱状，构成比较特殊，磨面上具有复杂的釉质褶。上臼齿的磨面较宽，近似方形（第一前臼齿和最后臼齿呈三角形），向外下方倾斜，颊缘锐利。下臼齿的磨面较窄，向内上方倾斜，舌缘锐利。

③猪的齿　上切齿的方向较垂直，排列疏远。下切齿的方向较水平，排列稍密。犬齿发达，尖而锐利，公猪的齿冠很长，可持续生长而伸出于口腔之外。臼齿磨面呈结节状，后臼齿较发达。第一前臼齿较小，有时不存在。

6. 齿龈与齿周膜　齿龈（gingiva）为包裹在齿颈周围和邻近骨上的黏膜，与口腔黏膜相延续，无黏膜下组织。齿龈神经分布较少而血管多，呈淡红色。齿龈随齿伸入齿槽内，移行为齿周膜或齿槽骨膜。

7. 唾液腺（glandulae salivales）　是指能分泌唾液的腺体，除一些小的壁内腺（如唇腺、颊腺和舌腺等）外，还有腮腺、颌下腺和舌下腺3对大的唾液腺。唾液有浸润饲料，便于咀嚼和吞咽，清洁口腔和参与消化等作用。

(1) 牛的唾液腺（图3-16A）

①腮腺（gl. parotis）　位于下颌骨后方，略呈狭长的三角形。上部宽厚，大部分覆盖在咬肌后部的表面；下端窄小，弯向前下方，嵌入舌面静脉汇流入颈静脉的夹角内，呈棕红色。腮腺管起自腺体下部的深面，伴随舌面静脉沿咬肌腹侧面及前缘延伸，开口于第五上臼齿相对的颊黏膜上。绵羊的腮腺管横过咬肌外侧面；山羊腮腺管的行程与牛相似。它们都开口于第三、四上臼齿相对的颊黏膜上。

②颌下腺（gl. submaxillaris）　比腮腺大，呈淡黄色，一部分为腮腺所覆盖，自寰椎翼的腹侧向前向下伸达下颌间隙，在此几乎与对侧的颌下腺相接触。颌下腺管起自腺体前缘的中部，向前延伸，横过二腹肌前腹的表面，开口于舌下肉阜。

③舌下腺（gl. sublingualis）　位于舌体和下颌骨之间的黏膜下，可分上、下两部。上部为短管舌下腺或多管舌下腺，长而薄，自软腭向前伸至颏角（下颌骨联合处），有许多小管开口于口腔底。下部为长管舌下腺或单管舌下腺，短而厚，位于短管舌下腺前端的腹侧，有一条总导管与颌下腺管伴行或合并，开口于舌下肉阜。

(2) 马的唾液腺（图3-16B）

①腮腺　很大，位于耳根腹侧，在下颌骨后缘与寰椎翼之间，呈灰黄色，腺小叶明显，其轮廓呈长四边形，后下角嵌在上颌静脉和舌面静脉的夹角内，前下角沿下颌骨边缘延伸至喉。腮腺管起于腮腺前下部，由3~4个小支汇合而成，经下颌间隙向前延伸，至下颌骨血管切迹处绕至面部。随同面动脉、面总静脉沿咬肌前缘向上延伸，开口于第三上臼齿相对处，颊黏膜的腮腺乳头。

②颌下腺　比腮腺小，长而弯曲，位于腮腺和下颌骨的内侧，从寰椎翼下向前伸至舌骨体。颌下腺管起自腺的背缘，在腺的前端离开腺体，向前延伸，经舌下腺的内侧至口腔底部，穿过口腔黏膜开口于舌下肉阜。

③舌下腺　是3对唾液腺中最小的1对，长而薄，位于舌体和下颌骨之间的黏膜下，前

端自颏角起,向后伸达第四下臼齿处。舌下腺管有 30 余条,短而弯曲,直接开口于舌两侧的口腔底黏膜上。

(3) 猪的唾液腺(图 3-16C)

①腮腺　很发达,呈三角形,棕红色,埋于耳根腹侧、下颌骨后缘的脂肪内。腮腺管的行程与牛相似,经下颌骨下缘转至面部,开口于与第四、五上臼齿相对的颊黏膜上。

②颌下腺　位于腮腺深面,较小而致密,略呈扁圆形,淡红色。颌下腺管在下颌骨内侧向前延伸,开口于舌系带两侧口腔底的黏膜上。

③舌下腺　与牛相似,也分两部。前部较大,为短管舌下腺,有 8～10 条小管开口于口腔底。后部

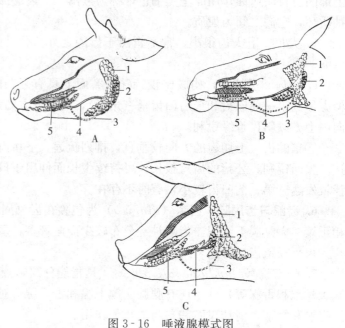

图 3-16　唾液腺模式图
A. 牛　B. 马　C. 猪
1. 腮腺　2. 颌下腺　3. 腮腺管　4. 颌下腺管　5. 舌下腺

为长管舌下腺,一条总导管开口于颌下腺管开口处的附近。

(4) 犬的唾液腺　腮腺小,呈三角形,淡红色,背侧两角围绕并高于耳廓基部。颌下腺比腮腺大,呈椭圆形,淡黄色。舌下腺有长管和短管两种。

(二) 咽和软腭

1. 咽(*pharynx*)　呈漏斗状的肌膜性囊,位于口腔和鼻腔的后方,喉的前上方,为消化管和呼吸道所共有。可分鼻咽部、口咽部和喉咽部 3 部分。

①鼻咽部(*pars pharyngomasale*)　位于软腭背侧,为鼻腔向后的直接延续。鼻咽部的前方有两个鼻后孔通鼻腔;两侧壁上各有一个咽鼓管咽口,经咽鼓管与中耳相通。马的咽鼓管在颅底和咽后壁之间膨大,形成咽鼓管囊(又称为喉囊 *sacci gutturales*)。

②口咽部(*pars pharyngoorale*)　也称为咽峡,位于软腭和舌之间,前方由软腭、舌腭弓(由软腭到舌根两侧的黏膜褶)和舌根构成的咽口与口腔相通,后方伸至会厌与喉咽部相接。其侧壁黏膜上有扁桃体窦(*sinus tonsillaris*),容纳腭扁桃体。腭扁桃体位于舌根与舌腭弓交界处,黏膜上有许多小孔,称为扁桃体小窝。牛的扁桃体窦大而深,窦壁内有腭扁桃体。猪的腭扁桃体位于软腭内。马无明显的扁桃体窦。

③喉咽部(*pars pharyngolaryngeus*)　为咽的后部,位于喉口背侧,较狭窄,上有食管口通食管,下有喉口通喉腔。

咽是消化道和呼吸道的交叉部分。吞咽时,软腭提起,会厌翻转盖住喉口,食物由口腔经咽入食管;呼吸时,软腭下垂,空气经咽到喉或鼻腔。

咽壁有黏膜、肌肉和外膜 3 层组成。咽黏膜衬于咽腔内面,分呼吸部和消化部两部分。在咽腭弓以上为呼吸部,与鼻腔黏膜延续;在咽腭弓以下为消化部与口腔黏膜延续。咽黏膜

内含有咽腺（gl. pharyngeae）和淋巴组织。猪的咽黏膜在后壁正中、食管口的背侧形成一盲囊，称为咽后隐窝。咽的肌肉为横纹肌，有缩小和开展咽腔的作用。外膜为覆盖在咽肌外面的一层纤维膜。

2. 软腭（palatum molle） 为一含肌组织和腺体的黏膜褶，位于鼻咽部和口咽部之间，前缘附着于腭骨水平部上；后缘凹为游离缘，称为腭弓，包围在会厌之前。软腭两侧与舌根及咽壁相连的黏膜褶，分别称为舌腭弓和咽腭弓。

软腭的腹侧面与口腔硬腭黏膜相连，覆以复层扁平上皮；背侧面与鼻腔黏膜相连，覆以假复层柱状纤毛上皮。在两层黏膜之间夹有肌肉和一层发达的腭腺（gl. palatinae），腺体以许多小孔开口于软腭腹侧面黏膜的表面。

牛的软腭短厚；猪的软腭也短而厚，几乎位于水平位；马的软腭长，后缘伸达喉的会厌基部，因此，很难用口呼吸。

二、食管和胃

（一）食管

食管（oesophagus）是食物通过的肌膜性管道，连接于咽和胃之间，按部位可分为颈、胸、腹3段。颈段食管开始位于喉及气管的背侧，到颈中部逐渐移至气管的左侧，经胸前口进入胸腔。胸段位于纵隔内，又转至气管背侧继续向后延伸，然后穿过膈的食管裂孔（牛约与第九肋骨相对处，马约与第十三肋骨相对处）进入腹腔。腹段很短，与胃的贲门相接。

（二）胃

胃（ventriculus gaster）位于腹腔内，在膈和肝的后方，是消化管膨大部分，前端以贲门接食管，后端以幽门与十二指肠相通。胃有暂时储存食物、分泌胃液、进行初步消化和推送食物进入十二指肠等作用。家畜的胃可分单胃和复胃两大类。

1. 牛、羊的胃 为复胃（多室胃），分瘤胃、网胃、瓣胃和皱胃。前3个胃的黏膜内无腺体，主要起储存食物和发酵、分解纤维素的作用，常称为前胃。皱胃的黏膜内有消化腺，具有真正的消化作用，所以又称为真胃。

（1）瘤胃（rumen）（图 3-17） 最大，成年牛约占4个胃总容积的80%，呈前后稍长、左右略扁的椭圆形，占据腹腔的左半部（图3-28），其下半部还伸到腹腔的右半部。瘤胃的前方与网胃相通，约与第七、八肋间隙相对；后端达骨盆前口。左侧面（壁面）与脾、膈及左侧腹壁相接触；右侧面（脏面）与瓣胃、皱胃、肠、肝、胰等接触。背侧缘隆凸，以结缔组织与腰肌、膈脚相连；腹侧缘亦隆凸，与腹腔底壁接触。瘤胃的前、后两端有较深的前沟（sulcus cranialis）和后沟（sulcus caudalis）；左、右两侧面有较浅的左纵沟（sulcus ruminis sinster）和右纵沟（sulcus ruminis dexter）。在瘤胃的内面，有与上述各沟相对应的肉柱（pilae ruminis）。沟和肉柱共同围成环状，把瘤胃分成瘤胃背囊（saccus ruminis dorslis）和瘤胃腹囊（saccus ruminis ventralis）两部分，背囊较长。由于瘤胃前、后沟较深，在瘤胃背囊和腹囊的前、后两端，分别形成前背盲囊（瘤胃房）、后背盲囊、前腹盲囊（瘤胃隐窝）和后腹盲囊。

瘤胃的前端有通网胃的瘤网口（ostium ruminioreticulare），瘤网口大，其腹侧和两侧有瘤网褶。瘤胃的入口为贲门（cardia），在贲门附近，瘤胃和网胃无明显分界，形成一个穹隆，称为瘤胃前庭（*atrium ruminis*）。

瘤胃黏膜一般呈棕黑色或棕黄色（肉柱颜色较浅），表面有无数密集的乳头。乳头大小不等，以瘤胃腹囊和盲囊内的最为发达。肉柱和前庭的黏膜无乳头。

羊瘤胃的形态构造和牛的基本相似，但腹囊较大，且大部分位于腹腔右侧。由于腹囊位置偏后，所以后腹盲囊很大，而后背盲囊则不明显。黏膜乳头较短。

（2）网胃（*reticulum*）（图3-17） 牛的网胃在4个胃中最小，成年牛约占4个胃总容积的5%，网胃呈上大下小、前后稍扁的梨形，大部分位于体中线的左侧，在瘤胃背囊的前下方，约与第六至第八肋骨相对。网胃的壁面（前面）凸，与膈、肝接触；脏面（后面）平，与瘤胃背囊贴连。网胃的下端，称为网胃底（*fundus reticuli*），与膈的胸骨部接触。网胃上端有瘤网口，与瘤胃背囊相通；瘤网口的右下方有网瓣口（*ostium reticulo-omasi-cum*），与瓣胃相通。在网胃壁的内面有网胃沟。

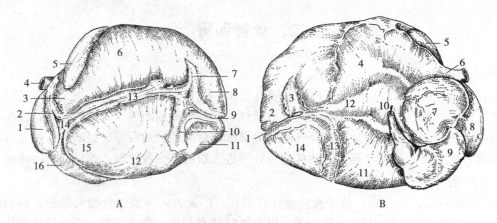

图3-17 牛胃
A. 牛胃左侧面 B. 牛胃右侧面
1. 网胃 2. 瘤胃沟 3. 前背盲囊 4. 食管 5. 脾 6. 瘤胃背囊 7. 后背冠沟 8. 后背盲囊 9. 后沟
10. 后腹冠沟 11. 后腹盲囊 12. 瘤胃腹囊 13. 左纵沟 14. 前沟 15. 前腹盲囊 16. 皱胃
B. 牛胃右侧面
1. 后沟 2. 后背盲囊 3. 后背冠沟 4. 瘤胃背囊 5. 脾 6. 食管 7. 瓣胃 8. 网胃 9. 皱胃
10. 十二指肠 11. 瘤胃腹囊 12. 右纵沟 13. 后腹冠沟 14. 后腹盲囊

网胃沟（*sulcus osphageus*）（图3-18）又称为食管沟，起自贲门，沿瘤胃前庭和网胃右侧壁向下延伸到网瓣口。沟两侧隆起的黏膜褶，称为网胃沟唇。沟呈螺旋状扭转。未断奶犊牛的网胃沟功能完善，吸吮时可闭合成管，乳汁可直接由贲门经网胃沟和瓣胃沟达皱胃。成年牛的网胃沟闭合不严。

网胃黏膜形成许多多边形网格状皱褶，形似蜂房。房底还有许多较低的次级皱褶再分为更小的网格。在皱褶和房底部密布有细小的角质乳头。食管沟的黏膜平滑、色淡。

网胃的位置较低，因此金属异物（如铁钉、铁丝等）被吞入胃内时，易留存于网胃。由于网胃壁肌肉的强力收缩，常刺穿胃壁，引起创伤性网胃炎。牛网胃的前面紧贴着膈，而膈与心包的距离又很近，严重时，金属异物还可穿过膈刺入心包，继发创伤性心包炎。所以在饲养管理上要特别注意，严防金属异物混入饲料和饲草。

羊的网胃比瓣胃大，下部向后弯曲与皱胃相接触。网格较大，但周缘皱褶较低，次级皱褶明显。

(3) 瓣胃 (omasum)（图 3-19） 成年牛约占 4 个胃总容积的 7% 或 8%。瓣胃呈两侧稍扁的球形，很坚实，位于右季肋部，在瘤胃与网胃交界处的右侧，约与第七至十一或第十二肋骨相对。壁面（右面）主要与肝、膈接触；脏面（左面）与网胃、瘤胃及皱胃等接触。大弯凸，朝向右后方；小弯凹，朝向左前方。在小弯的上、下端，有网瓣口和瓣皱口 (ostium omasoabomasicum)，分别通网胃和瓣胃。两口之间有沿小弯腔面延伸的瓣胃沟 (sulcus omasi)，液体和细粒饲料可由网胃经此沟直接进入皱胃。

瓣胃黏膜形成百余片瓣叶。瓣叶呈新月形，附着于瓣胃壁的大弯，游离缘向着小弯。瓣叶按宽窄可分大、中、小和最小 4 级，呈有规律的相间排列，将瓣胃腔分为许多狭窄而整齐的叶间间隙。瓣叶上密布小的角质乳头。在瓣皱口两侧的黏膜，形成一对皱褶，称为瓣胃帆，有防止皱胃内容物逆流入瓣胃的作用。

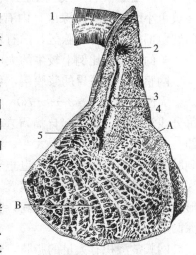

图 3-18 牛的食管沟
A. 瘤胃褶 B. 网胃黏膜
1. 食管 2. 贲门 3. 食管沟
4. 食管沟左唇 5. 网瓣口

羊的瓣胃比网胃小，呈卵圆形，位于右季肋部，约与第九、十肋骨相对，位置比牛的高一些，不与腹壁接触。其右侧为肝和胆囊；左侧为瘤胃；腹侧为皱胃。瓣叶的数量比牛少，没有最小一级的瓣叶。

(4) 皱胃 (abomasus)（图 3-17、图 3-20） 成年牛约占 4 个胃总容积的 8% 或 7%，呈一端粗一端细的梨形长囊，位于右季肋部和剑状软骨部，在网胃和瘤胃腹囊的右侧、瓣胃的腹侧和后方，大部分与腹腔底壁紧贴，约与第八至第十二肋骨相对。皱胃的前部粗大，为底部，与瓣胃相连；后部较细，为幽门部，以幽门和十二指肠相接。幽门部在接近幽门处明显变细，壁内的环形肌特别增厚，在小弯侧形成一幽门圆枕。皱胃小弯凹而向上，与瓣胃接触；大弯凸而向下，与腹腔底壁接触。

皱胃黏膜光滑、柔软，在底部形成 12～14 片螺旋形大皱褶。黏膜内含有腺体，可分 3

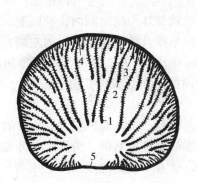

图 3-19 牛瓣胃黏膜（模式图）
1. 大瓣叶 2. 中瓣叶 3. 小瓣叶 4. 最小瓣叶 5. 瓣胃沟

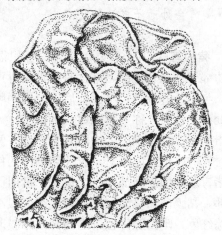

图 3-20 皱胃黏膜

部：环绕瓣皱口的一淡色小区，为贲门腺区，内有贲门腺（gl. cardiacae）；近十二指肠的一黄色小区，为幽门腺区，内有幽门腺（gl. pyloricae）；在前两区之间，有螺旋形大皱褶的红色部分，为胃底腺区，内有胃底腺（gl. gastrica proprica）。

羊的皱胃在比例上较牛的大而长。

网膜 为联系胃的浆膜褶，可分大网膜和小网膜。

大网膜（omentum majus） 很发达，覆盖在肠管右侧面的大部分和瘤胃腹囊的表面，可分浅深两层。浅层起自瘤胃左纵沟，向下绕过腹囊到腹腔右侧，继续沿右腹侧壁向上延伸，止于十二指肠和皱胃大弯。浅层由瘤胃后沟折转到右纵沟转为深层。深层向下绕过肠管到肠管右侧面，沿浅层向上也止于十二指肠（有时浅、深两层先合并再止于十二指肠）。浅、深两层网膜形成一个大的网膜囊，瘤胃腹囊就被包在其中。在两层网膜和瘤胃右侧壁之间，形成一个似兜袋的网膜囊隐窝，兜着大部分肠管。网膜囊的开口向后，口的游离缘就是浅、深两层转折处。

网膜常沉积有大量的脂肪，营养良好的个体更明显。由于大网膜内含有大量巨噬细胞，因此又是腹腔内重要的防卫器官。

小网膜（omentum minus） 较小，起自肝的脏面，经过瓣胃的壁面，止于皱胃幽门部和十二指肠起始部。

[附3-1] **犊牛胃的特点**（图3-21）

初生犊牛因吃奶，皱胃特别发达，瘤胃与网胃相加的容积约等于皱胃的一半。8周时，瘤胃和网胃总容积约等于皱胃的容积，12周时，超过皱胃的1倍，这时瓣胃发育很慢。4个月后，随着消化植物性饲料能力的出现，前3个胃迅速增大，瘤胃和网胃的总容积约达皱胃的4倍。到一岁半时，瓣胃和皱胃的容积几乎相等，这时4个胃的容积达到成年时的比例。应当指出，四个胃容积变化的速度受着食物的影响，在提前和大量饲喂植物性饲料的情况下，前3个胃的发育要比喂乳汁的迅速。如幼畜靠喂液体食物为主时，前胃尤其是瓣胃会处于不发达的状态。

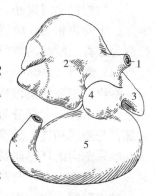

图3-21 犊牛胃（右侧）
1.食管 2.瘤胃 3.网胃
4.瓣胃 5.皱胃

2. 猪的胃（图3-22） 猪胃的容积很大，为5～8L。其形状与马胃相似，属单胃，位于季肋部和剑状软骨部，饱食时，胃大弯可伸达剑状软骨部与脐之间的腹腔底壁。胃的壁面朝前，与膈、肝接触；脏面朝后，与大网膜、肠、肠系膜及胰等接触。胃的左端大而圆，近贲门处有一盲突，称为胃憩室（diverti-culum ventriculi）；右端幽门部小而急转向上，与十二指肠相连。在幽门处内面有自小弯一侧向内突出的一个纵长鞍形隆起，称为幽门圆枕，与其对侧的唇形隆起相对，有关闭幽门的作用。

猪胃黏膜的无腺部很小，仅位于贲门周围，呈苍白色；贲门腺区很大，由胃的左端达胃的中部，黏膜薄而呈淡灰色；胃底腺区很小，位于贲门腺区的右侧，沿胃大弯分布，黏膜较厚呈棕红色；幽门腺区位于幽门部，黏膜薄呈灰色，且有不规则的皱褶。

3. 马的胃（图3-23、图3-24） 为单胃，容积5～8L，大的可达12L甚至15L（在驴为3～4L）。大部分位于左季肋部，小部分位于右季肋部，在膈和肝之后、上大结肠的背侧。

马胃呈扁平弯曲的囊状，胃大弯凸，朝向左下方；胃小弯凹，朝向右上方。壁面向左前上方，与膈、肝接触；脏面向右后下方，与大结肠、小结肠、小肠及胰等接触。胃的左端向后上方膨大形成胃盲囊（saccus caecum ventriculi），位于左膈脚和第十五至十七肋骨上端的腹侧；右端较小，位于体中线右侧，在肝之后，向后向上以幽门与十二指肠相连。食管与胃的贲门几乎呈锐角相连。贲门在胃小弯的左端，位于膈的食管裂孔附近。

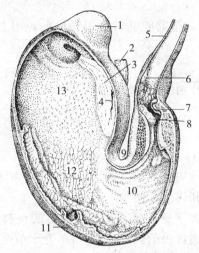
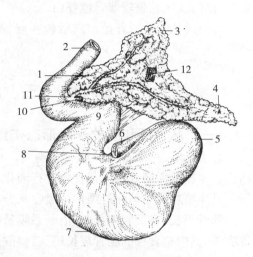

图 3-22　猪胃黏膜
1. 胃憩室　2. 食管　3. 无腺区　4. 贲门　5. 十二指肠
6. 十二指肠憩室　7. 幽门　8. 幽门圆枕　9. 胃小弯
10. 幽门腺区　11. 胃大弯　12. 胃底腺区　13. 贲门腺区

图 3-23　马的胃和胰
1. 胰体　2. 十二指肠　3. 右叶　4. 左叶（胰尾）
5. 胃盲囊　6. 食管　7. 胃大弯　8. 胃小弯
9. 幽门　10. 肝管　11. 胰管　12. 门静脉部

马胃的黏膜被一明显的褶缘（margo plicatus）分为两部。褶缘以上的部分厚而苍白，与食管黏膜相连，衬以复层扁平上皮，黏膜内无腺体，称为无腺部。褶缘以下和右侧的黏膜软而皱，衬以单层柱状上皮，黏膜内含有腺体，称为有腺部。有腺部又分3区：沿褶缘的一窄区，黏膜呈灰黄色，为贲门腺区；在贲门腺区下方的一大片黏膜，呈棕红色且显有凹陷（即胃小窝），为胃底腺区；在胃底腺区右侧的黏膜，呈灰红色或灰黄色，为幽门腺区。幽门处的黏膜形成一环形褶，为幽门瓣（valvula pylorica）。

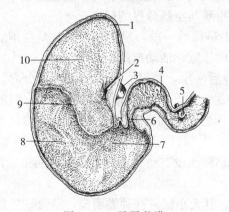
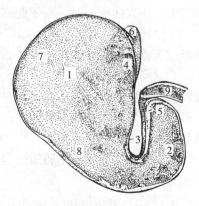

图 3-24　马胃黏膜
1. 胃盲囊　2. 贲门　3. 食管　4. 十二指肠　5. 十二指肠憩室
6. 幽门　7. 幽门腺区　8. 胃底腺区　9. 褶缘　10. 食管部（无腺部）

图 3-25　犬的胃（额切面）（按 Sisson）
1. 胃底腺　2. 幽门部　3. 胃小弯　4. 贲门
5. 幽门　6. 食管　7. 胃底　8. 胃体　9. 十二指肠

马胃在腹腔内由于有网膜和韧带与其他器官相连,因而位置较为固定。

4. 犬的胃（图 3-25）　　犬胃属单室腺型胃,呈梨状囊,左端膨大,位于左季肋部,最高点可达第十一、十二肋骨椎骨端,幽门部在右季肋部。胃容量较大,中等体型的犬约为2.5L。胃内容物充满时,大弯接触腹壁,空虚时和腹壁有空肠相隔。胃黏膜可分为贲门腺区、胃底腺区和幽门腺区。贲门腺区很小；胃底腺区黏膜较厚,呈红褐色,占全胃面积的2/3；幽门腺区黏膜较薄,色苍白。

大网膜从胃大弯开始,向后包在肠管的腹侧,至盆腔前口处折转向前,附着于结肠和胰等。

三、肠、肝和胰

（一）肠、肝和胰的一般形态构造

1. 肠（intestinum）　　肠起自幽门,止于肛门,可分小肠和大肠两部分。小肠又分十二指肠、空肠和回肠 3 段,是食物进行消化和吸收的主要部位。大肠又分盲肠、结肠和直肠 3 段,其主要功能是消化纤维素、吸收水分、形成和排出粪便等。

肠管很长,在腹腔内盘曲,借肠系膜悬挂于腹腔顶壁。肠管长度与采食的食物性质、数量等有关,其中草食兽的肠管较长(反刍兽的更长),肉食兽的较短,杂食兽的介于前两者之间。

（1）小肠　　小肠很长,管径较小,黏膜形成许多环形皱褶和微细的肠绒毛,突入肠腔中,以增加与食物接触的面积。小肠部的消化腺很发达,有壁内腺和壁外腺两类。壁内腺除有分布于整个肠管壁固有膜内的肠腺（gl. intestinales）外,在十二指肠和空肠前端的黏膜下层内还分布有十二指肠腺（gl. duodenales）；壁外腺有肝和胰,可分泌胆汁和胰液,由导管通入十二指肠内。消化腺的分泌物内含有多种酶,能消化各种营养物质。

①十二指肠（intestinum duodenum）　　是小肠的第一段,较短,其形态、位置和行程在各种家畜都是相似的。起始部在肝的后方形成一"乙"状弯曲,然后沿右季肋部向上向后延伸至右肾腹侧或后方,称为降部；在右肾后方或髂骨翼附近转而向左（绕过前肠系膜根部的后方）形成一后曲（或髂曲）,再向前延伸,成为升部；在达到肝以前移行为空肠。十二指肠由窄的十二指肠系膜（或韧带）固定,位置变动小。其后部有与结肠相连的十二指肠结肠韧带,在大体解剖时,常依此韧带作为十二指肠与空肠分界的标志。

②空肠（intestinum jejumum）　　是小肠中最长的一段,尸体解剖时常呈空虚状态。空肠形成无数肠圈,并以宽的空肠系膜悬挂于腹腔顶壁,活动范围较大。

③回肠（intestinum ileum）　　是小肠的最后一段,较短,与空肠无明显分界,只是肠管较直、肠壁较厚（因固有膜和黏膜下组织内富含淋巴孤结和淋巴集结所致）。回肠末端开口于盲肠或盲肠与结肠交界处。在回肠与盲肠体之间有回盲韧带（或三角韧带）,常作为回肠与空肠的分界线。

（2）大肠　　大肠比小肠短,但管径较粗,黏膜面没有肠绒毛。大肠发达的一般都有纵肌带和肠袋。

①盲肠（intestinum caecum）　　呈盲囊状,其大小因家畜种类而异,草食动物的盲肠较发达,尤其是马的盲肠特别发达。家畜的盲肠（除猪外）均位于腹腔右侧。盲肠一般有两个开口,即回盲口和盲结口,分别与回肠及结肠相通。

②结肠（intestinum colon） 各种家畜结肠的大小、位置和形态虽不相同，但都分为升结肠、横结肠和降结肠3部分。

③直肠（intestinum rectum） 为大肠的最后一段，位于盆骨腔内，在脊柱和尿生殖褶、膀胱（公畜）或子宫、阴道（母畜）之间，后端与肛门相连。直肠的前部称为腹膜部，表面覆有浆膜，由直肠系膜将其悬挂于荐椎腹侧；后部称为腹膜后部，表面没有浆膜，而由疏松结缔组织与周围器官相连。

④肛管（canalis analis）和肛门（anus） 肛管为消化管的末端，后端以肛门开口于尾根腹侧。肛管黏膜为复层扁平上皮，以肛直肠线与直肠分开。肛门为肛管后口，其外层为皮肤，薄而富含皮脂腺和汗腺；内层为复层扁平上皮构成的黏膜，常形成许多纵褶；中间为肌层，主要由肛门内括约肌和肛门外括约肌（m. sphincter ani interus et extenus）组成。前者属平滑肌，为直肠环形肌层延续至肛门特别发达的部分；后者属横纹肌，环绕在前肌的外围。它们的主要作用是关闭肛门。此外，在肛门两侧还有肛提肌（m. levator ani）和肛悬韧带（lig. suspensorium ani）。肛提肌起于坐骨棘，在排粪后有牵缩肛门的作用；肛悬韧带为平滑肌带，在肛门腹侧与对侧同名肌相会后，进入阴门括约肌（母畜）或延续为阴茎缩肌（公畜）。

2. 肝（hepar）（图3-26） 肝是体内最大的腺体，其功能也很复杂，有分泌胆汁；合成体内重要物质，如血浆蛋白、脂蛋白、胆固醇、胆盐和糖原等；储存糖原、维生素以及铁（在枯否氏细胞内）等；解毒以及参与体内防卫体系。在胎儿时期，肝还是造血器官。

家畜的肝都位于腹前部，在膈之后，偏右侧。肝呈扁平状，一般为红褐色，可分两面、两缘和三叶。壁面（前面）凸，与膈接触；脏面（后面）凹，与胃、肠等接触，并显有这些器官的压

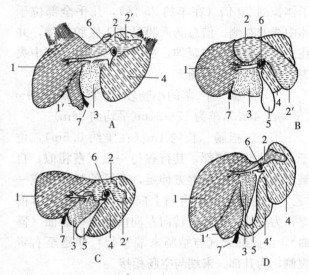

图3-26 家畜肝的分叶模式图
A. 马 B. 牛 C. 羊 D. 猪
1. 左叶 1'. 左内叶 2. 尾叶 2'. 尾状突 3. 方叶
4. 右叶 4'. 右内叶 5. 胆囊 6. 门静脉 7. 肝圆韧带

迹。在脏面中央有一肝门（porta hepatis），为门静脉、肝动脉、肝神经以及淋巴管和肝管等进出肝的部位。此外，在许多家畜（除马属动物外），肝的脏面还有一个胆囊（vesica fellea）。肝的背侧缘厚，其左侧有一食管切迹，食管由此通过；右侧有一斜向壁面的后腔静脉窝，后腔静脉壁与肝组织连在一起，有数条肝静脉直接开口于后腔静脉。腹侧缘较薄，有两个叶间切迹将肝分为左、中、右3叶。左侧叶间切迹称为脐切迹，为肝圆韧带通过处；右侧叶间切迹，为胆囊所在处；中叶又被肝门分为背侧的尾叶和腹侧的方叶。尾叶向右突出的部分，称为尾状突，与右肾接触，常形成一较深的右肾压迹。肝的表面覆有浆膜，并形成下列韧带将肝固定于腹腔内。

（1）左、右冠状韧带（lig. coronarium dextra et sinistra） 自后腔静脉窝两侧至膈中央腱。

(2) 镰状韧带（*lig. falciforme*） 由左、右冠状韧带在后腔静脉窝下端合并延续而成，至膈的胸骨部和腹底壁前部。镰状韧带游离缘上有呈索状的肝圆韧带（*lig. tere hepatis*），沿腹底壁至脐，为胎儿脐静脉的遗迹。

(3) 左、右三角韧带（*lig. triangulare sinistra et dextra*） 分别从肝左叶和右叶的背侧缘至膈。

3. 胰（*pancreas*） 胰由外分泌部和内分泌部两部分组成。外分泌部占腺体的大部分，属消化腺，分泌胰液，内含多种消化酶，对蛋白质、脂肪和糖的消化有重要作用。内分泌部称为胰岛，分泌胰岛素和胰高血糖素。胰通常呈淡红灰色，或淡黄色，柔软，具有明显的小叶结构，与唾液腺相似。各种家畜胰的形状、大小差异很大，但都位于十二指肠袢内，其导管通常有 1～2 条，直接开口于十二指肠。

（二）牛、羊的肠、肝、胰

1. 肠 牛的肠（图 3-27、图 3-29）约相当于体长的 20 倍（在羊约 25 倍），几乎全部位于体中线的右侧，借总肠系膜悬挂于腹腔顶壁，并在总肠系膜中折转延伸，成一圆形肠盘，其中央为大肠，周围为小肠。

(1) 小肠 牛、羊的小肠较长，牛为 27～49m（平均约 40m），羊为 17～34m（平均约 25m）。

① 十二指肠 长约 1m（在羊约 0.5m），位于右季肋部和腰部，其行程与一般家畜相似，自皱胃幽门起，向前上方伸延，至肝的脏面形成一"乙"状弯曲；由此再向上向后伸延至髋关节前方，为降部；然后折转向左向前形成一后曲（髂曲），由此继续（与结肠末端平行）伸延至右肾腹侧，为升部。末端与空肠相接。

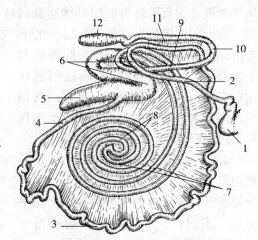

图 3-27 牛肠袢模式图
1. 皱胃 2. 十二指肠 3. 空肠 4. 回肠
5. 盲肠 6. 结肠初袢 7. 结肠旋袢向心回
8. 结肠旋袢离心回 9. 结肠终袢 10. 横结肠
11. 降结肠 12. 直肠

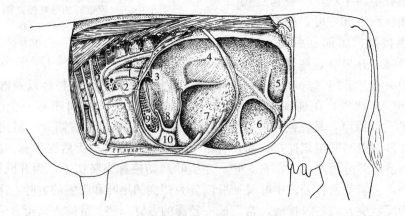

图 3-28 牛左侧内脏器官（瘤胃、网胃已切开）
1. 食管 2. 食管沟 3. 瘤胃前庭 4. 瘤胃背囊 5. 后背盲囊
6. 后腹盲囊 7. 瘤胃腹囊 8. 前腹盲囊 9. 网胃 10. 皱胃

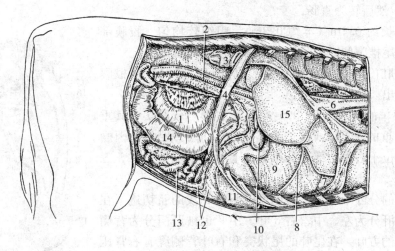

图 3-29 牛右侧内脏器官
1. 结肠 2. 十二指肠 3. 右肾 4. 第十三肋骨 5. 膈 6. 食管 7. 网胃 8. 镰状韧带及肝圆韧带
9. 小网膜 10. 胆囊 11. 皱胃 12. 大网膜 13. 空肠 14. 盲肠 15. 肝

②空肠 大部分位于腹腔右侧，形成无数肠圈，环绕在结肠盘的周围，形似花环状。其外侧和腹侧隔着大网膜和右侧腹壁相邻；背侧为大肠；前方为瓣胃和皱胃，少部分空肠往往绕过瘤胃后端而至左侧。

③回肠 较短，约 0.5m（羊约 0.3m），自空肠的最后肠圈起，几乎呈直线地向前上方伸延至盲肠腹侧，开口于回盲结口（ostium ileocaecocolicum）处黏膜形成一回盲结瓣（valvula ileocaecocolicum）。

（2）大肠 牛的大肠长 6.4～10m（羊 7.8～10m），管径比小肠略粗，管壁的外纵行肌不形成纵肌带，因而亦无肠袋。

①盲肠 牛 0.5～0.7m（羊约 0.37m），呈圆筒状，位于右髂部。其前端与结肠相连，两者以回盲结口为界；盲端游离，向后伸达骨盆前口（羊则常伸入骨盆腔内）。

②结肠 牛 6～9m（羊 7.5～9m），起始部的口径与盲肠相似，向后逐渐变细，顺次分为升结肠、横结肠和降结肠。升结肠最长，又可分为初袢、旋袢和终袢 3 段。

a. 初袢（ansa proximalis） 为升结肠的前段，在腰下形成一"乙"状弯曲，即自回盲结口起，向前伸达第十二肋骨下端附近，然后向上折转沿盲肠背侧向后伸至骨盆前口，又折转向前伸至第二、三腰椎腹侧，转为旋袢。

b. 旋袢（ansa spiralis） 为升结肠的中段，在瘤胃右侧盘曲呈一平面的圆盘状。旋袢又分向心回和离心回。从右侧看，向心回在继承初袢后，以顺时针方向向内旋转约 2 圈（在羊约 3 圈）至中心曲。离心回自中心曲起，以相反的方向向外旋转约 2 圈（羊约 3 圈），至旋袢外周而转为终袢。

c. 终袢（ansa dispalis） 为升结肠的后段，离开旋袢后，先向后延伸至骨盆前口附近，然后折转向前并向左延续为横结肠。

d. 横结肠 很短，为由右侧绕过肠系膜前动脉而至左侧的一小段肠管。横结肠转而向后延续为降结肠。

e. 降结肠 为横结肠的直接延续，沿肠系膜根的左侧面，向后延伸达骨盆前口处形成

"乙"状弯曲，然后转为直肠。

③直肠 长约 0.4m（羊约 0.2m），粗细较均匀。腹膜部向后常达第一尾椎腹侧；腹膜外部周围有较多的脂肪。

④肛管与肛门 直肠后端变细形成肛管。肛门在尾根腹侧，不向外突出。

2. 肝 牛羊的肝（图 3-30）略呈长方形，较厚实，其重量在牛约为体重的 1.2%（在羊为体重的 1.8%～2%），因瘤胃挤压而全部位于右季肋部，从第六、七肋骨下端到第二、三腰椎腹侧。

牛、羊肝的分叶不明显，但也可由胆囊和浅的脐切迹（在羊的较深）将肝分为左、中、右 3 叶。中叶也被肝门分为背侧的尾叶和腹侧的方叶。在尾叶的尾状突和右叶背侧缘有右肾压迹。肝的壁面凸，与膈的右半部相贴；脏面凹，与网胃、瓣胃、皱胃、十二指肠等接触。食管切迹较浅。后腔静脉通过肝的背侧缘。

牛的胆囊（vesica fellea）很大，呈梨状（在羊较细长），位于肝的脏面，在右叶和中叶之间，大部分与肝贴连，小部分伸至肝腹侧缘之外，有储存和浓缩胆汁的作用。肝管（ductus hepaticus）由肝门穿出后，与胆囊管（ductus cysticus）汇合成一短的输胆管（ductus choledochus），开口于十二指肠"乙"状弯曲第二曲黏膜乳头上。羊的输胆管与胰管合成一胆总管（ductus choledochus communis），开口于十二指肠"乙"状曲第二曲处。

肝借左、右冠状韧带和左、右三角韧带与膈相连。镰状韧带与肝圆韧带随年龄的增长而逐渐消失。

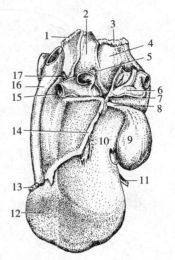

图 3-30 牛肝（脏面）
1. 肝肾韧带 2. 尾状突
3. 右三角韧带 4. 肝右叶
5. 肝门淋巴结 6. 十二指肠
7. 胆管 8. 胆囊管 9. 胆囊
10. 方叶 11. 肝圆韧带
12. 肝左叶 13. 左三角韧带
14. 小网膜 15. 门静脉
16. 后腔静脉 17. 肝动脉

3. 胰 牛、羊的胰（pancreas）（图 3-31）呈不正四边形，灰黄色或粉红色，位于右季肋部和腰下部，从第十二肋骨到第二至四腰椎处，可分胰左叶、胰体、胰右叶 3 部分。胰左叶（胰尾）较宽短，呈小四边形，其背侧附着于膈脚，腹侧与瘤胃背囊相连；胰体位于肝的脏面，附着于十二指肠"乙"状曲上，其背侧面形成门脉环，门静脉由此通过；胰右叶较长，沿十二指肠向后伸达肝尾叶的后方，其背侧与右肾相接触，腹侧与十二指肠及结肠相邻。

胰管（ductus pancreaticus）通常只有一条，自右叶末端通出，在牛单独开口于十二指肠内（在胆管开口后方约 30cm）。羊的胰管和胆管合成一条总管。

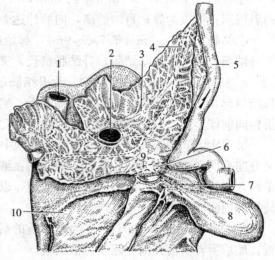

图 3-31 牛胰（腹侧面）
1. 后腔静脉 2. 门静脉 3. 胰 4. 胰管 5. 十二指肠
6. 胆管 7. 胆囊管 8. 胆囊 9. 肝管 10. 肝

（三）猪的肠、肝、胰

1. 肠（图3-32、图3-33、图3-34）

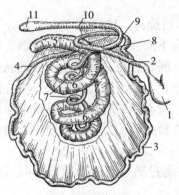

图3-32 猪的肠
1. 胃 2. 十二指肠 3. 空肠 4. 回肠
5. 盲肠 6. 结肠圆锥向心回 7. 结肠圆
锥离心回 8. 结肠终袢 9. 横结肠
10. 降结肠 11. 直肠

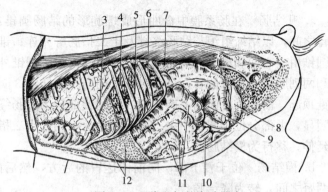

图3-33 猪左侧的内脏器官
1. 心脏 2. 肺 3. 膈 4. 大网膜及胃 5. 脾 6. 胰
7. 左肾 8. 膀胱 9. 盲肠 10. 空肠 11. 结肠 12. 肝

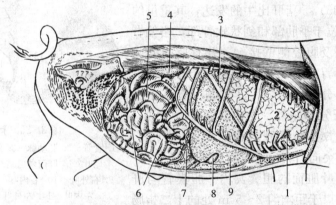

图3-34 猪右侧内脏器官
1. 心脏 2. 肺 3. 膈 4. 右肾 5. 结肠 6. 空肠 7. 大网膜 8. 胆囊 9. 肝

（1）小肠 全长15～20m。

①十二指肠 较短，长0.4～0.9m，其位置、形态和行程与牛相似。起始部在肝的脏面形成"乙"状弯曲，然后沿右季肋部向上向后延伸至右肾后端，转而向左再向前延伸（与结肠末端接触）移行为空肠。

②空肠 卷成无数肠圈，以较宽的（0.15～0.2m）空肠系膜与总肠系膜相连。空肠大部分位于腹腔右半部，在结肠圆锥的右侧，小部分位于腹腔左侧后部。

③回肠 较短，末端开口于盲肠和结肠交接处的腹侧，开口处黏膜稍突入盲结肠内。
猪回肠固有膜和黏膜下组织内的淋巴集结特别明显，呈长带状，分布于肠系膜附着缘对侧的肠壁内。

（2）大肠 全长4.0～4.5m。

①盲肠 短而粗，呈圆锥状，长0.2～0.3m，一般位于左髂部，盲端向后向下延伸到结

肠圆锥之后，达骨盆前口与脐部之间的腹腔底壁。盲肠有3条纵肌带和3列肠袋。

②结肠　从回盲结口起，管径与盲肠相似，向后逐渐变细。结肠位于胃的后方，偏于腹腔左侧。

a. 升结肠　在肠系膜中盘曲形成螺旋形的结肠圆锥或结肠旋襻，锥底宽而向上，介于两肾之间，以结缔组织与结肠终襻及十二指肠等相连；锥顶向下向左，与腹侧底壁接触。结肠圆锥由向心回和离心回盘曲而组成。向心回位于圆锥外周，肠管较粗，有两条明显的纵肌带和两列肠袋，从背侧看，呈顺时针方向向下旋转约3圈到锥顶，然后转为离心回。离心回从锥顶起，沿相反方向向上旋转约3圈到腰部转为结肠终襻。离心回肠管较细，纵肌带逐渐不明显，大部分位于圆锥中央。离心回最后一圈经十二指肠升段腹侧面，沿肠系膜根右侧向前延伸，移行为横结肠。

b. 横结肠　位于腰下部，向前伸达胃的后方，然后向左绕过肠系膜前动脉，再向后伸到两肾之间，转为降结肠。

c. 降结肠　斜经横结肠起始部的背侧，继续向后伸至盆骨腔前口，与直肠相连。

③直肠、肛管及肛门　在肛门前方形成直肠壶腹，周围有大量脂肪。肛管短，肛门不向外突出。

2. 肝（图3-35）　猪肝比牛的发达，其重量约为体重的2.5%，位于季肋部和剑状软骨部，略偏右侧。壁面凸，与膈及腹腔侧壁接触，并有后腔静脉通过；脏面凹，与胃及十二指肠等接触。肝的中央部分厚而周缘薄，分叶很明显，其腹侧缘有3条深的叶间切迹，将肝分为左外、左内、右外及右内4叶。方叶不大，呈楔形位于肝门和胆囊之间。肝门上方为尾叶，尾状突向右突出，没有肾压迹。

胆囊位于右内叶脏面的胆囊窝内。胆囊管与肝管汇合成胆管，开口于距幽门2～5cm处的十二指肠憩室。

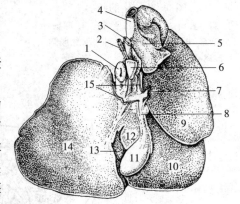

图3-35　猪肝脏面
1.食管　2.肝动脉　3.门静脉　4.后腔静脉　5.尾叶　6.肝门淋巴结　7.胆管　8.胆囊管　9.右外叶　10.右内叶　11.胆囊　12.方叶　13.左内叶　14.左外叶　15.小网膜附着线

固定肝的韧带有左、右冠状韧带，左、右三角韧带。镰状韧带和肝圆韧带仅小猪明显。

猪肝的小叶间结缔组织发达，多边形的肝小叶很明显，在肝的表面，用肉眼即可看到。

3. 胰　猪胰呈灰黄色，位于最后两个胸椎和前两个腰椎的腹侧，略呈三角形，也分胰体和左叶、右叶3部分。胰体居中稍偏右，位于门静脉和后腔静脉的腹侧；左叶从胰体向左伸达左肾腹侧；右叶在十二指肠系膜中，其末端达右肾的内侧。胰管由右叶末端穿出，开口在胆管开口之后、距幽门10～12cm处的十二指肠内。

（四）马的肠、肝、胰

1. 肠（图3-36、图3-38、图3-39）

（1）小肠

①十二指肠　长约1m，位于右季肋部和腰部，起始部在肝的脏面形成"乙"状弯曲，然后沿右上大结肠的背侧向上向后伸延，至右肾后方转而向左，越过体中线再向前伸延，在左肾腹侧移行为空肠。

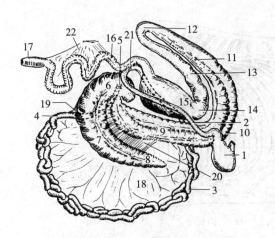

图 3-36 马的肠

1. 胃 2. 十二指肠 3. 空肠 4. 回肠 5. 回盲口
6. 盲肠底 7. 盲肠体 8. 盲肠尖 9. 右下大结肠
10. 胸骨曲 11. 左下大结肠 12. 骨盆曲
13. 左上大结肠 14. 膈曲 15. 右上大结肠
16. 小结肠 17. 直肠 18. 空肠系膜 19. 回盲韧带
20. 盲结韧带 21. 十二指肠结肠韧带 22. 后肠系膜

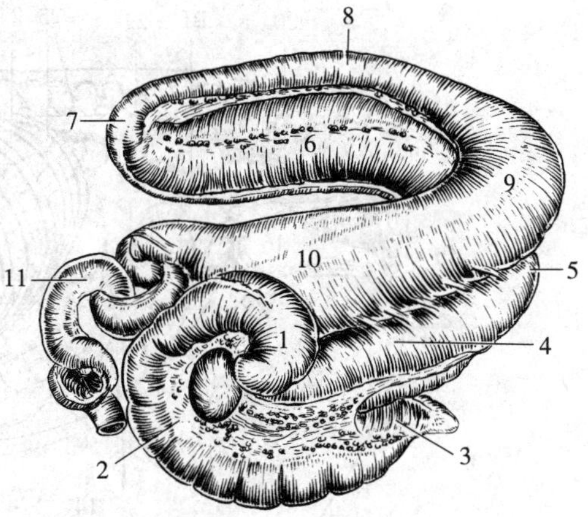

图 3-37 马的大肠

1. 盲肠底 2. 盲肠体 3. 盲肠尖 4. 右下大结肠
5. 胸骨曲 6. 左下大结肠 7. 盆曲 8. 左上大结肠
9. 膈曲 10. 右上大结肠 11. 小结肠

②空肠 长约22m（驴12～13m），以空肠系膜（系膜根集中附着在第二、三腰椎腹侧，向下呈扇形展开，附着于空肠系膜缘）。空肠常位于腹腔左侧。因系膜宽达0.5～0.6m，所以活动范围较大。

③回肠 位于左髂部，从空肠向右向上延伸，开口于盲肠底小弯内侧的回盲口。

(2) 大肠（图3-37、图3-38、图3-39） 马的大肠特别发达，分盲肠、结肠和直肠。大肠壁由外纵行肌集中形成的纵肌带，有加固肠壁的作用，并有利于肠管的活动。

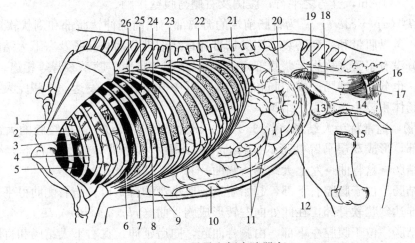

图 3-38 母马左侧内脏器官

1. 气管 2. 臂头动脉总干 3. 肺动脉 4. 心脏 5. 心前纵隔 6. 心后纵隔
7. 结肠膈曲 8. 肝 9. 结肠胸骨曲 10. 左下大结肠 11. 空肠 12. 结肠骨盆曲
13. 膀胱 14. 阴道 15. 尿道 16. 肛悬韧带 17. 肛门内括约肌 18. 直肠
19. 子宫括韧带 20. 小结肠 21. 肾 22. 脾 23. 胃 24. 膈 25. 食管 26. 主动脉

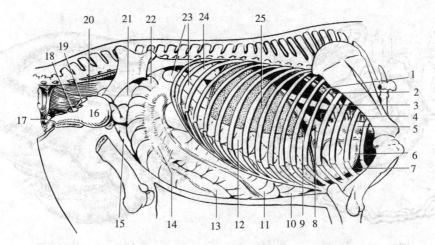

图 3-39 公马右侧内脏器官
1. 主动脉 2. 奇静脉 3. 食管 4. 气管 5. 前腔静脉 6. 心脏 7. 心前纵隔
8. 后腔静脉 9. 膈 10. 结肠膈曲 11. 结肠胸骨曲 12. 右上大结肠 13. 盲肠尖
14. 盲肠体 15. 空肠 16. 膀胱 17. 尿道球腺 18. 前列腺 19. 精囊腺 20. 直肠
21. 结肠盆骨曲 22. 盲肠底 23. 十二指肠 24. 肾 25. 肝

①盲肠 很发达，外形似逗点状，长约 1m，容积约比胃大 1 倍，位于腹腔右侧，可分盲肠底、盲肠体和盲肠尖 3 部分。

a. 盲肠底（basis caeci） 为盲肠最弯曲的部分，位于腹腔右后上方，前端伸达第十四、十五肋骨，后端在髋关节附近与盲肠体相连。大弯向上，借结缔组织附着于腹腔顶壁；小弯向下且偏向内侧。回肠末端和大结肠起始端均在小弯处与盲肠相通。盲结口（ostium caecocolicum）在回盲口的右侧，相距约 5cm。

b. 盲肠体（corpus caeci） 从盲肠底起，沿腹右侧壁向前向下伸达脐部。背侧凹，在右侧肋弓下 10～15cm，且与之平行；腹侧及右侧与腹壁接触。

c. 盲肠尖（apex caeci） 为盲肠前端的游离部，向前延伸达脐部和剑状软骨部。

盲肠有 4 条纵肌带和 4 列肠袋。回肠韧带和盲结韧带分别与回肠及右下大结肠相连。盲肠表面大部分没有浆膜（称为无浆膜部），以结缔组织与腰肌、胰及右肾等相连。

②结肠 也分为升结肠、横结肠和降结肠。其中升结肠十分发达，体积庞大，又称为大结肠。降结肠体积较小，称为小结肠。

a. 升结肠 通常称为大结肠，长 3.0～3.7m（驴约 2.5m），占据腹腔的大部分，主要在腹腔下半部，形成双层马蹄铁形的肠袢，可分 4 段和 3 个曲。顺次为右下大结肠→胸骨曲→左下大结肠→盆骨曲→左上大结肠→膈曲→右上大结肠。

右下大结肠 位于腹腔右下部，起始于盲肠底小弯的盲结口，与右侧肋弓平行，沿右腹壁向下向前伸达剑状软骨部，在此处向左转形成胸骨曲（flexura sternalis）。

左下大结肠 位于腹腔左下部，由胸骨曲起，向后延伸，在右下大结肠和盲肠的左侧沿腹腔底壁向后延伸到骨盆前口，在此折转向上向前形成盆骨曲（flexura pelvena）。

左上大结肠 位于左下大结肠背侧。由盆骨曲向前延伸到膈和肝的后方，在此处向右转形成膈曲（flexura diaphragmatica）。

右上大结肠 位于右下大结肠的背侧。由膈曲向后延伸到盲肠的内侧，在肠系膜根前方接横结肠。

大结肠壁上有明显的纵肌带。下大结肠有 4 条；盆骨曲有 1 条；左上大结肠开始只有 1 条，至中部又增加到 3 条，经膈曲延续到右上大结肠。大结肠的管径变化也很大，下大结肠除起始部外均较粗，直径为 20~25cm。至骨盆曲处突然变细，为 8~9cm。左上大结肠自骨盆曲向前逐渐增粗，为 9~12cm。膈曲和右上大结肠的管径也较粗，而以右上大结肠的后部为最粗，为 35~40cm，又称为胃状膨大部。胃状膨大部向后又突然变细，延续为横结肠。当饲养管理不善，大结肠蠕动不正常时，结症常发生在肠管口径粗细相交的部分。

在上、下大结肠之间有短的结肠系膜相连；右下大结肠与盲肠之间有盲结韧带相连；右上大结肠末端的背侧和右侧借结缔组织及浆膜，与胰、盲肠底、膈及十二指肠等相连。除此之外，大结肠的各部都是游离的，与腹壁及相邻器官均无联系。所以在解剖时，用手抓住骨盆曲，很容易把大部分大结肠拉出腹腔外，但这也是大结肠变位的解剖学因素。

b. 横结肠 为大结肠末端的延续，短而细，在肠系膜前动脉之前由右向左，横过正中面至左肾腹侧，而延续为降结肠。

c. 降结肠 通常称为小结肠，长为 3.0~3.5m（驴约 2m），管径为 7~10cm（驴为 5~6cm）。小结肠也有宽的系膜（后肠系膜），将其悬吊于腹腔顶壁前肠系膜之后，活动范围也较大，通常与空肠混在一起，位于腹腔左上部。小结肠具有两条纵肌带和两列明显的肠袋。小结肠向后延伸到骨盆前口与直肠相连。小结肠也是结症常发生的部位。

③直肠、肛管和肛门 直肠长为 0.3~0.4m（驴约 0.25m），前部与小结肠相似，称为狭窄部，由直肠系膜连于骨盆腔顶壁。后部膨大，称为直肠壶腹（*ampulla recti*），位于腹膜之外。

肛管长约 5cm，肛门末端呈瓶口状突出于尾根之下。

2. 肝（图 3 - 40） 马肝约为体重的 1.2%。斜位于膈的后方，大部分在右季肋部，小部分在左季肋部。背侧缘钝；腹侧缘锐，叶间切迹较深，可明显地分为左、中、右 3 叶。右叶的后上方最高，与右肾接触，有较深的右肾压迹；左叶的前下方最低，约与第七、八肋骨的胸骨端相对。壁面凸，与膈接触，其正中偏右侧有后腔静脉通过；脏面凹，与胃、十二指肠、大结肠及盲肠等接触，中叶脏面有肝门。马无胆囊，肝管自肝门出肝后，直接在十二指肠"乙"状曲第二曲的凹缘与胰管一起开口于十二指肠憩室（*diverticulum duodeni*）。肝的固定也有左、右冠状韧带、左、右三角韧带、镰状韧带和肝圆韧带等。

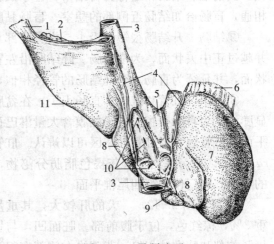

图 3-40 马肝壁面
1. 右三角韧带 2. 肝肾韧带 3. 后腔静脉
4. 冠状韧带 5. 食管切迹 6. 左三角韧带 7. 肝左叶
8. 肝中叶 9. 肝镰状韧带 10. 肝静脉 11. 肝右叶

3. 胰（图 3 - 23） 马的胰呈不正三角形，淡红黄色，位于季肋部、在第十六至十八胸椎腹侧，大部分在体中线右侧。胰体（中叶）向前下伸入十二指肠"乙"状曲内；左叶（胰尾）伸入胃盲囊后方和左肾之间，背侧为脾，腹侧为盲肠底和右上大结肠末端；右叶较钝，位于右肾及右肾上腺的腹侧。在胰后部的中央有门脉环。

胰管从胰体穿出，与肝管一起开口于十二指肠憩室。副胰管开口于十二指肠憩室对侧的黏膜上。驴常无副胰管。

（五）犬的肠、肝、胰

1. 肠（图3-41）

（1）小肠　较短，平均长4m，位于肝、胃的后方，占据腹腔的大部分。

①十二指肠　最短，自幽门起。前部在肝的脏面，约与第九肋间隙相对，形成十二指肠前曲。降部系膜较长，并游离于大网膜外。约在右肾后端至第五、六腰椎，形成十二指肠后曲。升部系膜短，行于右侧的盲肠、升结肠、肠系膜根和左侧的降结肠及左肾之间，于肠系膜根部左侧延接空肠。

②空肠　为小肠的最长部分，由6～8个肠袢组成，位于肝、胃和骨盆前口之间。

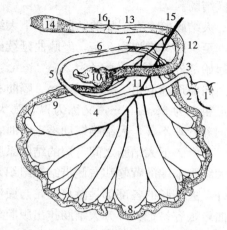

图3-41　犬的肠
1. 胃的幽门部　2. 十二指肠前部　3. 前曲
4. 降部　5. 后曲　6. 升部　7. 十二指肠空肠曲
8. 空肠　9. 回肠　10. 盲肠　11. 升结肠
12. 横结肠　13. 降结肠　14. 直肠
15. 肠系膜前动脉　16. 肠系膜后动脉

③回肠　为小肠终末部，在腰下沿盲肠内侧面向前以回肠口开口于结肠起始部。

（2）大肠　肉食兽的大肠很短，犬的大肠平均长60～75cm，其管径与小肠相似，无纵肌带和肠袋。

①盲肠　长12.5～15cm，较弯曲。常位于右髂部稍下方，十二指肠降部和胰右叶的腹侧。其前端和结肠相通称为盲结口，位于回肠口的外侧；其末端尖，为盲端。回肠仅与结肠相通，盲肠恰如结肠近侧部的憩室。盲肠黏膜有许多环状、中央凹陷的淋巴孤结。

②结肠　升结肠很短，沿十二指肠降部和胰右叶的内侧面向前至胃幽门部，然后向左，并越过正中矢状面，为横结肠。降结肠沿左肾内侧缘（或腹侧面）向后行，然后斜向正中矢状面，并延续为直肠。全部结肠的管径相似，结肠起始部有淋巴孤结。

③直肠、肛管和肛门　直肠很短，在盆腔内，以直肠系膜附着于荐骨下面。直肠后部略显膨大，为直肠壶腹。直肠黏膜含大量淋巴孤结。直肠外面的腹膜反折线在第二（三）尾椎平面。肛管短，但肛管的三区可以辨认。肛管的皮区两侧各有一小口通入肛旁窦（sinus paranales）。肛旁窦内含有灰褐色脂肪分泌物，有难闻的异味。肛门位于第四尾椎平面。

2. 肝（图3-42）　犬的肝较大，其重量约占体重3%，棕红色，位于腹前部。脏面凹，与胃、十二指肠前部和胰右叶相接。背侧缘右侧部有很深的肾压迹，肾压迹左侧有腔静脉沟，供后腔静脉通过；左侧部的食管压迹较大。肝圆韧带切迹左侧为左叶，深的叶间切迹将左叶分为左外侧叶和左内侧叶，左外侧叶很大，卵圆形，左内侧叶较小，棱柱状；胆囊右侧为右叶，同样以深的叶间切迹分为右外侧叶和右内侧叶。胆囊与圆韧带切迹之间的部分同样以肝门为界，

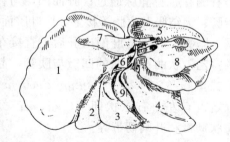

图3-42　犬的肝
1. 左外侧叶　2. 左内侧叶　3. 方叶
4. 右内侧叶　5. 右外侧叶　6. 肝门
7. 尾叶的乳头突　8. 尾叶的尾状突　9. 胆囊

腹侧者为方叶,背侧为尾叶。

胆囊位于胆囊窝中,通常不达肝的腹侧缘。胆囊管与肝管汇合成胆总管,开口于十二指肠。

3. 胰脏 犬的胰脏呈V形,分左叶、胰体、右叶,左、右叶均狭长,两叶在幽门后方呈锐角相连,连接处为胰体。胰管与胆总管一起或紧密相伴而行,开口于十二指肠。副胰管较粗,开口于胰管入口处后方3~5cm处。

(李福宝)

第二节 呼吸系统

家畜有机体在新陈代谢过程中,要不断地吸入氧,呼出二氧化碳,这种气体交换的过程,称为呼吸。呼吸主要是靠呼吸系统实现的,但与心血管系统有着密切的联系。由呼吸系统从外界吸入氧,经红细胞携带通过心血管系统运送到全身的组织细胞,经过氧化,产生各种生命活动所需要的能量并形成二氧化碳等代谢产物,而二氧化碳又与红细胞结合通过心血管系统运至呼吸系统,排出体外,这样才能维持机体正常生命活动的进行。呼吸系统和血液之间的气体交换,称为外呼吸或肺呼吸;血液和组织细胞之间的气体交换,称为内呼吸或组织呼吸。

呼吸系统包括鼻、咽、喉、气管、支气管和肺等器官(图3-43)。鼻、咽、喉、气管和支气管是气体出入肺的通道,称为呼吸道。它们由骨或软骨作为支架,围成开放性的管腔,以保证气体自由畅通。肺是气体交换的器官,主要由许多薄壁的肺泡构成,总面积很大,有

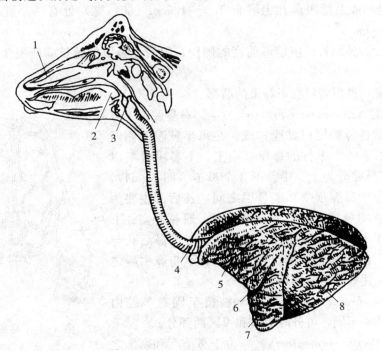

图3-43 牛呼吸系统模式图

1. 鼻腔 2. 咽 3. 喉 4. 气管 5. 左肺尖叶 6. 心切迹 7. 左肺心叶 8. 左肺膈叶

利于气体交换。

一、鼻

鼻（nasus） 既是气体出入肺的通道，又是嗅觉器官，包括鼻腔和鼻旁窦。

（一）鼻腔

鼻腔（cavum nasi）是呼吸道的起始部，呈长圆筒状，位于面部的上半部，由面骨构成骨性支架，内衬黏膜。鼻腔的腹侧由硬腭与口腔隔开，前端经鼻孔与外界相通，后端经鼻后孔（choanae）与咽相通。鼻腔正中有鼻中隔（septum nasi），将其等分为左右互不相通的两半（惟黄牛的两侧鼻腔在后 1/3 部是相通的）。每半鼻腔可分鼻孔、鼻前庭和固有鼻腔 3 部分。

1. 鼻孔（nares） 鼻孔为鼻腔的入口，由内侧鼻翼和外侧鼻翼围成。鼻翼（alae nasi）为包有鼻翼软骨和肌肉的皮肤褶，有一定的弹性和活动性。

马的鼻孔大，呈逗点状，鼻翼灵活。牛的鼻孔小，呈不规则的椭圆形，位于鼻唇镜的两侧，鼻翼厚而不灵活。猪的鼻孔也小，呈卵圆形，位于吻突前端的平面上。犬的鼻孔呈逗点形。

2. 鼻前庭（vestibulum nasi） 鼻前庭为鼻腔前部衬着皮肤的部分，相当于鼻翼所围成的空间。

马鼻前庭背侧的皮下有一盲囊，向后伸达鼻切齿骨切迹，称为鼻憩室（diverticlum nasi）或鼻盲囊。囊内皮肤呈黑色，生有细毛，富含皮脂腺。在鼻前庭外侧的下部距黏膜约 0.5cm（马）处，或上壁距鼻孔上联合 1.0～1.5cm（驴、骡）处有一小孔，为鼻泪管口（ostium nasolacrima）。

牛无鼻盲囊，鼻泪管口位于鼻前庭的侧壁，但被下鼻甲的延长部所覆盖着，所以不易见到。

猪无鼻盲囊，鼻泪管口在下鼻道的后部。

3. 固有鼻腔（cavum nasi prorium） 固有鼻腔位于鼻前庭之后，由骨性鼻腔覆以黏膜构成。在每半鼻腔的侧壁上，附着有上、下两个纵行的鼻甲（由上、下鼻甲骨覆以黏膜构成），将鼻腔分为上、中、下 3 个鼻道（图 3-44）。上鼻道较窄，位于鼻腔顶壁和上鼻甲之间，其后部主要为司嗅觉的嗅区。中鼻道在上、下鼻甲之间，通鼻旁窦。下鼻道最宽，位于下鼻甲和鼻腔底壁之间，直接经鼻后孔与咽相通。此外，还有一总鼻道，为上、下鼻甲与鼻中隔之间的间隙，与上述 3 个鼻道相通。

鼻黏膜（menbrana mucosa nasi）被覆于固有鼻腔内面，因结构和功能不同，可分呼吸区和嗅区两部分。

①呼吸区（regio respiratoria） 位于鼻前庭和嗅区之间，占鼻黏膜的大部，呈粉红色，由黏膜上皮和固有膜组成。

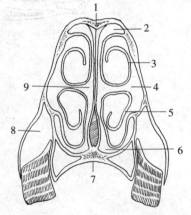

图 3-44 马鼻腔横断面
1. 鼻骨 2. 上鼻道 3. 上鼻甲
4. 中鼻道 5. 下鼻甲 6. 下鼻道
7. 硬腭 8. 上颌窦 9. 总鼻道

②嗅区（regio olfactoria） 位于呼吸区之后，其黏膜颜色随家畜种类不同而异。马、牛呈浅黄色，绵羊呈黄色，山羊呈黑色，猪呈棕色。黏膜上皮中有嗅细胞（双极神经元），具有嗅觉作用。其树突伸向上皮表面，末端形成许多嗅毛；轴突则向上皮深部延伸，在固有膜内集合成许多小束，然后穿过筛孔进入颅腔，与嗅球相连。

(二) 鼻旁窦

鼻旁窦（sinus paranasales）又称为副鼻窦，为鼻腔周围头骨内的扁骨内、外骨板之间的含气空腔，直接或间接与鼻腔相通，腔的内面衬有黏膜，与鼻黏膜相延续。鼻黏膜发炎时可波及鼻旁窦，引起鼻旁窦炎。鼻旁窦共有 4 对：上颌窦、额窦、蝶腭窦和筛窦。鼻旁窦有减轻头骨重量、温暖和湿润吸入的空气以及对发声起共鸣作用。牛的额窦最发达，马的上颌窦最发达，猪的额窦在出生时不明显，成年时发达，犬的鼻旁窦不发达。

二、咽、喉、气管和支气管

(一) 咽

见本章第一节。

(二) 喉

喉（larynx）既是空气进入肺的通道，又是调节空气流量和发声的器官。喉位于下颌间隙的后方，在头颈交界处的腹侧，悬夹于两个甲状舌骨之间。前端以喉口和咽相通，后端与气管相通。喉壁主要由喉软骨和喉肌构成，内面衬有黏膜。

1. 喉软骨和喉肌

(1) 喉软骨（cartilagines laryngis） 包括单一的会厌软骨、甲状软骨、环状软骨和成对的勺状软骨（图 3-45）。

①环状软骨（cartilago cricoidea） 呈指环状，背部宽，其余部分窄。其前缘和后缘

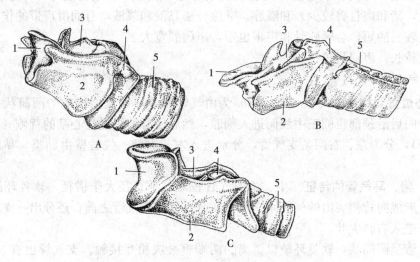

图 3-45 喉软骨
A. 牛 B. 马 C. 猪
1. 会厌软骨 2. 甲状软骨 3. 勺状软骨 4. 环状软骨 5. 气管软骨

以弹性纤维分别与甲状软骨及气管软骨相连。

②甲状软骨（cartilago thyreoidea） 最大，呈弯曲的板状，可分体和两侧板。体连于两侧板之间，构成喉腔的底壁；两侧板呈菱形（马）或四边形（牛），从体的两侧伸出，构成喉腔左右两侧壁的大部分。

③会厌软骨（cartilago epiglottica） 位于喉的前部，呈叶片状，基部厚，由弹性软骨构成，借弹性纤维与甲状软骨体相连；尖端向舌根翻转。会厌软骨的表面覆盖着黏膜，合称为会厌，具有弹性和韧性，当吞咽时，会厌翻转关闭喉口，可防止食物误入气管。

④勺状软骨（cartilago arytaenoidea） 位于环状软骨的前上方，在甲状软骨侧板的内侧，左、右各一，呈三面锥体形，其尖端弯向后上方，形成喉口的后侧壁。勺状软骨上部较厚，下部变薄，形成声带突（porcessus vocalis），供声韧带附着。

喉软骨彼此借软骨、韧带和纤维膜相连，构成喉的支架。

（2）喉肌（musculi laryngis） 属横纹肌，可分外来肌和固有肌两群。外来肌有胸骨甲状肌和舌骨甲状肌等；固有肌均起至于喉软骨。它们的作用与吞咽、呼吸和发声等运动有关。

2. 喉腔（cavum laryngis） 为由喉壁围成的管状腔。喉腔由喉口和咽相通，在其中部的侧壁上有一对明显的黏膜褶，称为声带。声带由声韧带覆以黏膜构成，连于勺状软骨声带突和甲状软骨体之间，是喉的发声器官。声带将喉腔分为前、后两部分：前部为喉前庭（vestibulum laryngis），其两侧壁凹陷，称为喉侧室；后部为喉后腔（cavum laryngis caudale）。在两侧声带之间的狭窄缝隙，称为声门裂（rima glottidis），喉前庭与喉后腔经声门裂相通。

3. 喉黏膜 喉黏膜被覆于喉腔的内面，与咽的黏膜相连续，包括上皮和固有膜。上皮有两种：被覆于喉前庭和声带的上皮为复层扁平上皮，在反刍兽、肉食兽和猪会厌部的上皮内，还含有味蕾；喉后腔（在马包括喉侧室）的黏膜上皮为假复层柱状纤毛上皮，柱状细胞之间常夹有数量不等的杯状细胞。固有膜由结缔组织构成，内有淋巴小结（在反刍兽特别多，马次之，猪和肉食兽较少）和喉腺。喉腺分泌黏液和浆液，有润滑声带的作用。

牛的喉较马的短，会厌软骨和声带也短，声门裂宽大。

猪的喉较长，声门裂较窄。

（三）气管和支气管

1. 形态位置和构造 气管（trachea）为由气管软骨环作支架构成的圆筒状长管，前端与喉相接，向后沿颈部腹侧正中线而进入胸腔，然后经心前纵隔达心基的背侧（在第五、六肋骨间隙处），分为左、右两条支气管，分别进入左、右肺。气管壁由黏膜、黏膜下组织和外膜组成。

2. 牛、猪、马气管的特征 牛、羊的气管较短，垂直径大于横径。软骨环缺口游离的两端重叠，形成向背侧突出的气管嵴。气管在分左、右支气管之前，还分出一支较小的右尖叶支气管，进入右肺尖叶。

猪的气管呈圆筒状，软骨环缺口游离的两端重叠或相互接触。支气管也有3支，与牛、羊相似。

马的气管由50～60个软骨环连接组成。软骨环背侧两端游离，不相接触，而为弹性纤维膜所封闭。气管横径大于垂直径。

三、肺

肺（pulmones）是吸入的空气和血液中二氧化碳进行交换的场所，为呼吸系统中最重要的器官。

肺位于胸腔内纵隔的两侧，左、右各一，右肺通常较大。肺的表面覆有胸膜脏层，平滑、湿润、光亮。健康家畜的肺为粉红色，呈海绵状，质软而轻，富有弹性。肺略呈锥体形，具有3个面和3个缘。肋面凸，与胸腔侧壁接触，固定标本上显有肋骨压迹；底面凹，与膈接触，又称为膈面；纵隔面与纵隔接触，并有心压迹以及食管和大血管的压迹。在心压迹的后上方有肺门（hilus pulmonis），为支气管、肺血管、淋巴管和神经出入肺的地方。上述这些结构被结缔组织包成一束，称为肺根（radix pulmonis）。肺的背侧缘钝而圆。腹侧缘和底缘薄而锐，在腹侧缘上有心切迹（incisura cardiaca）。左肺的心切迹大，相当于第三至六肋骨之间；右肺的心切迹小，相当于第三、四肋骨之间。

马的肺分叶不明显（图3-46），在心切迹以前的部分为肺尖或尖叶（lobus apicalis）；心切迹以后的部分为肺体或心膈叶（lobus cardiaco-diaphragmaticus）。此外，右肺还有一中间叶或副叶（lobus accessorium），呈小锥体形，位于心膈叶内侧，在纵隔和后腔静脉之间。

牛、羊的肺分叶很明显（图3-46），左肺分3叶，由前向后顺次为尖叶、心叶、膈叶。右肺分4叶，尖叶（又分前、后两部）、心叶、膈叶和内侧的副叶。

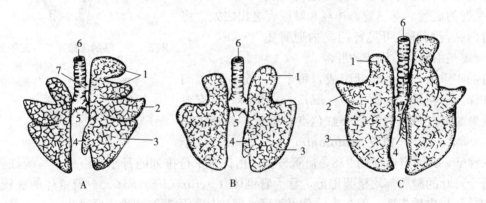

图3-46　家畜肺的分布模式图
A. 牛　B. 马　C. 猪
1. 尖叶　2. 心叶　3. 膈叶　4. 副叶　5. 支气管　6. 气管　7. 右尖叶支气管

猪肺的分叶情况和牛、羊相似。

犬的肺叶间隙深，分叶明显。左肺分前叶和后叶，前叶又分前、后两部；右肺分前叶、中叶、后叶和副叶。

（方富贵）

第三节　泌尿系统

泌尿系统包括肾、输尿管、膀胱和尿道（图3-47）。肾是生成尿的器官，输尿管为输送尿至膀胱的管道，膀胱为暂时储存尿液的器官，尿道是排出尿液的管道。机体在新陈代谢过程中产生许多代谢产物，如尿素、尿酸和多余的水分、无机盐类（如食盐）等，由血液带到肾，在肾内形成尿液，经排尿管道排出体外。肾除了排泄功能外，在维持机体水盐代谢、渗透压和酸碱平衡方面也起着重要作用。此外，肾还具有内分泌功能，能产生多种生物活性物质如肾素、前列腺素等，对机体的某些生理功能起调节作用。

一、肾

（一）肾的一般结构

肾（ren）是成对的实质性器官（图3-47），左右各一，位于最后几个胸椎和前3个腰椎的腹侧，腹主动脉和后腔静脉的两侧。营养良好的家畜肾周围包有脂肪，称为肾脂肪囊（capsula adiposa）。肾的表面包有由致密结缔组织构成的纤维膜，称为被膜。被膜在正常情况下容易被剥离。肾的内侧缘中部凹陷为肾门（hilus renalis），是肾的血管、淋巴管、神经和输尿管进出之处。将肾从肾门纵行切开，可见肾门向内通肾窦（sinus renalis），肾窦是由肾实质围成的腔隙。

肾的实质由若干个肾叶组成，每个肾叶分为浅部的皮质和深部的髓质。皮质（substantia corticalis）富有血管，新鲜时呈红色，内有细小红色点状颗粒，为肾小体（corpuscula renis）。髓质（substantia medullaris）位于

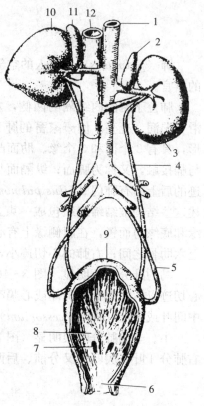

图3-47 马的泌尿系统（腹侧面观）
1. 腹主动脉 2. 左肾上腺
3. 左肾 4. 输尿管 5. 膀胱圆韧带
6. 膀胱颈 7. 输尿管开口
8. 输尿管柱 9. 膀胱顶 10. 右肾
11. 右肾上腺 12. 后腔静脉

皮质的深部，约占肾实质的2/3，血管较少，由许多平行排列的肾小管组成，呈淡红色条纹状。每个肾叶的髓质部均呈圆锥形，称为肾锥体（pyramides renales），肾锥体的底较宽大，并稍向外凸与皮质相连，但与皮质分界不清。肾锥体的顶部钝圆称为肾乳头（papilla renalis），与肾盏或肾盂相对。

各种家畜由于肾叶联合的程度不同，肾的类型可分为：有沟多乳头肾，这种肾仅肾叶中间部合并，肾表面有沟，内部有分离的乳头，如牛肾；平滑多乳头肾，肾叶的皮质部完全合并，但内部仍有单独存在的乳头，如猪肾；平滑单乳头肾，肾叶的皮质部和髓质部完全合并，肾乳头连成嵴状，如马肾、羊肾和犬肾。

（二）各种家畜肾的位置和形态特点

1. 牛肾（图3-48） 属于有沟多乳头肾。右肾呈长椭圆形，上下稍扁，位于第十二肋间隙至第二或第三腰椎横突的腹侧。前端位于肝的肾压迹内。肾门位于肾腹侧面的前部，接近内侧缘。

左肾的形状和位置都比较特殊，呈三棱形，前端较小，后端大而钝圆，可分为3个面：背侧面隆凸，与腹腔顶壁接触；腹侧面接肠管；前端外侧面小而平直，与瘤胃相接。左肾因

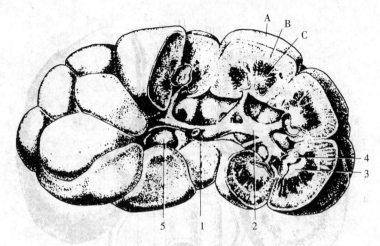

图 3-48 牛肾（部分剖开）
1. 输尿管 2. 集收管 3. 肾乳头 4. 肾小盏 5. 肾窦
A. 纤维膜 B. 皮质 C. 髓质

有较长的系膜，位置不固定，常受瘤胃影响，当瘤胃充满时，左肾横过体正中线到右侧，位于右肾的后下方。瘤胃空虚时，则左肾的一部分仍位于左侧，初生犊牛由于瘤胃不发达，左、右肾位置近于对称。

牛肾的肾叶明显，表面为皮质，内部为髓质。髓质形成较明显的肾锥体。肾乳头大部分单独存在，个别乳头较大，为两个乳头合并而成。

输尿管的起始端在肾窦内形成前、后两条集收管。每条集收管又分出许多分支，分支的末端膨大形成肾小盏，每个肾小盏包围着一个肾乳头（图3-49）。

2. 猪肾（图3-50） 属于平滑多乳头肾。左、右肾均呈豆状，较长扁。两侧肾位置对称，均在最后胸椎及前3腰椎腹面两侧。右肾前端不与肝相接。

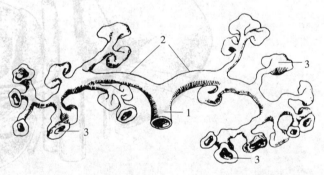

图 3-49 牛的输尿管起始部集收管和肾小盏的铸型
1. 输尿管 2. 集收管 3. 肾小盏

肾门位于肾内侧缘正中部。猪肾的皮质完全合并，而髓质则是分开的。每个肾乳头均与一肾小盏相对，肾小盏汇入两个肾大盏，肾大盏汇注于肾盂，肾盂延接输尿管。

3. 马肾（图3-51） 属于平滑单乳头肾。右肾略大，呈钝角三角形，位于最后二、三肋骨椎骨端及第一腰椎横突的腹侧。右肾前端与肝相接，在肝上形成明显的肾压迹。左肾呈豆形，位置偏后，位于最后肋骨和前2或3个腰椎横突的腹侧。

肾门位于肾内侧缘中部。在切面上观察，可见皮质与髓质间有深红色的中间区。在中间区可明显地看到一些大血管的断面，这些血管将髓质部分成一个个肾锥体。皮质部并伸入髓质肾锥体之间形成肾柱（*columnae renales*）。肾乳头融合成嵴状的肾总乳头，突入肾盂中。

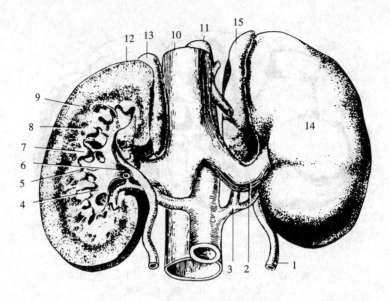

图 3-50 猪肾（腹侧面，右肾剖开）
1. 左输尿管 2. 肾静脉 3. 肾动脉 4. 肾大盏 5. 肾小盏 6. 肾盂 7. 肾乳头 8. 髓质
9. 皮质 10. 后腔静脉 11. 腹主动脉 12. 右肾 13. 右肾上腺 14. 左肾 15. 左肾上腺

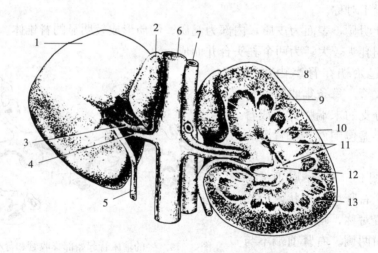

图 3-51 马肾（腹侧面，左肾剖开）
1. 右肾 2. 右肾上腺 3. 肾动脉 4. 肾静脉 5. 输尿管 6. 后腔静脉
7. 腹主动脉 8. 左肾 9. 皮质 10. 髓质 11. 肾总乳头 12. 肾盂 13. 弓状血管

肾盂呈漏斗状，中部宽阔，直接输尿管。肾盂向肾的两端伸延形成裂隙状的终隐窝（recessus terminales）。

4. 羊肾和犬肾 均属于平滑单乳头肾（图 3-52）。两侧肾均呈豆形，羊的右肾位于最后肋骨至第二腰椎下，左肾在瘤胃背囊的后方，第四至第五腰椎下。犬的右肾位置比较固定，位于前3个腰椎椎体下的腹侧，有的前缘可达最后胸椎。左肾位置变化较大，当胃近于空虚时，肾的位置相当于第二至第四腰椎椎体腹侧。若胃内食物充满时，左肾向后移，其前端约与右肾后端相对应。羊和犬的肾除在中央纵轴为肾总乳头突入肾盂外，在总乳头两侧尚有多个肾嵴，肾盂除有中央的腔外，并形成相应的隐窝。

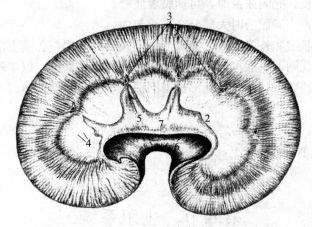

图 3-52 犬肾剖面
1. 皮质 2. 髓质 3. 弓状动脉 4. 收集管 5. 肾盂隐窝 6. 肾窦 7. 肾嵴

二、输尿管、膀胱、尿道

（一）输尿管

输尿管（ureter）（图 3-48）起于集收管（牛）或肾盂（马、猪、羊、犬），出肾门后，沿腹腔顶壁向后伸延，左侧输尿管在腹主动脉的外侧，右侧输尿管在后腔静脉的外侧，横过髂内动脉的腹侧进入骨盆腔。母马输尿管的大部分位于子宫阔韧带的背侧部；公马的左、右侧输尿管在骨盆腔内位于尿生殖褶中，与输精管相交叉，向后伸达膀胱颈的背侧，斜向穿入膀胱壁。

牛、羊右侧输尿管的位置与马相似，左侧输尿管由于左肾位置特殊，常靠右侧，以后逐渐移向左侧，向后通入膀胱。

猪的输尿管在形态上比较特殊，起始部管径较大，向后逐渐变小，而且稍弯曲。

输尿管管壁由黏膜、肌层和外膜构成，黏膜有纵行皱褶，黏膜上皮为变移上皮。马的输尿管在离肾盂 10cm 以后，黏膜的固有膜内含有管泡状黏液腺。肌层较发达，由平滑肌构成，可分为内纵行、中环行和薄而分散的外纵行肌层。外膜大部分为浆膜。

（二）膀胱

由于储存尿液量的不同，膀胱（vesica urinaris）（图 3-47）的形状、大小和位置亦有变化。膀胱空虚时，呈梨状，牛、马的约拳头大，位于骨盆腔内；充满尿液的膀胱，其前端可突入腹腔内。公畜膀胱的背侧与直肠、尿生殖褶、输精管末端、精囊腺和前列腺相接。母畜膀胱的背侧与子宫及阴道相接。

膀胱可分为膀胱顶、膀胱体和膀胱颈。输尿管斜穿膀胱壁，并在壁内斜走一段，再开口于膀胱颈的背侧壁，以防止尿液自膀胱向输尿管逆流。膀胱颈延接尿道。

膀胱的位置由 3 个浆膜褶来固定。膀胱中韧带或膀胱脐中褶，位于腹面正中，是连于骨盆腔底壁和膀胱腹侧之间的腹膜褶。膀胱侧韧带或膀胱脐侧褶，连于膀胱两侧与骨盆腔侧壁之间，其游离缘各有一膀胱圆韧带（ligamentum teres vesicae），为胎儿脐动脉的遗迹。膀胱后部由疏松结缔组织与周围器官联系，结缔组织内常有多量脂肪。

牛的膀胱比马的长，充满尿液时，可达腹腔底壁。

猪的膀胱比较大，充满尿液时大部分突入腹腔内。

膀胱壁由黏膜、肌层和外膜构成。黏膜形成不规则的皱褶，黏膜上皮为变移上皮。肌层为平滑肌，其分层不规则，一般可分为内纵肌、中环肌和外纵肌，以中环肌最厚。在膀胱颈部环肌层形成膀胱括约肌。膀胱外膜随部位不同而异，膀胱顶部和体部为浆膜，颈部为结缔组织外膜。

(三) 尿道

尿道 (urethra) 见本章第四节生殖系统。

（董玉兰）

第四节 生殖系统

生殖系统的主要功能是产生生殖细胞（精子或卵子），分泌性激素，繁殖新个体，延续后代。

一、母畜生殖器官

母畜生殖器官由卵巢、输卵管、子宫、阴道、尿生殖前庭和阴门组成（图3-53、图3-54）。卵巢、输卵管、子宫和阴道为内生殖器官，尿生殖前庭和阴门为外生殖器官。

(一) 母畜生殖器官的一般形态构造

1. 卵巢（ovarium）（图3-53、图3-54） 卵巢是产生卵子和分泌雌性激素的器官。其形状和大小因畜种、个体、年龄及性周期而异。卵巢由卵巢系膜附着于腰下部。卵巢的子宫端借卵巢固有韧带与子宫角的末端相连。在卵巢系膜的附着缘缺腹膜，血管、神经和淋巴管由此出入卵巢，此处称为卵巢门（hilus ovarii）。卵巢的解剖特征之一是没有排卵管道，卵细胞定期由卵巢破壁排出。排出的卵细胞经腹膜腔落入输卵管起始部。

2. 输卵管（tuba uterina）（图3-55） 是一对细长而弯曲的管道，位于卵巢和子宫角之间，有输送卵细胞的作用，同时也是卵细胞受精的场所。输卵管由输卵管系膜所固定。输卵管系膜与卵巢固有韧带之间形成卵巢囊（bursa ovarii）。

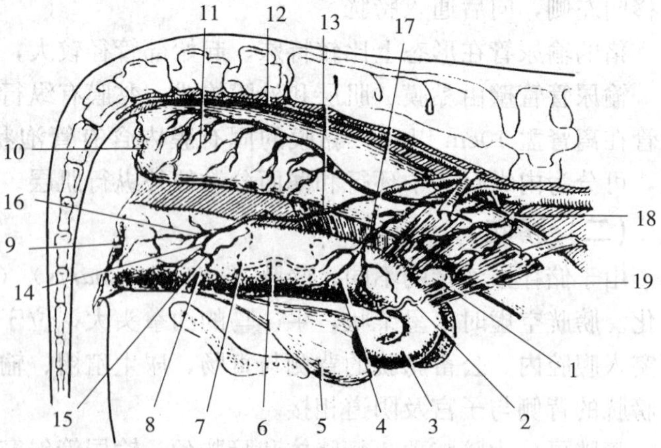

输卵管可分漏斗部、壶腹部和

图3-53 母牛生殖器官位置关系（右侧观）
1. 卵巢 2. 输卵管 3. 子宫角 4. 子宫体 5. 膀胱 6. 子宫颈管
7. 子宫颈阴道部 8. 阴道 9. 阴门 10. 肛门 11. 直肠
12. 荐中动脉 13. 髂内动脉 14. 尿生殖动脉 15. 子宫后动脉
16. 阴部内动脉 17. 子宫中动脉 18. 子宫卵巢动脉 19. 子宫阔韧带

峡部3段：

（1）漏斗部（*infundibulun*）为输卵管起始膨大的部分，其大小因畜种和动物年龄而有不同。漏斗的边缘有许多不规则的皱褶，呈伞状，称为输卵管伞（*fimbria bubae*）。漏斗的中央有一个小的开口通腹膜腔，称为输卵管腹腔口。

（2）壶腹部（*ampullae*）较长，为位于漏斗部和峡部之间的膨大部分，壁薄而弯曲，黏膜形成皱褶。

（3）峡部（*isthmus*）位于壶腹部之后，较短，细而直，管壁较厚。末端以小的输卵管子宫口与子宫角相通。

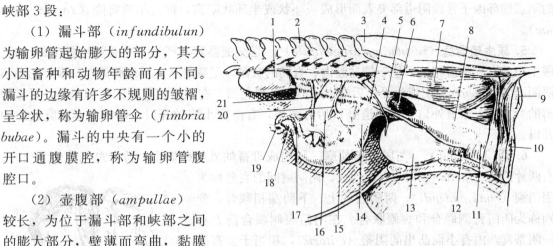

图3-54 母马生殖器官位置关系（左侧观）
1. 左肾 2. 腰椎 3. 髂骨 4. 输尿管 5. 子宫颈 6. 子宫颈阴道部
7. 直肠 8. 阴道 9. 肛门 10. 阴门 11. 尿生殖前庭 12. 雌性尿道
13. 膀胱 14. 子宫体 15. 子宫角 16. 子宫阔韧带 17. 输卵管
18. 卵巢 19. 输卵管伞 20. 子宫中动脉 21. 子宫卵巢动脉

3. 子宫（*uterus*）（图3-53、图3-54） 是一个中空的肌质性器官，富于伸展性，是胎儿生长发育和娩出的器官。子宫借子宫阔韧带附着于腰下部和骨盆腔侧壁，大部分位于腹腔内，小部分位于骨盆腔内，在直肠和膀胱之间，前端与输卵管相接，后端与阴道相通。子宫阔韧带（*lig. teres uteri*）为宽而厚的腹膜褶，含有丰富的结缔组织、血管、神经及淋巴管，其外侧有子宫阔韧带。

家畜的子宫均属双角子宫，可分子宫角、子宫体和子宫颈3部分。子宫的形状、大小、位置和结构，因畜种、年龄、个体、性周期以及妊娠时期等不同而有很大差异。

子宫角一对，在子宫的前部，呈弯曲的圆筒状，位于腹腔内（未经产的牛、羊则位于骨盆腔内）。其前端以输卵管子宫口与输卵管相通；后端会合而成为子宫体。

子宫体位于骨盆腔内，部分在腹腔内，呈圆筒状，向前与子宫角相连，向后延续为子宫颈。

子宫颈为子宫后段的缩细部，位于骨盆腔内，壁很厚，黏膜形成许多纵褶，内腔狭窄，称为子宫颈管，前端以子宫颈内口与子宫体相通。子宫颈向后突入阴道内的部分，称为子宫颈阴道部（*portio vaginalis cervicis*）。子宫颈管平时闭合，发情时稍松弛，分娩扩大。

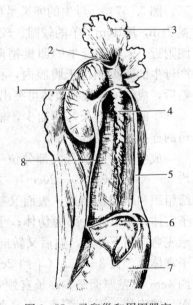

图3-55 马卵巢和周围器官
1. 卵巢 2. 输卵管腹腔口
3. 输卵管伞 4. 输卵管
5. 输卵管系膜 6. 输卵管子宫口
7. 子宫角 8. 卵巢固有韧带

4. 阴道（*vagina*） 是母畜的交配器官，也是产道。阴道呈扁管状，位于骨盆腔内，在子宫后方，向后延接尿生殖前庭，其背侧与直肠相邻，腹侧与膀胱及尿道相邻。有些家畜的阴道前部因子宫颈阴道部突入而形成一环状或半环状陷窝，称为阴道穹隆（fornix vaginae）。

5. 尿生殖前庭（vestibulum urogenitale） 是交配器官和产道，也是尿液排出的经路。尿生殖前庭和阴道相似，位于骨盆腔内、直肠的腹侧，呈扁管状，前端腹侧以一横行的黏膜褶阴瓣（hymen）与阴道为界；后端以阴门与外界相通。在尿生殖前庭的腹侧壁上，紧靠阴瓣的后方有一尿道外口。在尿道外口后方两侧，有前庭小腺的开口；两侧壁有前庭大腺的开口。

6. 阴门（vulva） 与尿生殖前庭一同构成母畜的外生殖器官，位于肛门腹侧，由左、右两片阴唇（labium pudendi）构成，两阴唇间的裂缝称为阴门裂（rima pudendi）。两阴唇的上、下两端相联合，分别称为阴门背侧联合和腹侧联合。在阴门腹侧联合前方有一阴蒂窝，内有小而凸出的阴蒂（clitoris），相当于公畜的阴茎，也由海绵体构成。

7. 雌性尿道 位于阴道腹侧，前端与膀胱颈相接，后端开口于尿生殖前庭起始部的腹侧壁，为尿道外口。

（二）各种母畜生殖器官的构造特点

1. 母牛、母羊生殖器官的构造特点（图3-53、图3-56、图3-57） 母牛的卵巢呈稍扁的椭圆形，平均长4cm，宽2cm，厚1cm。羊的较圆、较小，一般位于骨盆前口的两侧附近。未经产母牛的卵巢稍向后移，多在骨盆腔内；经产母牛的卵巢则位于腹腔内，在耻骨前缘的前下方。性成熟后，成熟的卵泡和黄体可突出于卵巢表面。卵巢囊宽大。

牛的输卵管长，弯曲少，输卵管伞较大，末端与子宫角的连接部无截然分界。

成年母牛的子宫大部分位于腹腔内。子宫角较长，平均35~40cm（羊10~20cm）。左、右子宫角的后部因有结缔组织和肌组织相连，表面又被腹膜包盖，从外表看很像子宫体，所以称该部为伪体；子宫角的前部互相分开，开始先弯向前下外方，然后又转向后上方，卷曲成绵羊角状。子宫体短，长3~4cm（羊约2cm）。子宫颈长约10cm（羊约4cm），壁厚而坚实；子宫颈管由于黏膜突起的互相嵌合而呈螺旋状，平时紧闭，不易张开。子宫颈阴道部呈菊花瓣状。

子宫体和子宫角的内膜上有特殊的圆形隆起，称为子宫阜（carunculae uteri），共有4排，100多个（羊60多个，且肉阜中央凹陷）。未妊娠时，子宫阜很小，长约15mm；妊娠时逐渐增大，最大的有握紧的拳头那样大，是胎膜与子宫壁结合的部位。

妊娠子宫的位置大部分偏于腹腔的右半部。

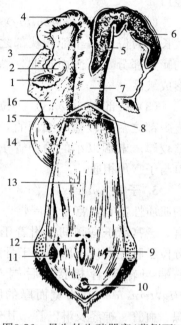

图3-56 母牛的生殖器官（背侧面）
1. 输卵管伞 2. 卵巢 3. 输卵管
4. 子宫角 5. 子宫内膜 6. 子宫阜
7. 子宫体 8. 阴道穹隆
9. 前庭大腺开口 10. 阴蒂
11. 剥开的前庭大腺 12. 尿道外口
13. 阴道 14. 膀胱
15. 子宫颈外口 16. 子宫阔韧带

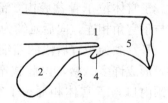

图3-57 母牛尿道下憩室位置示意图
1. 阴道 2. 膀胱 3. 尿道
4. 尿道下憩室 5. 尿生殖前庭

母牛的阴道长 20～25cm。妊娠母牛的阴道可增至 30cm 以上。阴道壁很厚，因子宫颈阴道部的腹侧与阴道腹侧壁直接融合，所以阴道穹隆呈半环状，仅见于阴道前端的背侧和两侧。

母牛的阴瓣不明显。在尿道外口的腹侧，有一个伸向前方的短盲囊（长约 3cm），称为尿道下憩室（*diverticulum suburethale*），给母牛导尿时应注意不要把导尿管插入憩室内。牛的两个前庭大腺位于前庭的两侧壁内，各以 2～3 条导管开口于陷窝内。前庭小腺不发达。母牛的尿道长 10～12cm。

2. 母马生殖器官的构造特点（图 3-54、图 3-55、图 3-58） 母马的卵巢呈豆形，平均长约 7.5cm，厚 2.5cm，表面平滑，大部分被覆以浆膜。卵巢借卵巢系膜悬于腰下部肾的后方，约在第四或第五腰椎横突腹侧，常与腰部的腹壁相接。卵巢的腹缘游离，有一凹陷部，称为排卵窝（卵巢窝，*fossa ovarii*），这是马属动物的特点。

母马的输卵管长 20～30cm，壶腹部明显且特别弯曲，向后逐渐变细，弯曲减少，与子宫角之间界限明显。

母马子宫呈"Y"形。子宫角稍弯曲成弓形，背缘凹，借子宫阔韧带附着于腰下部。腹缘凸而游离。子宫体较长，约与子宫角相等。子宫颈阴道部明显，呈花冠状黏膜褶。

母马的阴道较短，长 15～20cm。阴道穹隆呈环状。

母马驹的阴瓣发达，经产的老龄母马的阴瓣常不明显。前庭小腺以许多小孔开口于尿道外口后方的腹侧壁上；前庭大腺分散，以 8～10 条导管开口于背侧壁的两侧。在阴唇前方的前庭壁上，有发达的前庭球（长 6～8cm），系勃起组织，相当于公马的阴茎海绵体。母马的阴蒂较发达，发情时常常暴露。

3. 母猪生殖器官的构造特点（图 3-59） 猪的卵巢一般较大，呈卵圆形，其位置、形状、大小及卵巢系膜的宽度，因年龄和个体不同而有很大的变化。

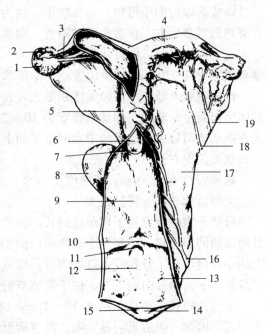

图 3-58 母马的生殖器官（背侧面）

1. 卵巢 2. 输卵管伞 3. 输卵管 4. 子宫角
5. 子宫体 6. 子宫颈阴道部 7. 子宫颈外口
8. 膀胱 9. 阴道 10. 阴瓣 11. 尿道外口
12. 尿生殖前庭 13. 前庭大腺开口 14. 阴蒂
15. 阴蒂窝 16. 子宫后动脉 17. 子宫阔韧带
18. 子宫中动脉 19. 子宫卵巢动脉

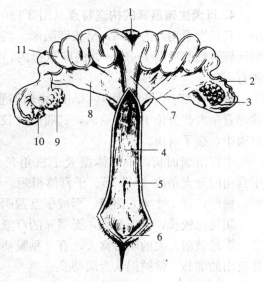

图 3-59 母猪的生殖器官（背侧面）

1. 膀胱 2. 输卵管 3. 卵巢囊 4. 阴道黏膜
5. 尿道外口 6. 阴蒂 7. 子宫体 8. 子宫阔韧带
9. 卵巢 10. 输卵管腹腔口 11. 子宫角

上篇　家畜解剖

性成熟以前的小母猪，卵巢较小，约为 0.4cm×0.5cm，表面光滑，呈淡红色，位于荐骨岬两侧稍靠后方，在腰小肌腱附近，卵巢系膜宽约为 3.5cm，所以位置较为固定。

接近性成熟时，卵巢体积增大，约为 2cm×1.5cm，表面有突出的卵泡，呈桑葚状。卵巢系膜宽为 6～10cm，卵巢位置稍下垂前移，位于髋结节前缘横断面处的腰下部。

性成熟后及经产母猪卵巢体积更大，长 3～5cm，包于发达的卵巢囊内，表面因有卵泡、黄体突出而呈结节状。卵巢系膜宽为 10～20cm。卵巢位于髋结节前缘约 4cm 的横断面上，或在髋结节与膝关节连线的中点的水平面上，一般左侧卵巢在正中矢状面上，右侧卵巢在正中矢状面稍偏右侧。

输卵管长 15～30cm，弯曲度比马小。小母猪的输卵管很细，直径 0.1～1mm，为肉红色。大母猪的输卵管管径较大。

母猪子宫的特点是子宫角特别长，经产母猪可达 1.2～1.5m；子宫体短，长约 5cm。2 月龄以前的小母猪，子宫角细而弯曲，似小肠，但壁较厚。子宫角的位置依年龄而不同，较大的小母猪，位于骨盆腔入口处附近；性成熟后，子宫角增粗，壁厚而色较白，因子宫阔韧带较长，子宫角移向前下方，位于髋结节的前下部。

子宫颈较长，在成年猪长 10～15cm。没有子宫颈阴道部，因此与阴道无明显界限。黏膜褶形成两行半圆形隆起，交错排列，使子宫颈管呈狭窄的螺旋形。

阴道长 10～12cm，肌层厚。黏膜有皱褶，不形成阴道穹隆。

猪的阴瓣为一环形褶。尿生殖前庭腹侧壁的黏膜形成两对纵褶，前庭小腺的许多开口位于纵褶之间，阴蒂细长，突出于阴蒂窝的表面。

4. 母犬生殖器官的构造特点（图 3-60）　卵巢较小，其长度平均约为 2cm，呈长卵圆形。两侧卵巢位于距同侧肾脏的后端 1～2cm 处的卵巢囊内，卵巢囊的腹侧有裂口。

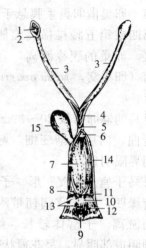

图 3-60　母犬生殖器官
1. 卵巢　2. 卵巢囊　3. 子宫角　4. 子宫体
5. 子宫颈　6. 子宫颈阴道部　7. 尿道
8. 阴瓣　9. 阴蒂　10. 尿生殖前庭
11. 尿道外口　12、13. 前庭小腺开口
14. 阴道　15. 膀胱

输卵管细小，长度为 5～8cm，由输卵管系膜固定，输卵管伞大部分位于卵巢囊内，其腹腔口较大，而子宫口很小，接子宫角。

子宫角细而长，中等体型犬子宫角长 12～15cm，子宫角的分支角成"V"形。子宫体很短。子宫颈亦很短，壁厚，有 1/2 突入阴道，形成子宫颈阴道部。

阴道比较长，前端变细，无明显的穹隆，肌层很厚，主要由环形肌纤维所组成。阴道黏膜有纵行皱褶。犬的阴蒂窝大，有一黏膜褶向后延展，盖在阴蒂的表面，褶的中央部有一向外突出的部分，常被误认为阴蒂。

二、公畜生殖器官

公畜生殖器官由睾丸、附睾、输精管、尿生殖道、副性腺、阴茎、阴囊和包皮组成（图

3-61)。

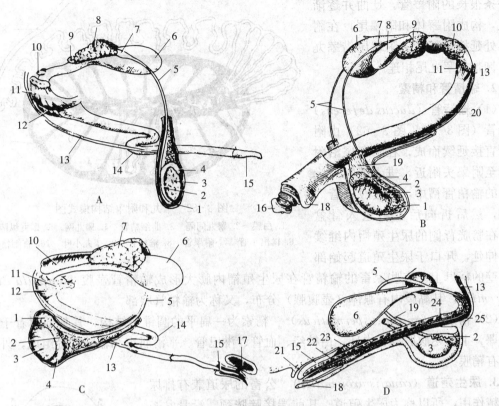

图 3-61 公畜生殖器官比较模式图
A. 牛 B. 马 C. 猪 D. 犬

1. 附睾尾 2. 附睾体 3. 睾丸 4. 附睾头 5. 输精管 6. 膀胱 7. 输精管壶腹 8. 精囊腺
9. 前列腺 10. 尿道球腺 11. 坐骨海绵体肌 12. 球海绵体肌 13. 阴茎缩肌 14. "乙"状弯曲
15. 阴茎头 16. 龟头 17. 包皮盲囊 18. 包皮 19. 精索 20. 阴茎 21. 包皮腔
22. 阴茎骨 23. 龟头球 24. 阴茎海绵体 25. 尿道海绵体

(一) 公畜生殖器官的一般形态构造

1. 睾丸和附睾　睾丸（*testis*）和附睾（*epididymis*）均位于阴囊中，左、右各一（图 3-61）。睾丸是产生精子和雄性激素的器官，呈左、右稍扁的椭圆形，表面光滑，外侧面稍隆凸，与阴囊外侧壁接触，内侧面平坦，与阴囊中隔相贴。附睾附着的边缘，为附睾缘，另一缘为游离缘。睾丸可分为头、体和尾3部分（图 3-62）。血管和神经进入的一端为睾丸头，有附睾头附着。另一端为睾丸尾，有附睾尾附着。睾丸头与睾丸尾之间为睾丸体。

睾丸表面大部分由浆膜被覆，称为固有鞘膜（*tunica vaginalis propria*）。固有鞘膜的下面为一层由致密结缔组织构成的白膜。

在胚胎时期，睾丸位于腹腔内，在肾脏附近。出生前后，睾丸和附睾一起经腹股沟管下降至阴囊中，这一过程，称为睾丸下降。如果有一侧或两侧睾丸没有下降到阴囊，称为单睾或隐睾，生殖功能弱或无生殖功能，不宜作种畜用。

附睾是储存精子和精子进一步成熟的场所。它附着在睾丸边缘，外面也被覆有固有鞘膜和薄的白膜。附睾可分为附睾头、附睾体与附睾尾，附睾头膨大，由十多条睾丸输出小管组成（图 3-62）。睾丸输出小管汇合成一条很长的附睾管，迂曲并逐渐增粗，构成附睾体和附睾尾，在附睾尾处延接输精管。附睾尾借睾丸固有韧带与睾丸尾相连。

2. 输精管和精索

（1）输精管（*ductus deferens*）输精管（图 3-61、图 3-62）由附睾管直接延续而成，在附睾尾沿附睾体至附睾头附近，进入精索后缘内侧的输精管褶中，经腹股沟管入腹腔，然后折向后上方进入骨盆腔，在膀胱背侧的尿生殖褶内继续向后伸延，开口于尿生殖道起始部

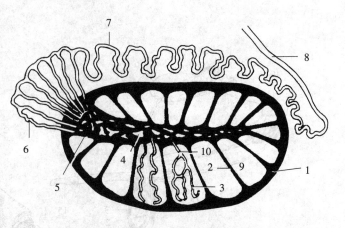

图 3-62 睾丸和附睾结构模式图
1. 白膜 2. 睾丸间隔 3. 曲细精管 4. 睾丸网 5. 睾丸纵隔
6. 输出小管 7. 附睾管 8. 输精管 9. 睾丸小叶 10. 直细精管

背侧壁的精阜上。有些家畜的输精管在尿生殖褶内膨大形成输精管壶腹（*ampulla ductus deferentis*），其黏膜内有腺体（壶腹腺）分布，又称为输精管腺部。

（2）精索（*funiculus spermaticus*） 精索为一扁平的圆锥形结构，其基部附着于睾丸和附睾，上端达腹股沟管内环，由神经、血管、淋巴管、平滑肌束和输精管等组成，外表被有固有鞘膜。

3. 尿生殖道（*canalis urogenitlis*） 公畜的尿道兼有排尿和排精作用，所以称为尿生殖道。其前端接膀胱颈，沿骨盆腔底壁向后伸延，绕过坐骨弓，再沿阴茎腹侧的尿道沟，向前延伸至阴茎头末端，以尿道外口开口于外界。

尿生殖道管壁包括黏膜层、海绵体层、肌层和外膜。黏膜层有很多皱褶，马、猪有一些小腺体，海绵体层主要是由毛细血管膨大而形成的海绵腔。肌层由深层的平滑肌和浅层的横纹肌组成。横纹肌的收缩对射精起重要作用，还可帮助排出余尿。

尿生殖道可分为骨盆部和阴茎部两个部分，两部分以坐骨弓为界。在两部交界处，尿生殖道的管腔稍变窄，称为尿道峡。在峡部后方，尿生殖道壁上的海绵体层稍变厚，形成尿道球（*bulbus urogeni*）或称尿生殖道球。

尿生殖道骨盆部是指自膀胱颈到骨盆腔后口的一段，位于骨盆腔底壁与直肠之间。在起始部背侧壁的中央有一圆形隆起，称为精阜（*colliculus seninalis*）。精阜上有一对小孔，为输精管及精囊腺排泄管的共同开口。此外，在骨盆部黏膜的表面，还有其他副性腺的开口（图 3-63）。骨盆部的外面有环行的横纹肌，称为尿道肌。

尿生殖道阴茎部为骨盆部的直接延续，自坐骨弓起，经

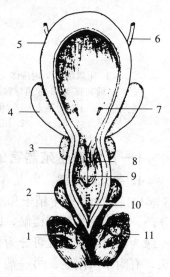

图 3-63 马膀胱及尿生殖道骨盆部腹侧剖面
1. 阴茎海绵体 2. 尿道球腺
3. 前列腺 4. 精囊腺 5. 膀胱
6. 输尿管 7. 输精管口
8. 前列腺管口 9. 精阜
10. 尿道球腺导管开口
11. 坐骨海绵体肌断面

左、右阴茎脚之间进入阴茎的尿道沟。此部的海绵体层比骨盆部稍发达，外面的横纹肌称为球海绵体肌，其发达程度和分布情况因家畜而异。

4. 副性腺（glandulae genitales accessoriae） 副性腺包括前列腺、成对的精囊腺及尿道球腺（图3-64），其分泌物与输精管壶腹部的分泌物以及睾丸生成的精子共同组成精液。副性腺的分泌物有稀释精子、营养精子及改善阴道环境等作用，有利于精子的生存和运动。

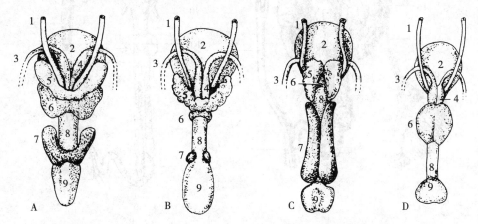

图3-64 各种动物副性腺比较
A. 马 B. 牛 C. 猪 D. 犬
1. 输尿管 2. 膀胱 3. 输精管 4. 壶腹腺 5. 精囊腺 6. 前列腺 7. 尿道球腺 8. 尿生殖道骨盆部 9. 阴茎球

精囊腺（gl. vesicularis） 一对，位于膀胱颈背侧的尿生殖褶中，在输精管壶腹部的外侧。每侧精囊腺的导管与同侧输精管共同开口于精阜。

前列腺（gl. prostata） 位于尿生殖道起始部的背侧，一般可分腺体部和扩散部（壁内部）。这两部以许多导管成行的开口于精阜附近的尿生殖道内。前列腺的发育程度与动物的年龄有密切的关系，幼龄时较小，到性成熟期较大，老龄时又逐渐退化。

尿道球腺（gl. bulbourethvales） 一对，位于尿生殖道骨盆部末端的背面两侧，在坐骨弓附近，其导管开口于尿生殖道内。

凡是幼龄去势的家畜，副性腺不能正常发育（图3-65）。

5. 阴茎与包皮

（1）阴茎（penis） 阴茎为公畜的排尿、排精和交配器官，附着于两侧的坐骨结节，经左、右股部之间向前延伸至脐部的后方，可分阴茎根、阴茎体和阴茎头3部分（图3-61）。

①阴茎根（radix penis） 以两个阴茎脚附着于坐骨弓的两侧，其外侧面覆盖着发达的坐骨海绵体肌（横纹肌）。两阴茎脚向前合并成阴茎体。

②阴茎体（corpus penis） 呈圆柱状，位于阴茎脚和阴茎头之间，占阴茎的大部分。在起始部由两条扁平的阴茎悬韧带固着于坐骨联合的腹侧面。

③阴茎头（glans penis） 位于阴茎的前端，其形状因家畜种类不同而有较大差异。

阴茎主要由阴茎海绵体和尿生殖道阴茎部构成（图3-66、图3-67）。阴茎海绵体外面包有很厚的致密结缔组织构成的白膜，富有弹性纤维。白膜的结缔组织向内伸入，形成小梁，并分支互相连接成网。小梁内有血管、神经分布，并含有平滑肌（特别是马和肉食兽）。

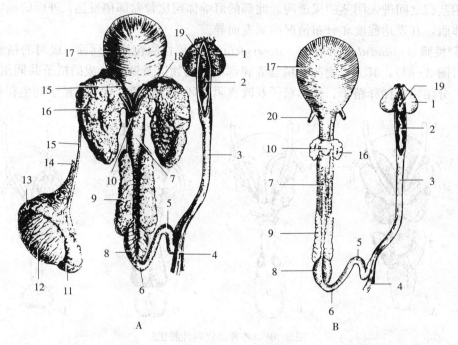

图 3-65 公猪生殖器官
A. 成年猪 B. 去势猪
1. 包皮盲囊 2. 剥开包皮囊中的阴茎头 3. 阴茎 4. 阴茎缩肌 5. 阴茎"乙"状弯曲 6. 阴茎根
7. 尿生殖道骨盆部 8. 球海绵体肌 9. 尿道球腺 10. 前列腺 11. 附睾尾 12. 睾丸 13. 附睾头
14. 精索的血管 15. 输精管 16. 精囊腺 17. 膀胱 18. 精囊腺的排出管 19. 包皮盲囊入口 20. 输尿管

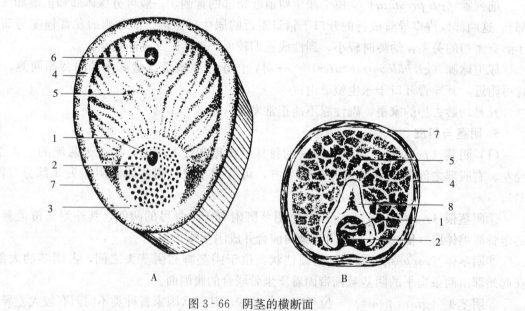

图 3-66 阴茎的横断面
A. 公牛 B. 公犬
1. 尿生殖道 2. 尿道海绵体 3. 尿道白膜 4. 阴茎白膜 5. 阴茎海绵体
6. 阴茎海绵体血管 7. 阴茎筋膜 8. 阴茎骨

在小梁及其分支之间的许多腔隙，称为海绵腔。腔壁衬以内皮，并与血管直接相通。海绵腔实际上是扩大的毛细血管。当充血时，阴茎膨大变硬而发生勃起现象，故海绵体亦称为勃起组织。

分布到阴茎的阴茎深动脉，沿小梁分出许多短的分支。这些分支在阴茎回缩时，呈螺旋状，故称为螺旋动脉。这种动脉直接开口于海绵腔中。螺旋动脉内壁有隆起的内膜垫，垫内有平滑肌束。平时，垫内的平滑肌略呈收缩状态，内膜垫隆起增厚，闭塞动脉管腔，减少血流量。

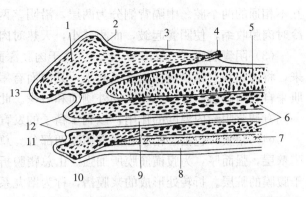

图 3-67 马阴茎前部纵断面

1. 龟头海绵体 2. 龟头颈 3. 龟头背突 4. 阴茎背侧血管
5. 阴茎海绵体 6. 尿道海绵体 7. 球海绵体肌 8. 阴茎缩肌
9. 尿道 10. 龟头冠 11. 龟头窝 12. 尿道突 13. 龟头

阴茎勃起时，螺旋动脉和小梁的平滑肌松弛，致使螺旋动脉伸直，管腔开放，血液可直接流入海绵腔。由于中央较大的海绵腔首先充血膨胀，压迫外周的海绵腔，因而堵塞血液流入白膜静脉丛的口。血液继续流入海绵腔，压力增高，阴茎勃起。射精后，螺旋动脉的平滑肌收缩，血液流入海绵腔减少，同时由于小梁肌纤维的收缩和弹性纤维的回缩，海绵腔的血液进入静脉中，勃起消失。

尿生殖道阴茎部周围包有尿道海绵体，位于阴茎海绵体腹侧的尿道沟内。尿道海绵体的构造与阴茎海绵体相似。尿道海绵体的外面被有球海绵体肌。

阴茎的肌肉除构成尿生殖道壁的球海绵体肌外，还有坐骨海绵体肌和阴茎缩肌。坐骨海绵体肌为一对纺锤形肌，起于坐骨结节，止于阴茎脚，收缩时将阴茎向后向上牵拉，压迫阴茎海绵体及阴茎背静脉，阻止血液回流，使海绵腔充血，阴茎勃起，所以又称为阴茎勃起肌。阴茎缩肌为两条细长的带状平滑肌，起于尾椎或荐椎，经直肠或肛门两侧，于肛门腹侧相遇后，沿阴茎腹侧向前延伸，止于阴茎头的后方。该肌收缩时可使阴茎退缩，将阴茎隐藏于包皮腔内。

阴茎的外面为皮肤，薄而柔软，容易移动，富有伸展性。

（2）包皮（*praeputium*） 包皮为皮肤折转而形成的一管状鞘，有容纳和保护阴茎头的作用。

6. 阴囊（*scrotum*） 阴囊（图 3-68）为呈袋状的腹壁囊，借腹股沟管与腹腔相通，相当于腹腔的突出部，内有睾丸、附睾及部分精索。

阴囊壁的结构与腹壁相似，分以下数层。

（1）皮肤 阴囊皮肤薄而柔软，富有弹性，表面生有短而细的毛，内含丰富的皮脂腺和汗腺。阴囊表面的腹侧正中有阴囊缝，将阴囊从外表分为左、右两部。

（2）肉膜（*tunica dartos*） 紧贴于皮肤的深面，不易剥离。肉膜相当于腹壁的浅筋膜，富含弹性纤维和平滑肌纤维。肉膜在正中线处形成阴囊中隔，将阴囊分为左、右

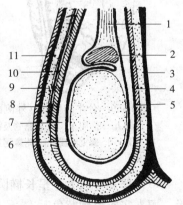

图 3-68 阴囊结构模式图

1. 精索 2. 附睾 3. 阴囊中隔
4. 总鞘膜纤维层 5. 总鞘膜
6. 固有鞘膜 7. 鞘膜腔 8. 睾外提肌
9. 筋膜 10. 肉膜 11. 皮肤

互不相通的两个腔。中隔背侧分为两层,沿阴茎两侧附着于腹壁。肉膜有调节温度的作用,冷时肉膜收缩,使阴囊起皱,面积减小,天热时肉膜松弛,阴囊下垂。

(3) 阴囊筋膜(fascia scroti) 位于肉膜深面,由腹壁深筋膜和腹外斜肌腱膜延伸而来,将肉膜和总鞘膜疏松地连接起来,其深面有睾外提肌(m. cremaster externus)。睾外提肌来自腹内斜肌,包于总鞘膜的外侧面和后缘。此肌收缩时可上提睾丸,接近腹壁,与肉膜一同有调节阴囊内温度的作用,以利于精子的发育和生存。

(4) 鞘膜 包括总鞘膜和固有鞘膜两部分。总鞘膜就是附着于阴囊最内面的鞘膜,即腹膜壁层,强而厚,为腹横筋膜所加强。由总鞘膜折转到睾丸和附睾表面的为固有鞘膜,相当于腹膜的脏层。折转处形成的浆膜褶,称为睾丸系膜。在总鞘膜和固有鞘膜之间的腔隙,称为鞘膜腔,内有少量浆液,鞘膜腔的上段细窄,称为鞘膜管,通过腹股沟管以鞘膜管口或鞘环与腹膜腔相通。在鞘膜口未缩小的情况下,小肠可脱入鞘膜管或鞘膜腔内,形成腹股沟疝或阴囊疝,须进行手术治疗。

附睾尾借阴囊韧带(为睾丸系膜下端增厚形成)与阴囊相连。去势时切开阴囊后,必须切断阴囊韧带和睾丸系膜才能摘除睾丸和附睾。

(二) 各种公畜生殖器官的构造特点

1. 公牛、公羊生殖器官的构造特点(图3-61A、图3-69、图3-70)

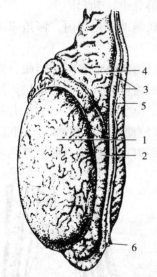

图3-69 公牛的睾丸(外侧面)
1.睾丸 2.附睾 3.输精管及褶
4.精索 5.睾丸系膜 6.附睾尾韧带

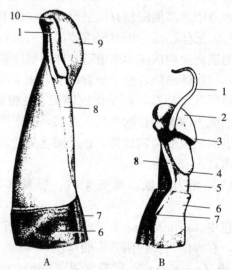

图3-70 牛、羊的阴茎前端
A.牛阴茎 B.绵羊阴茎
1.尿道突 2.龟头帽 3.龟头冠 4.结节 5.龟头颈
6.包皮 7.包皮缝 8.龟头缝 9.阴颈帽 10.尿道外口

(1) 睾丸 较大,呈长椭圆形,长轴与地面垂直,睾丸头位于上方,附睾位于睾丸的后缘,睾丸实质呈微黄色。

(2) 附睾 附睾头扁平,呈"U"形,覆盖在睾丸上端的前缘和后缘;附睾体细长,沿睾丸后缘的外侧向下伸延,至睾丸下端,转为粗大明显的附睾尾,且略下垂。

(3) 阴囊 位于两股之间,在松弛状态下呈瓶状,阴囊颈明显。公牛阴囊皮肤表面仅有稀而短细的被毛,在公羊被毛很发达。

(4) 输精管　管径较小，起始段与附睾体并行，向上参与形成精索，经腹股沟管进入腹腔。两条输精管在尿生殖褶中平行，距离较近，并逐步变粗形成输精管壶腹，末端与精囊腺导管共同开口于精阜。

(5) 精索　较长。

(6) 尿生殖道　尿生殖道骨盆部较长（15～20cm），管径小而均等。尿道球明显。

(7) 副性腺（图3-64B）　牛的精囊腺是一对实质性的分叶性腺体，位于尿生殖褶内，在输精管壶腹的外侧。左、右精囊腺的大小和形状常不对称。每侧的导管和输精管共同开口于精阜上。前列腺分为体部和扩散部。体部很小，位于尿生殖道起始部的背侧。在羊无体部。扩散部发达，分布在尿生殖道骨盆部黏膜的周围，表面有尿道肌和筋膜覆盖。前列腺管在尿生殖道上的开口排列成行，有两列位于两黏膜褶之间（该褶位于精阜的后方），另外有两列在褶的外侧。尿道球腺为圆形的实质性腺体，大小似胡桃。表面盖有一厚层致密的纤维组织和球海绵体肌。每个腺体有一条导管，开口于尿生殖道峡部的背侧，开口处共同有一个半月状黏膜褶遮盖着。

(8) 阴茎　公牛的阴茎呈圆柱状，长而细，成年公牛的阴茎全长约90cm，勃起时直径约3cm。阴茎体在阴囊的后方形成一"乙"状弯曲，勃起时伸直，阴茎头呈扭转状，尿生殖道开口于左侧螺旋沟中的尿道突上（图3-70）。

公牛阴茎的白膜很厚，还分出许多发达的小梁伸入海绵体内。海绵腔（除阴茎根部外）很不发达，所以阴茎较坚实，勃起时阴茎变硬，但加粗不多。阴茎的伸长主要靠"乙"状弯曲的伸直。

公羊的阴茎与牛的基本相似，但阴茎头构造特殊，其前端有一细而长的尿道突，公绵羊的长3～4cm，呈弯曲状（图3-70）；公山羊的较短而直。射精时，尿道突可迅速转动，将精液射在子宫颈外口的周围。

(9) 包皮　牛的包皮长而狭窄，完全包裹着退缩的阴茎头。包皮口位于脐的后方约5cm处，周围生有长毛，形成特殊的毛丛。包皮具有两对较发达的包皮肌。包皮前肌起于剑状软骨部，止于包皮口的后方，可向前牵引包皮；包皮后肌起自腹股沟部，在包皮前方汇合，可向后牵引包皮。去势牛的阴茎头短，附着于包皮的深部，故阉公牛必须从包皮的深部排尿。

2. 公马生殖器官的构造特点（图3-61B、图3-71）

(1) 睾丸　睾丸呈椭圆形，长轴近水平位，睾丸头向前。左侧睾丸通常较大。

(2) 附睾　附睾位于睾丸背侧缘稍偏外侧，前端为附睾头，后端为附睾尾，中间狭窄部分为附睾体。

(3) 阴囊　阴囊位于两股之间，阴囊颈较明显，阴囊皮肤一般色深或呈黑色，富有皮脂腺和汗腺，表面生有短而柔软的毛。

(4) 输精管　输精管壶腹很发达（尤其是驴），末端与精囊腺导管合并，开口于精阜上。

(5) 尿生殖道　尿生殖道骨盆部较短，成年公马长

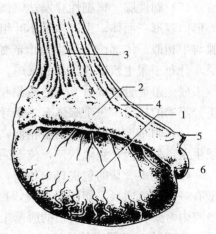

图3-71　公马的睾丸（外侧面）
1. 睾丸　2. 附睾　3. 精索　4. 睾丸系膜
5. 附睾尾韧带　6. 睾丸固有韧带

10～12cm。球海绵体肌分布较长，可延伸到龟头。

（6）副性腺（3-64A） 公马的精囊腺为囊状，呈长梨形，囊腔宽大。囊壁黏膜形成许多网状皱褶，内有腺组织。每侧精囊腺的导管与输精管合并共同开口于精阜。前列腺较发达。由左、右两侧叶和中间的峡构成。每侧前列腺有15～20条导管，穿过尿道壁，开口于精阜外侧。尿道球腺呈椭圆形。腺的表面被覆有尿道肌。每侧腺体有6～8条导管，开口于尿生殖道背侧壁近中央的两列小乳头上。

（7）阴茎 阴茎直而粗大，没有"乙"状弯曲，呈左右压扁的圆柱状。阴茎海绵体发达，阴茎头因尿道海绵体膨大而形成龟头，其基部的周缘显著隆起，称为龟头冠。在龟头前端的腹侧面，有一凹窝称为龟头窝，窝内有一短的尿道突。

（8）包皮 包皮为双层皮肤褶，分外包皮和内包皮，均由深浅两层构成。外包皮套在内包皮的外面，较长，游离缘围成包皮外口。内包皮实际是外包皮的深层延续折转而形成的，直接套在阴茎前端的外面，比外包皮短小，其游离缘形成包皮内口。当阴茎勃起时，包皮的各层展平而包被在阴茎的表面。包皮的皮肤内有汗腺和包皮腺（为皮脂腺的一种），其分泌物与脱落的上皮细胞等共同形成一种黏稠而难闻的脂肪性包皮垢。在包皮口的下方边缘，常有两个乳头，为发育不全的乳房遗迹。

3. 公猪生殖器官的构造特点（图3-61C、图3-65）

（1）睾丸 睾丸很大，质较软，位于会阴部，长轴斜向后上方。睾丸头位于前下方。游离缘朝向后方。

（2）附睾 附睾位于睾丸的前上方。附睾尾很发达，呈钝圆锥形，位于睾丸的后上方。

（3）阴囊 阴囊位于股后部，与周围皮肤的分界不明显。睾外提肌发达，沿总鞘膜表面扩展到阴囊中隔。

（4）输精管 输精管无壶腹部。

（5）精索 精索较长，在中等体型的猪有20～25cm长。

（6）尿生殖道 尿生殖道骨盆部较长，成年公猪有15～20cm。猪的球海绵体肌较发达，短而强大。

（7）副性腺 猪副性腺发达（图3-64C），所以每次的射精量很大。精囊腺特别发达，外形似菱形三面体，由许多腺小叶组成，呈淡红色，其导管开口于精阜外，呈裂隙状。前列腺与牛相似。体部位于尿生殖道起始部的背侧，大部分被精囊腺覆盖，扩散部形成一腺体层，分布于尿生殖道骨盆部的壁内。尿道球腺也特别发达，呈圆柱形，在大公猪长达12cm，位于尿生殖道骨盆部后2/3的两侧和背侧，表面有尿道球腺肌（横纹肌）覆盖，其收缩有利于分泌物的排出。每个腺体有一条导管，开口于坐骨弓处的尿生殖道背侧壁。

（8）阴茎 与公牛的阴茎相似，但"乙"状弯曲部在阴囊前方。阴茎头呈螺旋状扭转，尿生殖道外口为一裂隙状口，位于阴茎头前端的腹外侧。

（9）包皮 猪的包皮口很狭窄，周围生有长的硬毛。包皮腔很长，前宽后窄。前部背侧壁有一圆口，通入一卵圆形盲囊，称为包皮憩室（*diverticulum praeputiale*）或包皮盲囊。囊腔内常聚积有余尿和腐败的脱落上皮，具有特殊的腥臭味。

4. 公犬生殖器官的构造特点（图3-61D）

（1）睾丸 比较小，呈卵圆形，长轴自后上方斜向前下方。

（2）附睾 比较大，附着于睾丸的背外侧。附睾头在前下端，附睾尾在后上端。

(3) 阴囊　位置与公猪相似，位于股后部，肛门的腹侧。

(4) 输精管　输精管壶腹较细。

(5) 副性腺　仅有前列腺（图 3-64D），大而坚实，呈球状，被一正中沟分为左、右两叶，环绕在膀胱颈及尿道起始部。有多条输出管开口于尿道骨盆部。犬没有精囊腺和尿道球腺。

(6) 阴茎　阴茎后部有两个明显的海绵体，正中由阴茎中隔分开。中隔前方有一骨块，称为阴茎骨（os penis）。骨的长度约 10cm 以上（体型较大的犬）。阴茎骨相当海绵体的一部分骨化而成。阴茎头很长，盖在阴茎骨的表面，它的前部呈圆柱状，游离端为一尖端。阴茎头的起始部膨大，称为龟头球（bulbus glandis），内有勃起组织。自龟头球起始，有两条背静脉，沿阴茎背侧面向后走，在坐骨弓处互相联合。

阴茎内有发达的阴茎海绵体，位于尿道的背侧，占据阴茎横断面的大部分。尿道海绵体位于尿道周围。阴茎勃起时，海绵体血窦内充满血液，使阴茎变硬和伸长。

(陈耀星)

第四章 脉管学

脉管系统由一系列封闭的管道组成,分为心血管系统和淋巴系统。心血管系统内流动着血液,淋巴系统内流动着淋巴,淋巴最终也流入血液内。脉管系统的主要生理功能是运输。将营养物质、氧、激素等运送到全身各器官、组织、细胞,供给生命活动的需要,同时又将其代谢产物如二氧化碳、尿素和一部分水等运送到肺、肾、肝和皮肤排出体外。此外,脉管系统还有重要的防卫功能,存在于血液和淋巴中的一些细胞和抗体,能吞噬、杀伤及灭活侵入体内的细菌和病毒,并能中和它们所产生的毒素。心脏还具有内分泌作用,能分泌心房肽,有利尿和扩张血管的功能。血液与淋巴还可调节体温。

第一节 心血管系统

心血管系统由心脏、血管(包括动脉、毛细血管和静脉)和血液组成(图4-1)。心脏是血液循环的动力器官,在神经体液调节下,进行有节律的收缩和舒张,使其中的血液按一定方向流动。动脉起于心,输送血液到肺和全身各部,沿途反复分支,管径越分越小,管壁越来越薄,最后移行为毛细血管。毛细血管是连接于动、静脉之间的微细血管,互相吻合成网,遍布全身。其管壁很薄,具有一定的通透性,以利于血液和周围组织进行物质交换。静脉收集血液回心脏,从毛细血管起始逐渐汇集成小、中、大静脉,最后入心脏。

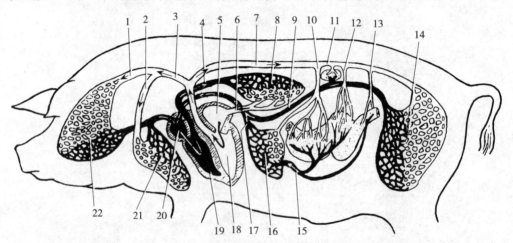

图4-1 成年家畜血液循环模式图

1.颈总动脉 2.腋动脉 3.臂头动脉总干 4.肺动脉 5.左心房 6.肺静脉 7.胸主动脉
8.肺毛细血管 9.后腔静脉 10.腹腔动脉 11.腹主动脉 12.肠系膜前动脉 13.肠系膜后动脉
14.骨盆部和后肢的毛细血管 15.门静脉 16.肝毛细血管 17.肝静脉 18.左心室
19.右心室 20.右心房 21.前肢毛细血管 22.头颈部毛细血管

一、心　脏

(一) 心脏的位置和形态

心脏（cor）是一中空的肌质器官（图4-2、图4-3），外面包有心包。心脏呈左、右稍扁的倒立圆锥形，其前缘凸，后缘短而直。上部大称为心基（basis cordis），有进出心的大血管，位置较固定；下部小且游离，称为心尖（apex cordis）。心脏表面有一环行的冠状沟和两条纵沟，在牛心脏的后面还有一条副纵沟。冠状沟（sulcus coronarius）靠近心基，是心房和心室的外表分界，上部为心房，下部为心室。左纵沟又称为锥旁室间沟（sulcus interventricularis paraconalis），位于心脏的左前方，几乎与心脏的后缘平行；右纵沟又称为窦下室间沟（sulcus interventricularis subsinuosus），位于心的右后方，可伸达心尖。两室间沟是左、右心室的外表分界，前部为右心室，后部为左心室。在冠状沟和室间沟内有营养心脏的血管，并有脂肪填充。

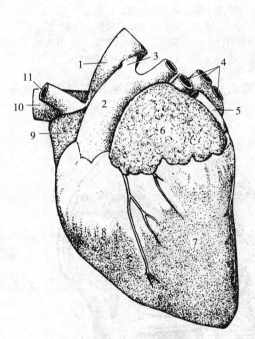 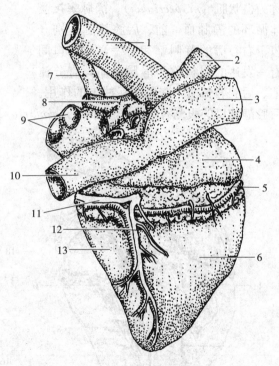

图4-2　牛心脏左侧面

1. 主动脉　2. 肺动脉　3. 动脉韧带　4. 肺静脉
5. 左奇静脉　6. 左心房　7. 左心室　8. 右心室
9. 右心房　10. 前腔静脉　11. 臂头动脉总干

图4-3　牛心脏右侧面

1. 主动脉　2. 臂头动脉总干　3. 前腔静脉　4. 右心房
5. 右冠状动脉　6. 右心室　7. 左奇静脉　8. 肺动脉
9. 肺静脉　10. 后腔静脉　11. 心大静脉
12. 心中静脉　13. 左心室

心脏位于胸腔纵隔内，约在胸腔下2/3部，第三对肋骨（或第二对肋间隙）与第六对肋骨（或第六对肋间隙）之间，夹在左、右两肺间，略偏左（马、猪心的3/5，牛心的5/7位于正中矢状面的左侧）。牛的心基大致位于肩关节的水平线上，心尖距膈2～5cm；马的心基大致位于胸高（鬐甲最高点至胸的腹侧缘）中点之下3～4cm，心尖距膈6～8cm，距胸骨约

1cm；猪的心位于第二至第五肋之间，心尖与第七肋软骨和胸骨结合处相对，距膈较近。

（二）心腔的构造

心脏（图4-4、图4-5）以纵向的房中隔和室中隔分为左右互不相通的两半。每半又分为上部的心房和下部的心室，同侧的心房和心室各以房室口相通。

1. 右心房（atrium dextrum） 占据心基的右前部，包括右心耳（auricula dextra）和静脉窦（sinus venosus）。右心耳呈圆锥形盲囊，尖端向左向后至肺动脉前方，内壁有许多方向不同的肉嵴，称为梳状肌（m. pectinaei）。静脉窦接受体循环的静脉血，前、后腔静脉分别开口于右心房的背侧壁和后壁，两开口间有一发达的肉柱称为静脉间嵴，有分流前、后腔静脉血，避免相互冲击的作用。后腔静脉口的腹侧有冠状窦（sinus coronarius），为心大静脉、心中静脉和左奇静脉（牛、

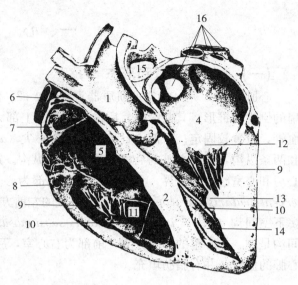

图4-4 马心脏的纵剖面
1. 主动脉 2. 室中隔 3. 主动脉瓣 4. 左心房 5. 右心房
6. 前腔静脉 7. 梳状肌 8. 三尖瓣 9. 腱索
10. 隔缘肉柱 11. 右心室 12. 二尖瓣 13. 乳头肌
14. 左心室 15. 肺动脉 16. 肺静脉

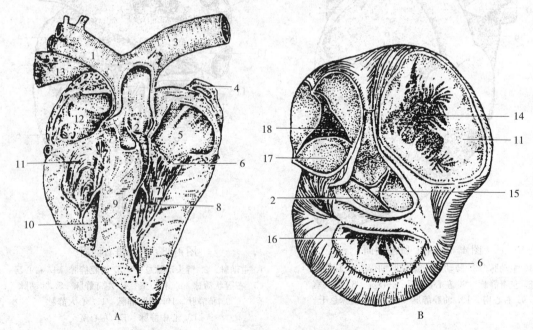

图4-5 马心的瓣膜
A. 通过主动脉纵切 B. 心室底部
1. 臂头动脉总干 2. 主动脉半月瓣 3. 主动脉 4. 肺静脉 5. 左心房 6. 二尖瓣 7. 左心室 8. 心横肌
9. 室中隔 10. 右心室 11. 三尖瓣 12. 右心房 13. 前腔静脉 14. 右房室口 15. 主动脉口
16. 左房室口 17. 肺动脉半月瓣 18. 肺动脉口

羊、猪）的开口。在后腔静脉入口附近的房间隔上有卵圆窝（fossa ovalis），是胎儿时期卵圆孔的遗迹。成年的牛、羊、猪约有20%的卵圆孔闭锁不全。马的右奇静脉开口于右心房背侧或前腔静脉根部，牛、羊、猪为左奇静脉，开口于冠状窦。右心房通过右房室口和右心室相通。

2. 右心室（ventriculus dexter） 位于心的右前部，顶端向下，不达心尖。其入口为右房室口，出口为肺动脉口。

（1）右房室口（ostium atrioventriculare dextrum） 以致密结缔组织构成的纤维环为支架，环上附着有3片三角形瓣膜，称为三尖瓣（valvula tricus pidalis）或右房室瓣（valva atrioventriculeris dextra）。其游离缘朝向心室，通过腱索（chordae tendineae）连于心室的乳头肌。犬心右房室口有2个大瓣和3～4个小瓣。乳头肌为突出于心室壁的圆锥形肌肉。当心房收缩时，房室口打开，血液由心房流入心室；当心室收缩时，心室内压升高，血液将瓣膜向上推使其相互合拢，关闭房室口。由于腱索的牵引，瓣膜不能翻向心房，从而可防止血液倒流。

（2）肺动脉口（ostium arteriae pulmonalis） 位于右心室的左上方，也有一纤维环支持，环上附着3片半月形的瓣膜，称为半月瓣（valvula semilunanis）。每片瓣膜均呈袋状，袋口向着肺动脉。当心室收缩时，瓣膜开放，血液进入肺动脉；当心室舒张时，室内压降低，肺动脉内的血液倒流入半月瓣的袋口，使其相互靠拢从而关闭肺动脉口，防止血液倒流入右心室。

在心室内面的室中隔上有横过室腔走向室侧壁的心横肌，有防止心室过度扩张的作用。

3. 左心房（atrium sinistrum） 构成心基的左后部，左心耳也呈圆锥状盲囊，向左向前突出，内壁也有梳状肌。在左心房背侧壁的后部，有6～8个肺静脉入口。左心房下方有一左房室口与左心室相通。

4. 左心室（ventriculus sinister） 构成心室的左后部，室腔伸达心尖，室腔的上方有左房室口和主动脉口。左房室口（ostium atrioventriculare sinistrum）纤维环上附着有2片瓣膜，称为二尖瓣（valvula bicuspidalis），又称为左房室瓣（valva atrioventriculare sinistra），其结构和作用同三尖瓣。犬心左房室口有2个大瓣和4～5个小瓣。主动脉口（ostium aortae）为左心室的出口，纤维环上附着有3片半月瓣，其结构及作用同肺动脉口的半月瓣。

左心室内也有心横肌。

（三）心壁的构造

心壁由心外膜、心肌和心内膜组成。

1. 心外膜（epicardium） 为心包浆膜脏层，由间皮和结缔组织构成，紧贴于心肌外表面。

2. 心肌（myocardium） 为心壁最厚的一层，主要由心肌纤维构成，内有血管、淋巴管和神经等。心肌由房室口的纤维环分为心房和心室两个独立的肌系，所以心房和心室可分别交替收缩和舒张。心房肌较薄，分深、浅两层，浅层为左右心房共有，深层为各心房所独有。心室肌较厚，其中左心室壁最厚，有些地方为右心室壁的3倍，但心尖部较薄，心室壁的肌纤维呈螺旋状排列。

3. 心内膜（endocardium） 薄而光滑，紧贴于心肌内表面，并与血管的内膜相连续。

心瓣膜是由心内膜折叠与夹在其中的致密结缔组织构成。

（四）心脏的血管

心脏本身的血液循环称为冠状循环，由冠状动脉、毛细血管和心静脉组成。

1. 冠状动脉 有左、右两支，分别由主动脉根部发出，沿冠状沟和左、右纵沟伸延，分支分布于心房和心室，在心肌内形成丰富的毛细血管网。

2. 心静脉 有心大、心中和心小静脉。心大静脉和心中静脉伴随左、右冠状动脉分布，最后注入右心房的冠状窦，心小静脉分成数支，在冠状沟附近直接开口于右心房。

（五）心脏的传导系统和神经支配

1. 心脏的传导系统 由特殊的心肌纤维组成（图 4-6），其主要功能是产生并传导心搏动的冲动至整个心脏，调控心脏的节律性运动。心传导系包括窦房结、房室结、房室束和浦肯野纤维。

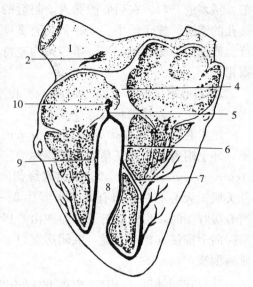

图 4-6 心的传导系统示意图
1. 前腔静脉 2. 窦房结 3. 后腔静脉 4. 房中隔
5. 房室束 6. 房室束的左脚 7. 心横肌
8. 室中隔 9. 房室束的右脚 10. 房室结

（1）窦房结（*nodus sinuatrialis*） 位于前腔静脉和右心耳间界沟内的心外膜下，除分支到心房肌外，还分出数支结间束与房室结相连。

（2）房室结（*nodus atrioventricularis*） 位于房中隔右房侧的心内膜下、冠状窦的前面。

（3）房室束（*fasciculus atrioventricularis*） 为房室结的直接延续，在室中隔上部分为一较细的右束支（右脚）和一较粗的左束支（左脚），分别在室中隔的左室侧和右室侧心内膜下延伸，分出小分支至室中隔，还分出一些分支通过心横肌到心室侧壁。上述的小分支在心内膜下分散成浦肯野纤维，与普通心肌纤维相连接。

2. 心脏的神经支配 心的运动神经有交感神经和副交感神经，前者可兴奋窦房结，使心肌活动加强，因此称为心加强神经；后者作用正好相反，所以称为心抑制神经。心的感觉神经分布于心壁各层，其纤维随交感神经和迷走神经进入脊髓和脑。

（六）心包

心包（*pericardium*）为包在心外面的锥形囊，囊壁由浆膜和纤维膜组成，可保护心脏。纤维膜为致密结缔组织，在心基部与出入心脏的大血管的外膜相连，在心尖部折转而附着于胸骨背侧，与心包胸膜共同构成胸骨心包韧带，使心脏附着于胸骨。浆膜分为壁层和脏层。壁层衬于纤维膜的里面，在心基折转后成为脏层，覆盖于心肌表面形成心外膜。壁层和脏层之间的裂隙称为心包腔（*cavum pericardii*），内含少量浆液，可润滑心脏，减少其搏动时的摩擦。心包位于纵隔内，被覆在心包外面的纵隔胸膜称为心包胸膜（图 4-7）。

（七）血液在心脏内的流向及其与心搏动和瓣膜的关系

心房和心室有节律地收缩和舒张，可使心腔内的瓣膜开张和关闭，从而保证血液在心腔内按一定方向流动。心房收缩时，心室舒张，此时房内压大于室内压，二尖瓣和三尖瓣被打开，血液经房室口流入心室。此时，肺动脉和主动脉内的压力大于室内压，将半月瓣关闭，动脉内的血液不会倒流回心室。心室收缩时，心房舒张，室内压大于房内压，使二尖瓣和三尖瓣关闭房室口，心室的血液不会逆流入心房；同时室内压大于动脉内的压力，将半月瓣推开，左、右心室内的血液分别被压入主动脉和肺动脉。心房舒张时，前、后腔静脉和肺静脉的血液分别进入右心房和左心房。

体循环：左心房→左心室→主动脉及分支→全身毛细血管网→全身静脉→前、后腔静脉→右心房。

肺循环：右心房→右心室→肺动脉干及其属支→肺毛细血管网→肺静脉→左心房。

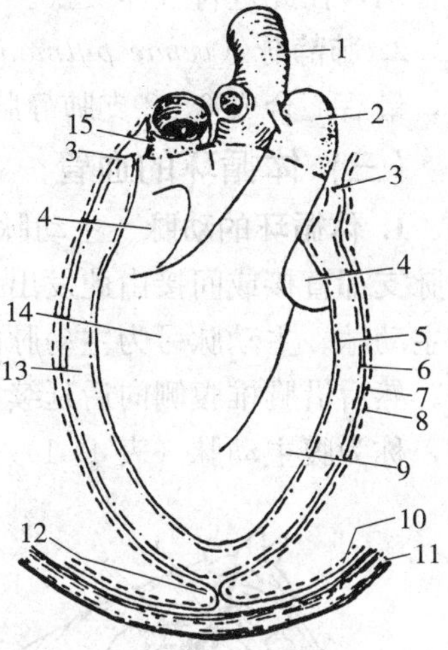

图4-7 心包结构模式图
1. 主动脉 2. 肺动脉 3. 心包脏层转到壁层的地方 4. 心房肌 5. 心外膜 6. 心包壁层 7. 纤维膜 8. 心包胸膜 9. 心 10. 肋胸膜 11. 胸壁 12. 胸骨心包韧带 13. 心包腔 14. 心室肌 15. 前腔静脉

二、血 管

（一）血管的种类及分布规律

根据结构和功能的不同，血管分为动脉、毛细血管和静脉。动脉（arteria）的管壁厚，富有收缩性和弹性，是将心脏血液引流到机体各部器官的血管；毛细血管（vas capillare）壁很薄，仅由一层内皮细胞构成，是体内分布最广的血管，在器官组织内分支互相吻合成网；静脉（venae）管壁薄，管腔大，有些静脉内有静脉瓣膜，尤以四肢部的静脉中较多，有防止血液倒流的作用。静脉是将全身各部的血液引流回心脏的血管。

动脉分支间的相互连接称为动脉吻合；连接距离较远的两动脉干间的横支称为交通支；较大的动脉干在延伸过程中分出的平行于本干的侧支称为侧副支，其末端仍汇合于本干的则形成侧副循环。侧副循环具有重要生理意义，当动脉本干由于压迫或结扎等原因而出现血行障碍时，则血液经侧副支而行于本干的下方，此时侧副支变得粗大，可以替代本干的的作用，保证受阻区域获得足够的血液供应。

动脉在延伸时常与神经伴行，并由结缔组织包裹呈束状，所以当结扎血管时应分离神经。多数动脉支在延伸时位于深部、关节的屈侧或安全隐蔽的部位。动脉支的粗细不取决于器官的大小，而取决于器官的功能。

静脉的分支可分为深静脉与浅静脉。深静脉常有一两支与动脉伴行；浅静脉位于皮下，也称为皮下静脉，它不伴随动脉，但随处可汇合入深静脉。因浅静脉位于皮下，在体表可以看见，临床上常用来采血和静脉注射。

（二）肺循环的血管

肺循环血管包括肺动脉、毛细血管和肺静脉。

1. 肺动脉干（truncus pulmonalis） 起于右心室，在主动脉的左侧向上方延伸，至心基的后上方分为左、右两支，分别与同侧支气管一起经肺门入肺，牛、羊和猪的右肺动脉在入肺前还分出一支到右肺的尖叶。肺动脉在肺内随支气管而分支，最后在肺泡周围形成毛细血管网,在此进行气体交换。

2. 肺静脉（venae pulmonales） 由肺内毛细血管网汇合而成,与肺动脉和支气管伴行,最后汇合成6~8支肺静脉,由肺门出肺后注入左心房。

（三）体循环的血管

1. 体循环的动脉 主动脉（aorta）（图4-8、图版8） 是体循环的动脉主干,全身的动脉支都直接或间接由此发出。主动脉起于左心室的主动脉口,分为主动脉弓、胸主动脉和腹主动脉。主动脉弓为主动脉的第一段,自主动脉口斜向后上方,呈弓状延伸至第六胸椎腹侧;然后沿胸椎腹侧向后延续至膈,此段称为胸主动脉;最后穿过膈上的主动脉裂孔进入腹腔,称为腹主动脉（表4-1）。

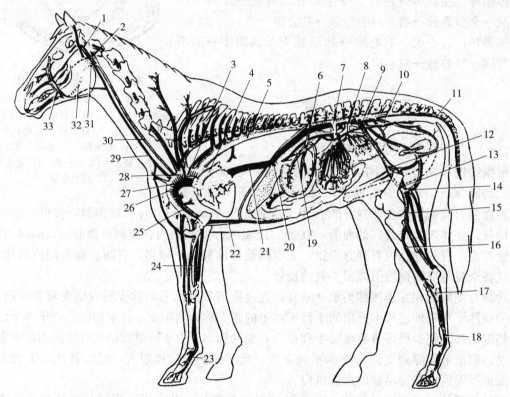

图4-8 马全身动脉模式图

1. 颈内动脉 2. 枕动脉 3. 臂头动脉总干 4. 肺动脉 5. 胸主动脉 6. 腹腔动脉 7. 肠系膜前动脉 8. 肠系膜后动脉 9. 髂外动脉 10. 阴部内动脉 11. 尾中动脉 12. 股深动脉 13. 股动脉 14. 股后动脉 15. 腘动脉 16. 胫前动脉 17. 跖背外侧动脉 18. 趾总动脉 19. 门静脉 20. 肝静脉 21. 后腔静脉 22. 胸内动脉 23. 指总动脉 24. 正中动脉 25. 臂动脉 26. 腋动脉 27. 前腔静脉 28. 左锁骨下动脉 29. 颈静脉 30. 颈总动脉 31. 颈外动脉 32. 颌外动脉 33. 面动脉

（1）主动脉弓（arcus aortae） 主动脉弓与肺动脉间有一柱状的连接物,称为动脉导管索,是胎儿时期动脉导管的遗迹。主动脉弓的主要分支有（表4-1）:

①左、右冠状动脉 由主动脉的根部分出,主要分布到心,仅少量小分支到大血管的起始部。

表 4-1 主动脉及主要分支简表

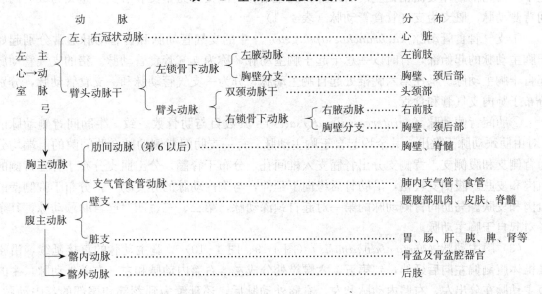

②臂头动脉干（truncus brachiocephalicus） 为输送血液至头、颈、前肢和胸壁前部的总动脉干。在牛、羊和马，臂头动脉干出心包后沿气管腹侧向前延伸，分出左锁骨下动脉后，移行为臂头动脉。臂头动脉分出短而粗的双颈动脉干后，移行为右锁骨下动脉。猪的左锁骨下动脉则与臂头动脉干同起于主动脉弓，臂头动脉干只发出右锁骨下动脉，主干移行为双颈动脉干。

a. 双颈动脉干 双颈动脉干由臂头动脉分出，在胸前口处气管的腹侧分为左、右颈总动脉，短而粗。双颈动脉干为分布于头、颈和脑的动脉主干。

b. 锁骨下动脉（a. subclavia） 向前下方及外侧呈弓状延伸，绕过第一肋骨前缘出胸腔，延续为腋动脉，腋动脉为分布于前肢的动脉主干。

左锁骨下动脉在胸腔内发出的分支有：肋颈动脉、颈深动脉、椎动脉（在牛、猪总称为肋颈动脉干）、胸内动脉和颈浅动脉；右侧的肋颈动脉、颈深动脉和椎动脉自臂头动脉干发出，胸内动脉和颈浅动脉自右锁骨下动脉发出。

肋颈动脉（a. costocervicalis） 分出第二、三、四肋间背侧动脉，主干出胸腔分布于鬐甲部的肌肉和皮肤。

颈深动脉（a. cervicalis profunda） 在胸腔内分出第一肋间背侧动脉，出胸腔沿头半棘肌的内侧面向前上方延伸，分布于颈背侧部的肌肉和皮肤。

椎动脉（a. vertebralis） 出胸腔后进入颈椎横突管内，向头侧伸延，主要分布于脑、脊髓、脊膜。

胸廓内动脉（a. thoracica interna） 为一较大的分支，沿胸骨背侧向后伸延，有分支到胸腺、纵隔、心包、胸壁肌肉和膈，向后到剑状软骨与肋软骨交界处穿出胸腔，延续为腹壁前动脉，在腹直肌和腹横肌间继续向后延伸，与腹壁后动脉吻合。

颈浅动脉（a. cervicalis superficialis） 即肩颈动脉。分布于胸前和肩前方的肌肉和皮肤。

（2）胸主动脉（aorta thoracica） 胸主动脉是主动脉弓的直接延续，是胸部的粗大动脉主干，沿胸椎椎体腹侧稍偏左向后延伸。胸主动脉的侧支分为壁支和脏支。壁支为成对的肋间背侧动脉，脏支为支气管食管动脉（表 4-1）。

①支气管食管动脉（a. bronchoesophagea）　牛的支气管动脉和食管动脉通常分别起始于胸主动脉的起始部，有时以一总干起于胸主动脉，称为支气管食管动脉。猪的支气管动脉起自于胸主动脉。马在第六胸椎处起自胸主动脉，分为一支气管动脉和一支食管动脉，分别分布于肺内支气管和食管。

②肋间背侧动脉（a. intercostales dorsales）　其数目与肋骨数一致。牛肋间背侧动脉前3对由肋颈动脉干发出，其余均起自于胸主动脉。每一支肋间背侧动脉在肋间隙的上端均分为背侧支和腹侧支。背侧支分出脊髓支入椎间孔，分布于脊髓；分出肌支分布于脊柱背侧的肌肉和皮肤。腹侧支较粗，沿肋骨后缘向下延伸，与胸内动脉的分支吻合，分布于胸侧壁的肌肉和皮肤。马肋间背侧动脉的第一对起自颈深动脉，第二、三、四对起自肋颈动脉，其余各对起自于胸主动脉。

（3）腹主动脉（aorta abdominalis）（图 4-9、图 4-10）　胸主动脉的直接延续，沿腰椎椎体腹侧偏左向后延伸，到第五、六腰椎处分成左、右髂内动脉和左、右髂外动脉。牛的腹主动脉在分出左、右髂内动脉和左、右髂外动脉后，还延续为到荐部和尾部的荐中动脉。腹主动脉的侧支分为壁支和脏支。脏支为腹腔动脉、肠系膜前动脉、肾动脉、肠系膜后动脉、睾丸动脉或子宫卵巢动脉，壁支主要为成对的腰动脉。

①腹腔动脉（a. celiaca）　不成对，短而粗，在主动脉裂孔后方起自腹主动脉。

a. 牛的腹腔动脉分支

脾动脉　分布于脾，还分出一支较大的瘤胃右动脉，沿瘤胃右纵沟向后延伸至瘤胃左纵沟，与瘤胃左动脉吻合。

瘤胃左动脉（a. ruminalis sinistra）　沿瘤胃左纵沟延伸，并有分支到网胃。

胃左动脉　也称为瓣皱胃动脉。在右侧进入瘤胃和网胃之间而至瓣胃，分支分布于瓣胃、皱胃和网膜。

肝动脉　由肝门入肝，并有分支到胆囊、胰、十二指肠、皱胃和网膜。

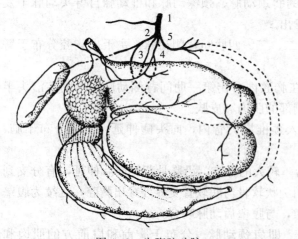

图 4-9　牛腹腔动脉
1. 腹腔动脉　2. 脾动脉　3. 胃左动脉
4. 瘤胃左动脉　5. 肝动脉

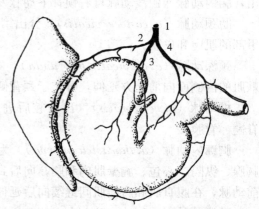

图 4-10　马腹腔动脉
1. 腹腔动脉　2. 脾动脉
3. 胃左动脉　4. 肝动脉

表 4-2 腰腹部动脉简表

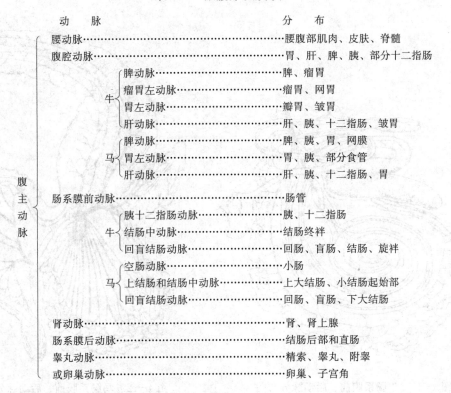

动　脉	分　布
腰动脉	腰腹部肌肉、皮肤、脊髓
腹腔动脉	胃、肝、脾、胰、部分十二指肠
牛 { 脾动脉	脾、瘤胃
瘤胃左动脉	瘤胃、网胃
胃左动脉	瓣胃、皱胃
肝动脉	肝、胰、十二指肠、皱胃
马 { 脾动脉	脾、胰、胃、网膜
胃左动脉	胃、胰、部分食管
肝动脉	肝、胰、十二指肠、胃
肠系膜前动脉	肠管
牛 { 胰十二指肠动脉	胰、十二指肠
结肠中动脉	结肠终袢
回盲结肠动脉	回肠、盲肠、结肠、旋袢
马 { 空肠动脉	小肠
上结肠和结肠中动脉	上大结肠、小结肠起始部
回盲结肠动脉	回肠、盲肠、下大结肠
肾动脉	肾、肾上腺
肠系膜后动脉	结肠后部和直肠
睾丸动脉	精索、睾丸、附睾
或卵巢动脉	卵巢、子宫角

b. 马的腹腔动脉分支

脾动脉（*a. lienalis*）　是最粗的一支，向左伸延，主要分布于脾，并有分支到胰、胃大弯和网膜。

胃左动脉（*a. gastrica sinistra*）　是最细的一支，向贲门延伸，主要分布于胃，并有分支到胰和食管。

肝动脉（*a. hepatica*）　由肝门入肝，并有分支到胰、十二指肠、胃大弯和网膜。

c. 猪的腹腔动脉分支　猪的腹腔动脉分出膈后动脉（分布于膈和肾上腺）后，又分成肝动脉和脾动脉。肝动脉又分成胰支、右外侧支、右内侧支、左支、胃右动脉和胃十二指肠动脉。

②肠系膜前动脉（*a. mesenterica cranialis*）　不成对，为腹主动脉最粗的分支。在第一腰椎腹侧起于腹主动脉。

a. 牛的肠系膜前动脉分支（图 4-11）

胰十二指肠动脉　相当于马的第一支空肠动脉，分布于胰及十二指肠。

结肠中动脉　分布于结肠终袢。

回盲结肠动脉　分布于回肠、盲肠和结肠旋袢。

肠干　为肠系膜前动脉的延续干，在空肠系膜内伸延，分出许多空肠支到空肠，此外还分出一侧副支（羊无），在肠干背侧与肠干平行，末端相吻合，也有分支到空肠。

b. 马的肠系膜前动脉分支（图 4-12）

空肠动脉　有 18～20 支，分布于小肠。

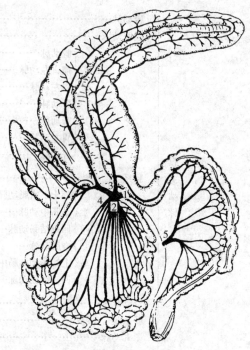

图 4-11 牛肠系膜前、后动脉分布图
1. 肠系膜前动脉 2. 胰十二指肠动脉 3. 结肠中动脉
4. 回盲结肠动脉 5. 空肠动脉 6. 肠系膜后动脉

图 4-12 马肠系膜前、后动脉分布图
1. 肠系膜前动脉 2. 空肠动脉 3. 上结肠动脉
4. 回盲结肠动脉 5. 肠系膜后动脉

上结肠动脉和结肠中动脉　分别分布于上大结肠和小结肠起始部。

回盲结肠动脉　分布于回肠、盲肠和下大结肠。

c. 猪的肠系膜前动脉　与牛的肠系膜前动脉分支相似，但无侧副支。

③肾动脉（a. renales）　成对，在第二腰椎处附近由腹主动脉分出，由肾门入肾，入肾前尚有分支到肾上腺。

④睾丸动脉（a. testiculares）或子宫卵巢动脉（a. utero-ovaricae）　成对，在肠系膜后动脉附近起于腹主动脉。睾丸动脉经腹股沟进入精索，分布于精索、睾丸和附睾。子宫卵巢动脉又分出卵巢动脉和子宫前动脉，分别分布于卵巢和子宫角。

⑤肠系膜后动脉（atmesenterica caudalis）　不成对，在第三、第四腰椎腹侧起于腹主动脉，分为两支，一支（结肠左动脉）分布于小结肠（马）或结肠后部（牛），另一支（直肠前动脉）分布于直肠。

⑥腰动脉（a. lumbales）　共6对，前5对起自腹主动脉，第六对起自髂外动脉。分布于腰腹部的肌肉、皮肤和脊髓。

（4）骨盆部动脉（图4-13、图4-14）　腹主动脉在第六腰椎腹侧分成左、右髂内动脉，髂内动脉是骨盆部动脉的主干。主要分支有阴部内动脉（a. pudenda interna）和闭孔动脉（a. obturatoria），牛无闭孔动脉，仅有一些小的闭孔支。分布于骨盆内器官、荐臀部及尾部的肌肉和皮肤（表4-3）。

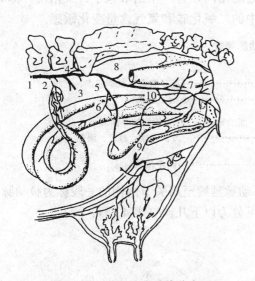
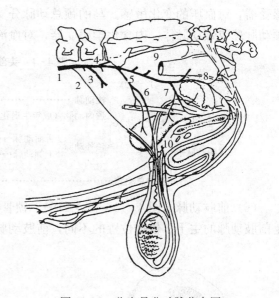

图 4-13 母牛骨盆动脉分布图
1. 腹主动脉 2. 卵巢动脉 3. 髂外动脉 4. 髂内动脉 5. 脐动脉 6. 子宫动脉 7. 阴部内动脉 8. 荐中动脉 9. 阴部外动脉 10. 尿生殖动脉

图 4-14 公牛骨盆动脉分布图
1. 腹主动脉 2. 睾丸动脉 3. 髂外动脉 4. 髂内动脉 5. 脐动脉 6. 输精管动脉 7. 尿生殖动脉 8. 阴部内动脉 9. 荐中动脉 10. 阴部外动脉

表 4-3 骨盆部和尾部动脉简表

动 脉		分 布
牛髂内动脉	脐动脉	膀胱、输尿管、输精管
	子宫动脉	子宫角、子宫体
	尿生殖动脉	直肠、膀胱、尿道、阴茎、阴道
	子宫后动脉	子宫后部和阴道
	阴部内动脉	前庭会阴、乳房或阴茎
牛荐中动脉		荐部脊髓、荐尾部肌肉、皮肤
马髂内动脉	荐动脉	荐、臀、尾部肌肉、皮肤和荐部脊髓
	阴部内动脉	骨盆内脏器、会阴、阴茎或阴道前庭
	闭孔动脉	股后、股内肌群、阴茎

（5）头颈部动脉 由臂头动脉分出的双颈动脉干是主干。双颈动脉干在胸前口分为左、右颈总动脉（a. carotis communis），在颈静脉沟的深部，沿气管（右颈总动脉）或食管（左颈总动脉）的外侧向前上方伸延，在环枕关节处分为 3 支：枕动脉、颈内动脉（成年牛退化）和颈外动脉（表 4-4）。猪的枕动脉和颈内动脉以一总干起于颈总动脉。

①枕动脉（a. occipitalis） 在下颌腺的深面向环椎窝延伸，分布于脑、脊髓、脑硬膜及头后部的皮肤和肌肉。

②颈内动脉（a. carotis interna） 为 3 个分支中最小的一支，经破裂孔入颅腔，分布于脑和脑硬膜。

③颈外动脉（a. carotis externa） 为 3 个分支中最粗的一支，又分为颌外动脉、颞浅动脉和颌内动脉等，分布于面部、口腔、咽、腮腺、齿、眼等。

在枕动脉（牛）或颈内动脉（马）的起始部血管稍膨大，称为颈动脉窦，壁内含有压力感受器，对血压的变化敏感。马的颈总动脉分支处的角内，有一小结节包于纤维鞘内，称为颈动脉球或颈动脉体，内含化学感受器，对血液中的二氧化碳和氧气含量变化敏感。

表 4-4 头部动脉简表

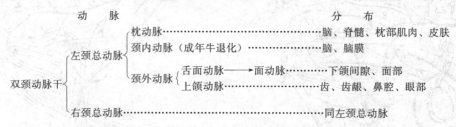

（6）前肢动脉（图 4-15、图 4-16） 锁骨下动脉延续至肩关节内侧的一段称为腋动脉，是前肢动脉的主干。依据位置的不同，前肢动脉可分为以下几段（表 4-5）：

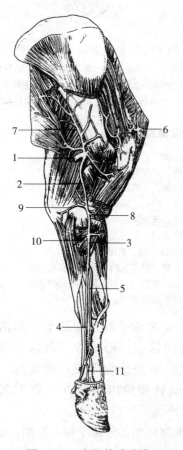

图 4-15 牛的前肢动脉
1. 腋动脉 2. 臂动脉 3. 正中动脉
4. 指总动脉 5. 正中桡动脉
6. 肩胛上动脉 7. 肩胛下动脉
8. 桡侧副动脉 9. 尺侧副动脉
10. 骨间总动脉 11. 第三指动脉

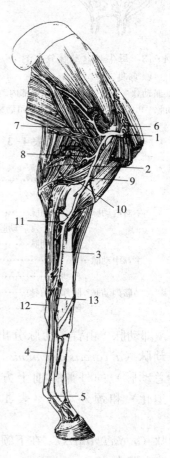

图 4-16 马的前肢动脉
1. 腋动脉 2. 臂动脉 3. 正中动脉
4. 指总动脉 5. 指内侧动脉
6. 肩胛上动脉 7. 肩胛下动脉
8. 臂深动脉 9. 桡侧副动脉
10. 尺侧副动脉 11. 骨间总动脉
12. 掌心外侧动脉 13. 掌心内侧动脉

表 4-5 前肢动脉简表

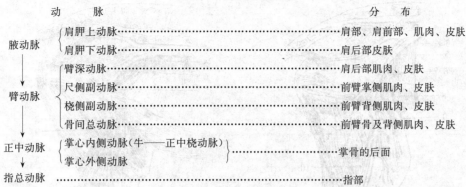

① 腋动脉（a. axillaris） 锁骨下动脉出胸腔后即成为腋动脉，位于肩关节内侧，分出肩胛上动脉和肩胛下动脉，分布于肩部的肌肉和皮肤。

② 臂动脉（a. brachialis） 为腋动脉向下的延续，位于臂部内侧，沿途除分支分布于喙臂肌、臂二头肌、胸深肌和肱骨外，还分出臂深动脉、尺侧副动脉、桡侧副动脉和骨间总动脉等，分布于臂部和前臂部的肌肉和皮肤。

③ 正中动脉（a. mediana） 为臂动脉的延续，位于前臂内侧，分布于前臂部的肌肉和皮肤。

④ 指总动脉（a. digitalis communis） 正中动脉在前臂远端延续为指总动脉，位于掌骨的内侧，分布于前肢远端的皮肤和肌肉。

(7) 后肢动脉（图 4-17、图 4-18） 由腹主动脉分出的髂外动脉是主干。按部位分成以下几段（表 4-6）：

表 4-6 后肢动脉简表

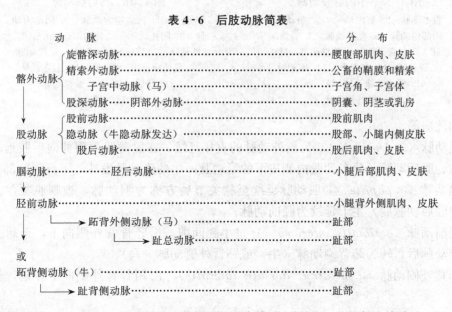

① 髂外动脉（a. iliaca externa） 在腹膜和髂筋膜覆盖下，沿髂骨前缘向后下方伸延，至耻骨前缘出腹腔。髂外动脉分出旋髂深动脉、精索外动脉或子宫中动脉、股深动脉、腹壁后动脉和阴部外动脉等，分布于腰、腹及臀部肌肉和皮肤，公畜的阴茎、阴囊、包皮及母畜

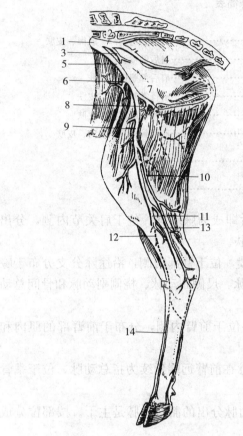
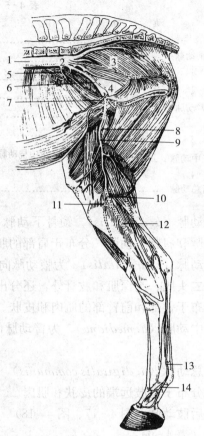

图 4-17　牛的后肢动脉
1. 腹主动脉　2. 髂内动脉　3. 脐动脉
4. 阴部内动脉　5. 髂外动脉　6. 旋髂深动脉　7. 股深动脉　8. 腹壁阴部动脉干
9. 股动脉　10. 隐动脉　11. 腘动脉
12. 胫前动脉　13. 胫后动脉
14. 跖背侧动脉

图 4-18　马后肢动脉
1. 腹主动脉　2. 髂内动脉　3. 阴部内动脉　4. 闭孔动脉　5. 旋髂深动脉　6. 髂外动脉　7. 腹壁阴部动脉干　8. 隐动脉
9. 股动脉　10. 腘动脉　11. 胫前动脉
12. 胫后动脉　13. 趾总动脉
14. 趾内侧动脉

的子宫和乳房等。

②股动脉（*a. femoralis*）　为髂外动脉的直接延续，在股薄肌深面伸向后肢远端，可分股前动脉、股后动脉及分布到股内侧皮下的隐动脉。牛的隐动脉发达，下行到趾部。

③腘动脉（*a. poplitea*）　股动脉延续至膝关节后方称为腘动脉，被腘肌覆盖。在小腿近端分出胫后动脉后，主干延续为胫前动脉。

④胫前动脉（*a. tibialis anterior*）　穿过小腿间隙，沿胫骨背外侧向下，至跗关节背侧分出跗穿动脉后，转为跖背侧动脉（牛）或跖背外侧动脉（马）。

⑤跖背外侧动脉（*a. metatrsea dorsalis lateralis*）　沿跖骨背外侧向下伸延，分支分布于趾。

⑥跖背侧动脉（*a. metatrsea dorsalis*）　沿跖骨背侧面的沟内向下伸延，至跖骨远端转为趾背侧动脉，分支分布于趾。

2. 体循环的静脉　体循环静脉系包括心静脉系、前腔静脉系、后腔静脉系和奇静脉系

（图4-19）。

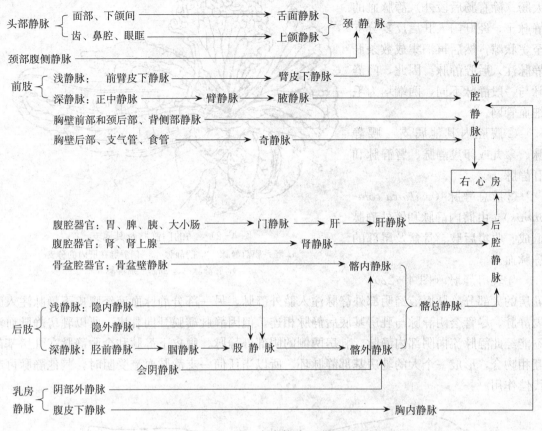

图4-19 全身静脉回流图

（1）心静脉系 心脏的静脉血通过心大静脉、心中静脉和心小静脉注入右心房。

（2）前腔静脉系 前腔静脉（v. cava cranialis）是汇集头、颈、前肢和部分胸壁血液的静脉干。在胸前口处由左、右腋静脉和左、右颈内、外静脉（牛、猪）或左、右颈静脉（马）汇合而成，位于气管和臂头动脉总干的腹侧，在心前纵隔内向后延伸，注入右心房。

（3）后腔静脉系 后腔静脉（v. cava caudalis）是引导腹部、骨盆部、尾部和后肢静脉血入右心房的静脉干。其主要属支有：

①门静脉（v. portae） 由胃十二指肠静脉、脾静脉、肠系膜前、后静脉汇集而成（图4-20、图4-21），位于后腔静脉腹

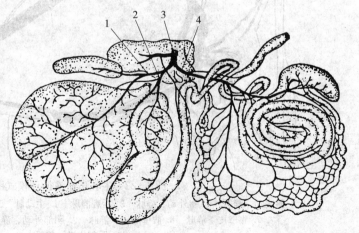

图4-20 牛的门静脉及其属支
1. 胃脾静脉 2. 胃十二指肠静脉 3. 门静脉及其肝内的分支
4. 总肠系膜静脉

侧，为引导胃、脾、胰、小肠和大肠（除直肠后段外）静脉血的静脉干，经肝门入肝后反复分支至窦状隙，然后再汇集成数条肝静脉注入后腔静脉。因此，门静脉与一般静脉不同，两端均为毛细血管网。

②腹腔内其他属支 腰静脉、睾丸或卵巢静脉、肾静脉和肝静脉。

③髂总静脉（v. iliaca communis） 由髂内静脉和髂外静脉汇成。收集后肢、骨盆及尾部的静脉血。

④乳房静脉（图4-22）

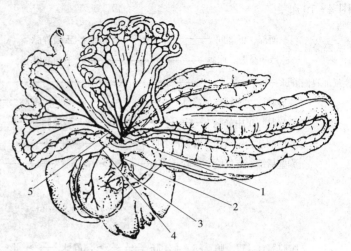

图4-21 马的门静脉及其属支
1. 肠系膜前静脉 2. 门静脉 3. 门静脉在肝内的分支
4. 脾静脉 5. 肠系膜后静脉

乳房的大部分静脉血液经阴部外静脉注入髂外静脉，另一部分静脉血液经腹皮下静脉注入胸内静脉。尽管会阴静脉与乳房基底后静脉相连，但因静脉瓣膜开向乳房，所以乳房静脉血液不能经此静脉流向阴部内静脉。乳房两侧的阴部外静脉、腹皮下静脉和会阴静脉在乳房基部互相吻合，形成一个大的乳房基部静脉环。所以当任何一支静脉血流受阻时，其他静脉可起代偿作用。

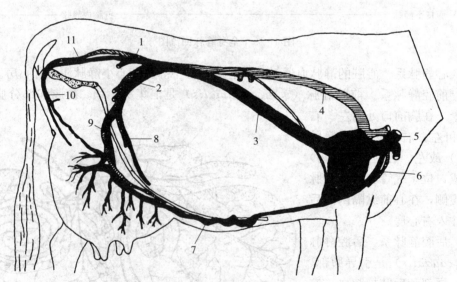

图4-22 牛乳房血液循环模式图
1. 髂内动、静脉 2. 髂外动、静脉 3. 后腔静脉 4. 主动脉 5. 前腔静脉 6. 胸内动、静脉
7. 腹壁皮下静脉 8. 腹壁后动、静脉 9. 阴部外动、静脉 10. 会阴动、静脉
11. 阴部内动、静脉

⑤奇静脉（v. ayyrgos） 接受部分胸壁和腹壁的静脉血，也接受支气管和食管的静脉血。左奇静脉（牛、羊、猪）位于胸主动脉的左侧向前伸延，注入右心房；右奇静脉（马）

位于胸椎腹侧偏右,与胸主动脉和胸导管伴行向前伸延,注入右心房。

(四)胎儿血液循环的特点

哺乳动物的胎儿在母体子宫内发育,其发育过程中所需要的全部营养物质和氧都是通过胎盘由母体供应,代谢产物也是通过胎盘由母体运走。所以胎儿血液循环具有一些与此相适应的特点(图4-23)。

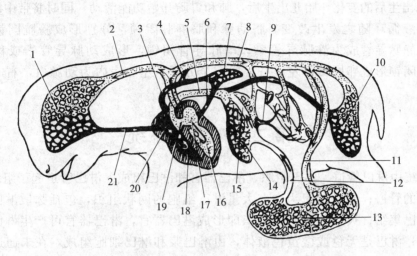

图4-23 胎儿血液循环模式图
1.身体前部毛细血管 2.走向身体前部的动脉 3.肺动脉 4.动脉导管
5.后腔静脉 6.肺静脉 7.肺毛细血管 8.主动脉 9.门静脉
10.身体后部毛细血管 11.脐动脉 12.脐静脉 13.胎盘毛细血管
14.肝毛细血管 15.静脉导管 16.左心室 17.左心房 18.右心室
19.卵圆孔 20.右心房 21.前腔静脉

1. 心血管结构特点

(1)胎儿心脏的房中隔上有一卵圆孔,使左、右心房相通。因该孔左侧有瓣膜,所以血液只能由右心房流向左心房。

(2)胎儿的主动脉与肺动脉间有动脉导管相通。因此,来自右心房的大部分血液由肺动脉通过动脉导管流入主动脉,仅少量血液经肺动脉入肺。

(3)胎盘是胎儿与母体进行气体及物质交换的特殊器官,借脐带与胎儿相连。脐带内有两条脐动脉和一条(马、猪)或两条(牛)脐静脉。

脐动脉由髂内动脉(牛)或阴部内动脉(马)分出,沿膀胱侧韧带到膀胱顶,再沿腹腔底壁向前伸延至脐孔,进入脐带,经脐带到胎盘,分支形成毛细血管网;脐静脉由胎盘毛细血管汇集而成,经脐带由脐孔进入胎儿腹腔(牛的两条脐静脉入腹腔后则合成一支),沿肝的镰状韧带延伸,经肝门入肝。

2. 血液循环的途径 胎盘内从母体吸收来的富含营养物质和氧气的血液,经脐静脉进入胎儿肝内,反复分支后汇入窦状隙,并与来自门静脉、肝动脉的血液混合,最后汇合成数支肝静脉,注入后腔静脉(牛有一部分脐静脉的血液经静脉导管直接入后腔静脉),与来自胎儿身体后半部的静脉血混合后入右心房。进入右心房的大部分血液经卵圆孔到左心房,再经左心室到主动脉及其分支,其中大部分血液到头、颈和前肢。

来自胎儿身体前半部的静脉血，经前腔静脉入右心房到右心室，再入肺动脉。由于肺基本不活动，因此肺动脉中的血液只有少量进入肺内，大部分血液经动脉导管到主动脉，然后主要分布到身体后半部，并经脐动脉到胎盘。可见，胎儿体内的大部分血液是混合血，但混合程度不同。到肝、头、颈和前肢的血液，含氧和营养物质较多，以适应肝功能活动和胎儿头部发育较快的需要；而到肺、躯干和后肢的血液，含氧和营养物质相对较少。

3. 胎儿出生后的变化 胎儿出生后，肺和胃肠开始功能活动，同时脐带中断，胎盘循环停止，血液循环随之发生改变。脐动脉和脐静脉闭锁，分别形成膀胱圆韧带和肝圆韧带，牛的静脉导管成为静脉导管索；动脉导管闭锁，形成动脉导管索或称为动脉韧带；卵圆孔闭锁形成卵圆窝，左、右心房完全分开，左心房内为动脉血，右心房内为静脉血。

第二节 淋巴系统

淋巴系统由淋巴管道、淋巴组织、淋巴器官和淋巴组成。淋巴管道起于组织间隙，最后注入静脉的管道；淋巴组织为含有大量淋巴细胞的网状组织，包括弥散淋巴组织、淋巴孤结和淋巴集结；被膜包裹淋巴组织即形成淋巴器官，淋巴器官可产生淋巴细胞，参与免疫活动；淋巴是无色或微黄色液体，由淋巴浆和淋巴细胞组成，在未通过淋巴结的淋巴中没有淋巴细胞。淋巴系统是机体内重要的防卫系统。此外，淋巴系统的免疫活动还协同神经及内分泌系统，参与机体其他神经体液调节，共同维持代谢平衡、生长发育和繁殖等。

淋巴系统与心血管系统关系密切。血液经动脉输送到毛细血管时，其中一部分液体经毛细血管动脉端滤出，进入组织间隙形成组织液。组织液与周围组织和细胞进行物质交换后，大部分渗入毛细血管静脉端，少部分则渗入毛细淋巴管，成为淋巴。淋巴在淋巴管内向心流动，最后注入静脉。淋巴管周围的动脉搏动、肌肉收缩、呼吸时胸腔压力变化可促进淋巴的生成和淋巴管内的淋巴流动，最后经淋巴导管进入前腔静脉，形成淋巴循环，以协助体液回流。由此可见，淋巴回流是血液循环的辅助部分（图 4-24）。

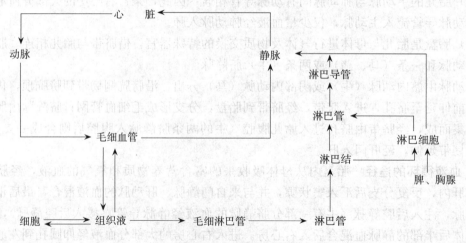

图 4-24 淋巴回流径路及其与心血管系统的关系图

一、淋巴管道

淋巴管道为淋巴液通过的径路，根据汇集顺序、口径大小及管壁薄厚，可分为毛细淋巴管、淋巴管、淋巴干和淋巴导管（图4-25）。

（一）毛细淋巴管

毛细淋巴管（vas lymphocapillare）以盲端起于组织间隙，其结构似毛细血管，但管径比毛细血管大，粗细不等，管壁只有一层内皮细胞，通常无基膜和外膜细胞，且相邻细胞以叠瓦状排列，细胞之间裂隙多而宽，因此通透性也比毛细血管大，一些不能透过毛细血管壁的大分子物质如蛋白质、细菌等由毛细淋巴管收集后回流。除无血管分布的器官如上皮、角膜、晶状体等以及中枢神经和骨髓外，机体全身均有毛细淋巴管的分布。

（二）淋巴管

淋巴管（vas lymphatica）由毛细淋巴管汇集而成，其形态结构与静脉相似，但管壁较薄，管径较细，瓣膜更多，故管径粗细不均，常呈串珠状。在其行程中，通过一个或多个淋巴结。按所在位置，淋巴管可分为浅层淋巴管和深层淋巴管。前者汇集皮肤及皮下组织的淋巴液，多与浅静脉伴行；后者汇集肌肉、骨和内脏的淋巴液，多伴随深层血管和神经。此外，根据淋巴对淋巴结的流向，淋巴管还可分成输入淋巴管和输出淋巴管。

（三）淋巴干

淋巴干（truncus lymphaticus）为身体一个区域内大的淋巴集合管，由淋巴管汇集而成，多与大血管伴行。主要淋巴干有：

1. 气管淋巴干（trunci tracheales）伴随颈总动脉，分别收集左、右侧头颈、肩胛和前肢的淋巴，最后注入胸导管

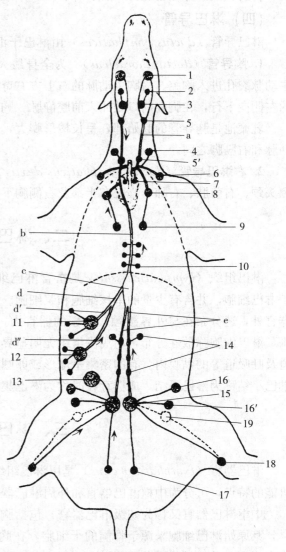

图4-25 马淋巴管及淋巴结分布模示图（背侧观）
a. 气管干 b. 胸导管 c. 乳糜池 d. 内脏淋巴干 d′. 腹腔淋巴干 d″. 肠淋巴干 e. 腰淋巴干 1. 下颌淋巴结 2. 腮淋巴结 3. 咽后淋巴结 4. 颈浅淋巴结 5. 颈前淋巴结 5′. 颈后淋巴结 6. 腋淋巴结 7. 胸腹侧淋巴结 8. 纵隔淋巴结 9. 支气管淋巴结 10. 胸背侧淋巴结 11. 腹腔淋巴结 12. 肠系膜前淋巴结 13. 肠系膜后淋巴结 14. 腰淋巴结 15. 髂内淋巴结 16. 髂下淋巴结 16′. 腹股沟浅淋巴结 17. 肛门直肠淋巴结 18. 腘淋巴结 19. 腹股沟深淋巴结

(左)和右淋巴导管或前腔静脉或颈静脉(右)。

2. 腰淋巴干(trunci lumbales) 伴随腹主动脉和后腔静脉前行,收集骨盆壁、部分腹壁、后肢、骨盆内器官及结肠末端的淋巴,注入乳糜池(cisternachyli)。

3. 内脏淋巴干(trunci visceralis) 由肠淋巴干和腹腔淋巴干形成,分别汇集空肠、回肠、盲肠、大部分结肠和胃、肝、脾、胰、十二指肠的淋巴,最后注入乳糜池。

(四)淋巴导管

淋巴导管(ductus lymphaticus)由淋巴干汇集而成,包括胸导管和右淋巴导管。

1. 胸导管(ductus thoracicus) 为全身最大的淋巴管道,起始于乳糜池,穿过膈上的主动脉裂孔进入胸腔,沿胸主动脉的右上方右奇静脉的右下方向前行,然后越过食管和气管的左侧向下行,在胸腔前口处注入前腔静脉。胸导管收集除右淋巴导管以外的全身淋巴。

乳糜池是胸导管的起始部,呈长梭形膨大,位于最后胸椎和前1~3腰椎腹侧,在腹主动脉和右膈脚之间。

2. 右淋巴导管(ductus lymphaticus dexter) 短而粗,为右侧气管干的延续,收集右侧头颈、右前肢、右肺、心脏右半部及右侧胸下壁的淋巴,末端注入前腔静脉。

二、淋巴组织

淋巴组织(lymphatic tissue)是富含淋巴细胞的网状组织,即在网状细胞的网眼内充满淋巴细胞,并含有少量的单核细胞和浆细胞。机体中的淋巴组织分布很广,除分布在淋巴器官外,还分布在与外界接触较频繁的器官内,存在形式多种多样。一部分没有特定的结构,淋巴细胞弥散性分布,与周围组织无明显界限,称为弥散淋巴组织,常分布于咽、消化道及呼吸道等的黏膜内。有的密集呈球形或卵圆形,轮廓清晰,称为淋巴小结,单独存在的淋巴小结称为淋巴孤结,成群存在时称为淋巴集结,如回肠黏膜内的淋巴孤结和淋巴集结。

三、淋巴器官

淋巴器官(lymphatic organs)是以淋巴组织为主构成独立的实质性器官,根据发生和机能的特点,可分为中枢淋巴器官和外周淋巴器官。

中枢淋巴器官又称为初级淋巴器官,包括胸腺和腔上囊(鸟类)。中枢淋巴器官发育较早,其原始淋巴细胞来源于骨髓的干细胞,在胸腺内分化成T淋巴细胞,在腔上囊内分化成B淋巴细胞。哺乳动物没有腔上囊,B淋巴细胞在胚胎早期在肝中发育,然后在骨髓内分化成熟,所以,哺乳动物的肝和骨髓类似禽类腔上囊的功能。中枢淋巴器官发育较早,退化亦早,一般认为动物在性成熟后逐渐退化,其中的T淋巴细胞和B淋巴细胞逐渐转移到外周淋巴器官。

外周淋巴器官又称为次级淋巴器官,包括淋巴结、脾、扁桃体和血淋巴结等。外周淋巴器官发育较迟,其淋巴细胞由中枢淋巴器官迁移而来,定居在特定区域内,就地繁殖,再进入淋巴和血液循环,参与机体免疫。其中T淋巴细胞形成具有相同特异性的免疫淋巴细胞,完成细胞免疫作用;B淋巴细胞转化为能产生抗体的浆细胞,参与体液免疫反应。

(一) 胸腺

胸腺（thymus）位于胸腔前部纵隔内及颈部气管两侧，分颈、胸两部，呈红色或粉红色。单蹄类和肉食类动物的胸腺主要在胸腔内；猪和反刍动物的胸腺除胸部外，颈部也很发达，向前可到喉部（图 4-26）。胸腺在幼畜发达，性成熟后逐渐退化。胸腺开始退化的年龄：马 2～3 岁；牛 4～5 岁；羊 1～2 岁；猪、犬 1 岁。到老龄时几乎被脂肪组织所代替。胸腺是 T 淋巴细胞增殖分化的场所，是机体免疫活动的重要器官，并可分泌胸腺激素。

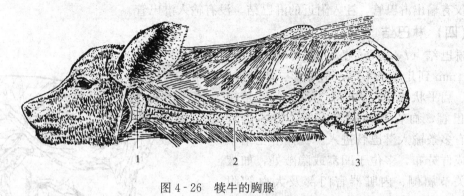

图 4-26 犊牛的胸腺
1. 腮腺 2. 颈部胸腺 3. 胸部胸腺

(二) 脾

脾（lien）是动物体内最大的淋巴器官（图 4-27），位于腹前部、胃的左侧。脾有造血、灭血、滤血、储血及参与免疫等功能。

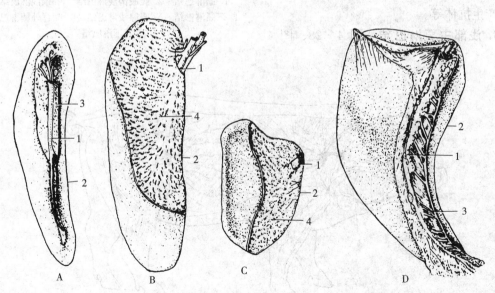

图 4-27 脾的形态
A. 猪脾 B. 牛脾 C. 羊脾 D. 马脾
1. 脾门 2. 前缘 3. 胃脾韧带 4. 脾和瘤胃粘连处

1. 牛脾 长而扁的椭圆形、蓝紫色、质硬，位于瘤胃背囊左前方。

2. 羊脾 扁平略呈钝三角形，红紫色，质软，位于瘤胃左侧。

3. 猪脾 狭而长，上宽下窄，呈紫红色，质软，以胃脾韧带与胃大弯相连。

4. 马脾 扁平镰刀形，上宽下窄，蓝红或铁青色，位于胃大弯左侧。

5. 犬脾 镰刀形，长而窄，腹侧较宽，深红色。在胃左侧和左肾之间。

6. 猫脾 扁平细长而弯曲，深红色，平行于胃大弯。

（三）扁桃体

扁桃体（tonsilla）位于舌、软腭和咽的黏膜下组织内，形状和大小因动物种类不同而异，仅有输出淋巴管，注入附近的淋巴结，没有输入淋巴管。

（四）淋巴结

淋巴结（lymphonodus）大小不一，直径从1mm到几厘米不等，呈球形、卵圆形、肾形、扁平状等，一侧凹陷为淋巴门，是输出淋巴管、血管及神经出入处，另一侧隆凸，有多条输入淋巴管进入。机体淋巴结单个或成群分布，多位于凹窝或隐蔽处，如腋窝、关节屈侧、内脏器官门部及大血管附近。各大器官或局部均有一个主要的淋巴结群。局部淋巴结肿大，常反映其收集区域有病变，对临床诊断如兽医卫生检疫有重要实践意义。淋巴结的主要功能是产生淋巴细胞，滤过淋巴，清除侵入体内的细菌和异物以及产生抗体等。

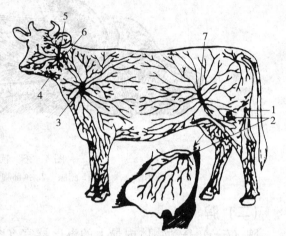

图4-28 牛浅部主要淋巴结
1. 腘淋巴结 2. 腹股沟浅淋巴结 3. 颈浅淋巴结
4. 下颌淋巴结 5. 腮腺浅淋巴结 6. 咽背外侧淋巴结
7. 髂下淋巴结

1. 浅部主要淋巴结（图4-28、图4-29）

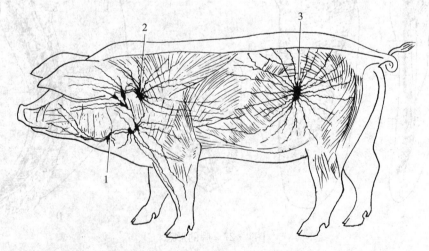

图4-29 猪浅部淋巴结
1. 下颌淋巴中心 2. 颈浅淋巴中心 3. 髂下淋巴结

①下颌淋巴结（ln. mandibulares） 位于下颌间隙，牛的在下颌间隙后部，其外侧与颌下腺前端相邻；猪的更靠后，表面有腮腺覆盖；马的与血管切迹相对。

②腮腺淋巴结（ln. parotidei） 位于颞下颌关节后下方，部分或全部被腮腺覆盖。

③颈浅淋巴结（ln. cervicalis superficialis） 又称为肩前淋巴结，位于肩关节前上方，被臂头肌和肩胛横突肌（牛）覆盖。猪的颈浅淋巴结分背、腹两组，背侧淋巴结相当于其他家畜的颈浅淋巴结，腹侧淋巴结则位于腮腺后缘和胸头肌之间。

④髂下淋巴结（ln. subiliaci） 又称为股前淋巴结，位于膝关节上方，在股阔筋膜张肌前缘皮下。

⑤腹股沟浅淋巴结（ln. inguinales superficiales） 位于腹底壁皮下，大腿内侧，腹股沟皮下环附近。公畜的在阴茎两侧，称为阴茎背侧淋巴结；母畜的在乳房的后上方，称为乳房上淋巴结。母猪的在倒数第二对乳头的外侧。

⑥腘淋巴结（ln. poplitei profundi） 位于臀股二头肌与半腱肌之间，腓肠肌外侧头的脂肪中。

2. 深部主要淋巴结（图 4-30）

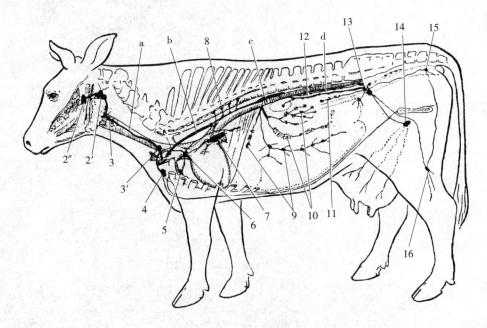

图 4-30 牛深部淋巴结

1. 下颌淋巴中心 2. 咽后淋巴中心 2'. 咽后淋巴中心的咽后外侧淋巴结 2". 咽后内侧淋巴结 3. 颈深淋巴中心的颈前淋巴结 3'. 颈后淋巴结 4. 腋淋巴中心 5. 胸腹侧淋巴中心 6. 纵隔淋巴中心 7. 支气管淋巴中心 8. 胸背侧淋巴中心 9. 腹腔淋巴中心 10. 肠系膜前淋巴中心 11. 肠系膜后淋巴中心 12. 腰淋巴中心 13. 髂荐淋巴中心的髂内淋巴结 14. 腹股沟股淋巴中心的腹股沟浅淋巴结 15. 坐骨淋巴中心 16. 腘淋巴中心 17. 髂股淋巴中心的腹股沟深淋巴结 a. 气管干 b. 胸导管 c. 乳糜池 d. 腰淋巴干

①咽后淋巴结（ln. retropharyngici） 有内、外两组，内侧组位于咽的背侧壁，与颈前淋巴结无明显界限；外测组位于腮腺深面。

②颈深淋巴结（ln. nuchalis profundus） 分前、中、后 3 组。颈前淋巴结位于咽、喉的后方，甲状腺附近；颈中淋巴结分散在颈部气管的中部；颈后淋巴结位于颈后部气管的腹侧，表面被覆有颈皮肌和胸头肌。

③肺淋巴结（ln. pulmonales） 位于肺门附近，气管的周围。

④肝淋巴结（ln. hepaticae） 位于肝门附近。
⑤脾淋巴结（ln. lienales） 位于脾门附近。
⑥肠淋巴结　位于各段肠管的肠系膜内。
⑦肠系膜前淋巴结（ln. mesenterici craniales） 位于肠系膜前动脉起始部。
⑧髂内淋巴结（ln. iliacae internae） 位于髂外动脉起始部附近。
⑨髂外淋巴结（ln. iliacae externae） 位于旋髂深动脉前、后支分叉处。

（五）血淋巴结

血淋巴结（lymphonodus hemalis）一般呈圆形或卵圆形，紫红色，直径为 5～12mm，结构似淋巴结，但无淋巴输入管和输出管，其中充盈血液而无淋巴。主要分布于主动脉附近，胸腹腔脏器的表面和血液循环的通路上，有滤血的作用。血淋巴结多见于牛、羊，灵长类和马属动物偶见分布。

（彭克美）

第五章 神经系统

第一节 概 论

神经系统（*systema nervosum*）由脑、脊髓、神经节和分布于全身的神经组成。神经系统能接受来自体内器官和外界环境的各种刺激，并将刺激转变为神经冲动进行传导，一方面调节机体各器官的生理活动，保持各器官之间的平衡和协调；另一方面保证畜体与外界环境之间的平衡和谐调一致，以适应环境的变化。因此，神经系统在畜体调节系统中起主导作用。

一、神经系统的基本结构和活动方式

神经系统由神经组织构成。神经组织包括神经细胞和神经胶质。神经细胞是一种高度分化的细胞，它是神经系统的结构和功能单位，故又称为神经元（*neuron*）。神经元由胞体和突起组成。突起又分为树突和轴突。树突可以有一条或几条，一般较短，反复分支。轴突通常只有一条，长的轴突可达 1m。从功能上看，树突和胞体是接受其他神经元传来的冲动，而轴突是将冲动传至远离胞体的部位。神经元之间借突触彼此相连。有关神经元和神经胶质的详细结构将在第十章神经组织中叙述。

神经系统的基本活动方式是反射，即有机体接受内外环境的刺激后，在神经系统的参与下，对刺激作出的应答性反应。完成一个反射活动要通过的神经通路称为反射弧，反射弧由感受器、传入神经、中枢、传出神经和效应器 5 部分组成，其中任何一个部分遭受破坏时，反射活动就不能进行。因此，临床上常利用破坏反射弧的完整性对动物进行麻醉，以便实施外科手术。

二、神经系统的划分

神经系统在形态和机能上是一个不可分割的整体，为了学习方便通常将神经系统分为中枢神经系和周围神经系两部分。中枢神经系包括脑和脊髓，周围神经是指由中枢发出，且受中枢神经的支配的神经，包括脑神经、脊神经和植物性神经。自脑部出入的神经称为脑神经；从脊髓出入的神经称为脊神经；控制心肌、平滑肌和腺体活动的神经称为植物性神经。植物性神经又分为交感神经和副交感神经。

表 5-1 神经系统

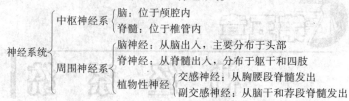

三、神经系统的常用术语

神经元的细胞体与突起及神经胶质一起在神经系统的中枢和外周部组成一些结构，常给这些结构不同的术语名称。

（1）灰质和皮质　在中枢部，神经元胞体及其树突集聚的地方，在新鲜标本上呈灰白色，称为灰质，如脊髓灰质。灰质若在脑表面成层分布，称为皮质，如大脑皮质、小脑皮质。

（2）白质和髓质　白质是指神经纤维在中枢神经系统集聚而成，大部分神经纤维有髓鞘，呈白色，如脊髓白质。分布在小脑皮质深面的白质特称为髓质。

（3）神经核和神经节　在中枢神经内，由功能和形态相似的神经细胞体和树突集聚而成的灰质团块称为神经核。在外周部，神经元的细胞体聚集形成神经节，神经节可分为感觉神经节和植物性神经节。

（4）神经和神经纤维束　起止行程和功能基本相同的神经纤维聚集成束，在中枢称为神经纤维束。由脊髓向脑传导感觉冲动的神经束称为上行束；由脑传导运动冲动至脊髓的称为下行束。神经纤维在外周部聚集形成粗细不等的神经。神经根据冲动的性质可分为感觉神经、运动神经和混合神经。

第二节　中枢神经系

一、脊　髓

（一）脊髓的位置形态

脊髓（*medulla spinalis*）（图 5-1）位于椎管内，呈上下略扁的圆柱形。脊髓可细分为与椎骨数目相等的节段，将此称为脊髓的节段性。前端在枕骨大孔处与延髓相连；后端到达荐骨中部，逐渐变细呈圆锥形，称为脊髓圆锥（*conus medullaris*）。自脊髓圆锥向后的细丝称为终丝（*filum terminale*），它的中央由软膜构成，外面包裹的硬膜附着于尾椎椎体的背侧，有固定脊髓的作用。脊髓各段粗细不一，在颈后部和胸前部较粗，称为颈膨大；在腰荐部也较粗，称为腰膨大，为四肢神经发出的部位。由于脊柱比脊髓长，荐神经和尾神经要在椎管内向后伸延一段，才能到达相应的椎间孔，它们包围脊髓圆锥和终丝，共同构成马尾（*cauda equina*）。

剥除脊膜，在脊髓的表面有几条纵沟。脊髓背侧中线有一浅沟称为背正中沟，在此沟两侧各有一条背外侧沟，脊神经的背侧根丝由此沟进入脊髓。脊髓腹侧有较深的腹正中裂，裂中有脊软膜皱襞，在此裂两侧各有一条腹外侧沟，脊神经的腹侧根丝由此沟离开脊髓。上述6条沟纵贯脊髓全长。

（二）脊髓的内部结构

脊髓中部为灰质，周围为白质，灰质中央有一纵贯脊髓的中央管。

1. 灰质 主要由神经元的胞体构成，横断面呈蝶形，有一对背侧角（柱）和一对腹侧角（柱）。背侧角和腹侧角之间为灰质联合。在脊髓的胸腰段和荐段腹侧柱基部的外侧，还有稍隆起的外侧角

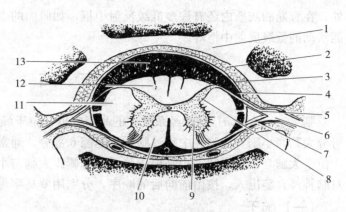

图 5-1 脊髓横断面模式图
1. 椎弓 2. 硬膜外腔 3. 脊硬膜 4. 硬膜下腔 5. 背侧根
6. 脊神经节 7. 腹侧根 8. 背侧柱 9. 腹侧柱 10. 腹侧索
11. 外侧索 12. 背侧索 13. 蛛网膜下腔

（柱）。腹侧柱内有运动神经元的胞体，支配骨骼肌纤维。外侧柱内有植物性神经节前神经元的胞体，背侧柱内含有各种类型的中间神经元的胞体，这些中间神经元接受脊神经节内的感觉神经元的冲动，传导至运动神经元或下一个中间神经元。此外，灰质内还含有神经纤维和神经胶质细胞。

2. 白质 被灰质柱分为左、右对称的3对索。背侧索位于背正中沟与背侧柱之间，腹侧索位于腹侧柱与腹正中裂之间，外侧索位于背侧柱与腹侧柱之间。靠近灰质柱的白质都是一些短程的纤维，联络各节段的脊髓，称为固有束。其他都是一些远程的，连于脑和脊髓之间的纤维。这些远程纤维聚集成束，形成脑脊髓的传导径。背侧索内的纤维是由脊神经节内的感觉神经元的中枢突构成的。外侧索和腹侧索由来自背侧柱的中间神经元的轴突（上行纤维束）以及来自大脑和脑干的中间神经元的轴突（下行纤维束）所组成。

3. 脊神经根 每一节段脊髓的背外侧沟和腹外侧沟分别与脊神经的背侧根及腹侧根相连。背侧根（或感觉根）较粗，上有脊神经节。脊神经节由感觉神经元的胞体所构成，其外周突随脊神经伸向外周；中枢突构成背侧根，进入脊髓背侧索或与背侧柱内的中间神经元发生突触。腹侧根（或运动根）较细，由腹侧柱和外侧柱内的运动神经元的轴突构成。背侧根和腹侧根在椎间孔附近合并为脊神经。

（三）脊髓的功能

1. 传导功能 全身（除头部外）深、浅部的感觉以及大部分内脏器官的感觉，都要通过脊髓白质才能传导到脑，产生感觉。而脑对躯干、四肢横纹肌的运动以及部分内脏器官的支配调节，也要通过脊髓白质的传导才能实现。若脊髓受损伤时，其上传下达的功能便发生阻滞，引起一定的感觉障碍和运动失调。

2. 反射功能 脊髓除有传导功能外，还能完成许多反射活动。在正常情况下，脊髓反射活动都是在脑的控制下进行的。感觉（传入）纤维进入脊髓后，分为上行支和下行支，有的并沿途分出侧支进入背侧柱，与中间神经元相联系。中间神经元再与同侧或对侧腹侧柱的运动神经元相联系。因此，刺激一段脊髓的感觉纤维，能引起本段或邻近各段的反应。此

外，在脊髓的灰质内还有许多低级反射中枢，如肌肉的牵张反射中枢、排尿、排粪以及性功能活动的低级反射中枢等。

二、脑

脑（encephalon）是神经系统中的高级中枢，位于颅腔内，在枕骨大孔与脊髓相连。脑可分大脑、小脑、间脑、中脑、脑桥和延髓6部分。通常将延髓、脑桥和中脑称为脑干。脑干位于大脑与小脑之间，小脑位于脑干的背侧。大脑与小脑之间有大脑横裂将二者分开。12对脑神经自脑出入，按由前向后的顺序，分别用罗马字母表示。

（一）脑干

脑干包括延髓、脑桥和中脑。延髓、脑桥和小脑共同构成的室腔为第四脑室。中脑内部室腔狭小，称为中脑导水管。有第Ⅲ～Ⅻ对脑神经根与脑干相连（图5-2、图5-3、图5-4、图5-5、图5-6）。

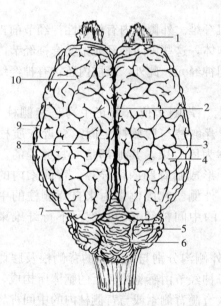

图5-2 马脑（背侧面）
1. 嗅球 2. 大脑纵裂 3. 脑沟 4. 脑回
5. 小脑半球 6. 小脑蚓部 7. 枕叶
8. 顶叶 9. 颞叶 10. 额叶

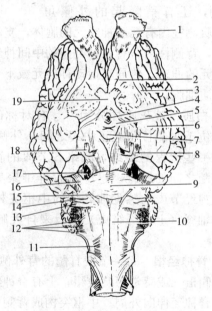

图5-3 马脑（腹侧面）
1. 嗅球 2. 内侧嗅回 3. 外侧嗅回 4. 漏斗
5. 灰结节 6. 梨状叶 7. 乳头体 8. 大脑脚
9. 脑桥 10. 延髓锥体 11. 舌下神经根
12. 舌咽、迷走和副神经根 13. 前庭耳蜗神经根 14. 面神经根 15. 外展神经根 16. 三叉神经根 17. 滑车神经根 18. 动眼神经根
19. 视神经交叉

脑干也由灰质和白质构成，但灰质不像脊髓灰质那样形成连续的灰质柱，而是由功能相同的神经细胞集合成团块状的神经核，分散存在于白质中。脑干内的神经核可分为两类：一类是与脑神经直接相连的脑神经核，其中接受感觉纤维的，称为脑神经感觉核；发出运动纤维的，称为脑神经运动核。另一类为传导径上的中继核，是传导径上的联络站，如薄束核、

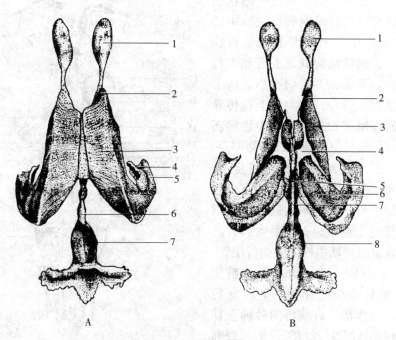

图 5-4 牛脑室铸型
A. 背侧 1. 嗅球室 2. 侧脑室前角 3. 侧脑室体部 4. 杏仁核压迹
5. 侧脑室腹角 6. 中脑水管的后段 7. 第四脑室
B. 腹侧 1. 嗅球室 2. 侧脑室前角 3. 与尾状核对应的陷窝 4. 室间孔
5. 第三脑室腹侧部 6. 与海马对应的陷窝 7. 中脑导水管 8. 第四脑室

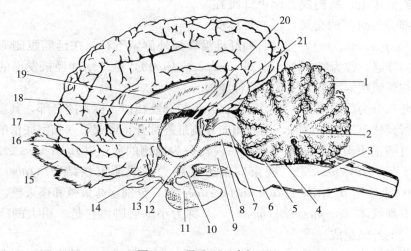

图 5-5 马脑（正中切面）
1. 小脑皮质 2. 小脑髓树 3. 延髓 4. 第四脑室 5. 前髓帆 6. 脑桥 7. 四叠体
8. 中脑导水管 9. 大脑脚 10. 乳头体 11. 脑垂体 12. 第三脑室 13. 灰结节
14. 视神经交叉 15. 嗅球 16. 室间孔 17. 穹隆 18. 透明隔 19. 胼胝体
20. 丘脑间黏合 21. 松果体

楔束核、红核等。此外，脑干内还有网状结构，它是由纵横交错的纤维网和散在其中的神经细胞所构成，在一定程度上也集合成团，形成神经核。网状结构既是上行和下行传导径的联络站，又是某些反射中枢。脑干的白质为上、下行传导径。较大的上行传导径多位于脑干的外侧部和延髓靠近中线的部分；较大的下行传导径位于脑干的腹侧部。

由此可见，脑干在结构上比脊髓复杂，它联系着视、听、平衡等专门感觉器官，是内脏活动的反射中枢，是联系大脑高级中枢与各级反射中枢的重要径路；也是大脑、小脑、脊髓以及骨骼肌运动中枢之间的桥梁。

1. 延髓（*medulla oblongata*）为脑干的末段，位于枕骨基部的背侧，呈前宽后窄、上下略扁的锥体形，自脑桥向后伸至枕骨大孔与脊髓相连（图5-3、图5-5）。脊髓的沟裂都延伸至延髓的表面。在延髓腹侧沿正中线有腹侧正中裂，其外侧有不明显的腹外侧沟。在腹侧正中裂的两侧各有一条纵行隆起，称为锥体（*pyramis*）。锥体是由大脑皮质运动区发出到脊髓腹侧角的传导束（即皮质脊髓束或锥体束）所构成。该束纤维在延髓后端大部分与对侧的交叉，形成锥体交叉

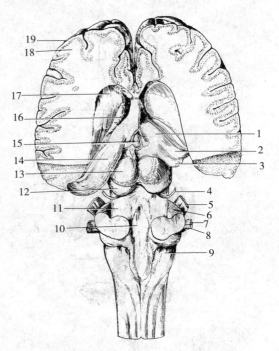

图5-6　马脑（剥除一部分，示海马、基底核和脑干背侧面）
1. 丘脑　2. 外侧膝状体　3. 内侧膝状体　4. 滑车神经
5. 三叉神经　6. 小脑中脚　7. 面神经　8. 前庭耳蜗神经
9. 小脑后脚　10. 第四脑室底　11. 小脑前脚　12. 后丘
13. 前丘　14. 海马　15. 松果腺　16. 侧脑室脉络丛
17. 尾状核　18. 大脑白质　19. 大脑皮质

（*decussatio pyramidum*），交叉后的纤维沿脊髓外侧索下行。在延髓腹侧前端、脑桥后方有窄的横向隆起，称为斜方体（*corpus trapezoideum*），是耳蜗神经核发出的纤维到对侧所构成的。在延髓腹侧有第Ⅵ～Ⅻ对脑神经根。

延髓背侧面分为前后两部，延髓后半部外形与脊髓相似，称为闭合部，其室腔仍为中央管；当中央管延伸至延髓中部时，逐渐偏向背侧最终敞开，形成第四脑室底壁的后部，称为开放部。在背侧正中沟两侧的纤维束被一浅沟分为内侧的薄束（*fasciculus gracilis*）和外侧的楔束（*fasciculus cuneati*），两束向前分别膨大形成薄束核结节（*tuberculum nuclei gracilis*）和楔束核结节（*tuberculum nuclei cuneati*），分别含薄束核和楔束核。第四脑室后半部的两侧有绳状体（*corpus restiforme*），又称为小脑后脚，它是一粗大的纤维束，由来自脊髓和延髓的纤维组成。

延髓的内部结构特点（图5-7）：①大脑皮质的下行纤维在延髓腹侧正中形成发达的锥体束，锥体束的3/4纤维越过中线形成了锥体交叉。②在延髓闭合部背侧出现薄束核、楔束核，发出的二级感觉纤维交叉到对侧，称为内侧丘系交叉。交叉后的纤维称为内侧丘系，上行至丘脑。③由于以上两系交叉纤维的冲击和中央管敞开为第四脑室，使相当脊髓的背、腹角关系变成延髓的内外关系，延髓的灰质组成第Ⅵ～Ⅻ对脑神经核和第Ⅴ对脑神经感觉核的

一部分，它们与中脑和脑桥内的脑神经核在脑干被盖内排列成6对长短不一的细胞柱。相当于脊髓腹角的脑神经运动核团排列在内侧，靠近中线处；而相当于脊髓背角的脑神经感觉核团排列在外侧。④在延髓开放部的腹外侧，出现巨大的囊袋状核团下橄榄核，其传出纤维主要投射至小脑，称为橄榄小脑束，是组成小脑后脚的主要纤维。

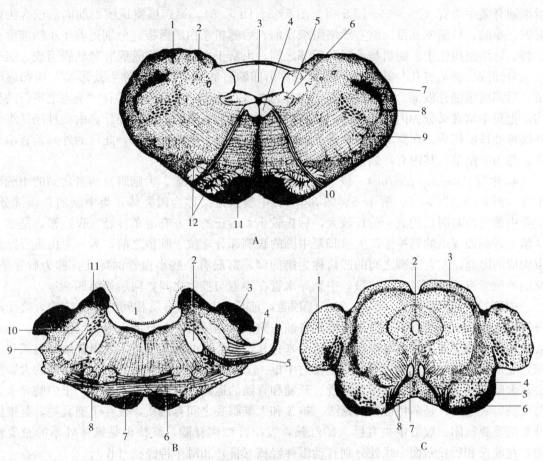

图5-7 犬脑干横切面
A. 犬延髓过舌下神经核横切面
1. 外侧楔核 2. 楔核 3. 第四脑室 4. 舌下神经核 5. 薄核 6. 迷背核 7. 三叉神经脊束
8. 三叉神经脊束核 9. 疑核 10. 舌下神经纤维 11. 锥体 12. 下橄榄核
B. 犬脑桥过三叉神经运动核横切面
1. 小脑蚓部 2. 三叉神经运动核 3. 脑桥臂 4. 三叉神经感觉根 5. 三叉神经运动根 6. 斜方体
7. 锥体 8. 斜方体背侧核 9. 三叉神经脊束核 10. 三叉神经脊束 11. 结合臂
C. 犬中脑过动眼神经核横切面
1. 内侧膝状体 2. 中央灰质 3. 前丘 4. 红核 5. 黑质 6. 大脑脚底 7. 动眼神经核 8. 动眼神经根

2. 脑桥（*pons*）位于小脑腹侧，前接中脑，后连延髓（图5-3、图5-4）。背侧面凹，构成第四脑室底壁的前部，腹侧面呈横行的隆起。横行纤维自两侧向后向背侧伸入小脑，形成小脑中脚，又称为脑桥臂。在脑桥腹侧部与小脑中脚交界处有粗大的三叉神经（Ⅴ）根。在背侧部的前端两侧有联系小脑和中脑的小脑前脚，又称为结合臂。

脑桥的内部结构特点（图5-7）：在横切面上可分为背侧的被盖和腹侧的基底部。①被盖部是延髓的延续，内有脑神经核（三叉神经核）、中继核（外侧丘系核）和网状结构。②基底部由纵行纤维和横行纤维及脑桥核构成，其中横行纤维只存在于哺乳类。纵行纤维为大脑皮质至延髓和脊髓的锥体束。

3. 第四脑室（ventriculus quartus） 位于延髓、脑桥与小脑之间，前端通中脑导水管，后端通脊髓中央管（图5-3、图5-4、图5-5、图5-6）。第四脑室顶壁由前向后依次为前髓帆、小脑、后髓帆和第四脑室脉络组织。前、后髓帆系白质薄板，分别附着于小脑前脚和后脚。脉络组织位于后髓帆与菱形窝后部之间，由富于血管丛的室管膜和脑软膜组成，能产生脑脊髓液。该丛有孔与蛛网膜下腔相通。第四脑室底呈菱形，又称为菱形窝，前部属脑桥，后部属延髓开放部。菱形窝被正中沟分为左、右两半，在其两侧各有一条与之平行的界沟，把每半窝底又分为内、外侧两部。在脑桥的内侧部有隆起的面神经丘，由面神经纤维绕外展神经核所构成；在窝底的外侧部为前庭区，其深部含前庭神经核，此区的外侧角有小结节，称为听结节，其内有耳蜗神经背侧核。

4. 中脑（mesencephalon） 位于脑桥前方，包括中脑顶盖、大脑脚及两者之间的中脑导水管（图5-3、图5-4、图5-5、图5-6）。中脑顶盖又称为四叠体，为中脑的背侧部分，主要由前后两对圆丘构成。前丘较大，后丘较小。后丘的后方有滑车神经（Ⅳ）根，是唯一从脑干背侧面发出的脑神经。大脑脚是中脑的腹侧部分，位于脑桥之前，为一对由纵行纤维束构成的隆起，左右两脚之间的凹窝称为脚间窝，窝底有一些小血管的穿孔，称为后穿质。窝的外侧缘有动眼神经（Ⅲ）根。中脑导水管在顶盖与被盖之间，向后通第四脑室。

中脑的内部结构特点（图5-7）：①顶盖，前丘呈灰质和白质相间的分层结构，接受部分视束纤维和后丘的纤维，发出纤维到脊髓，完成视觉反射，是皮质下视觉反射中枢。后丘表面覆盖一薄层白质，内有后丘核，接受来自耳蜗神经核的部分纤维，发出纤维到延髓和脊髓，完成听觉反射，是皮质下的听觉反射中枢。②大脑脚又分为背侧的被盖和腹侧的大脑脚底，大脑脚底主要由大脑皮质到脑桥、延髓和脊髓的运动纤维束组成；被盖位于中脑导水管与大脑脚底之间，是脑桥被盖的延续。被盖和大脑脚底之间有黑质，仅存于哺乳类，是锥体外系的重要核团。被盖中央有巨大的红核，发出纤维到脊髓，红核也是锥体外系的重要核团。在前丘和后丘断面中线处分别有动眼神经核（Ⅲ）和滑车神经核（Ⅳ）。

（二）小脑

小脑（cerebellum）近似球形，位于大脑后方，在延髓和脑桥的背侧，其表面有许多沟和回（图5-2、图5-5）。小脑被两条纵沟分为中间的蚓部（venuis）和两侧的小脑半球（hemspkrillm cerebelli）。蚓部最后有一小结，向两侧伸入小脑半球腹侧，与小脑半球的绒球合称为绒球小结叶，是小脑最古老的部分。绒球小结叶与延髓的前庭核相联系。蚓部的其他部分属旧小脑，主要与脊髓相联系。蚓部和绒球小结叶主管平衡和调节肌紧张。小脑半球是随大脑半球发展起来的，属新小脑，与大脑半球密切相联系，参与调节随意运动。小脑的表面为灰质，称为小脑皮质；深部为白质，称为小脑髓质。髓质呈树枝状伸入小脑各叶，形成髓树。髓质内有3对灰质核团，外侧的一对最大，称为小脑外侧核或齿状核，它接受小脑皮质来的纤维；发出纤维经小脑前脚至红核和丘脑。

小脑借3对小脑脚（小脑后脚、小脑中脚及小脑前脚）分别与延髓、脑桥和中脑相连。小脑后脚位于第四脑室后部两侧缘，为粗大的纤维束，主要由来自脊髓（脊髓小脑背侧束）和延髓橄榄核（橄榄小脑束）的纤维组成；小脑中脚由自脑桥核发出的脑桥小脑纤维组成；

小脑前脚位于第四脑室前部两侧，由脊髓小脑腹侧束和齿状核至红核、大脑基底核以及丘脑的纤维组成。

(三) 间脑

间脑（*diencephalon*）位于中脑和大脑之间，被两侧大脑半球所遮盖，内有第三脑室。间脑主要可分为丘脑和丘脑下部（图 5-3、图 5-4、图 5-5、图 5-6）。

1. 丘脑（*thalamus*） 占间脑的最大部分，为一对卵圆形的灰质团块，由白质（内髓板等）分隔为许多不同机能的核群组成。左、右两丘脑的内侧部相连，断面呈圆形，称为丘脑间黏合，其周围的环状裂隙为第三脑室。丘脑一部分核是上行传导径的总联络站，接受来自脊髓、脑干和小脑的纤维，由此发出纤维至大脑皮质。在丘脑后部的背外侧，有外侧膝状体和内侧膝状体。外侧膝状体（*corpus geniculatum laterale*）较大，位于前方较外侧，呈幡状，接受视束来的纤维，发出纤维至大脑皮质，是视觉冲动传向大脑皮质的最后联络站；内侧膝状体（*corpus geniculatum mediale*）较小，呈卵圆形，在丘脑后外侧，位于外侧膝状体、大脑脚和四叠体之间，接受由耳蜗神经核来的纤维，发出纤维至大脑皮质，是听觉冲动传向大脑的最后联络站。丘脑还有一些与运动、记忆和其他功能有关的核群。在左、右丘脑的背侧、中脑四叠体的前方，有内分泌腺松果体。

2. 丘脑下部（*hypothalamus*） 又称为下丘脑，位于丘脑腹侧，构成第三脑室的底壁，是植物性神经系统的皮质下中枢。从脑底面看，由前向后依次为视交叉、视束、灰结节、漏斗、脑垂体、乳头体等结构。

（1）视交叉（*chiasma opticum*） 由两侧视神经交叉而成。交叉后的视束向后向外向上呈弓状伸延，绕过大脑脚和丘脑腹外侧，进入大脑脚和梨状叶之间，大部分纤维终止于丘脑的外侧膝状体，小部分到四叠体前丘。

（2）灰结节（*tuber cinereum*） 为位于视交叉和乳头体之间的灰质隆起，它向下移行为漏斗（*infundibulum*），漏斗腹侧连接垂体。

（3）垂体（*hypophysis*） 为体内重要的内分泌腺（详见第七章内分泌系），借漏斗附着于灰结节。

（4）乳头体（*corpus mamillare*） 为位于灰结节后方一对紧靠在一起的白色圆形隆起，其内含有灰质核。

在丘脑下部的核团中，有一对位于视束的背侧，称为视上核（*nucleus supraopticus*），一对位于第三脑室两侧，称为室旁核（*nucleus paraventricularis*），它们都有纤维沿漏斗柄伸向垂体后叶，能进行神经分泌，视上核分泌抗利尿激素，室旁核分泌催产素。视束和乳头体之间称为结节区，其中有漏斗核，纤维终止于垂体门脉系统的血窦，可分泌多种释放激素和抑制激素，以影响垂体前叶激素的合成与分泌。

丘脑下部形体虽小，但与其他各脑有广泛的纤维联系。接受来自嗅脑（通过海马及穹隆到乳头体）、大脑皮质额叶、丘脑和纹状体等的纤维；发出纤维至丘脑、垂体后叶、脑干网状结构、脑神经核和植物性神经核（脑干的植物性神经核和脊髓外侧柱），通过植物性神经主要调节心血管和内脏的活动。

3. 第三脑室 位于间脑内，呈环形围绕着丘脑间黏合，向后通中脑导水管，其背侧壁为第三脑室脉络丛。此脉络丛向前与侧脑室脉络丛相连接（图 5-4、图 5-5）。

(四) 大脑

大脑 (cerebrum) 或称为端脑 (telencephalon)，位于脑干前方，被大脑纵裂分为左、右两大脑半球，纵裂的底是连接两半球的横行宽纤维板，即胼胝体 (corpus callosum)。大脑半球包括大脑皮质和白质、嗅脑、基底神经核和侧脑室等结构（图5-2、图5-3、图5-4、图5-5、图5-6、图5-8、图5-9）。

1. 大脑皮质和白质 皮质 (cortex cerebri) 为覆盖于大脑半球表面的一层灰质，外侧面以前后向的外侧嗅沟与腹侧的嗅脑为界。大脑皮质表面凹凸不平，凹陷处为沟，凸起处为回，以增加大脑皮质的

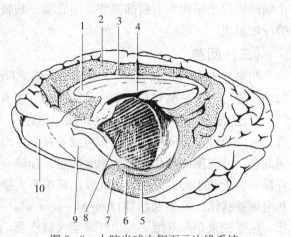

图5-8 大脑半球内侧面示边缘系统
1.透明隔 2.扣带回 3.胼胝体 4.穹隆 5.海马回
6.齿状回 7.梨状叶 8.丘脑切面 9.嗅三角 10.嗅回

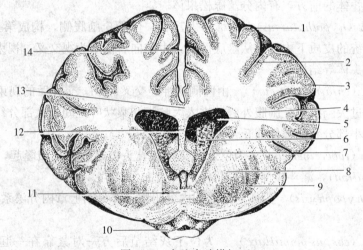

图5-9 大脑半球横切面
1.脑回 2.脑沟 3.大脑皮质 4.大脑白质 5.侧脑室 6.侧脑室脉络丛
7.尾状核 8.内囊 9.豆状核 10.视束 11.前联合 12.透明隔
13.胼胝体 14.大脑纵裂

面积。大脑皮质背外侧面可分为4叶，前部为额叶，后部为枕叶，背侧部为顶叶，外侧部为颞叶。一般认为额叶是运动区，枕叶是视觉区，顶叶是一般感觉区，颞叶是听觉区，各区的面积和位置因动物种类不同而异。大脑皮质内侧面位于大脑纵裂内，与对侧半球的内侧面相对应。内侧面上有位于胼胝体背侧并环绕胼胝体的扣带回 (gyrus cinguli)。

皮质深面为白质，由各种神经纤维构成。大脑半球内的白质由以下3种纤维构成：联合纤维是连接左、右大脑半球皮质的纤维，主要为胼胝体，胼胝体位于大脑纵裂底，构成侧脑室顶壁，将左、右大脑半球连接起来；联络纤维是连接同侧半球各脑回、各叶之间的纤维；投射纤维是连接大脑皮质与脑其他各部分及脊髓之间的上、下行纤维，内囊就是由投射纤维构成的。

2. 嗅脑 (rhincephalon) 位于大脑腹侧，包括嗅球、嗅回、嗅三角、梨状叶、海马、

透明隔、穹隆和前连合等结构。

(1) 嗅球（bulbus olfactorium） 呈卵圆形，在左、右半球的前端，位于筛窝中。嗅球中空为嗅球室，与侧脑室相通。来自鼻黏膜嗅区的嗅神经纤维通过筛板而终止于嗅球。嗅回短而粗，自嗅球向后伸延约2cm，分为内侧嗅回和外侧嗅回。内、外侧嗅回之间的三角形灰质隆起为嗅三角（trigonum olfactoriumh）。内侧嗅回较短，转入半球内侧面与旁嗅区相连；外侧嗅回较长，向后连于梨状叶。

(2) 梨状叶（lobus piriformis） 为位于大脑脚和视束外侧的梨状隆起，是海马回的前部，表面为灰质，前端深部有杏仁核，位于侧脑室底壁。梨状叶中空，为侧脑室后角。梨状叶的内侧缘向背侧面折转，为海马回。海马回转至侧脑室成为海马。

(3) 海马（hippocampus） 呈弓带状，位于侧脑室底的后内侧。左、右半球的海马前端于正中相连接，形成侧脑室后部的底壁。海马为古老的皮质，但表面包有一层白质，其纤维向前外腹侧集中形成海马伞。海马伞的纤维向前内侧伸延，与对侧的相连形成穹隆。

穹隆（fornix） 由联系乳头体与海马之间的纤维所构成，在中线位于胼胝体和透明隔腹侧。

(4) 前连合（commissura rostralis） 为由左、右嗅脑间的联合纤维所构成。

(5) 透明隔（septum pellucidum） 又称为端脑隔，为位于胼胝体和穹隆之间的两层神经组织膜，由神经纤维和少量的神经细胞体组成，构成左、右侧脑室之间的正中隔。透明隔背侧缘隆突，与胼胝体相连；腹侧缘稍凹。

嗅脑中有的部分与嗅觉无关而属于"边缘系统"。大脑半球内侧面的扣带回和海马旁回等，因其位置在大脑和间脑之间，所以称为边缘叶。边缘系统由边缘叶与附近的皮质（如海马和齿状回等）以及有关的皮质下结构，包括与扣带回前端相连的隔区（即胼胝体前部前方的皮质）、杏仁核、下丘脑、丘脑前核以及中脑被盖等组成的一个功能系统，与内脏活动、情绪变化及记忆有关。

3. 基底核（nucleus basalis） 为大脑半球内部的灰质核团，位于半球基底部。主要包括尾状核、豆状核等。尾状核较大，呈梨状弯曲，其背内侧面构成侧脑室底壁的前半部；腹外侧面与内囊相接。豆状核较小，呈扁卵圆形，位于尾状核的腹外侧，豆状核和尾状核之间为内囊。豆状核又可分为两部，外侧部较大为壳，内侧部较小，色较浅，称为苍白球。尾状核、内囊和豆状核在横切面上呈灰白质交错花纹状，所以又称纹状体（corpus striatum）。纹状体接受丘脑和大脑皮质的纤维，发出纤维至红核和黑质，是锥体外系的主要联络站，有维持肌肉紧张和协调肌肉运动的作用。

4. 侧脑室 侧脑室有两，分别位于左、右大脑半球内。穹隆柱与丘脑之间有室间孔，沟通侧脑室与第三脑室。侧脑室底壁的前部为尾状核，后部为海马，顶壁为胼胝体。在尾状核与海马之间有侧脑室脉络丛（图5-4、图5-5）。

三、脑脊髓膜和脑脊液循环

（一）脊髓膜

脊髓外周包有3层结缔组织膜，由外向内依次为脊硬膜（dura mater spinails）、脊蛛网膜（arachoidea spinalis）和脊软膜（pia mater spinalis）（图5-1）。

脊硬膜为厚而坚实的结缔组织膜。脊硬膜和椎管之间有一较宽的腔隙，称为硬膜外腔（cavum epidurale），内含静脉和脂肪。硬膜外麻醉即自腰荐间隙将麻醉剂注入硬膜外腔，以阻滞硬膜外腔内的脊神经根的传导作用。

脊蛛网膜薄，位于脊硬膜与脊软膜之间，分出无数结缔组织小梁与脊硬膜和脊软膜相连。在硬膜与蛛网膜之间的腔隙很窄，称为硬膜下腔（cavum subdurale），内含少量液体，向前与脑硬膜下腔相通。在脊蛛网膜与脊软膜之间的周隙，称为蛛网膜下腔（cavum subarachnoidale），内含脑脊液。

脊软膜薄而富有血管，紧贴于脊髓的表面。

(二) 脑膜

脑膜和脊膜一样，分为脑硬膜（dura mater encephalo）、脑蛛网膜（arachoidea encephali）和脑软膜（pia mater encephali）3 层。脑硬膜与脑蛛网膜之间形成硬膜下腔，蛛网膜和脑软膜之间形成蛛网膜下腔。但脑硬膜与衬于颅腔内壁的骨膜紧密结合而无硬膜外腔。脑硬膜伸入大脑纵裂形成大脑镰（falx cerebri）；伸入大脑横裂形成小脑幕（tentorium cerebelli）。围于脑和垂体之间形成鞍隔（diaphragma sellae）。脑硬膜内含有若干静脉窦，接受来自脑的静脉血。

脑蛛网膜有绒毛状突起伸入脑硬膜的静脉窦中，称为蛛网膜粒。

在脑室壁的一些部位，脑软膜上的血管丛与脑室膜上皮共同折入脑室，形成脉络丛（plexus dodoidem），脉络丛是产生脑脊液的部位。

(三) 脑脊液循环

脑脊液（liquor cerebrospinalis）是由各脑室脉络丛产生的无色透明液体，充满于脑室、脊髓中央管和蛛网膜下腔。各脑室中的脑脊液均汇集到第四脑室，经第四脑室脉络丛上的孔流入蛛网膜下腔后，流向大脑背侧，再经脑蛛网膜粒透入硬脑膜中的静脉窦，最后回到血液循环中，这个过程称为脑脊液循环。脑脊液有营养脑、脊髓和运走代谢产物的作用，还起缓冲和维持恒定的颅内压作用。若脑脊液循环障碍，可导致脑积水或颅内压升高。

(四) 脑脊髓的血管

脑的血液来自颈内动脉、枕动脉和椎动脉，这些动脉和脊髓支在脑底合成一动脉环，围绕脑垂体；脊髓的血液来自肋间背侧动脉及腰动脉等的脊髓支，在脊髓腹侧汇合成脊髓腹侧动脉，沿脊髓腹侧正中裂伸延。从动脉环和脊髓腹侧动脉分出侧支，分布于脑和脊髓。脑静脉汇入脑硬膜内的静脉窦；脊髓静脉汇注于椎管中的椎纵窦，这些静脉窦再注入颈静脉、椎静脉和肋间背侧静脉等。

四、脑脊髓传导路

脑脊髓中的长距离投射纤维束分为传导各种感觉信息的上行传导路和传导运动冲动的下行传导路。主要传导路在脊髓白质和脑干中都有固定位置。

(一) 上行传导路

上行传导路分浅感觉、深感觉和特殊感觉 3 种传导径。浅感觉指温度觉、痛觉触觉及压觉；深感觉又称为本体感觉，指肌肉、关节的位置觉和运动觉；特殊感觉指视觉、听觉、平衡觉、味觉和嗅觉。这里主要介绍浅感觉和深感觉传导径（图5-10）。

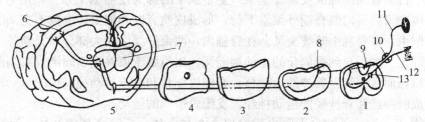

图5-10 躯体感觉传导路
1. 脊髓 2. 延髓 3. 脑桥 4. 中脑 5. 间脑 6. 大脑皮质 7. 丘脑
8. 薄束核和楔束核 9. 薄束和楔束 10. 脊神经节 11. 本体深感觉神经
12. 皮肤浅感觉神经 13. 脊髓背侧柱

1. 浅感觉传导径 脊髓丘脑束，传导体表和内脏痛、温觉及体表粗浅触、压觉信息。一级传入神经元的胞体位于脊神经节，其外周突分布于体表和内脏，中枢突经背根进入脊髓，止于灰质背侧角及中间带，在此与二级神经元形成突触。二级神经元的轴突大多数交叉至对侧，少数在同侧，组成脊髓丘脑侧束和腹束，经脑干上行，终止于丘脑。位于丘脑的第三级神经元发出纤维经内囊到大脑皮质感觉区。

2. 传导精细触觉和本体感觉到大脑的传导径 薄束和楔束（背索纤维）及内侧丘系。一级传入神经元胞体位于脊神经节内，周围突分布于躯干和四肢的肌、腱、关节等深部，中枢突经背根进入脊髓，在背侧索中上行，组成薄束和楔束，与延髓的薄束核和楔束核的第二级神经元形成突触。第二级神经元的轴突交叉至对侧，形成内侧丘系，在脑干上行，止于丘脑腹后外侧核。第三级神经元发出纤维经内囊到大脑皮质感觉区。两束纤维按躯体定位排列，薄束传导前肢和躯体前半部的信息，楔束传导后肢和躯体后半部的信息。

3. 传导本体感觉到小脑的传导径 脊髓小脑束。一级传入神经元胞体位于脊神经节内，周围突分布于躯干和四肢的肌、腱、关节等深部，中枢突经背根进入脊髓，止于脊髓背侧角。二级神经元的轴突组成脊髓小脑背束、楔小脑束和脊髓小脑腹束，分别经绳状体和结合臂止于小脑皮质。

（二）下行传导路

调控躯体运动的下行通路分为锥体系和锥体外系（图5-11）。

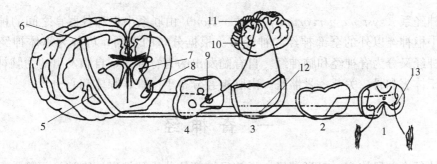

图5-11 运动传导路模式图
1. 脊髓 2. 延髓 3. 脑桥 4. 中脑 5. 内囊 6. 大脑皮质 7. 尾状核 8. 豆状核
9. 红核 10. 齿状核 11. 小脑皮质 12. 脑桥核 13. 脊髓腹侧柱

1. 锥体系 由大脑皮质运动区的锥体细胞发出轴突组成的纤维束，经内囊、大脑脚、脑桥和延髓下行至脊髓的称为皮质脊髓束，止于脑干的称为皮质脑干束。皮质脊髓束约 3/4 的纤维经锥体交叉后到对侧脊髓外侧索下行，形成皮质脊髓外侧束；少数不交叉的纤维形成皮质脊髓腹侧束，在脊髓中陆续交叉。在脊髓内，两束纤维沿途大部分在脊髓各节中与同侧中间神经元发生突触后再到腹侧角的运动神经元。皮质脑干束终止于同侧或对侧网状结构或脑神经感觉核，而后中继至脑神经运动核。脊髓腹侧角和脑干运动神经核的运动神经元发出的纤维，组成脑神经和脊神经的运动神经，支配骨骼肌的运动。

2. 锥体外系 锥体外系自大脑皮质发出，在基底核、丘脑底部、红核、黑质、前庭核和网状结构等处交换神经元，再到脑干或脊髓的运动神经元，不经过延髓锥体。

锥体外系主要包括调节肌肉紧张的红核脊髓束（起于红核，交叉后行经脊髓外侧索，至腹侧柱的运动神经元）、与平衡有关的前庭脊髓束（由前庭核至脊髓腹侧柱的运动神经元）和与视听防御反射有关的顶盖脊髓束（由中脑顶盖发出，交叉至对侧，至脊髓腹侧柱运动神经元）。

锥体外系的活动是在锥体系主导下进行的，但只有在锥体外系给予适宜的肌肉紧张和协调的情况下，锥体系才能执行随意的精细活动。有些活动（如走、跑步等）由锥体系发动，而锥体外系管理习惯性运动。故两者是互相协调、互相依赖，从而完成复杂的随意运动，但家畜的锥体系远没有锥体外系发达。

（三）内脏传导路

1. 内脏感觉束 内脏的感觉冲动起自痛觉等感受器，经脊神经背侧根传入脊髓背侧柱换元后，经固有束向前行，沿途又可多次换元，部分纤维经灰质连合交叉到对侧再向前行，进入脑干网状结构，再经短轴突神经元中而到丘脑。这条通路因突触传递层次多，故传递速度慢。进入脊髓的内脏感觉，可借中间神经元与内脏运动神经元发生联系以完成内脏反射，也可与躯体运动神经元联系形成内脏-躯体反射。

2. 内脏运动束 该束的确切途径还不太清楚。有人认为主要位于脊髓侧索，可能是分散于网状脊髓束、固有束和皮质脊髓侧束中。支配内脏的神经纤维来自双侧，但到皮肤血管收缩纤维和汗腺分泌纤维是来自同侧的。

第三节 周围神经系

周围神经系（systema nervorum periphericum）由联系中枢和各器官之间的神经纤维构成，包括中枢神经以外的全部神经和神经节。根据分布的不同，可分为躯体神经和内脏神经。躯体神经又分为脊神经和脑神经。自脊髓发出的为脊神经，自脑发出的为脑神经。躯体神经分布于体表和骨、关节、骨骼肌。内脏神经分布于内脏、腺体和心血管。

一、脊 神 经

脊髓的每个节段连有一对脊神经。脊神经按部位分为颈神经、胸神经、腰神经、荐神经和尾神经（图 5-12）。表 5-2 列出了各种家畜脊神经的分类数目。每一脊神经以背根（感觉根）和腹根（运动根）与脊髓相连。背根和腹根在椎间孔附近汇合成脊神经。

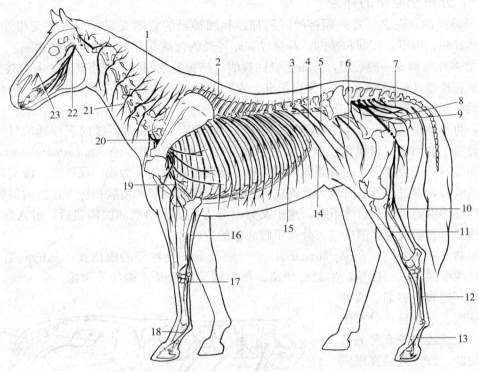

图 5-12 马的脊神经

1. 颈神经的背侧支 2. 胸神经的背侧支 3. 腰神经的背侧支 4. 髂下腹神经 5. 髂腹股沟神经 6. 股神经 7. 直肠后神经 8. 坐骨神经 9. 阴部神经 10. 胫神经 11. 腓神经 12. 足底外侧神经 13. 趾外侧神经 14. 最后肋间神经 15. 肋间神经 16. 尺神经 17. 掌外侧神经 18. 指外侧神经 19. 桡神经 20. 臂神经丛 21. 颈神经的腹侧支 22. 面神经 23. 眶下神经

表 5-2　各种家畜脊神经的对数

名称	猪	牛	马
颈神经	8 对	8 对	8 对
胸神经	14～15 对	13 对	18 对
腰神经	7 对	6 对	6 对
荐神经	4 对	5 对	5 对
尾神经	5 对	5 对	5 对
合计	38～39 对	37 对	42 对

　　脊神经是混合神经，含有以下 4 种神经纤维成分：将神经冲动由中枢传向效应器而引起骨骼肌收缩的躯体运动（传出）纤维；将神经冲动由中枢传向效应器引起腺体分泌、内脏运动及心血管舒缩的内脏运动（传出）纤维；将感觉冲动由躯体（体表、骨、关节、骨骼肌）感受器传向中枢的躯体感觉（传入）纤维；将感觉由腺体、内脏器官及心血管传向中枢的内脏感觉（传入）纤维。

　　脊神经出椎间孔后，立即分出一极细的脊膜支（含交感纤维），返入椎管，分布于脊膜。然后分为小的背侧支和大的腹侧支。背侧支和腹侧支都有 3 种分支：肌支、关节支和皮支。

（一）分布于躯干的神经

1. 脊神经的背侧支 每一颈神经、胸神经和腰神经的背侧支又分为内侧支和外侧支，分布于颈背侧、鬐甲、背部和腰部。荐神经和尾神经的背侧支分布于荐部和尾背侧。

2. 脊神经腹侧支一般较粗，分布于脊柱腹侧、胸腹壁及四肢。现将其重要者分述如下：

（1）膈神经（n. phrenicus） 来自第五、六、七颈神经的腹侧支，经胸前口入胸腔，沿纵隔向后伸延，分布于膈。

（2）肋间神经（n. intercostales） 为胸神经的腹侧支，沿肋骨后缘向下伸延，与同名血管并行分布于肋间肌、腹肌和皮肤。最后肋间神经又称为肋腹神经（n. costoabdominalis），在最后肋骨的后缘经腰大肌的背侧向外侧伸延，至腹横肌表面分为浅、深两支。浅支在分支到腹外斜肌后，穿过腹外斜肌成为外侧皮支，分布于胸腹皮肌和皮肤；深支在腹内斜肌和腹横肌之间继续沿最后肋骨后缘下行，途中又分出分支到腹内斜肌和腹横肌后，进入腹直肌，并穿过腹斜肌腱膜成为腹侧皮支，分布于腹底壁的皮肤。

（3）髂下腹神经（n. iliohypogastricus） 来自第一腰神经的腹侧支，马的向后向外，行经第二腰椎横突末端腹侧，牛的行经第二腰椎横突腹侧及末端的外侧缘，分为浅、深两支，浅支穿过腹内斜肌、腹外斜肌和胸腹皮肌，分支分布于上述肌肉以及腹侧壁和膝关节外侧的皮肤；深支先后在腹膜与腹横肌之间以及腹横肌和腹内斜肌之间，向下伸延，进入腹直肌，且有分支分布于腹横肌、腹内斜肌、腹直肌和腹底壁的皮肤（图 5-13）。

（4）髂腹股沟神经（n. ilioinguinalis） 来自第二腰神经的腹侧支。马的行经第三腰椎横突末端，牛的行经第四腰椎横突末端外侧缘，分为浅、深两支。浅支分布到膝外

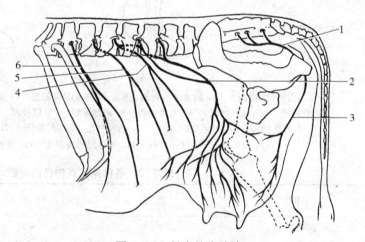

图 5-13 母牛的腹壁神经
1. 阴部神经 2. 生殖股神经 3. 会阴神经的乳房支 4. 髂腹股沟神经
5. 髂下腹神经 6. 最后肋间神经

侧及以下的皮肤；深支与髂下腹神经的深支平行，向后下方伸延，斜越过旋髂深动脉，分布的情况与髂下腹神经的相似，分布区域略靠后方（图 5-13）。

（5）生殖股神经（n. genitofemoralis） 来自第二、三、四腰神经的腹侧支，沿腰肌间下行，分为前、后两支，向下伸延穿过腹股沟管与阴部外动脉一起分布于睾外提肌、阴囊和包皮（公畜）或乳房（母畜）。

（6）阴部神经（n. pudendus） 来自第二、三、四荐神经的腹侧支，沿荐结节阔韧带向后向下伸延，其终支绕过坐骨弓，在公畜至阴茎背侧，成为阴茎背神经（n. dorsalis penis），分支分布于阴茎；在母畜称为阴蒂背神经（n. dorsalis clitoridis），分布于阴蒂、阴唇。

（7）直肠后神经（n. rectales caudales） 其纤维来自第三、四（马）或第四、五（牛）荐神经的腹侧支，有 1~2 支，在阴部神经背侧沿荐结节阔韧带的内侧面向后、向下伸延，

分布于直肠和肛门，在母畜还分布于阴唇。

(二) 分布于前肢的神经

前肢神经来自臂神经丛 (*plexus brachialis*)。臂 (神经) 丛位于腋窝内，在斜角肌背侧部和腹侧部之间穿出，丛根主要由第六、七、八颈神经和第一、二胸神经的腹侧支所构成。由此丛发出的神经有 (表5-3)：胸肌神经、肩胛上神经、肩胛下神经、腋神经、桡神经、尺神经、肌皮神经和正中神经 (图5-14、图5-15、图5-16)。

表5-3　牛、马前肢神经小结表

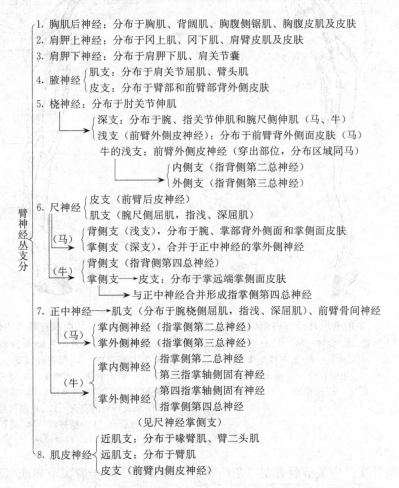

1. 胸肌神经 (*n. pectorales*)　有数支，分布于胸肌、背阔肌、下锯肌、躯干皮肌和胸侧壁的皮肤。

2. 肩胛上神经 (*n. suprascapularis*)　由臂神经丛的前端分出，短而粗，随同肩胛上动脉进入肩胛下肌与冈上肌之间，然后绕过肩胛骨前缘至冈上窝，分支分布于冈上肌、冈下肌、肩臂皮肌和皮肤。在临床上常可见到肩胛上神经麻痹。

3. 肩胛下神经 (*n. subscapulares*)　通常有2～4支，分布于肩胛下肌和肩关节囊。

4. 腋神经 (*n. axillaris*)　自臂神经丛中部分出，较粗，向后、向下伸延，横过肩胛下肌远端内侧面，随同旋臂后动脉进入肩胛下肌、大圆肌、臂三头肌长头和臂肌所围成的四方

上篇　家畜解剖

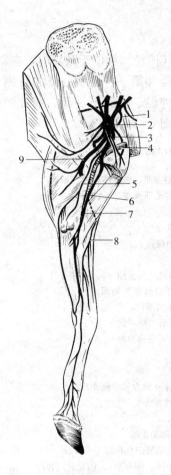 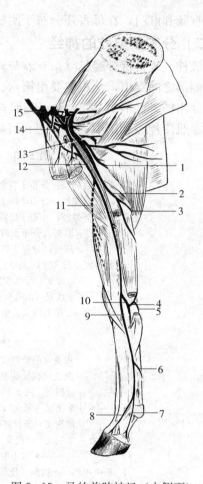

图 5-14　牛的前肢神经（内侧面）
1. 肩胛上神经　2. 臂神经丛　3. 腋神经
4. 腋动脉　5. 尺神经　6. 正中神经和肌皮神经总干　7. 正中神经　8. 肌皮神经皮支　9. 桡神经

图 5-15　马的前肢神经（内侧面）
1. 桡神经　2. 尺神经　3. 尺神经的皮支　4. 尺神经深支　5. 尺神经浅支　6. 交通支　7. 指内侧神经掌侧支　8. 指内侧神经背侧支　9. 掌内侧神经　10. 掌外侧神经　11. 肌皮神经的皮支　12. 正中神经和肌皮神经的总干　13. 腋神经　14. 肩胛上神经　15. 臂神经丛

（菱）形孔，向外绕过肩关节后方至三角肌深面。腋神经分布于肩关节屈肌（大圆肌、小圆肌和三角肌）以及臂头肌，并分出皮支分布于臂部和前臂部背外侧面的皮肤。

5. 桡神经（n. radialis）是臂神经丛最粗的一支，自臂神经丛后部分出，沿尺神经后缘下行，至臂中部分出一小支到前臂筋膜张肌之后，经臂三头肌长头和内侧头之间进入臂肌沟，沿臂肌后缘向下伸延，分出肌支分布于臂三头肌，其主干在臂三头肌外侧头的深面分为深、浅两支。深支沿肘关节背侧面和腕桡侧伸肌的深面向下伸延，分支分布于腕关节和指关节的伸肌［即腕桡侧伸肌、指总伸肌、指外侧伸肌、指内侧伸肌（牛）、腕斜伸肌和腕外侧屈肌］。

桡神经浅支在牛较粗，主干沿腕桡侧伸肌的前面在指伸肌腱内侧下行至掌部，分为内、外侧支。外侧支称为指背侧第三总神经（n. digitalis dorsalis communis Ⅲ），内侧支称为指背侧第二总神经（n. digitalis dorsalis communis Ⅱ），分布于第三、第四指的背侧面。

浅支在马称为前臂外侧皮神经（n. cutaneus antebrachii lateralis），自臂三头肌外侧头的下缘穿出，分布于前臂背外侧面皮肤。

6. 尺神经（n. ulnaris） 在臂内侧，沿臂动脉后缘下行，随同尺侧副动脉、静脉进入尺沟并向下伸延。在臂部远端分出肌支，分布于腕关节和指关节的屈肌（腕尺侧屈肌、指浅屈肌、指深屈肌）。尺神经在腕关节上方分为一背侧支和一掌侧支。

（1）牛　背侧支在掌部的背外侧向第四指伸延成为指背侧第四总神经（n. digitalis dorsalis communis Ⅳ），分布于第四指背外侧；掌侧支沿指深屈肌腱的外侧缘向指端伸延，接受正中神经的交通支成为指掌侧第四总神经（n. digitalis palmaris communis Ⅳ）分布于第四指掌外侧面。

（2）马　背侧支穿过腕尺侧伸肌腱和深筋膜，分布于腕、掌部背外侧面和掌侧面的皮肤；掌侧支在腕尺侧屈肌远端深面合并于正中神经的掌外侧神经。

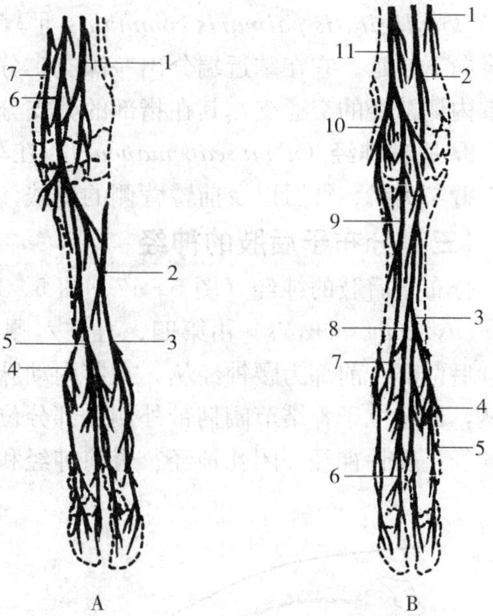

7. 正中神经（n. medianus） 为臂神经丛最长的分支，随同前肢动脉主干伸达指端。正中神经的起始部与肌皮神经合并，沿臂动脉前缘下行，至臂中部与肌皮神经分离后，沿肘关节内侧面进入前臂骨和腕桡侧屈肌之间的沟（正中沟），与正中动脉、静脉伴行，正中神经在前臂近端分出肌支到腕桡侧屈肌和指浅、深屈肌，在正中沟内还分出前臂骨间神经（n. interosseus antebrachii）进入前臂骨间隙，分布于前臂骨骨膜。

（1）牛　正中神经在分出肌支到腕屈肌和指屈肌后，继续沿指浅屈肌腱内侧缘下行，通过腕管，在掌部下 1/3 处分为一内侧支和一外侧支。内侧支又分为两支，分别称为指掌侧第二总神经和第三指掌轴侧固有神经，分布于第三指的掌内侧和悬蹄；外侧支在掌远端分出一交通支，与尺神经的掌侧支共同构成指掌侧第四总神经，主干延续为第四指掌轴侧固有神经，分布于第四指的掌侧。

（2）马　正中神经在前臂远端分为一掌内侧神经和一掌外侧神经。掌内侧神经（n. palmaris medialis）又称为指掌侧第二总神经（n. digitalis palmaris communis Ⅱ），与指掌侧第二总动脉一起沿指深屈肌腱的内侧缘向下伸延，至掌中部分出一交通支，向外向下斜行，绕过指屈肌腱掌侧面与掌外侧神经会合，然后在掌指关节处分为一指背侧神经和一指掌

图 5-16　牛左前脚部神经
A. 背侧面
1. 前臂内侧皮神经　2. 尺神经背侧支
3. 指背侧第四总神经　4. 指背侧第二总神经
5. 指背侧第三总神经　6. 桡浅神经　7. 前臂后皮神经
B. 掌侧面
1. 前臂后皮神经　2. 正中神经　3. 内侧支
4. 指掌侧第三总神经　5. 第三指掌远轴侧固有神经
6. 第四指掌轴侧固有神经　7. 指掌侧第四总神经
8. 外侧支　9. 尺神经掌支　10. 尺神经背侧支
11. 尺神经

侧神经，分布于指背侧和指掌侧；掌外侧神经（n. palmaris lateralis）又称为指掌侧第三总神经（n. digitalis palmaris communis Ⅲ），与尺神经的掌侧支合并后，沿指深屈肌腱的外侧缘向下伸延。它在掌近端分出一深支，分布于悬韧带和掌指关节，在掌部下1/3处接受来自掌内侧神经的交通支，其在指部的分支分布情况，与掌内侧神经相同。

8. 肌皮神经（n. musedocmaneus） 在马、牛与正中神经合成一总干，分支分布于喙臂肌、臂二头肌、臂肌以及前臂背侧的皮肤。

（三）分布于后肢的神经

分布于后肢的神经（图5-17、图5-18、图5-19）由腰荐神经丛发出。腰荐神经丛（plexus lumbosacralis）由第四、五、六腰神经及第一、二荐神经的腹侧支所构成，可分前、后两部。前部为腰神经丛，在髂内动脉之前，位于腰椎横突和腰小肌之间；后部为荐神经丛，部分位于荐结节阔韧带外侧，部分位于荐结节阔韧带内。由此丛发出的主要神经有：股神经、坐骨神经、闭孔神经、臀前神经和臀后神经（表5-4）。

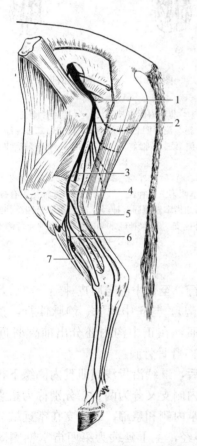

图5-17 牛的后肢神经（外侧面切去股二头肌）
1. 坐骨神经 2. 肌支 3. 胫神经 4. 腓总神经
5. 小腿外侧皮神经 6. 腓浅神经 7. 腓深神经

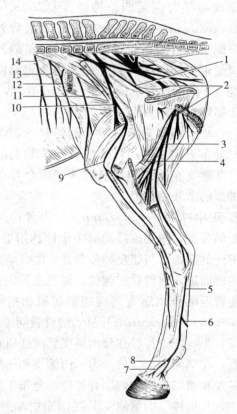

图5-18 马的后肢神经（内侧面）
1. 闭孔神经 2. 坐骨神经 3. 胫神经 4. 腓总神经
5. 足底内侧神经 6. 交通支 7. 趾内侧神经背侧支
8. 趾内侧神经跖侧支 9. 隐神经
10. 股神经 11. 股外侧皮神经 12. 髂腹股沟神经
13. 髂下腹神经 14. 最后肋间神经

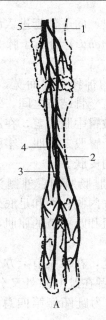
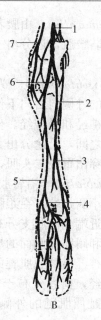

图 5-19 牛右后脚部的神经
A. 背侧面：1. 腓深神经 2. 趾背侧第四总神经 3. 趾背侧第三总神经 4. 趾背侧第二总神经 5. 腓浅神经
B. 跖侧面：1. 胫神经 2. 足底外侧神经 3. 趾跖侧第四总神经
4. 趾跖侧第三总神经 5. 趾跖侧第二总神经 6. 足底内侧神经 7. 隐神经

表 5-4 牛、马后肢神经小结表

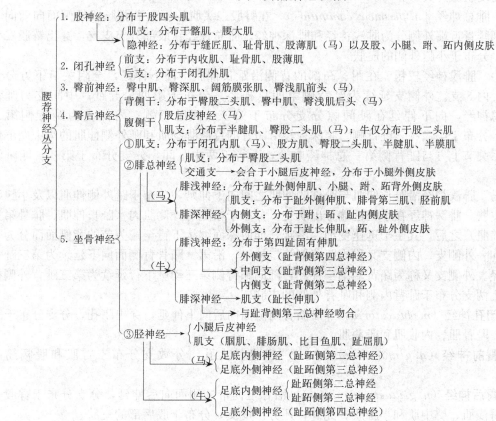

1. 股神经（*n. femoralis*） 由腰荐神经丛前部发出，向下伸延进入股四头肌。股神经起始部分出肌支分布于髂腰肌，还分出一隐神经（*n. saphenus*）分布于膝关节、小腿和跖内侧面的皮肤。

2. 坐骨神经（*n. ischiadicus*） 为体内最粗最长的神经，扁而宽，自坐骨大孔穿出盆腔，沿荐结节阔韧带的外侧向后向下伸延，经大转子与坐骨结节之间，绕过髋关节后方，约在股骨中部分为腓总神经和胫神经。坐骨神经在臀部被臀中肌覆盖，在股部伸延在臀股二头肌、半膜肌和半腱肌之间，沿途分出大的肌支，分布于臀股二头肌、半膜肌、和半腱肌。在牛还分出股后皮神经穿出臀股二头肌，分布于股后部的皮肤。

（1）**胫神经**（*n. tibialis*） 沿臀股二头肌深面进入腓肠肌内、外侧头之间，沿趾浅屈肌的内侧缘向下伸延至小腿远端，在跟腱背侧，分为足底内侧神经和足底外侧神经，继续向下伸延。胫神经在小腿近端分出肌支分布于跗关节的伸肌和趾关节的屈肌，并在股远端分出皮支，分布于小腿后面和跗跖外侧面的皮肤。

①牛 足底内侧神经沿趾屈肌腱的内侧缘向下伸延，在系关节上方分为趾跖侧第二总神经和趾跖侧第三总神经，前者分布于第二、三趾，后者在趾间隙处又分支分布于第三、四趾。足底外侧神经沿趾屈肌腱的外侧缘向下伸延，称为趾跖侧第四总神经，分布于第四、五趾。

②马 足底内侧神经又称为趾跖侧第二总神经，沿趾屈肌腱的内侧缘向下伸延，分支分布于趾内侧的皮肤及趾关节。在跖部分出一交通支，绕过趾屈肌腱的表面，合并于足底外侧神经。足底外侧神经又称为趾跖侧第三总神经，沿趾屈肌腱的外侧缘向下伸延，分支分布于趾外侧的皮肤及趾关节。

（2）**腓总神经**（*n. peroneus communis*） 在臀股二头肌的深面沿腓肠肌外侧面向前向下伸延，到腓骨近端外侧分为腓浅神经和腓深神经。腓总神经在股部分出皮支，穿出臀股二头肌远端，分布于小腿外侧的皮肤。

①牛 腓浅神经较粗，在跗、跖部的背侧沿趾长伸肌腱向下伸延，至跗关节下方分为外、中、内3支。外侧支延续为趾背侧第四总神经，分布于第四、五趾；中间支为趾背侧第三总神经，向下伸延在趾间隙分支分布于第三、四趾背侧；内侧支为趾背侧第二总神经，分布于第二、三趾背侧。腓深神经沿跖骨的背侧腓肠肌和趾外侧伸肌的沟中向下伸延，至系关节上方与趾背侧第三总神经吻合，下行于两主趾间，分支分布于第三、四趾轴侧面。

②马 腓浅神经沿趾长伸肌与趾外侧伸肌之间向下伸延，分布于趾外侧伸肌以及小腿跗外侧的皮肤。腓深神经在小腿近端分出肌支，分布于小腿背外侧肌肉（趾长伸肌、腓骨第三肌和胫前肌）之后，其主干迅速变细，沿趾长伸肌深面继续下行至跗关节的背侧面而分为一内侧支和一外侧支。内侧支又称为跖背侧第二神经，沿第三跖骨背侧面向下延续为第三趾背内侧神经。外侧支又称为跖背侧第三神经，随同跖背侧第三动脉下行延续为第三趾背外侧神经。以上两支分布于趾背内侧和趾背外侧的皮肤。

3. 闭孔神经（*n. obturatorius*） 沿髂骨内侧面向后向下伸延，穿出闭孔，分支分布于闭孔外肌、耻骨肌、内收肌和股薄肌。

4. 臀前神经（*n. glutaeus cranialis*） 出坐骨大孔，分数支分布于臀肌和股阔筋膜张肌。

5. 臀后神经（*n. glutaeus cranialis*） 沿荐坐韧带外侧面向后伸延，分支分布于臀股二头肌、臀浅肌、臀中肌和半腱肌。此外，还分出皮支，分布于股后部的皮肤。

二、脑神经

脑神经共 12 对，多数从脑干发出，通过颅骨的一些孔出颅腔（图 5-20、图 5-21、图 5-22）。根据脑神经所含的纤维种类，即感觉纤维和运动纤维，将脑神经分为感觉神经、运

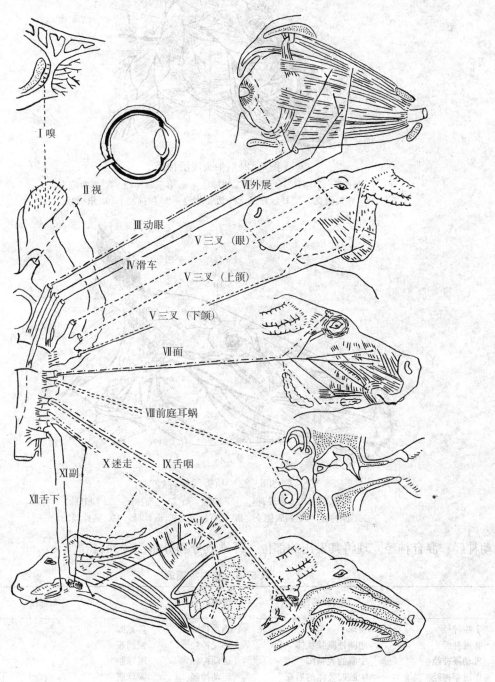

图 5-20 脑神经分布示意图
-----感觉纤维　——运动纤维　—·—·—副交感纤维

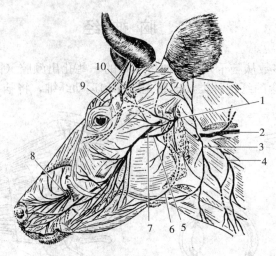

图 5-21 牛头浅层神经
1. 面神经 2. 副神经 3. 第二颈神经 4. 第三颈神经 5. 颊背侧支
6. 颊腹侧支 7. 耳颞神经 8. 眶下神经 9. 额神经 10. 角神经

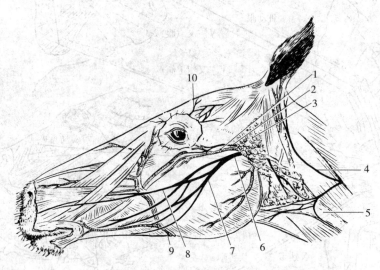

图 5-22 马头浅层神经
1. 面横动脉 2. 颞浅神经 3. 腮腺 4. 第二颈神经 5. 颈静脉
6. 面神经 7. 颊腹侧支 8. 颊背侧支 9. 面动脉 10. 额神经

动神经和混合神经。现将其发出的部位、纤维成分和分布部位列表 5-5。

表 5-5 脑神经简表

名称	与脑联系部位	纤维成分	分布部位
Ⅰ 嗅神经	嗅球	感觉神经	鼻黏膜
Ⅱ 视神经	间脑外侧膝状体	感觉神经	视网膜
Ⅲ 动眼神经	中脑的大脑脚	运动神经	眼球肌
Ⅳ 滑车神经	中脑四叠体的后丘	运动神经	眼球肌
Ⅴ 三叉神经	脑桥	混合神经	面部皮肤、口鼻腔黏膜、咀嚼肌
Ⅵ 外展神经	延髓	运动神经	眼球肌

(续)

名　称	与脑联系部位	纤维成分	分布部位
Ⅶ面神经	延髓	混合神经	面、耳、睑肌和部分味蕾
Ⅷ前庭耳蜗神经	延髓	感觉神经	前庭、耳蜗和半规管
Ⅸ舌咽神经	延髓	混合神经	舌、咽和味蕾
Ⅹ迷走神经	延髓	混合神经	咽、喉、食管、气管和胸、腹腔内脏
Ⅺ副神经	延髓和颈部脊髓	运动神经	咽、喉、食管以及胸头肌和斜方肌
Ⅻ舌下神经	延髓	运动神经	舌肌和舌骨肌

（一）嗅神经

嗅神经（n. olfactoril）为感觉神经，传导嗅觉，由鼻腔嗅黏膜内的嗅细胞的轴突构成。轴突集合成许多嗅丝，经筛孔入颅腔，止于嗅球。

（二）视神经

视神经（n. opticus）为感觉神经，传导视觉，由眼球视网膜内的节细胞的轴突穿过巩膜集合而成，经视神经管入颅腔，部分纤维与对侧的视神经纤维交叉，形成视交叉，以视束止于间脑的外侧膝状体。视神经在眶窝内被眼球退缩肌包围。

（三）动眼神经

动眼神经（n. oculomotorius）为运动神经，起于中脑的动眼神经核，由大脑脚脚间窝外侧缘中部出脑，经眶孔（马）或眶圆孔（牛）至眼眶，分支分布于眼球肌肉。有纤维至睫状神经节，该节为副交感神经节，发出纤维分布于瞳孔括约肌和睫状肌。

（四）滑车神经

滑车神经（n. trochlearis）为运动神经，是脑神经中最细小的神经，起于中脑滑车神经核，在前髓帆前缘出脑，经滑车神经孔或眶孔（马）或眶圆孔（牛）出颅腔，分布于眼球上斜肌。

（五）三叉神经

三叉神经（n. trigeminus）为混合神经，是脑神经中最大的神经，由大的感觉根和小的运动根与脑桥侧部相连。感觉根上有大的三叉神经节，分出眼神经、上颌神经和下颌神经。运动根加入下颌神经。

1. 眼神经（n. ophthalmicus） 为三叉神经中最细的一支，属感觉神经，经眶孔（马）或眶圆孔（牛）出颅腔，分支分布于泪腺、上睑提肌、颞区皮肤。在牛还分出角神经和额窦支，前者分布于角基部；后者细小，分布于额窦黏膜。

2. 上颌神经（n. maxillaris） 为三叉神经最大的分支，经圆孔（马）或眶圆孔（牛）出颅腔，在翼腭窝中分为3支：颧神经、眶下神经和翼腭神经。颧神经较细，分支分布于下眼睑及其附近的皮肤，并有交通支与泪腺神经相连。眶下神经为上颌神经的主干，经眶下管出眶下孔，在眶下管内有分支分布于上齿、齿龈和上颌窦黏膜，出眶下孔后分布于鼻背侧的皮肤、上唇和颊前部的皮肤以及鼻唇镜（牛）的皮肤和黏膜。翼腭神经分布于鼻腔黏膜、硬腭、软腭。

3. 下颌神经（n. mandibularis） 为混合神经，经破裂孔（马）或卵圆孔（牛）出颅腔，分为下列几支：咬肌神经、颞深神经、翼肌神经、颊神经、耳颞神经、舌神经、下齿槽神经。其中前3支为运动神经，分布于咬肌、颞肌、翼肌等咀嚼肌。颊神经分布于颊部和下唇黏膜。耳颞神经分布于下颌、面部、颞部、耳前部皮肤。舌神经分出分支分布于舌黏膜、口腔底的黏膜以及齿龈。下齿槽神经与同名血管进入下颌管，其末端自颏孔穿出，称为颏神经，分布于下唇及颏部的皮肤和黏膜。下齿槽神经在入下颌管前有分支到下颌舌骨肌和二腹肌前腹；在下颌管内分支分布于下颌齿和齿龈。

（六）外展神经

外展神经（n. abducens）为运动神经，与动眼神经一起经眶孔（马）或眶圆孔（牛）穿出颅腔分布于眼肌。

（七）面神经

面神经（n. facialis）为混合神经，与前庭耳蜗神经一起进入内耳道，在内耳道底两神经分离，面神经进入岩颞骨的面神经管中，最后经茎乳突孔穿出颅腔。面神经在面神经管中伸延时，依管的形状而形成一弯曲，称为面神经膝，此部有圆形的膝神经节（ganglion geniculi），为感觉神经节。面神经大部分由运动神经纤维构成，主要支配颜面肌肉的运动。面神经在面神经管内分出鼓索神经。鼓索神经含副交感节前纤维和味觉纤维，其中副交感节前纤维至下颌神经节内交换神经元，节后纤维分布于下颌腺和舌下腺；味觉纤维随舌神经分布于舌前部 2/3 的味蕾。

（八）前庭耳蜗神经

前庭耳蜗神经（n. vestibulocochlearis）属感觉神经，由前庭神经根和耳蜗神经根共同组成。

前庭神经（n. vestibularis）为司平衡觉的感觉神经，其神经元的胞体位于内耳道底部的前庭神经节内，其周围突分布于内耳的球囊斑、椭圆囊斑和壶腹嵴的毛细胞。中枢突构成前庭神经，经内耳道入颅腔与延髓相连，止于延髓前庭神经核。

耳蜗神经（n. cochlearis）为司听觉的感觉神经，其神经元的胞体位于内耳的螺神经节内，其周围突随螺旋骨板分布于听觉感受器（螺旋器），中枢突组成耳蜗神经，亦经内耳道入颅腔与延髓相连，止于延髓蜗神经核。

（九）舌咽神经

舌咽神经（n. glossopharyngeus）为混合神经，分布于咽和舌，感觉纤维司咽部的感觉和舌后 1/3 的味觉，运动纤维支配咽肌。舌咽神经穿出颅腔后，在咽外侧沿舌骨大支伸延，分为一咽支和一舌支。咽支分布于咽肌和咽黏膜。舌支较咽支粗，分支分布于软腭、咽峡和舌根。

（十）迷走神经

迷走神经（n. vagus）为混合神经，含 4 种神经纤维成分，其中副交感纤维即内脏运动纤维是迷走神经的主要成分，主要分布于胸、腹腔内脏器官，支配心肌、平滑肌和腺体的活动；躯体运动纤维支配咽、喉部和食管骨骼肌；内脏感觉纤维来自咽、喉、气管、食管以及胸、腹腔内脏器官；躯体感觉纤维来自外耳皮肤。

迷走神经是脑神经中行程最长、分布区域最广的神经，迷走神经穿出颅腔后与副神经伴行，向下至颈总动脉分支处则与颈交感干并列，并有结缔组织包被形成迷走交感干，沿颈总动脉的背侧缘、气管的两侧面向后伸延，至胸廓前口处，迷走神经与交感干分离，经锁骨下动脉腹侧入胸腔，在纵隔中继续向后伸延，约于支气管背侧分为一背侧支和一腹侧支，左、右迷走神经的背侧支在食管背侧合成迷走神经背侧干，左、右迷走神经的腹侧支在食管的腹侧合成迷走神经腹侧干，分别沿食管的背侧和腹侧向后伸延，随食管经膈的食管裂孔进入腹腔。

迷走神经食管腹侧干入腹腔后分出胃壁面支和肝支。胃壁面支在牛分布于瘤胃、网胃壁面和幽门，在马分布于胃壁面和幽门；肝支除形成肝丛分布于肝和胆管外，还分布于十二指肠，在牛还分布于瓣胃和皱胃壁面。腹侧干有交通支与迷走神经背侧干相连。

迷走神经食管背侧干分出胃脏面支和腹腔丛支。胃脏面支在牛分布于瘤胃，在马分布于胃脏面；腹腔丛支与交感神经一起随腹腔动脉、肠系膜前动脉和肾动脉以及它们的分支分布于肝、胃、脾、胰、小肠、大肠和肾等器官。

迷走神经沿途分出的分支有咽支、喉前神经、喉返神经、心支和支气管支等。

咽支分布于咽肌和食管的前段。

喉前神经较咽支粗，在颈外动脉起始部由迷走神经分出，向前下方伸延至喉外侧，分内、外两支：内支穿经甲状软骨裂分布于喉黏膜；外支分布于喉肌（环甲肌）。

喉返神经中右喉返神经约对着第二肋骨处由右迷走神经分出，绕过右锁骨下动脉、肋颈动脉的后方至气管的右下缘，沿气管向前伸延至颈部。左喉返神经约对着第四肋骨处由左迷走神经分出，绕过主动脉弓的后面沿气管的左下缘向前伸延，经心前纵隔至颈部，于是左、右喉返神经分别沿左、右颈总动脉的下缘向前伸延至颈前端时，即离开颈总动脉而位于食管与气管之间，分支分布于食管、气管、喉肌。在胸前口有分支与颈中神经节相连。

心支在胸腔内由迷走神经分出，常与交感神经的心支和喉返神经的分支共同形成心神经丛，分支分布于心和大血管。

支气管支在肺根部自迷走神经分出，沿支气管入肺。

（十一）副神经

副神经（*n. accessorius*）为运动神经，由两根组成。脑根纤维起自延髓疑核，脊髓根纤维起于颈前段脊髓灰质腹侧柱的运动神经元，与舌咽神经和迷走神经根丝排成一列，自颈静脉孔（牛）或破裂孔后部（马）穿出颅腔，但脑根纤维在穿出颅腔之前即加入迷走神经，分布于咽肌和喉肌。副神经穿出颅腔后在寰椎翼腹侧分为一背侧支和一腹侧支。背侧支分布于斜方肌，腹侧支分布于胸头肌。

（十二）舌下神经

舌下神经（*n. hypoglossus*）为运动神经，根丝在锥体后部外侧与延髓相连，经舌下神经孔穿出颅腔，在颅腔腹侧向下向后伸延穿过迷走神经和副神经之间伸至颈外动脉的外侧面，并分布于舌肌和舌骨肌。

三、植物性神经

（一）植物性神经的特点

植物性神经（*systema nervosum vegetatiium*）是分布于内脏器官、血管和皮肤的平滑肌、心肌和腺体等的传出神经。一般不包括传入纤维，传入神经元的胞体位于脑和脊神经节，行程与躯体神经相同。植物性神经与躯体神经的运动神经相比较，具有下列结构和机能上的特点：

（1）躯体运动神经支配骨骼肌，而植物性神经支配平滑肌、心肌和腺体。

（2）躯体运动神经神经元的胞体存在于脑和脊髓，神经冲动由脑和脊髓传至效应器只需一个神经元。植物性神经的神经冲动由中枢部传至效应器则需通过两个神经元，第一个神经元称为节前神经元，位于脑干和脊髓灰质外侧柱，由它发出的轴突称为节前纤维；第二个神经元，称为节后神经元，位于外周神经系植物性神经节内，由它发出的轴突称为节后纤维。节前纤维离开中枢后，在植物性神经内与节后神经元形成突触；节后神经元发出的节后纤维将中枢发出的冲动传至效应器（图5-23）。节后神经元的数目较多，一个节前神经元发出的节前纤维可与多个节后神经元在植物性神经节内形成突触，这有利于许多效应器同时活动。

植物性神经节根据位置可分3类：位于脊柱椎体两侧的称为椎旁神经节或椎旁节；位于脊柱下方的称为椎下神经节或椎下节；位于所支配的器官旁或器官内的统称为终末神经节或终末节。椎下节数目不多，较大的有腹腔神经节、肠系膜前神经节和肠系膜后神经节等，它们都在腹腔中，位于同名动脉起始部附近。椎旁节的数目较多，位于相应的椎间孔附近。

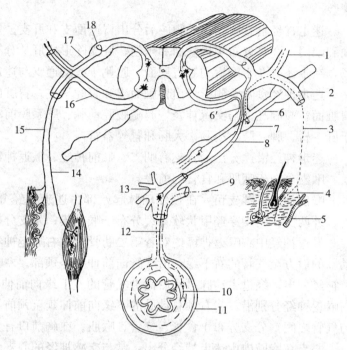

图5-23　脊神经和植物性神经反射径路模式图
1.脊神经背侧支　2.脊神经腹侧支　3.交感节后神经纤维　4.竖毛肌　5.血管　6.交感神经干　6′.交通支　7.椎旁神经节　8.交感节前纤维　9.副交感节前神经纤维　10.副交感节后神经纤维　11.消化管　12.交感节后神经纤维　13.椎下神经节　14.脊神经运动神经纤维　15.感觉神经纤维　16.腹侧根　17.背侧根　18.脊神经节

（3）躯体运动神经纤维一般为粗的有髓纤维，且通常以神经干的形式分布；而植物性神经的节前纤维为细的有髓纤维，节后纤维为细的无髓纤维，伸延途中常攀附于脏器或血管表面，形成植物性神经丛，再由神经丛发出分支分布于效应器。

（4）躯体运动神经一般都受意识支配；而植物性神经在一定程度上不受意识的直接控制，具有相对的自主性，故又称为自主神经（$systema\ nervosum\ autonomicum$）。

（二）交感神经和副交感神经的比较

植物性神经根据形态和机能的不同，分交感神经和副交感神经两部分，都具有上述自主神经的共同特点，现仅就它们之间的主要不同点分述如下：

（1）交感神经的节前神经元存在于胸腰段脊髓的灰质外侧柱，称为胸腰部；而副交感神经的节前神经元主要存在于脑干（中脑、脑桥、延髓）和荐段脊髓的灰质外侧柱，故称为颅荐部。

（2）交感神经的节后神经元在椎旁节或椎下节，其发出的节后纤维要经过较长的路径才能到达效应器；副交感神经的节后神经元在终末节，其发出的节后纤维经过较短路径就能到达效应器。

（3）畜体的绝大部分器官或组织都接受交感神经和副交感神经的双重支配，但交感神经的支配更广。一般认为肾上腺髓质、四肢血管、头颈部的大部分血管以及皮肤的腺体和竖毛肌等没有副交感神经支配。

（4）交感神经和副交感神经对同一器官的作用也不相同，在中枢神经的调节下，既相互对抗，又相互统一。例如，当交感神经活动增强时，表现为心跳加快、血压升高、支气管舒张和消化活动减弱，以适应在机体运动加强时代谢旺盛的需要；而当副交感神经活动增强时，则表现心跳减慢、血压下降、支气管收缩和消化活动增强，以适应体力的恢复和能量储备的需要。

（三）交感神经

交感神经（n. sympatheticus）（图5-24）的节前神经元位于脊髓胸1~腰4节段的灰质外侧柱，交感神经的节后神经元主要位于椎旁节和椎下节，也有少数节前纤维直接伸到器官附近的终末节，与其中的节后神经元形成突触。节前纤维经腹侧根至脊神经，出椎间孔后离开脊神经，形成单独的神经支，即白交通支，进入相应节段的椎旁节。此时节前纤维通过3种途径与节后神经元形成突触：一些节前纤维终止于本节段的椎旁节；一些节前纤维向前或向后伸延，终止于前方或后方的椎旁节；另一些节前纤维穿过椎旁节后离开脊柱，向下伸延终止于椎下节。上述向前及向后走行的节前纤维互相连接，形成长的交感神经干，也就是说交感干是由椎旁节和节间支连接而成的，它位于脊柱的两侧，前达颅底，后至尾椎。

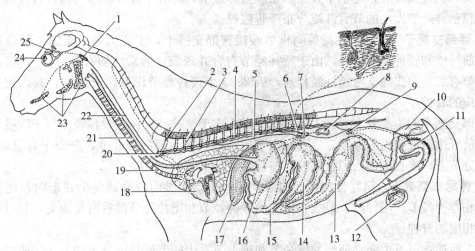

图5-24 交感神经分布模式图（实线示节前神经纤维，虚线示节后神经纤维）
1. 颈前神经节 2. 白交通支 3. 灰交通支 4. 交感神经干 5. 内脏大神经 6. 内脏小神经
7. 腹腔肠系膜前神经节 8. 肾 9. 肠系膜后神经节 10. 直肠 11. 膀胱 12. 睾丸 13. 大结肠
14. 盲肠 15. 小肠 16. 胃 17. 肝 18. 心 19. 气管 20. 星状神经节 21. 食管
22. 颈部交感干 23. 唾液腺 24. 眼球 25. 泪腺

节后神经元发出的节后纤维也有3种去向：椎旁节发出的节后纤维组成灰交通支，返回脊神经，伴随脊神经分布于躯干和四肢的血管、皮肤腺和竖毛肌；或攀附在动脉周围形成神经丛，伴随动脉分支至内脏器官；节后纤维以细的内脏支形式直接到内脏器官。

交感神经干可分颈部、胸部、腰部和荐尾部。

1. 颈部交感干 由第一至第六胸段脊髓发出的节前纤维和颈前、颈中、颈后3个交感神经节组成。它沿气管的背外侧和颈总动脉的背侧缘向前伸延，常与迷走神经合并成迷走交感干。迷走交感干和颈总动脉一起包在同一个结缔组织鞘内。

颈前神经节 最大，呈纺锤形，位于颅底腹侧。发出的节后纤维攀附于颈内动脉和颈外动脉表面，形成颈内动脉神经丛和颈外动脉神经丛，分布于头部的腺体（唾液腺、泪腺、汗腺）和平滑肌（瞳孔开大肌、睫状肌、立毛肌、血管）。

颈中神经节 有时缺如或合并于颈后神经节，位于颈后部，发出的节后纤维组成心支（颈心神经）加入心丛，分布于心、主动脉、气管和食管。

颈后神经节 位于第一肋骨椎骨端内侧，与第一、二胸交感神经节合并成颈胸神经节或称为星状神经节。向四周发出节后纤维，向前上方发出椎神经，伴随椎动脉向前穿行于颈椎各横突孔，沿途分支连于第二至第七颈神经；向背侧发出灰交通支与第八颈神经及第一、二胸神经相连，伴随臂神经丛分布于前肢；向后下方发出心支加入心丛，分布于心和肺。

2. 胸部交感干 紧贴于胸椎的腹外侧面，由椎旁神经节和节间支组成。神经节的数目与胸椎的数目相等。在每一椎间孔附近有一个椎旁神经节，每个椎旁神经节都以白交通支和灰交通支与相应的胸神经相连。胸部交感干的主要分支有：①部分节后纤维组成心支（胸心神经）、肺支、主动脉支和食管支，参与同名神经丛。②通过灰交通支伴随所有的胸神经伸延，分布于胸壁。③部分节前纤维离开交感干，组成内脏大神经和内脏小神经，向后伸延，穿过膈脚背侧进入腹腔，终止于腹腔肠系膜前神经节，内脏小神经还参与构成肾神经丛。腹腔肠系膜前神经节发出的节后纤维分布于腹腔脏器。

3. 腰部交感干 较细，在最后胸椎后端接胸部交感干，主要由第一至第三腰段脊髓发出的节前纤维和腰神经节组成，由于腰神经节有合并现象，通常每侧有2~5个。仅前几个腰神经节有灰、白交通支与腰神经相连，后2、3个腰神经节没有白交通支，只以灰交通支连于相应的脊神经。

腰部交感干的主要分支有：①通过灰交通支连于腰神经，伴随腰神经分布于腹壁。②大部分节前纤维组成腰内脏神经，后者发出节后纤维到肠系膜后神经节，分布于骨盆腔器官。③小部分节前纤维直接伸入到骨盆腔，参与盆神经丛。

4. 荐尾部交感干 沿荐骨盆侧面向后伸延，主要由腰前段脊髓发出并走向荐尾部的节前纤维和荐神经节、尾神经节组成。所有的荐神经节和尾神经节没有白交通支，只以灰交通支连于相应的脊神经。

综上所述，可见由交感神经的椎旁节和椎下节发出的节后纤维分布如下：①通过灰交通支使交感神经纤维加入到每一对脊神经内，伴髓脊神经分布于血管、皮肤的腺体和竖毛肌。②颈前神经节的分支攀附于头部血管及连于脑神经（第一、第八对除外），伴随血管和脑神经分布于头部的腺体和平滑肌。③颈中神经节和颈后神经节的分支分布于心、气管、肺、食管以及前肢和颈部的血管和皮肤。④腹腔肠系膜前神经节的分支分布于胃、肠、肝、胰、肾和脾等。⑤肠系膜后神经节的分支分布于结肠、直肠、输尿管、膀胱以及公畜的睾丸、附睾、输精管或母畜的卵巢、输卵管和子宫等。

（四）副交感神经

副交感神经（n. parasympatheticus）（图 5-25）的节前神经元的胞体位于脑干和荐段脊髓，节后神经元的胞体位于所支配器官旁或器官内，统称为终末神经节。用肉眼或用低倍解剖镜可见到的终末节主要有睫状神经节、翼腭神经节、下颌神经节和耳神经节等。这些神经节一般也有交感神经纤维通过，但并不在该节内交换神经元。

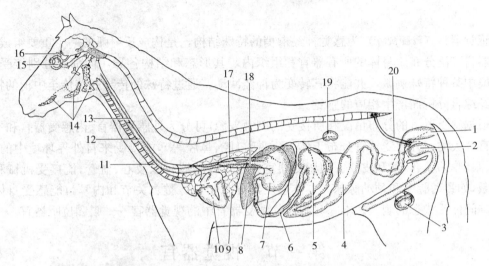

图 5-25 副交感神经分布模式图（实线示节前神经纤维，虚线示节后神经纤维）
1. 直肠 2. 膀胱 3. 睾丸 4. 大结肠 5. 盲肠 6. 小肠 7. 胃 8. 肝 9. 肺 10. 心 11. 气管 12. 食管 13. 迷走神经 14. 唾液腺 15. 眼球 16. 泪腺 17. 迷走神经食管背侧干 18. 迷走神经食管腹侧干 19. 肾 20. 盆神经

1. 颅部副交感神经　颅部副交感神经节的前纤维行走于动眼神经、面神经、舌咽神经和迷走神经内，到相应的副交感终末神经节交换神经元，其发出的节后纤维到达所支配器官。

（1）动眼神经内的副交感神经节前纤维伴随动眼神经腹侧支进入眼球，终止于睫状神经节；换元后，节后纤维形成若干支小的睫状短神经，至眼球的瞳孔括约肌和睫状肌。

（2）面神经内的副交感神经节前纤维伴随面神经出延髓后分为两部分：一部分纤维通过翼腭神经节更换神经元后，节后纤维伴随上颌神经至泪腺、腭腺和鼻腺；另一部分纤维经鼓索加入舌神经，于下颌神经节更换神经元后，节后纤维至舌下腺和下颌腺。

（3）舌咽神经内的副交感神经节前纤维伴随舌咽神经出延髓后，顺次经鼓室神经、鼓室丛和岩小神经而终止于耳神经节；换元后，节后纤维经耳颞神经至腮腺，经颊神经至颊腺。

（4）迷走神经内的副交感神经节前纤维起自延髓的迷走神经背核，伴随迷走神经分支伸延，在终末神经节换元，节后纤维至腹腔中大部分器官（详见本节迷走神经）。

2. 荐部副交感神经　荐部或盆部副交感神经的节前纤维由第二至第四节荐部脊髓灰质外侧柱发出，伴随第三、第四荐神经腹侧支出荐盆侧孔，形成1~2支盆神经，向腹侧伸延至直肠或阴道外侧，与腹下神经一起形成盆神经丛。丛内有许多盆神经节，盆神经的纤维部分在此终止并换元，部分在终末节换元。节后纤维分布于降结肠、直肠、膀胱、母畜的子宫和阴道以及公畜的阴茎等器官。

（崔　燕）

第六章 感觉器官

感觉器官（receptor）为感觉神经末梢的特殊结构，是构成反射弧的一个重要组成部分。感受器官广泛分布于身体的所有器官和组织内，其形态和结构各异，但都能分别接受体内、外环境中某种特殊刺激，并能将其转变为神经冲动，通过特殊的传导通路传至中枢的特定区域，经综合分析而产生相应的感觉。

根据感受器官的分布情况和所接受的刺激来源，可分为外感受器官、内感受器官和本体感受器官3大类。外感受器官分布于体表（包括口腔、鼻腔等），能接受来自外界环境中的刺激，如耳、眼、嗅黏膜、味蕾和皮肤。内感受器官分布于内脏器官以及心、血管，能接受机械和化学的刺激，如颈动脉窦和颈动脉球。本体感受器分布于肌、腱、关节和内耳，能感受身体各部分在空间位置状态的刺激。本章只叙述外感受器官中的视觉器官——眼和位听器官——耳。

第一节 视觉器官

视觉器官（organum visus）能感受光波的刺激，经视神经传至脑的视觉中枢而产生视觉。视觉器官由眼球和辅助装置组成。

一、眼 球

眼球（bulbus oculi）是视觉器官的主要部分，位于眼眶内，呈前、后略扁的球形，后端借视神经与间脑相连。由眼球壁和眼球内容物两部分组成（表6-1）。

表6-1 眼球的组成结构

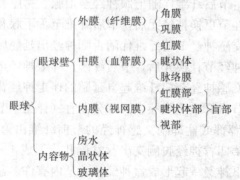

（一）眼球壁

眼球壁由3层构成，从外向内依次为纤维膜、血管膜和视网膜（图6-1、图6-2）。

1. 纤维膜（tunica fibrosa） 为眼球的外壳，由致密结缔组织构成，厚而坚韧，有保

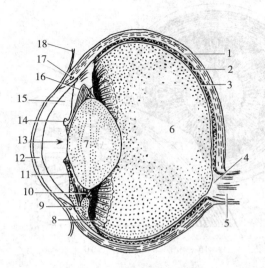

图 6-1 眼球纵切面模式图
1.巩膜 2.脉络膜 3.视网膜 4.视乳头
5.视神经 6.玻璃体 7.晶状体 8.睫状突
9.睫状肌 10.晶状体悬韧带 11.虹膜
12.角膜 13.瞳孔 14.虹膜粒 15.眼前房
16.眼后房 17.巩膜静脉窦 18.球结膜

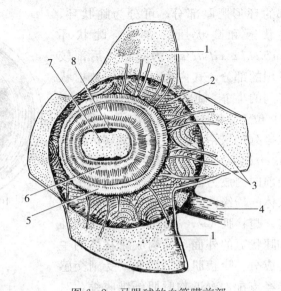

图 6-2 马眼球的血管膜前部
（角膜切除，巩膜翻开）
1.巩膜 2.脉络膜 3.睫状静脉 4.视神经
5.睫状肌 6.虹膜 7.瞳孔 8.虹膜粒

护眼球内部结构和维持眼球外形等作用。纤维膜又分前部的角膜和后部的巩膜。

（1）角膜（cornea） 约占纤维膜的前 1/5，无色透明，有一定的弹性，呈内凹外凸的表面玻璃样，是眼球折光装置中的重要部分。角膜无血管，但含有丰富的神经末梢，感觉灵敏，轻触角膜可引起闭眼动作，称为角膜反射。角膜上皮有很强的再生能力，损伤后很容易修复，但如果损伤严重，则形成疤痕，或因炎症、溃疡而变浑浊，都会严重影响视力。

（2）巩膜（sclera） 约占纤维膜的后 4/5，呈乳白色，不透明，主要由大量互相交织的胶质纤维束和少量的弹性纤维构成。巩膜前缘接角膜，交界处的深面有巩膜静脉窦，是眼房水流出的通道；后下部有视神经纤维穿过形成的巩膜筛区，该部较薄。

2. 血管膜（tunica vascularis） 位于纤维膜和视网膜之间，含有丰富的血管和色素细胞，有供给眼球内部组织营养和吸收眼球内散射光线的作用，并形成暗的环境，有利于视网膜对光和色的感应。血管膜由前向后可分为虹膜、睫状体和脉络膜 3 部分。

（1）虹膜（iris） 是血管膜最前部的环状膜，呈圆盘状，位于晶状体的前方，从眼球前面透过角膜可以看到。虹膜中央有一孔，称为瞳孔（pupilla）。猪的瞳孔呈圆形；其他家畜为横椭圆形；马属动物瞳孔游离缘有一些小颗粒状突起，称为虹膜粒（granula iridisa）。虹膜中富含色素细胞、血管、平滑肌和神经等，因色素细胞的多少和分布情况的不同而使虹膜呈现不同色彩。牛的呈暗褐色，绵羊的呈蓝色。虹膜内有两种平滑肌：一种叫瞳孔括约肌，呈环状围于瞳孔缘，受副交感神经支配，在强光下可缩小瞳孔；另一种叫瞳孔开大肌，肌纤维自虹膜缘向瞳孔缘呈放射状排列，受交感神经支配，在弱光下可放大瞳孔。

（2）睫状体（corpus ciliare）（图 6-3） 位于巩膜和角膜移行部的内面，是血管膜中部的环形肥厚部分，可分为睫状环、睫状冠和睫状肌3部分。睫状环（*orbiculus ciliaris*）为睫状体后部较平坦的部分，其内面呈现若干放射状排列的小嵴。睫状冠（*coronaci ciliaris*）位于睫状环之前，其内面呈现放射状排列的皱褶，称为睫状突（*processus ciliaris*）。睫状突向后连于睫状环，向前向内成为游离端，呈环状围于晶状体的周缘，两者借晶状体悬韧带相连。睫状肌（*m. ciliaris*）位于睫状环和睫状冠的外面，是构成睫状体的主要成分。睫状肌属平滑肌，受副交感神经支配，看近物时肌纤维收缩，对睫状体起着括约肌的作用，可使晶状体向前向中移位，晶状体悬韧带松弛，晶状体变凸增厚；看远物时，肌纤维舒张，晶状体悬韧带将晶状体拉紧，晶状体凸度变小，这样就能使物像聚焦在视网膜上。因此，睫状肌与晶状体一起构成了眼的调节装置。

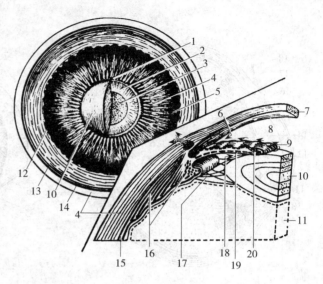

图6-3 眼球前半部后面观
1. 睫状小带 2. 虹膜 3. 瞳孔 4. 睫状突 5. 睫状环
6. 虹膜角膜角 7. 角膜 8. 眼前房 9. 虹膜 10. 晶状体
11. 玻璃体 12. 锯状缘 13. 视网膜 14. 巩膜 15. 脉络膜
16. 睫状肌 17. 睫状小带 18. 眼后房
19. 瞳孔开大肌 20. 瞳孔括约肌

（3）脉络膜（*choroidea*） 宽薄而柔软，呈棕褐色，位于巩膜和视网膜之间，衬于巩膜内面且与之疏松相连，与其内面的视网膜则较紧密相连。脉络膜后部在视神经穿过的背侧，除猪外，有一片呈青绿色带金属色彩的三角区域，称为照膜（*tapetum lucidum*），能反射进入眼球的光线，有助于动物在暗环境下对弱光的感应。

3. 视网膜（*retina*） 是眼球壁的最内层，衬在脉络膜的内面，可分视部和盲部两部分，二者交界处呈锯齿状，称为锯齿缘。

视网膜视部即通常所说的视网膜，衬于脉络膜内面，且与其紧密相连，薄而柔软，在活体略呈淡红色，死后混浊变为灰白色，且易于从脉络膜上剥离。在视网膜后部有一圆形或卵圆形的白斑，称为视神经乳头（*papilla optici*）或视神经盘（*discus n. optici*），其表面略凹，是视神经穿出视网膜的地方，因此处只神经纤维，无感光细胞，没有感光能力，所以又称为盲点。视网膜中央动脉由此分支呈放射状分布于视网膜，分支情况因各种家畜而不同。在视神经乳头的外上方，约视网膜的中央，有一圆形小区，称为视网膜中心，是感光最敏锐的地方，相当于人的黄斑（*macula lutea*）。

视网膜盲部分视网膜睫状体部和虹膜部，分别贴衬于睫状体和虹膜内面，较薄，无感光作用。

（二）内容物

内容物是眼球内一些无色透明的结构，包括呈液态的眼房水、固态的晶状体和胶状半流动的玻璃体。它们与角膜一起，构成眼球的折光系统。

1. 眼房和眼房水 眼房（*camera oculi*）为位于角膜和晶状体之间的腔隙，它又被虹膜分为眼前房和眼后房两部分,前、后房经瞳孔相通。眼房水（humor aqueulls）为充满于眼房内的透明水样液,主要由睫状体分泌产生。眼房水除折光外,还有运输营养和代谢产物以及维持眼内压的作用。当房水循环发生障碍时,房水增多眼内压升高,临床上称为青光眼,严重者可致失明。马丝虫的幼虫常寄生于眼房水内,俗称为混睛虫,可采取手术刺破角膜随房水放出。

2. 晶状体（lens crystallina）　呈双凸透镜状,富有弹性,位于虹膜之后、玻璃体之前,周缘借晶状体悬韧带连接于睫状体上。晶状体悬韧带随睫状肌的收缩和舒张,可改变晶状体的凸度,以调节焦距。晶状体后面的凸度比前面大,其实质主要由多层纤维构成,外面包有一层透明而有高度弹性的晶状体囊（capsula lentis）。晶状体无血管,从不发炎,但常因外伤、中毒以及新陈代谢障碍等因素,造成晶状体变性而发生混浊,致使光线不能通过,临床上称为白内障。

3. 玻璃体（corpus vitreum）　为无色透明的胶冻状物质,充满于晶状体与视网膜之间,外包一层透明的玻璃体膜,并附着于视网膜上。玻璃体前面凹,容纳晶状体,称为晶状体窝。玻璃体除折光外,还有支持视网膜的作用。

二、眼球的辅助装置

眼球的辅助装置有眼睑、结膜、泪器、眼球肌和眶骨膜等（图6-4、图6-5）,起保护、运动和支持眼球的作用。

（一）眼睑

眼睑（palpabrae）为覆盖于眼球前方的皮肤褶,俗称眼皮,有保护眼球的作用,可避免外伤和强光刺激。

眼睑可分上眼睑和下眼睑（马的薄而灵活）,其游离缘上长有睫毛（cilia）。上、下眼睑之间的裂隙称为睑裂（rima palpebrarum）,其内、外两端分别称内侧角和外侧角。眼睑外侧面覆盖皮肤,中间主要为眼轮匝肌,内侧面附有睑结膜。

第三眼睑（palpebra tertia）又称为瞬膜,为位于眼内侧角的半月状结膜褶,常见色素,内有一块软骨,软骨深部有第三睑腺围绕。第三眼睑在闭眼或向一侧转动头部时,可覆盖到角膜的中部。

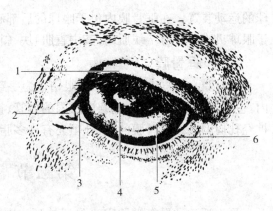

图6-4　马左眼
1. 上眼睑　2. 泪阜　3. 第三眼睑
4. 瞳孔　5. 结膜　6. 下眼睑

（二）结膜

结膜（conjunctiva）为富有血管的透明薄膜,按其分布分为3部分:睑结膜、球结膜和结膜穹隆。被覆在眼睑内面的一薄层湿润而富有血管的膜称为睑结膜（conjunctiva palpebralis）,正常情况下呈淡红色,在发绀、黄胆或贫血时极易显示不同的颜色,因此在临床上常作为诊断某些疾病的重要依据。睑结膜折转覆盖于眼球巩膜前部的部分,称为球结膜（conjunctiva bulbi）。在睑结膜和球结膜之间的裂隙为结膜囊（smells conjunctiva）。

（三）泪器

泪器包括泪腺和泪道两部分。泪腺（glandula lacrinalis）呈浅面凸、深面凹的扁卵圆形。位于眼球背外侧，眼球与眶上突之间，有十余条导管开口于眼睑结膜囊。泪腺分泌泪液，借眨眼运动分布于眼球和结膜表面，有润滑和清洁的作用。

泪道为泪液的排泄通道，由泪小管、泪囊和鼻泪管组成。泪小管为两条起始于眼内侧角处的两个小裂隙（泪点），汇注于泪囊的短管。泪囊为膜性囊，位于泪骨的泪囊窝内，呈漏斗状，为鼻泪管的起始端膨大部。鼻泪管位于骨性鼻泪管中，马的长，沿鼻腔侧壁向前、向下延伸，开口于鼻腔内，泪液在此随呼吸的空气蒸发。

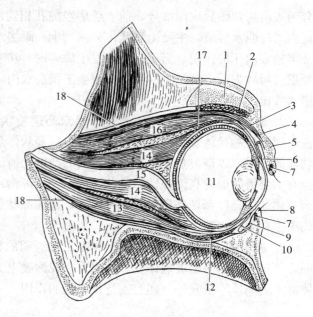

图6-5　眼的辅助器官
1.额骨眶上突　2.泪腺　3.眼睑提肌　4.上眼睑　5.眼轮匝肌
6.结膜囊　7.睑板腺　8.下眼睑　9.眼睑结膜　10.眼球结膜
11.眼球　12.眼球下斜肌　13.眼球下直肌　14.眼球退缩肌
15.视神经　16.眼球上直肌　17.眼球上斜肌　18.眶骨膜

（四）眼球肌

眼球肌（m. oculi）属横纹肌，为眼球的运动装置，在眶骨膜内包于眼球的后部和视神经周围，起于视神经孔周围的眼眶壁，止于眼球巩膜。共有7块肌肉，其中直肌4块、斜肌2块和1块眼球退缩肌，使眼球灵活运动。

（五）眶骨膜

眶骨膜（periobita）又称为眼鞘，为一致密坚韧的纤维膜。略呈圆锥形，位于骨性眼眶内，包围于眼球、眼球肌、泪腺以及眼的血管、神经等周围，圆锥基附着于眼眶缘，锥顶附着于视神经孔周围。在眶骨膜的内、外填充有许多脂肪，与眼眶和眶骨膜一起构成眼的保护器官。

第二节　位听器官

耳为听觉和平衡觉器官，包括外耳、中耳和内耳3部分。外耳收集声波，中耳传导声波，内耳为听觉感受器和位觉感受器所在的部位（图6-6）。

一、外　耳

外耳（auris externa）由耳廓、外耳道和鼓膜3部分组成。

1. 耳廓（auricula）　其形状、大小因家畜种类和品种不同而异，一般呈漏斗状，上端较大，向前开口；下端较小，连于外耳道。耳廓背面隆凸，称为耳背，与耳背相对应的凹面称为舟状窝，其前、后两缘向上汇合于耳尖；下端为耳基（耳根），附着于岩颞骨的外耳道上，其周围有脂肪垫。耳廓由耳廓软骨、皮肤和肌肉等构成。耳廓软骨属弹性软骨，是构成耳廓的支架，其形状与耳廓形状相同，耳廓软骨基部外面包有脂肪垫。软骨内、外被覆皮肤，内面皮肤薄，与软骨连接较紧，并形成一些嵴状纵褶，上部生有长毛，向下逐渐变细而稀，皮肤内含有丰富的皮脂腺。耳廓肌肉，简称为耳肌，附着于耳廓软骨基部，共有10余块，在家畜比较发达，因此耳廓可以灵活运动，便于收集声波。

2. 外耳道（meatus acusticus externus） 为由耳廓基部到鼓膜的一条管道，分软骨性外耳道和骨性外耳道两部分。软骨性外耳道由环状软骨构成，其外侧端与耳廓软骨直接相连，内侧端以致密结缔组织与岩颞骨外耳道相连接。骨性外耳道位于岩颞骨内，断面呈椭圆形，内侧端孔比外侧端孔小且呈斜面，有鼓膜环沟，鼓膜即嵌于沟内。外耳道

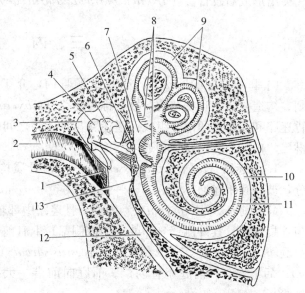

图 6-6 耳的构造模式图
1. 鼓膜 2. 外耳道 3. 鼓室 4. 锤骨 5. 砧骨
6. 镫骨及前庭窗 7. 前庭 8. 椭圆囊和球囊 9. 半规管
10. 耳蜗 11. 耳蜗管 12. 咽鼓管 13. 耳蜗窗

的内表面被覆皮肤，软骨性外耳道的皮肤较厚，具有短毛、皮脂腺和特殊的耵聍腺。耵聍腺为变态的汗腺，分泌耳蜡，又称为耵聍。

3. 鼓膜（membrana tympani） 为位于外耳道底部、介于外耳与中耳之间的一片坚韧而具有弹性的卵圆形半透明膜，略向内凹陷，将外耳与中耳分隔。鼓膜随音波振动把声波刺激传导到中耳。

二、中　耳

中耳（auris media）包括鼓室、听小骨和咽鼓管3部分。

1. 鼓室（cavum tympani） 为位于岩颞骨内部的一个小腔体，内面被覆黏膜，外侧壁以鼓膜与外耳道隔开，内侧壁为骨质壁或迷路壁，与内耳为界。在内侧壁上有一隆起，称为岬（promontorium）。岬的前方有前庭窗（fenestra vestibuli），被镫骨底及其环状韧带封闭；后方有蜗窗（fenestra cochleae），被第二鼓膜封闭。鼓室的前壁有孔通咽鼓管。

2. 听小骨（ossicula auditus） 很小，共3块，由外向内依次为锤骨、砧骨和镫骨。它们彼此借关节相连成听骨链，一端以锤骨柄附着于鼓膜，另一端以镫骨底的环状韧带附着于前庭窗。听小骨可将声波对鼓膜的振动传递到内耳，并能增大压强。与听小骨运动有关的肌肉有鼓膜张肌和镫骨肌，能调节鼓膜的紧张度和调节对内耳的压力，对鼓膜和内耳有保护作用。

3. 咽鼓管（tuba auditiva） 为一衬有黏膜的软骨管，一端开口于鼓室的前下壁，另一端开口于咽侧壁，即中耳与鼻咽部的通道。空气从咽腔经此管到鼓室，可以维持和调节鼓膜内、外两侧大气压力的平衡，防止鼓膜被冲破。马属动物的咽鼓管黏膜在咽的后上方和颅

底突出形成咽鼓管囊（divedculm ltubae audidvae）。

三、内　耳

内耳（auris interna）　位于岩颞骨内，介于鼓室内侧壁与内耳道之间，为形状不规则、构造复杂的管状结构，故也称为迷路（labyrinth）。由互相套叠的两组管道组成，即由骨迷路和膜迷路两部分组成。膜迷路与骨迷路之间的间隙充满着外淋巴，膜迷路内充满着内淋巴。内、外淋巴互不相通。

1. 骨迷路（labyrinthus osseus）　由密骨质构成，可分为前庭、骨半规管和耳蜗3部分，彼此互相连通。

（1）前庭（vestibulum）　为位于骨迷路中部较为膨大的似椭圆形的腔隙，在骨半规管与耳蜗之间。其外侧壁（即鼓室的内侧壁）上有前庭窗和蜗窗。内侧壁为内耳道底，壁上有前庭嵴，嵴的前方有一球囊隐窝（recessus sacculi）；后方有一椭圆囊隐窝（recessus utriculi）；后下方有一前庭小管内口。前庭向前借一大孔与耳蜗相通，后部有4个小孔通骨半规管。

（2）骨半规管（canales semicirculares ossei）　位于前庭的后上方，为3个彼此互相垂直的半环形骨管，按其位置分别称为上骨半规管、后骨半规管和外侧骨半规管。每个半规管一端膨大，称为壶腹；另一端称为脚，上半规管与后半规管的脚合并为一总骨脚。因此，3个骨半规管以5个开口与前庭相通。

（3）耳蜗（cochlea）　位于前庭前下方，形似蜗牛壳，蜗顶朝向前外侧，蜗底朝向后内对着内耳道底。耳蜗由一蜗轴和环绕蜗轴的骨螺旋管构成（图6-7）。蜗轴（modiolus）由松骨质构成，呈圆锥状，轴底即内耳道底的一部分，该处凹陷，有许多小孔，供耳蜗神经通过。骨螺旋管的圈数在各种动物不同，马、羊约2周半，猫3周，犬约3周半，牛3周半，猪4周。骨螺旋管为环绕蜗轴3周半的螺旋状中空骨管，一端通前庭；另一端为盲端，位于蜗顶。在骨螺旋管内，自蜗轴伸出一片不连接骨螺旋管对侧壁的骨螺旋板，其缺损处由膜迷路（耳蜗管）填补封闭，将骨螺旋管分为上、下两部。上部称为前庭阶，下部称为鼓阶。因而耳蜗内有3条管，即上方的前庭阶，中间的耳蜗管，下方的鼓阶。前庭阶起于前庭的前庭窗，鼓阶起于前庭的蜗窗，两者在蜗顶相交通，且均充满外淋巴。

2. 膜迷路（labyrinthus membranaceus）　为套入骨迷路内的封闭型膜性管道，管径较小，借纤维束固定于骨迷路，

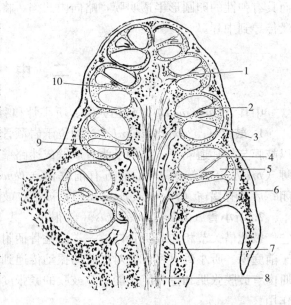

图6-7　豚鼠耳蜗纵切面
1. 螺旋器　2. 前庭膜　3. 骨螺旋板　4. 前庭阶
5. 蜗管　6. 鼓室阶　7. 蜗轴　8. 耳蜗神经
9. 螺旋神经节　10. 螺旋韧带

与骨迷路对应地分为膜半规管、膜前庭（椭圆囊和球囊）和膜蜗管3部分。3部分管腔相互连通，腔内都有内淋巴。管壁黏膜一般由单层扁平上皮和薄层结缔组织构成。

(1) 膜半规管（memberanous ducts semicirculares） 位于骨半规管内，在骨壶腹内的部分也相应膨大为膜壶腹（membranous ampullar）。膜壶腹外侧壁上黏膜隆起形成壶腹嵴（crista ampullaris），是位置（平衡）觉感受器，能感受旋转变速运动的刺激。

(2) 膜前庭 包括椭圆囊（utriculus）和球囊（sacculus） 位于前庭内，椭圆囊在后上方，球囊在前下方，两者间有小管相连。椭圆囊外侧壁黏膜隆起形成椭圆囊斑。球囊较小，其前壁黏膜隆起形成球囊斑。斑由毛细胞和支持细胞组成，表面盖有一层耳石膜。椭圆囊斑和球囊斑是位置觉感受器，与静止时的位置感觉有关，并能感受直线变速运动的刺激。

(3) 膜蜗管（cochlear duct） 是骨螺旋管内的一个膜管。在耳蜗内，以盲端起于前庭，盘绕2周半，以盲端终于蜗顶。蜗管与骨螺旋板共同将骨蜗管内腔完全分隔成上、下两部。上部称为前庭阶（scala vestibuli），下部称为鼓阶（scala tympani），两阶均有外淋巴。膜蜗管在顶部盲端附于螺旋板钩，两者与蜗轴间形成一孔，称为蜗孔（helicotrema）。前庭阶与鼓阶借蜗孔相通。蜗管膜上有耳蜗管的横断面，呈三角形，可分顶壁、底壁和外侧壁，顶壁为前庭膜，底壁为骨螺旋板和基膜，外侧壁为复层柱状上皮称血管纹。在底壁的基膜上有螺旋器（organum spirale），又称科蒂氏器官，为听觉感受器。螺旋器呈带状，由耳蜗底伸延至耳蜗顶，由毛细胞（神经上皮细胞）和支持细胞组成，上方覆盖有一片胶质盖膜。毛细胞基底部与耳蜗神经末梢形成突触。

耳廓收集的声波，经外耳道传至鼓膜，引起鼓膜的振动，并经听小骨链传至前庭窗，引起前庭阶外淋巴振动，进而振动前庭膜、基底膜和蜗管的内淋巴。前庭阶外淋巴的振动也经蜗孔传至骨阶，使基底膜振动发生共振，基底膜的振动使盖膜与毛细胞的纤毛接触，引起毛细胞兴奋，冲动经耳蜗神经传入脑的听觉中枢而产生听觉及听觉反射。

（赵慧英）

第七章 内分泌系统

内分泌系统（systema endocrinum）主要包括内分泌腺和内分泌组织。

内分泌腺是指结构上独立存在的内分泌器官，如垂体、肾上腺、甲状腺、甲状旁腺和松果腺等。其构造特点是没有输出导管，因此又称为无管腺，其分泌物称为激素。激素是一种高效化学物质，分泌后直接进入血液或淋巴，随血液循环周流全身，作用于靶器官或靶细胞，以调节各器官系统的功能活动，这种调节称为体液调节。通过体液调节方式，对机体的新陈代谢、生长发育和繁殖起着重要的调节作用。各种内分泌腺的功能活动相互联系，而且内分泌腺还要受到神经系统和免疫系统活动的影响，三者互相作用和调节，共同组成一个网络，即神经—内分泌—免疫网络。

内分泌组织是散在于其他器官中的内分泌细胞群，如胰腺内的胰岛、卵巢内的黄体、睾丸内的间质细胞、肾小球旁器等。

此外，还有散在的内分泌细胞单个分布于许多器官内，种类多，数量大，使得许多器官兼有内分泌功能，包括神经内分泌、胃肠内分泌、胎盘内分泌等。

第一节 内分泌腺

一、垂体

垂体（hypophysis）又称为脑垂体，是体内重要的内分泌腺，它与下丘脑有直接的联系，并与其他内分泌腺有密切的生理联系。它直接受控于中枢神经系统，调节其他内分泌腺的功能活动。

垂体（图7-1）为一卵圆形小体，其形状、大小在各种家畜略有不同。垂体位于脑的底面，在蝶骨构成的垂体窝内，借漏斗连于下丘脑。垂体可分为结节部（pars tuberalis）、远侧部（pars distalis）、中间部（pars intermedia）和神经部（pars nervosa）。结节部、远侧部和中间部合称为腺垂体（adenohypophysis）；神经部称为神经垂体（neurohypophysis）。

马的垂体如蚕豆大，远侧部和中间部之间无垂体腔；牛的垂体窄而厚，漏斗长而斜向后下方，远侧部和中间部之间有垂

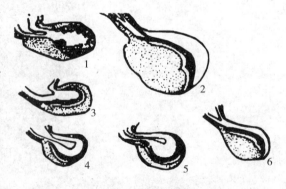

图7-1 不同动物脑垂体的正中矢状面模式图
（点示远侧部与结节部，黑色示中间部）
1. 马 2. 牛 3. 犬 4. 猪 5. 猫 6. 羊

体腔；猪的垂体较小，同牛一样有垂体腔；犬的脑垂体较小，呈一个卵圆形小腺体；猫的脑垂体呈一个小的圆锥体。

腺垂体能分泌生长激素、催乳激素、黑色细胞刺激素、促肾上腺皮质激素、促甲状腺激素、促卵泡激素、促黄体激素或促间质细胞激素等多种激素。这些激素除参与机体生长发育的调节外，还能影响其他内分泌腺的功能。

垂体神经部是一个储存和释放激素的地方，由下丘脑视上核和室旁核所运送来的加压素（抗利尿激素）和催产素在此释放。

二、肾上腺

肾上腺（glandula suprarenales）是成对的红褐色器官，位于肾的前内侧。肾上腺外包被膜，其实质可分为外层的皮质部和内层的髓质部（图7-2）。皮质部呈黄色，分泌多种激素，参与调节机体的水盐代谢和糖代谢；髓质部呈灰色或肉色，分泌肾上腺素和去甲肾上腺素。肾上腺的被膜由致密不规则的结缔组织构成，可见少量平滑肌纤维。由被膜发出薄的小梁穿入皮质，但很少进入髓质。

马的肾上腺呈长扁圆形，长为4~9cm，宽为2~4cm，位于肾内侧缘的稍前方，一般右肾上腺稍大。

牛的两个肾上腺形状、位置不同，右肾上腺呈心形，位于右肾的前端内侧；左肾上腺呈肾形，位于左肾的前方。

羊的左、右肾上腺均为扁椭圆形。

猪的肾上腺狭而长，位于肾内侧缘的前方。

犬的两侧肾上腺的形态、位置也不同，右肾上腺略呈菱形，处于右肾内缘前部与后腔静脉之间，左肾上腺较大，呈现不规则的梯形，前宽后窄，背腹扁平，位于左肾前端内侧与腹主动脉之间。

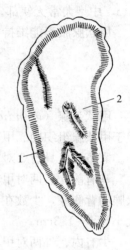

图7-2 肾上腺横断面
1. 皮质 2. 髓质

三、甲状腺

甲状腺（glandula thyreoidea）位于喉后方、前几个气管环的两侧和腹面，可分为左、右两个侧叶（lobi）和连接两个侧叶的腺峡（isthmus glandularis）。各种家畜甲状腺的形状不同（图7-3）。

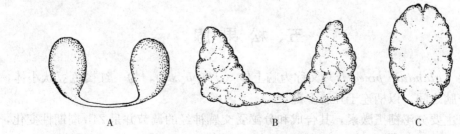

图7-3 甲状腺的形态
A. 马 B. 牛 C. 猪

马的甲状腺由两个侧叶和峡组成，侧叶呈现红褐色，卵圆形，长为3.4~4cm，宽约为2.5cm，厚约为1.5cm。腺峡不发达，为由结缔组织构成的窄带，连接侧叶的后端。

牛的甲状腺侧叶较发达，色较浅，呈不规则的三角形，长为6~7cm，宽为5~6cm，厚约为1.5cm。腺小叶明显。腺峡较发达，由腺组织构成。

绵羊的甲状腺呈长椭圆形，位于气管前端两侧与胸骨甲状舌骨肌之间，腺峡不发达。山羊的甲状腺左右两侧叶不对称，位于前几个气管环的两侧，腺峡较小。

猪的甲状腺的侧叶和腺峡结合为一整体，呈深红色，位于胸前口处气管的腹侧面。长为4~4.5cm，宽为2~2.5cm，厚为1~1.5cm。

犬的甲状腺处于气管前部，位于第六、七气管环的两侧，腺体呈红褐色，包括两个侧叶和两叶之间的腺峡。侧叶长而窄，呈扁平椭圆形，腺峡部形状不定，大型犬峡部宽度可达1cm，中型犬常无峡部。

甲状腺激素能维持机体的正常代谢、生长和发育，对神经系统也有影响。

四、甲状旁腺

甲状旁腺（glandula parathyreoideae）是圆形或椭圆形的小腺体，位于甲状腺附近或埋于甲状腺组织中。甲状旁腺被膜很薄，实质的腺细胞密集排列，有主细胞和嗜酸细胞两种。家畜一般具有2对甲状旁腺，体积似粟粒。

马有前、后两对甲状旁腺。前甲状旁腺大多数位于食管和甲状腺前半部之间，有些在甲状腺的背侧缘，少数在甲状腺内面。后甲状旁腺位于颈后1/4的气管上。两侧腺体不对称，大小为1~1.3cm。

牛有内、外两对甲状旁腺，外甲状旁腺5~8mm，通常位于甲状腺的前方，靠近颈总动脉。内甲状旁腺较小（1~4mm），通常位于甲状腺的内侧面，靠近甲状腺的背缘或后缘。

猪只有一对甲状旁腺，大小不定，为1~5mm，位于颈总动脉分叉处附近。有胸腺时，则埋于胸腺内。

犬的甲状旁腺位于两个甲状腺相对的两端上面，即两个甲状腺的外上方，而另外两个在其内下方。

甲状旁腺能分泌甲状旁腺激素，其作用主要是通过增强破骨细胞对骨质的溶解从而升高血钙，使血钙维持在一定水平。甲状旁腺素还可以促进肾小管对钙的重吸收，抑制肾小管对磷的重吸收，因此会降低血磷。

五、松果腺

松果腺（glandula pinealis）又称为脑上体（dpiphysis），为一红褐色豆状小体，位于四叠体与丘脑之间，以柄连于丘脑上部。

松果腺主要分泌褪黑激素，其合成和分泌受交感神经的调节并呈24h周期性变化，其高峰值在夜晚，这种激素的作用是抑制性腺和副性器官的发育，防止性早熟等作用。光照能抑制松果腺合成褪黑激素，促进性腺活动。

第二节 内分泌组织

(一) 胰 岛
胰岛位于胰腺内,是胰腺的内分泌部,由不规则的细胞团组成。主要分泌胰岛素和胰高血糖素,对调节糖、脂肪和蛋白质的代谢,维持正常血糖水平起着十分重要的作用。

(二) 睾丸内的内分泌组织
睾丸内的内分泌组织主要是间质细胞,分布在睾丸曲精小管之间的结缔组织中,能分泌雄激素(主要是睾丸酮),促进雄性生殖器官发育及第二性征的出现。此外,睾丸内的支持细胞可分泌少量雌激素。

(三) 卵巢内的内分泌组织
卵泡膜是包围卵泡的间质细胞层,分内、外两层,主要分泌雌激素。黄体(corpus luteum)由排卵后的卵泡细胞和卵泡膜内层细胞演化而成,分泌孕酮和雌激素。

(四) 其他内分泌组织或细胞
心房壁内的一些细胞可分泌心房肽,消化道内有胃肠内分泌细胞,可分泌消化道激素。

下丘脑(hypothalamus)虽不属于内分泌腺,但与内分泌系统有着密切的联系。一方面,下丘脑内室上核、室旁核等轴突投射到神经垂体,其分泌物也在神经垂体内储存;另一方面,下丘脑分泌的多种神经肽通过垂体门脉系统到达腺垂体,对腺垂体的分泌活动进行调节,从而组成下丘脑-垂体-性腺轴、下丘脑-垂体-肾上腺轴等,对整个内分泌系统产生影响。

(王彩云)

中 篇
家禽解剖

第八章

家禽解剖

家禽包括鸡、鸭、鹅和鸽等，属于脊椎动物的鸟纲，因为适应飞翔时的生理功能，在漫长的进化过程中身体构造形成了一系列特点。由于人类长期驯化，家禽除鸽外已丧失飞翔能力，但身体构造并没有重大改变。

第一节 运动系统

一、骨和关节

禽骨强度大而重量较轻。强度大是由于骨密质非常致密，含无机质钙盐较多，加之躯干部有些骨已互相愈合。重量轻是由于成禽的气囊扩展到许多骨的骨髓腔里，取代骨髓而成为含气骨。禽的骨在生长发育过程中不形成骨骺的次级骨化中心，所以无骨骺和骺软骨，骨的加长主要依赖于骨端软骨的增生和骨化。产蛋期前的雌禽，在具有丰富血液供应的长骨、盆骨和肋骨等骨内，有细的骨针从骨内膜向骨髓腔生长形成骨小梁，称为髓骨（os medullare），随着蛋壳形成的周期而增生和破坏，可以储存或释放出钙盐，以补充肠吸收钙之不足。随着年龄的增长，骨重占体重百分比下降，骨中无机物含量增加，成年鸡这些指标维持在一定水平。肉用鸡生长快，如果饲养管理不当，由于骨组织的增生、分化和骨化不相一致，可导致多种骨关节畸形。

家禽全身的骨由躯干骨、头骨、前肢骨和后肢骨组成（图8-1）。

（一）躯干骨

躯干骨包括脊柱、肋和胸骨。

脊柱由颈、胸、腰、荐和尾椎5部分组成。

禽的颈一般较长，颈椎数目较多（鸡14，鸭15，鹅17，鸽12）；关节突发达，椎体的关节面呈鞍状，椎间软骨内无髓核。颈部运动灵活。胸椎数目较少（鸡、鸽7，鸭、鹅9），椎体和横突具有与肋相接的小窝，鸡和鸽的第二至第五胸椎愈合，第七胸椎与腰荐骨有愈合；鸭和鹅仅后2～3个胸椎与腰荐骨愈合。腰椎、荐椎以及一部分尾椎愈合成一整块，称为综荐骨（synsacrum），共有11～14节。因此，禽类脊柱的胸部和腰荐部活动性较小。分离的尾椎数目较少（4～9个）；最后一块是由几节尾椎在胚胎期愈合形成的尾综骨（pygostyle），为尾脂腺和尾羽的附着提供骨质基础。

肋的对数与胸椎一致。除最前1～2对外，每一肋又分为椎肋骨和胸肋骨两段，互相连接，大致形成直角。椎肋骨与胸椎相接。胸肋骨相当于骨化的肋软骨，除最后1～2对外，与胸骨直接相接。此外，椎肋骨除第一和后2～3个外，均具有钩突（proc. uncinatus），向后附着于后一肋的外面，对胸廓有加固作用。

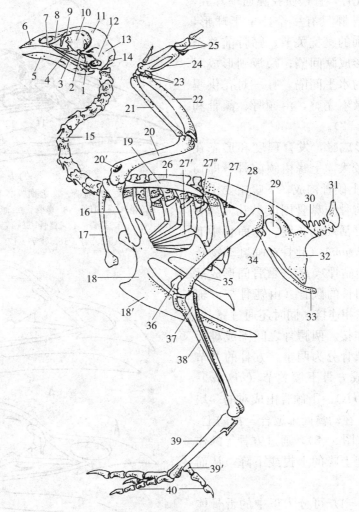

图 8-1 鸡的全身骨骼

1. 方骨 2. 翼骨 3. 颧骨 4. 腭骨 5. 下颌骨 6. 颌前骨 7. 上颌骨 8. 鼻骨
9. 泪骨 10. 眶间隔 11. 额骨 12. 颞骨 13. 顶骨 14. 枕骨 15. 颈椎 16. 乌喙骨
17. 锁骨 18. 胸骨 18′. 胸骨嵴 19. 肩胛骨 20. 肱骨 21. 桡骨 22. 尺骨 23. 腕骨
24. 掌骨 25. 指骨 26. 胸椎 27. 椎肋骨 27′. 胸肋骨 27″. 钩突 28. 髂骨
29. 髂坐孔 30. 尾椎 31. 尾综骨 32. 坐骨 33. 耻骨 34. 闭孔 35. 股骨
36. 髌骨 37. 腓骨 38. 胫骨 39. 大跖骨 39′. 小跖骨 40. 趾骨

胸骨发达，腹侧面沿中线有一胸骨嵴（*crista sterni*），又称为龙骨（*carina*），鸡、鸽特别发达。前缘有一对关节面，与乌喙骨相连接；侧缘有一系列小关节面，与胸肋骨相连接。胸骨向后有一对后外侧突（*proc. caudolateralis*），鸡的特别长，与胸骨体之间形成切迹，鸽则围成卵圆形孔，在活体均以纤维膜封闭。此外，鸡和鸽的胸骨还有一对胸突（*proc. thoracicus*）。鸭的胸骨比鸡大。禽类的胸骨非常发达，飞翔能力强的鸟类特别发达、坚固，胸骨突起短小，龙骨突发达。胸骨的背侧面有一些气孔，与气囊相通。

（二）头骨

颅部和面部以大而深的眼眶为界。禽类颅骨在发育过程中愈合成一整体，围成颅腔。颅骨较厚，属含气骨，骨松质腔隙通中耳腔，间接通咽。枕骨髁只有一个，呈半球形，与寰椎形成多轴的寰枕关节。筛骨前移至眶部，垂直板形成眶间隔；筛板则形成眼眶与鼻腔之间的水平间隔，有一对孔供嗅神经通过。眶缘不完整，由颚骨、额骨和泪骨围成（图8-2）。

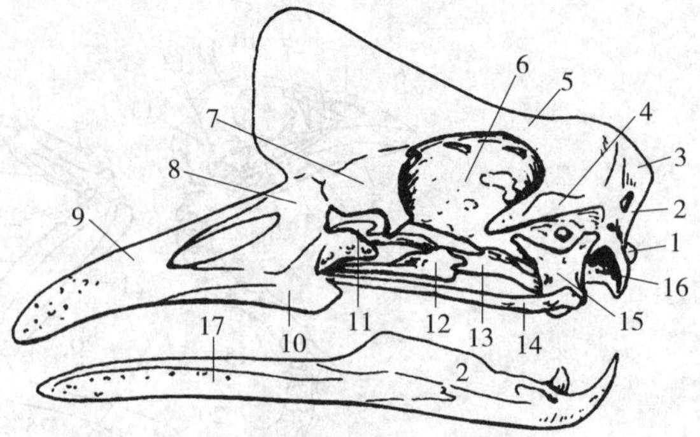

面骨主要形成喙，发育程度和形态在不同禽类差异较大。上喙由颌前骨（即切齿骨）、鼻骨和上颌骨构成；下喙主要由下颌骨构成。颌前骨与鼻骨围成鼻孔，鼻骨与额骨间形成可活动的骨缝。禽面骨中有一方骨（quadratum）（此骨在哺乳动物转移入中耳腔成为砧骨），它与颚骨间形成活动关节，又以细长的颧骨（由轭骨与方轭骨构成）与上喙相连接，同时还通过翼骨、腭骨与上喙相连接。两腭骨之间围成鼻后孔，鸭、鹅以犁骨分为两半。方骨的关节突与下颌骨形成方骨下颌关节（art quadratomandibularis）。下颌骨由成对的5块小骨联合构成，在幼禽尚未愈合。禽的上、下喙在开闭时（图8-3），通过方骨等的作用，还同时引起上喙的上提或下降，从而使口开张较大。

舌骨（图8-4）可分为正中的舌骨体和一对舌骨支。舌骨体顺次由舌内骨（os-entoglossum）和前后基舌骨构成，鸡、鸽舌内骨呈矛形，鸭、鹅呈长板形。舌骨支长，由两段构成，从基舌骨呈半环形绕过颅骨后面而到颅顶。

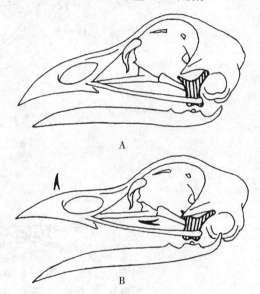

图8-2 鹅的头骨
1. 枕髁 2. 枕骨 3. 顶骨 4. 颚骨 5. 额骨
6. 眶间隔 7. 泪骨 8. 鼻骨 9. 颌前骨 10. 上颌骨
11. 犁骨 12. 腭骨 13. 翼骨 14. 颧骨（轭骨及方轭骨）
15. 方骨 16. 鼓室 17. 下颌骨

图8-3 禽方骨（有纵纹者）作用模式图
A. 喙闭合时　B. 喙开张时

（三）前肢骨

肩带部具有完整的肩带骨，即肩胛骨、乌喙骨和锁骨三骨（图8-1）。肩胛骨狭而长，后端达骨盆，前端与乌喙骨相连接，并一起形成关节盂。乌喙骨（coracoideum）强大而略呈柱状，斜位于胸前口两旁，下端以关节髁与胸骨前缘形成紧密的关节。左、右两锁骨（clavicula）的下端已互相长合，构成叉骨（furcula），鸡、鸽呈"V"形，鸭、鹅呈"U"形，位于胸前口前方。其上端与肩胛骨、乌喙骨相连接，三骨间形成三骨孔（for. triosseum），供肌腱通过。锁骨在禽类飞翔时起着撑开两翼的作用，抵抗空气对

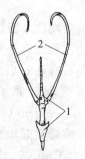

图8-4 舌 骨
1. 舌骨体 2. 舌骨支

翅的反作用力，稳固肩关节的位置。

前肢的游离部为翼骨（ossa alae），分为3段（图8-5），平时折叠成"Z"字形贴于胸廓侧壁。第一段肱骨为含气骨，近端具有大的气孔；第二段前臂骨有桡骨和尺骨，尺骨较发达；第三段相当于前脚，具有腕骨、掌骨和指骨。腕骨只有尺腕骨和桡腕骨两块。掌骨只保留第二、三、四掌骨，第二、三掌骨的两端已互相愈合，第四掌骨仅为一小突起。指骨也相应有3根，每一根指骨分别有2、2、1个指节骨，鸭、鹅则有2、3、2个指节骨。末节指节骨的尖端突出于指外。

肩关节属于鞍状关节，可在展翼和收翼时进行屈伸作用，以及展翼时翼的上、下扑动。尺骨和桡骨的两端之间以关节相连接，因此两骨可作纵向滑动，从而使肘关节和腕关节可同时进行伸屈运动。前脚部的其他关节活动性较小。

（四）后肢骨

盆带部具有髂骨、坐骨和耻骨，三骨在髋臼处愈合成盆带骨，即髋骨（图8-6）。髂骨发达而长，内面凹，以容纳肾。坐骨呈板状，位于髂骨的后部腹侧，二者间形成髂坐孔（for. ilioischiadicum），供坐骨血管和神经通过。耻骨狭长，沿坐骨腹腔侧缘向后延伸，末端突出于坐骨之外，可在肛门略下两侧摸到。在耻骨与坐骨之间，形成小的闭孔。髋臼位于髋骨中部，底部常有孔，以薄膜封闭。髋臼的后上部有一被覆软骨的隆起，称为对转子突（proc. antitrochantericus）。髋骨与脊柱的腰荐骨以骨性接合和韧带连合形成骨盆。两侧髋骨在腹侧并不互相连接，因此骨盆底壁是敞开的，以便产出大而带硬壳的卵。

后肢的游离部为腿骨，分为4段（图8-7）。第一段是股骨，较短，特别在鸭、鹅。近端有股骨头和大转子；下端形成滑车和两个髁。股骨滑车的前方有髌骨（膝盖骨）。第二段小腿骨有胫骨和腓骨：胫骨较长而发达，

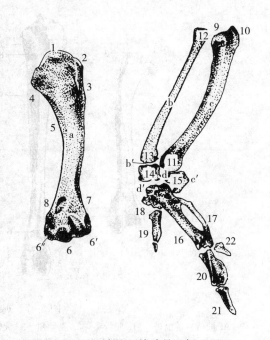

图8-5　鸡的左前肢骨（侧面观）
a. 肱骨　b. 桡骨　b'. 桡腕关节　c. 尺骨
c'. 腕尺关节　d. 腕骨　d'. 腕掌关节
1. 肱骨头　2. 外侧结节　3. 外侧结节嵴　4. 内侧结节
5. 内侧结节嵴　6. 肱骨滑车　6'. 桡侧髁　6". 尺侧髁
7. 桡侧上髁　8. 尺侧上髁　9. 尺骨关节窝　10. 肘突
11. 尺骨滑车关节　12. 桡骨小头　13. 桡骨滑车关节
14. 桡腕骨　15. 尺腕骨　16. 第三腕掌骨　17. 第四腕掌骨
18. 第二腕掌骨　19. 第二指骨　20. 第三指的第一指节骨
21. 第三指的第二指节骨　22. 第四指骨

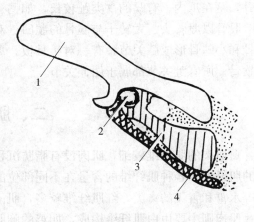

图8-6　幼禽髋骨
1. 髂骨　2. 髋臼　3. 坐骨　4. 耻骨

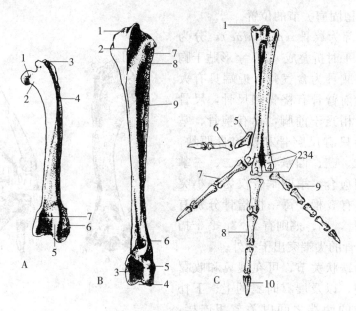

图 8-7 鸡的左后肢骨
A. 股骨（前面观） 1. 股骨头 2. 股骨颈 3. 大转子 4. 嵴 5. 股骨滑车 6. 外侧髁 7. 内侧髁
B. 胫跗骨和腓骨（前面观） 1. 横嵴 2. 内侧嵴 3. 内侧髁
4. 滑车关节 5. 外侧髁 6. 沟 7. 腓骨头 8. 外侧嵴 9. 腓骨体
C. 跗跖骨和趾骨（背面观） 1. 跗跖骨近端关节面 2、3、4. 分别与第二趾、第三趾、第四趾的第一趾节骨成关节的滑车关节 5. 第一趾骨 6. 第一趾 7. 第二趾 8. 第三趾 9. 第四趾 10. 爪

在鸭、鹅几乎为股骨的两倍；腓骨较细，向远端逐渐退化。第三段跖骨有大、小跖骨：大跖骨由第二至第四跖骨愈合而成，仅远端分开；小跖骨相当于第一跖骨，连接于大跖骨远端内侧。跗骨则与胫骨、跖骨合并，因此后两者又称为胫跗骨（tibiotaraus）和跗跖骨（tarsometatarsus）。性成熟公鸡的大跖骨内侧下方有一略向上弯曲的圆锥状突起，是距的骨质基础。老龄母鸡可见到发育不全的距。第四段是趾骨，家禽一般有4个，相当于第一至第四趾。第一趾向后，有2个趾节骨；其余3趾向前，分别有3、4、5个趾节骨。末节趾节骨为爪骨，藏在爪内。有蹼的禽类趾较长，如鸭、鹅，特别是第三趾。

股骨以股骨头、大转子与髋骨的髋臼、对转子突形成髋关节，有较大的稳定性。股骨、髌骨和小腿骨形成膝关节，有一对半月板。禽的跗关节相当于跗间关节，也有两个小的半月板软骨。所有趾关节都属于屈伸关节。

二、肌 肉

禽肌肉的肌纤维较细，肌肉没有脂肪沉积。肌纤维也可分为白肌纤维、红肌纤维和中间型的肌纤维。各种肌纤维的含量在不同部位的肌肉和不同生活习性的禽类有很大差异。鸭、鹅等水禽和善飞的禽类，红肌纤维较多，肌肉大多呈暗红色。飞翔能力差或不能飞的禽类，有些肌肉则主要由白肌纤维构成，如鸡的胸肌，颜色较淡。

禽全身肌肉的数量和分布以及发达程度，因部位而有所不同，与整个身体结构以及各部位的功能活动相适应（图 8-8）。

(一) 皮肌

皮肌薄而分布广泛，主要与皮肤的羽区相联系，控制其紧张和活动。还有几块翼膜肌 (m. patagii) 飞翔时使翼膜保持紧张。

(二) 头部肌

禽无唇、颊和耳郭，鼻孔也不活动，面肌大多退化。相反，咀嚼肌则很发达并有一些特殊的方骨肌，作用于上、下喙，进行采食等活动。舌无固有肌，但具有复杂的外来肌，使舌在采食和吞咽过程中做灵敏而迅速的运动。

(三) 颈部肌

禽头颈的运动异常灵活，有赖于一系列分节性明显的肌肉，作用于颈椎以及枢椎和寰椎。

(四) 躯干肌

背部和腰荐部因椎骨大多愈合，肌肉也大大退化。尾部肌肉则较发达，作用于尾及尾羽。胸廓肌和腹肌的作用主要是维持呼吸。胸廓肌除肋间内肌、肋间外肌和斜角肌外，还有肋胸骨肌 (m. costosternalis)，从胸骨前部向后连接到前几个胸肋骨，收缩和松弛时使两段肋骨之间的角度增大或复原，从而胸骨下降或上提，同时将气囊充气或排气，肺则在此通气过程中进行气体交换。禽肺张缩性很小，也没有膈肌。禽因有发达的胸骨，腹肌很薄弱，主要参与呼气作用，此外也协助排粪和蛋的产出。

(五) 肩带肌和翼肌

肩带肌较复杂，主要通过肩关节作用于翼。其中最发达的是胸部肌，在善于飞翔的禽类可占全身肌肉总重的一半以上。胸部肌有两块：胸肌 (m. pectoralis)（又称为胸浅肌、胸大肌）和乌喙上肌 (m. supracoracoideus)（又称为胸深肌、胸小肌）。它们起始于胸骨、锁骨和乌喙骨以及其间的腱质薄膜。胸肌终止于肱骨近端的外侧，作用是将翼向下扑动。乌喙上肌的止腱则穿过三骨孔而终止于肱骨近端，作用则是将翼向上举。这些肌肉在飞行时对翼提供强大的动力。

翼肌主要分布于臂部和前臂部，飞翔时伸展各关节将翼张开，并维持其一定姿势；静息时则屈曲各关节而将翼收拢。前臂外侧面的掌桡

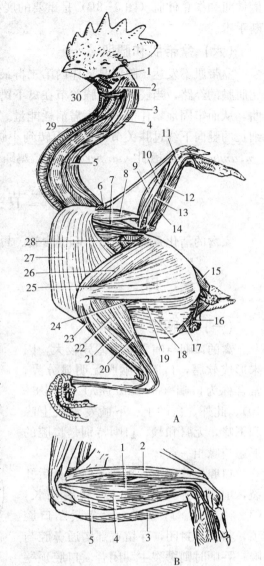

图 8-8 鸡的肌肉

A. 全身肌肉 1. 下颌内收外肌 2. 下颌降肌
3. 复肌 4. 颈二腹肌 5. 颈升肌 6. 翼膜长肌
7. 臂三头肌 8. 臂二头肌 9. 掌桡侧伸肌
10. 旋前浅肌 11. 指浅屈肌 12. 指深屈肌
13. 旋前深肌 14. 腕尺侧屈肌 15. 尾提肌
16. 肛提肌 17. 尾降肌 18. 腹外斜肌
19. 小腿外侧屈肌 20. 腓肠肌 21. 腓骨长肌
22. 第2趾穿孔和被穿屈肌 23. 胫骨前肌
24. 髂腓肌 25、26. 髂胫外侧肌 27. 胸肌
28. 髂胫前肌 29. 胸骨舌骨肌 30. 颌舌骨肌
B. 翼部背侧肌肉 1. 指总伸肌 2. 掌桡侧伸肌
3. 腕尺侧屈肌 4. 掌尺侧伸肌 5. 外上髁尺侧肌

侧伸肌和指总伸肌（图8-8B）是重要的展翼肌，为了限制禽的飞翔活动，可作两肌腱的切断手术。

（六）盆带肌和腿肌

盆带肌不发达。腿肌是禽体内第二群最发达的肌肉，主要分布于股部和小腿部。由于趾屈肌腱的经路，当髋关节、膝关节在禽下蹲栖息而屈曲时，跗关节和所有趾关节也同时被屈曲，从而牢固地攀住栖木，不需消耗能量。后肢肌中的耻骨肌是位于股部前内侧面的小肌，细长的腱向下绕过膝关节外侧面而转到小腿后面，合并入趾浅屈肌内，此肌也称为迂回肌（*m. ambiens*）或栖肌（*m. perching*）。鸡跖部的趾屈肌腱常随年龄增大而骨化。

第二节　消化系统

家禽的消化系统包括口、咽、食管、胃、肠、泄殖腔、肛门和肝、胰等器官（图8-9）。

一、口　咽

（一）口咽腔

禽的口咽与哺乳动物差异较大，因未形成软腭，口腔与咽腔无明显分界，常合称为口咽（*oropharynx*）（图8-10）。此外，禽的上、下颌发育成上喙和下喙，无唇和颊。口咽特别是口腔的形态与喙一致。

口腔顶壁正中有腭裂或称为鼻后孔裂，前部狭而后部宽，鸡和鸽的长，鸭、鹅较短。呼吸时，舌背紧贴口腔顶，将狭部封闭，保留宽部沟通鼻腔与喉；吞咽时则腭裂主动闭合。口腔顶壁的黏膜上形成横列的乳头（鸡、鸽）或纵列的钝圆乳头（鸭、鹅）。咽腔顶壁正中有咽鼓漏斗（*infundibulum pharyngotympanicum*），一对咽鼓管开口于其中。咽腔顶壁以一列（鸡、鸽）或一群（鸭、鹅）咽乳头与食管为界。口腔底壁则大部为舌所占据。舌体与舌根间的舌乳头是口腔与咽的分界。咽腔底壁为喉的所在，以咽乳头与食管为界。

口咽腔的黏膜大部分衬以复层扁平上皮。固有膜内除唾液腺外还分布有淋

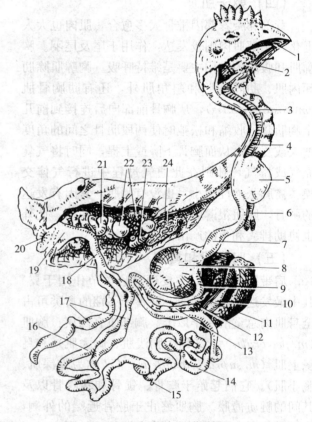

图8-9　鸡消化系统模式图
1. 口腔　2. 咽　3. 食管　4. 气管　5. 嗉囊　6. 鸣管
7. 腺胃　8. 肌胃　9. 十二指肠　10. 胆囊
11. 肝肠管和胆囊肠管　12. 胰管　13. 胰腺　14. 空肠
15. 卵黄囊憩室　16. 回肠　17. 盲肠　18. 直肠　19. 泄殖腔
20. 肛门　21. 输卵管　22. 卵巢　23. 心　24. 肺

巴组织。鸽，特别是鹅，咽鼓漏斗处的淋巴组织含有淋巴滤泡，称为咽鼓管扁桃体。

（二）喙

喙（rostrum）分上喙和下喙，形态因禽的种类而有很大不同。鸡、鸽的喙呈角锥形，大部分被覆以角质化的鞘。雏鸡上喙尖部有角化上皮细胞形成的所谓蛋齿，孵出时可用来划破蛋壳。鸭、鹅的喙呈长匙形，除尖部外大部分被覆光滑而较柔软的所谓蜡膜；喙的边缘形成一系列角质横褶，在水中采食时可将水滤出。蜡膜和横褶内含有丰富的赫氏小体（Herbst corpuscle）等触觉小体。

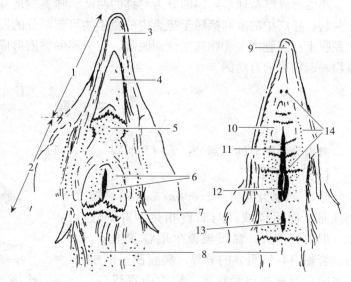

图 8-10 鸡的口咽腔
1. 口腔 2. 咽 3. 下喙 4. 舌尖 5. 舌根 6. 喉及喉口
7. 舌骨支 8. 食管 9. 上喙 10. 硬腭
11、12. 腭裂（又鼻后孔裂）的狭部和宽部
13. 咽鼓漏斗 14. 唾液腺导管开口

（三）舌

舌的形态与下喙相一致。舌体内有舌内骨，舌体与舌根之间以乳头为界。鸭、鹅舌的侧缘具有丝状的角质乳头，与喙缘的横褶一同参与滤水作用。舌无固有肌，主要由舌骨和结缔组织、脂肪组织构成；表面被覆黏膜，没有味觉乳头。味蕾单个或成群分布于唾液腺导管开口周围，主要在舌根和咽部。由于味蕾构造较简单，数量较少，而且食料一般不经咀嚼就较快吞咽，所以味觉对禽的采食作用不大。

（四）唾液腺

唾液腺虽不大但分布很广，在口咽腔的黏膜内几乎连续成一片。口腔顶壁有上颌腺、腭腺和蝶翼腺；底壁有下颌腺、口角腺、舌腺和环勺腺。导管多，开口于黏膜表面，肉眼可见，腺全由黏液性腺细胞构成。

二、食管和嗉囊

食管可分为颈段和胸段。颈段长，管径易扩张，开始位于气管背侧，然后与气管一同偏至颈的右侧而行，直接位于皮下。鸡和鸽的食管在叉骨前形成袋状的嗉囊（ingluvies）。鸭、鹅无真正的嗉囊，但食管颈段可扩大成长纺锤形。后端具有括约肌与胸段为界。胸段伴随气管进入胸腔，通过鸣管与肺之间而行走于心基和肝的背侧，在相当于第三、四肋间隙处略偏向左而与腺胃相接。

食管壁由黏膜、肌膜和外膜构成。黏膜固有层里分布有较大的食管腺，为黏液腺；鸽仅分布于后部，肌膜一般分为两层。食管后端黏膜内含有淋巴组织，形成淋巴滤泡，有时称为食管扁桃体，鸭的较发达。

鸡的嗉囊略呈球形，鸽的分为对称的两叶。嗉囊构造基本与食管相似。嗉囊可储存和软化食料；唾液中的酶和栖居于嗉囊内的微生物可起部分的发酵分解作用。鸽在育雏期，嗉囊的黏膜上皮细胞增生、脂肪变性而脱落，与分泌的黏液形成嗉囊乳，又称为鸽乳，和嗉囊内容物一起用来哺育幼鸽。

三、胃

禽胃分为明显的两部分：腺胃和肌胃（图 8-11）。

（一）腺胃

腺胃又称为前胃（*proventriculus*），短纺锤形，向后以峡部与肌胃相接。胃壁较厚，但内腔不大。黏膜被覆单层柱状上皮，与食管黏膜有较明显的分界。黏膜浅层形成许多隐窝，有如单管状腺，称为前胃浅腺，分泌黏液。前胃深腺为复管状腺，集合成腺小叶分布于黏膜肌层的两层之间，在胃壁切面上肉眼可见。小叶中央为集合窦，腺小管排列于其周围；集合窦以导管开口于黏膜表面的乳头上。鸡、鸽的乳头较大；鸭、鹅的数目较多。前胃深腺相当于家畜的胃底腺，但盐酸和胃蛋白酶原是由一种细胞分泌的。腺胃的肌膜由环肌和纵肌两层构成。

（二）肌胃

家禽主要以谷粒为食，具有发达的肌胃，俗称为肫（gizzard）。形状有如圆形或椭圆形的双凸透镜，质坚实，位于腹腔左

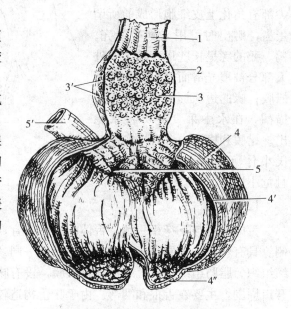

图 8-11 鸡的胃（纵剖开）
1. 食管 2. 腺胃 3. 乳头及前胃深腺开口 3′. 深腺小叶
4. 肌胃的厚肌 4′. 胃角质层 4″. 肌胃后囊的薄肌
5. 幽门 5′. 十二指肠

侧，在肝的两叶之间。肌胃可分为背侧部和腹侧部很厚的体，以及较薄的前囊和后囊。腺胃开口于前囊；肌胃通十二指肠的幽门也在前囊。肌胃的肌膜非常发达，由环行的平滑肌纤维构成，但因富含肌红蛋白而呈暗红色。肌膜可分为构成体部的两块厚肌和前、后囊的两块薄肌。四肌在肌胃两侧以腱中心相连接。肌膜以薄的黏膜下组织与黏膜相连接，无黏膜肌层。

肌胃黏膜被覆柱状上皮，在与腺胃交接部形成中间区（*zona intermedia*），鸡较明显。黏膜固有层里排列有单管状的肌胃腺，以单个或小群（10～13 个）开口于黏膜表面的隐窝。腺及黏膜上皮的分泌物与脱落的上皮细胞一起，在酸性环境中硬化，形成一片胃角质层（*cuticula gastrica*）紧贴于黏膜上，俗称为肫皮（鸡内金），起保护作用。表面不断被磨损，由深部持续分泌、硬化而增补。角质的成分为类角素，是一种糖—蛋白复合物。

肌胃内含有沙砾，因此又称为砂囊。肌胃内的沙砾以及粗糙而坚韧的角质层，在发达的肌膜强力收缩作用下，对食料进行机械研磨加工。因此，肉食性和以浆果为食的禽类，肌胃不发达。

四、肠和泄殖腔

禽的肠也可分为小肠和大肠,但一般较短。在不同家禽,肠长与躯干长(最后颈椎至最后尾椎)之比为:鸽5~8:1,鸭8.5~11:1,鸡7~9:1,鹅10~12:1。

(一)小肠

小肠分为十二指肠、空肠和回肠。十二指肠形成较直、较长的"U"字形肠襻,分为降支和升支两段;位于肌胃右侧,并可由腹腔后部转至左侧。胰位于十二指肠襻内。鸭的十二指肠形成双层马蹄状弯曲。空肠以肠系膜悬挂于腹腔右半,鸡形成10~11圈肠襻。鸭、鹅形成长而较恒定的6~8圈肠襻。空肠的中部有小突起,称为卵黄囊憩室(*diverticulum vitellinum*),是胚胎期卵黄囊柄的遗迹。回肠与盲肠等长,位于两条盲肠之间,三者间有由腹膜构成的韧带联系。

小肠的组织结构(图8-12)基本与哺乳动物相似,特点是没有十二指肠腺,绒毛长,但没有中央乳糜管,脂肪直接吸收入血液;小肠腺较短,黏膜下组织很薄,小肠末端的环肌增厚而形成括约肌。

(二)大肠

大肠包括一对盲肠和一条直肠。盲肠长,沿回肠两旁向前延伸;可分颈、体、顶3部分。盲肠颈较细,开口于回肠-直肠连接处的紧后方,环肌层形成括约肌。盲肠体较宽,逐渐变尖成为盲肠顶。盲肠壁内含有丰富的淋巴组织,在盲肠颈处的淋巴小结集合成盲肠扁桃体(*tonsilla cecalis*),鸡较明显。鸽盲肠很不发达,如芽状。直肠短,没有明显的结肠,因此有时也称为结-直肠。大肠的组织结构与小肠相似,除盲肠顶部外,黏膜也具有绒毛,但较短、较宽。

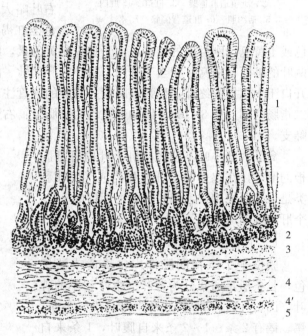

图8-12 鹅十二指肠横切面
1.绒毛 2.肠腺 3.黏膜肌层
4、4′.肌膜的环肌层和纵肌层 5.浆膜

(三)泄殖腔

泄殖腔(*cloaca*)是消化、泌尿和生殖系统后端的共同通道,略呈球形,向后以泄殖孔(*ventus*)开口于外,通常也称为肛门。泄殖腔以黏膜褶分为3部分(图8-13)。前部为粪道(*coprodeum*),与直肠直接连接,较宽大。中部为泄殖道(*urodeum*)最短,向前以环形褶与粪道为界,向后以半月形褶与后部的肛道(*proctodeum*)为界。一对输尿管开口于泄殖道背侧,母鸡的左输卵管开口于左输尿管口的腹外侧,公鸡的输精管末端呈乳头状,开口于

输尿管口的腹内侧。后部为肛道，肛道背侧有腔上囊的开口。肛门由背侧唇和腹侧唇围成。

粪道的组织结构基本与直肠相似，泄殖道和肛道没有真正的绒毛。肛道的壁内具有肛道腺（*gl. proctodeales*）和发达的括约肌。肛道腺为黏液腺，固有层和黏膜下层分布有大量淋巴组织。

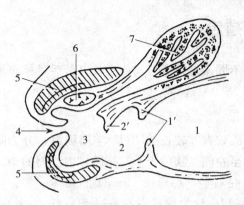

图8-13 幼禽泄殖腔正中矢状面示意图
1. 粪道 1′. 粪道泄殖道襞 2. 泄殖道
2′. 泄殖道肛道襞 3. 肛道 4. 肛门
5. 括约肌 6. 肛道背侧腺 7. 腔上囊

五、肝和胰

（一）肝

肝较大，位于腹腔前下部，分左、右两叶，右叶略大，除鸽外均具有胆囊。成禽的肝为淡褐色至红褐色，肥育的禽因肝内含有脂肪而为黄褐色或土黄色。刚孵出的雏禽，由于吸收卵黄色素，肝呈鲜黄至黄白色，约两周后色转深。肝两叶的脏面有横窝，相当于肝门，每叶的肝动脉、门静脉和肝管由此进出。左叶的肝管直接开口于十二指肠终部，称为肝肠管；右叶的肝管注入胆囊，再由胆囊发出胆囊肠管开口于十二指肠终部（图8-14）。鸽的两支均为肝肠管：右管开口于十二指肠升支；粗的左管开口于降支。

禽肝的肝小叶不明显。肝小叶内肝细胞板的厚度，在鸡是两个肝细胞构成，而哺乳类是一个肝细胞。毛细胆管则由邻接的3~5个肝细胞围成。

（二）胰

胰位于十二指肠肠襻内，淡黄或淡红色，长条形，通常分为背叶、腹叶和小的脾叶（图8-14）。胰管在鸡、鸽有2~3条，鸭、鹅有2条；1~2条来自腹叶，1条来自背叶。所有胰管均与胆管一起开口于十二指肠终部。

胰的外分泌部与家畜相似，为复管泡状腺。内分泌部即胰岛可分为两类：一类主要由甲细胞构成，称为甲胰岛，又称为暗胰岛；另一类主要由乙细胞构成，称为乙胰岛，又称为明胰岛。两种胰岛均含有少数丁细胞。明胰岛中等大小，分散分布于较广范围。暗胰岛大小不一，主要分布于脾叶和部分腹叶。

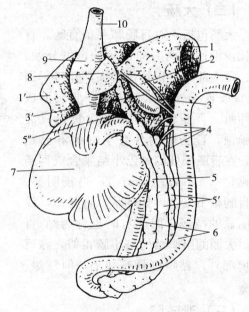

图8-14 鸡的肝和胆管及胰腺和胰管
1、1′. 肝右叶和左叶 2. 胆囊
3、3′. 胆囊肠管和肝肠管 4. 胰管
5、5′、5″. 胰腺背叶、腹叶和脾叶
6. 十二指肠襻 7. 肌胃 8. 脾 9. 腺胃 10. 食管

第三节 呼吸系统

一、鼻　腔

禽鼻腔（图 8-15）较狭。鼻孔位于上喙基部。鸡鼻孔上缘为具有软骨性支架的鼻孔盖；鸽的两鼻孔之间在喙基部形成隆起的蜡膜，其形态是品种的重要特征之一。水禽鼻孔周围为被覆蜡膜的软骨板。鼻中隔大部分由软骨构成。每侧鼻腔侧壁上有 3 个以软骨为支架的鼻甲。前鼻甲与鼻孔相对，为略弯的薄板；中鼻甲较大，鸭、鹅的较长，除鸽外向内卷曲；后鼻甲呈圆形或三角形小泡状，内腔开口于眶下窦，黏膜有嗅神经分布。鸽无后鼻甲。

眶下窦（sinus infraorbitalis）又称为上颌窦，是禽唯一的鼻旁窦。位于眼球的前下方和上颌外侧，略呈

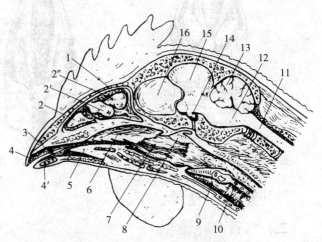

图 8-15　鸡头部纵切面
1. 鼻腔　2、2′、2″. 前、中和后鼻甲　3. 口腔　4、4′. 上、下喙
5. 舌　6. 咽襞　7. 咽　8. 漏斗襞　9. 喉　10. 食管　11. 脊髓
12. 延髓　13. 小脑　14. 垂体　15. 大脑半球　16. 眶间隔

三角形。窦的外侧壁大部分为皮肤等软组织；窦的后上方有两个开口，分别通鼻腔和后鼻甲腔。

鼻前庭的黏膜衬以复层扁平上皮。固有鼻腔和眶下窦的黏膜衬以假复层纤毛上皮，分布有杯状细胞。后鼻甲及其邻近的嗅黏膜衬以嗅上皮，具有嗅腺，禽的嗅区较小。

鼻腺（gl. nasalis）位于眶鼻角附近的额骨凹陷处，被皮肤覆盖。输出管沿鼻骨内面向前，开口于鼻前庭。水禽的鼻腺较发达，特别是在海洋生活的禽类。鼻腺有分泌盐分的作用，又称为盐腺（salt gland）。

二、喉和气管

（一）喉

喉位于咽底壁，在舌根后方（图 8-10），与鼻后孔相对。喉软骨仅有环状软骨和勺状软骨，常随年龄而骨化。环状软骨是喉的主要基础，分为 4 片，以腹侧的体较大，呈长匙形。勺状软骨一对，形成喉口的支架，外面被覆黏膜。喉口呈纵行裂缝。环状软骨与勺状软骨间连接有喉固有肌，浅层肌的作用为扩张喉口，深层肌是关闭喉口。浅层肌和深层肌呈肌性瓣膜，此瓣膜平时开放。仰头时关闭，故鸡吞食、饮水时常仰头下咽（图 8-16）。鸭、鹅的喉软骨较鸡圆而长，已骨化的腹正中嵴从环状软骨体的背侧突入喉腔（图 8-17）。禽的喉无声带。

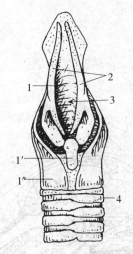
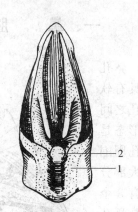
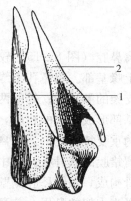

图 8-16 鸡的喉软骨（背侧观）
1、1′、1″. 环状软骨体、翼及前环状软骨
2. 勺状软骨 3. 喉口 4. 气管环

图 8-17 鹅的喉软骨（背侧面和外侧面观）
1. 环状软骨 2. 勺状软骨

（二）气管

气管较长较粗，在皮肤下伴随食管向下行，并一起偏至颈的右侧，入胸腔后转至食管胸段腹侧，至心基上方分为两条支气管，分叉处形成鸣管（syrinx）。气管环数目很多（如鸡有100～130个），是"O"形的软骨环，但随年龄而骨化。相邻气管环互相套叠，可以伸缩，适应颈的灵活运动。沿气管两侧附着有薄的纵行肌带，起始于胸骨和锁骨，一直延续到喉，可使气管和喉做前后颤动，在发声时有辅助作用。禽气管又是通过蒸发散热以调节体温的重要部位。

（三）鸣管

鸣管（图8-18）是禽的发声器官，位于胸腔入口后方，被锁骨气囊包裹。支架为气管的最后几个气管环和支气管最前的几个软骨环，以及气管分叉处呈楔形的鸣骨（pessulus），又称为鸣管托，在鸣骨与支气管之间，以及气管与支气管之间，有两对弹性薄膜，称为内、外侧鸣膜（membranae tympaniformes med. et lat.）。鸣骨将鸣腔分为两部，在同侧的内、外侧鸣膜之间形成狭缝。鸣膜相当于声带，当禽呼气时，受空气振动而发声。公鸭的鸣管因为大部分软骨环互相愈合，并形成膨大的骨质鸣管泡

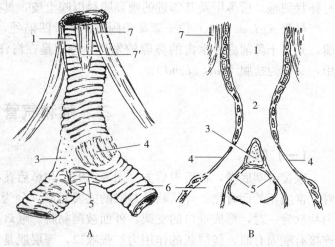

图 8-18 鸡的鸣管
A. 外形 B. 纵剖面
1. 气管 2. 鸣腔 3. 鸣骨 4. 外侧鸣膜
5. 内侧鸣膜 6. 支气管 7、7′. 胸骨气管肌及气管肌

(*bullasyringealis*) 向左侧突出，缺少鸣膜，因此发声嘶哑。鸣禽的鸣管还有一些复杂的小肌肉（图 8-19），能发出悦耳多变的声音。

（四）支气管

支气管经心基上方进入肺门。其支架为"C"字形的软骨环，内侧壁为结缔组织膜。

三、肺

（一）一般形态

禽肺不大，鲜红色，略呈扁平椭圆形或卵圆形，内侧缘厚，外侧缘和后缘薄，一般不分叶（图 8-20A）。两肺位

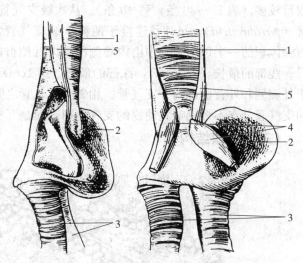

图 8-19 公鸭的鸣管膨大部（背侧面和腹侧面）
1. 气管 2. 膨大部 3. 支气管起始部
4. V 形气管 5. 胸骨甲状肌

于胸腔背侧部，背侧面有椎肋骨嵌入，在背内侧缘形成几条肋沟。肺门位于腹侧面的前部。此外，肺上还有一些与气囊相通的开口。

支气管进入肺门，向后纵贯全肺并逐渐变细，称为初级支气管；后端出肺而连接于腹气囊。从初级支气管上分出 4 群次级支气管（图 8-20B）。内腹侧群（前内侧群）一般有 4 条；内背侧群（后背侧群）和外腹侧群（后腹侧群）各有 8~9 条；外背侧群（后外侧群）较细，

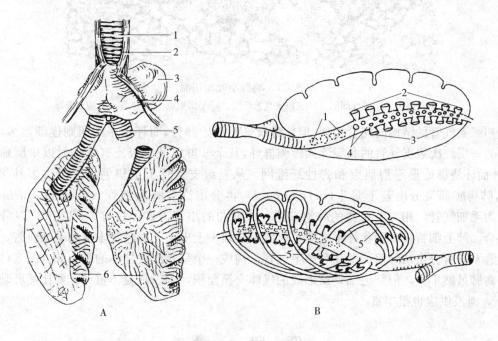

图 8-20 禽肺外形和构造

公鸭气管和肺（腹侧观）：1. 气管 2、4. 气管肌和胸骨气管肌 3. 鸣管泡 5. 支气管 6. 肺（左肺为背侧面）
鸡肺支气管模式图：1. 内腹侧群 2. 内背侧群 3. 外腹侧群 4. 外背侧群次级支气管 5. 三级支气管

数目较多（鸡23~30条，鸭40条）。从次级支气管上分出许多三级支气管，又称为旁支气管（parabronchi），呈襻状连接于两群次级支气管之间，直径为0.5~2.0mm，数目极多，占肺体积的一半以上。其中由内腹侧群到内背侧群的旁支气管在鸡有150~200条，相叠成层。浅部的最长（3~4cm），深部的最短（约1cm），占全肺的2/3。肺的另1/3主要为连接于外腹侧和外背侧群的旁支气管。相邻旁支气管之间，还具有许多横的吻合支。因此，禽肺的支气管分支不形成哺乳动物的支气管树，而是互相连通的管道。

(二) 组织结构

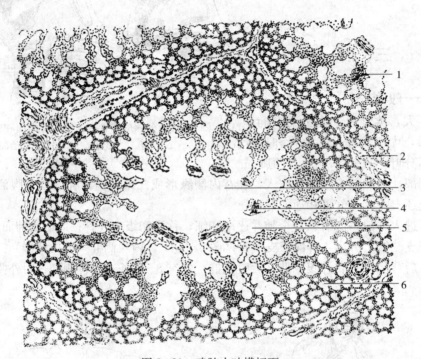

图8-21 鸡肺小叶横切面
1. 淋巴组织 2. 小叶间隔 3. 三级支气管管腔 4. 平滑肌束 5. 肺房 6. 肺毛细管

初级支气管的结构与气管相似，但软骨仅见于起始部分，而环形平滑肌则逐渐增多，形成连续的一层。次级支气管的黏膜除内腹侧群外，其余3群以及三级支气管均衬以单层扁平上皮，外面环绕螺旋形平滑肌束和弹性纤维网。从三级支气管上呈辐射状分出许多肺房（atria），肺房底部又分出若干漏斗（infundibula），再分出许多肺毛细管（pneumocapillares），又称为毛细气管，相当于家畜的肺泡，是一些弯曲的小管，直径只有7~12μm，以分支互相吻合。肺毛细管仅有网状纤维支架，衬以单层扁平上皮，外面包绕丰富的毛细血管。三级支气管及其所分出的肺房、漏斗和肺毛细管，构成一个呈六面棱柱体的肺小叶（图8-21）。

禽肺虽然不大，但肺毛细管所形成的气体交换面积，若以每克体重计，要比哺乳动物大10倍，血液供应也很丰富。

四、气　囊

气囊（sacci pneumatici）是禽类特有的器官，但其雏形已见于爬行类，是由支气管的分支出肺后形成，大部分与许多含气骨的内腔相通。气囊在胚胎发生时共有6对，但在孵出前后，一部分气囊合并，多数禽类只有9个（图8-22）。一对颈气囊，其中央部在胸腔前部背侧，左右相通，分出几支管状部沿颈椎的椎管和横突管向前延伸达第二颈椎。一个锁骨气囊，位于胸腔前部腹侧，并有分支延伸到胸部肌之间、腋部和肱骨内，形成一些憩室。一对胸前气囊，位于两肺腹侧。一对胸后气囊，较小，在胸前气囊紧后方。一对腹气囊，最大，位于腹腔内脏两旁，并形成肾周、髋臼和髂腰等憩室。

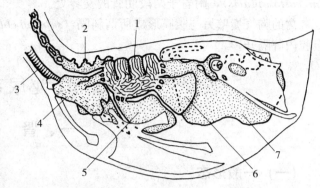

图8-22 禽气囊分布模式图
1.肺 2.颈气囊 3.气管 4.锁骨气囊
5.胸前气囊 6.胸后气囊 7.腹气囊

颈气囊、锁骨气囊和胸前气囊均与内腹侧群的次级支气管相通，共同组成前气囊。胸后气囊与外腹侧群次级支气管相通，腹气囊直接与初级支气管相通，共同组成后气囊。此外，除颈气囊外，所有气囊还与若干三级支气管相通，常称为囊支气管（saccobronchi）。

气囊壁是一层薄的纤维弹性结缔组织膜，内面大部分衬以单层扁平上皮，外面则被覆浆膜。气囊壁血液供应很少，因此不具有气体交换作用。气囊在禽体内具有多种功能，可减轻体重，平衡体位，加强发音气流，发散体热以调节体温，并因大的腹气囊紧靠睾丸，而使睾丸能维持较低温度，保证精子的正常生成。但最重要的还是作为空气的储存器官参与肺的呼吸作用（图8-23）。当吸气时，新鲜空气进入初级支气管，大部分绕过收缩着的肺（约3/4）进入后气囊；呼气时，后气囊的空气流入肺内，到达肺毛细管，进行气体交换并使肺扩大。第二次呼气时，空气再次充满后气囊，而前一次吸入的空气由于肺的收缩而进入前气囊。同时，前气囊的

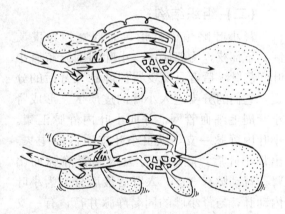

图8-23 禽气囊作用模式图
上图为吸气时，下图为呼气时；实线示吸入的新鲜空气经路，虚线示经气体交换后的空气经路

空气进入支气管而排出体外，第二次吸入的空气再次进入肺进行气体交换。因此，不论吸气或呼气时，肺内均可进行气体交换，以适应禽体强烈的新陈代谢需要。

五、胸腔和膈

禽的胸腔也被覆有胸膜，胸膜腔内只有肺。肺胸膜与胸膜壁层之间有纤维相连。

禽没有相当于哺乳动物的膈，而有胸膜与胸气囊壁形成的水平隔（septum horizontale），伸张于两肺腹侧，壁内含有较多胶原纤维，两侧并有一些小肌束称为肋膈肌

（*m. costoseptalis*），附着于两段肋骨的交界处。

禽的胸气囊壁另与腹膜形成所谓斜隔（*septum obliquum*），将心脏及其大血管等与后方腹腔内脏隔开。

第四节 泌尿系统

一、肾

（一）一般形态

肾比例较大，有的禽可占体重1％以上。淡红至褐红色，质软而脆，位于腰荐骨两旁和髂骨的内面，形狭长，可分前、中、后3部（图8-24）。周围没有脂肪囊，仅背侧与骨之间有腹气囊形成的肾周憩室。禽肾没有肾门，肾的血管和输尿管直接从表面进出。肾实质由许多肾小叶构成，轮廓可在肾表面看出（直径为1～2mm）。肾小叶也分皮质区和髓质区，但由于小叶的位置有深有浅，因此整个肾没有皮质和髓质的分界。

（二）组织结构

肾小叶略呈横枕形，上部宽，为皮质区；下部狭，为髓质区。小叶周围分布有小叶间静脉，后者是两支肾门静脉入肾后的分支，它们的分支进入小叶的皮质区，形成肾小管周毛细血管网，并向小叶内静脉汇集。小叶内静脉一支，纵贯小叶皮质区的中央，出肾小叶后，陆续汇合为两支肾静脉而出肾。肾动脉有3支，入肾后最后分支为小叶内动脉，与肾小叶的同名静脉并行，有一支或若干支（图8-25）。

肾小叶也是由无数上皮性小管即肾单位构成的，据估计，在鸡有20万个。禽肾单位有两种类型：一类不形成髓襻，完全位于皮质区内；一类形成髓襻下降至髓质区。肾单位的肾小体较小，肾小球较简单，只有2～3条毛细血管襻。入球动脉为小叶内动脉的分支；出球动脉注入肾小管周毛细血管网，并有分支供应髓质区。肾小管被毛细血管网包绕，最后注入位于肾小叶外周部的集合管。禽肾的血液供应（详见本章第六节心血管和

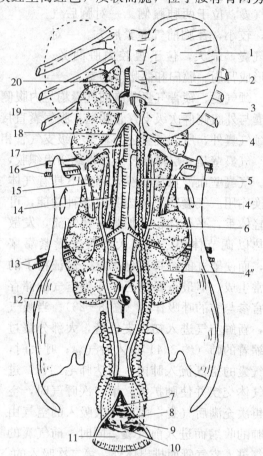

图8-24 公鸡泌尿和生殖器官
（腹侧观，右侧睾丸和部分输精管切除，
泄殖腔从腹侧剖开）
1. 睾丸 2. 睾丸系膜 3. 附睾
4、4′、4″. 肾前部、中部和后部 5. 输精管 6. 输尿管
7. 粪道 8. 输尿管口 9. 输精管乳头 10. 泄殖道
11. 肛道 12. 肠系膜后静脉 13. 坐骨血管
14. 肾后静脉 15. 肾门后静脉 16. 股血管
17. 主动脉 18. 髂总静脉 19. 后腔静脉 20. 肾上腺

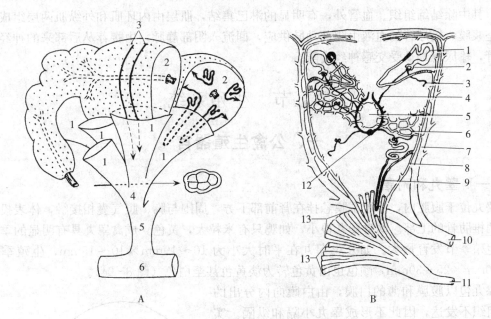

图8-25 禽肾组织结构模式图
A. 肾叶立体模式图 1. 五个肾小叶的髓质区 2. 肾小叶皮质区（示小叶内静脉和两种类型肾单位的分布）
3. 集合管 4. 输尿管次级分支 5. 输尿管初级分支 6. 输尿管（箭头示肾叶髓质部的横切面）
B. 肾小叶结构模式图 1. 肾单位 2. 肾小体 3、4. 出球和入球动脉 5. 小叶内静脉 6. 肾小管周毛细血管网
7. 小叶间静脉 8. 集合管 9. 髓襻 10. 肾门静脉的分支（入肾支） 11. 输尿管次级分支 12. 小叶内动脉
13. 两群肾小叶集合管（每一肾单位的黑区为中间段，两白区分别为近曲和远曲小管，横线区为集合小管）

淋巴系统）与哺乳动物不同，是与肾小体的滤过作用较弱而肾小管的分泌作用较强相适应的。

每一肾小叶的所有集合管和髓襻，构成髓质区。几个相邻的肾小叶，其集合管相聚合并包以结缔组织，形成一个肾叶的髓质部，相当于家畜的肾锥体。此髓质部加上所属小叶的皮质部，构成一个肾叶。

输尿管在肾内（图8-26）不形成肾盂，而分成若干初级分支（鸡约17条），每一初级分支又分为若干次级分支（鸡5～6条）。每一肾叶的髓质部直接与二级分支相连。

二、输 尿 管

为一对细管，从肾中部走出，沿肾的腹侧面向后延伸，开口于泄殖道顶壁两侧。输尿管的壁很薄，有时可看到腔内有白色尿酸盐晶体。

输尿管及其分支在组织结构上基本相同，由于固定时引起黏膜起褶，故管腔呈星状腔隙。黏膜层是假复层柱状上皮，其中在形态上可分为两层：外层含二排或多排核，内层细胞排列紧密，内含黏多糖液泡。固有膜内无腺体分布，黏膜下层厚度

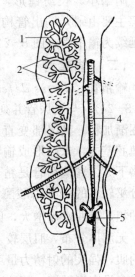

图8-26 鸡输尿管在肾内的分支模式图（右肾，腹侧观）
1. 初级分支 2. 次级分支
3. 输尿管 4. 主动脉
5. 肠系膜后静脉

不一，其中除结缔组织、血管外，有明显的淋巴集结，肌层由内环肌和外纵肌两层组成，最外层是浆膜。输尿管的血液由阴部动脉供应，回流入阴部静脉。由腰荐丛后部来的神经支配输尿管，输尿管蠕动受交感神经支配。

第五节　生殖系统

一、公禽生殖器官

（一）睾丸和附睾

睾丸位于腹腔内，以短系膜悬挂在肾前部下方，周围与胸、腹气囊相接触，体表投影在最后两椎肋骨的上部。幼禽睾丸很小，如鸡只有米粒大，黄色。成禽睾丸具有明显的季节变化，生殖季节发育最大。如公鸡睾丸在平时大小为 10～19mm×10～15mm，生殖季节达 35～60mm×25～30mm，颜色也由黄色转为淡黄色甚至白色（图 8-24）。

睾丸包以腹膜和薄的白膜，由白膜向内分出的结缔组织不发达，因此不形成睾丸小隔和纵隔。实质也是由许多精曲小管构成，直径为 150～200μm，具有许多吻合支。睾丸增大主要是由于精曲小管增长和加粗，以及间质细胞增多。精曲小管汇合为一些精直小管，后者注入睾丸背内侧缘处的睾丸网（图 8-27）。

附睾小，长纺锤形，紧贴在睾丸的背内侧缘。附睾主要由睾丸输出管构成；附睾管很短，出附睾后延续为输精管（图 8-24）。

（二）输精管

输精管（ductus deferens）是一对弯曲的细管（图 8-24），与输尿管并列，向后因壁内平滑肌增多而逐渐加粗。其终部变直后略扩大成纺锤形，埋于泄殖腔壁内，末端形成输精管乳头，突出于输尿管口略下方。禽输精管是精子的主要储存处，其上皮能分泌较多的酸性磷酸酶。在生殖季节输精管增长

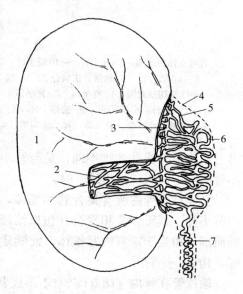

图 8-27　鸡睾丸和附睾构造模式图
1. 睾丸　2. 精小管　3. 睾丸网　4. 附睾
5. 睾丸输出管　6. 附睾管　7. 输精管

并加粗，弯曲密度增大，因储有精液而呈乳白色。输精管黏膜形成纵行皱褶，衬以柱状上皮，无腺体分布，肌层较发达，但纵肌和环肌的层次不大明显，末端处环肌特别发达，形成括约肌，强大的射精力量可能与此有关。

禽没有副性腺。精液中的精清主要由精曲小管的支持细胞以及输出管和输精管等的上皮细胞所分泌，可能还来自泄殖腔的血管体和淋巴褶。

（三）交配器

鸽无交配器。公鸡的交配器也不发达（图 8-28）。包括位于肛门腹侧唇内侧的 3 个小阴茎体、一对淋巴褶和位于泄殖道壁内输精管附近的一对泄殖腔旁血管体（corpus vascu-

lare paracloacale）。交配射精时，一对外侧阴茎体因充满淋巴而勃起增大，伸入母鸡的阴道，精液则沿其间的沟导入。阴茎体内的淋巴来自充血的血管体。阴茎体在刚出壳的雏鸡较明显，可用来鉴别雌雄。

公鸭和公鹅有较发达的阴茎（图8-28），分别长6～8cm和7～9cm，但与哺乳动物的阴茎并非同源器官。它由两个长而卷曲的纤维淋巴体（*corpus fibrolymaphatlcum*）和一个分泌黏液的腺管（阴茎腺部 *pars glandularls phalli*）构成。在两纤维淋巴体之间，沿阴茎表面形成螺旋状的阴茎沟（*sulcus phalli*）。阴茎平时被肌肉拉入泄殖腔壁的腔内；交配时，因纤维淋巴体充满淋巴液而勃起伸出，阴茎沟闭合成管状，将精液导入母禽阴道内。

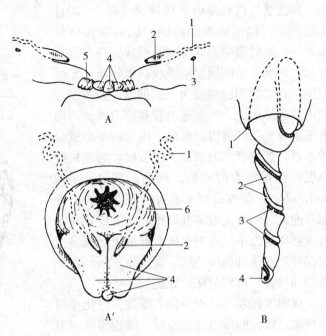

图8-28 公禽交配器
A. 成年公鸡（A'为勃起时） 1.输精管 2.输精管乳头
3.输尿管口 4.阴茎体 5.淋巴褶 6.粪道泄殖道襞
B. 成年公鸭勃起时的阴茎 1.肛门 2.纤维淋巴体
3.阴茎沟 4.阴茎腺部的开口

二、母禽生殖器官

母禽生殖器官是由卵巢和输卵管组成的。在成体母禽生殖器官仅左侧充分发育而具有功能。右侧生殖器官的发育，在鸡于孵化第7天时，即开始慢于左侧，孵出后几天即退化而仅为遗迹。

（一）卵巢

卵巢（图8-29）以系膜和结缔组织附着于左肾前部及肾上腺腹侧，幼禽为扁平椭圆形。卵巢表面被覆单层生殖上皮，一部分为立方上皮，一部分为柱状上皮。生殖上皮下为一薄层结缔组织。卵巢内部分为皮质区和髓质区。皮质区内有大量卵泡和间质细胞；髓质区为含有丰富血管的疏松结缔组织，并具有平滑肌细胞，以及一些间质细胞群。

刚孵出的禽，卵巢表面平坦，此后因卵泡的发育而呈颗粒状。随着年龄和性活动期，卵泡逐渐生长发育为成熟卵泡，同时储积大量卵黄，突出于卵巢表面，直至仅以细柄相连，如一串葡萄状，此时卵巢皮质和髓质的划分也不明显。在产蛋期，卵巢经常保持有4～5个较大的卵泡。在非生殖季节以及孵卵期和换羽期，卵泡停止排卵和成熟，一些卵泡退化而被吸收，直到下一个产蛋期。

禽卵泡的特点是没有卵泡腔和卵泡液。排卵后，卵泡膜逐渐退化，鸡的在第10～14天甚至第7天即完全消失，不形成黄体。

卵泡壁从内到外由 6 层构成（图 8-30）：①最内层，包括卵母细胞膜、放射带和卵黄膜周层，放射带中有卵母细胞形成的许多指状突起，可从卵黄膜周层中吸收营养物质。②颗粒层，在成熟卵泡铺展为一层细胞，卵黄膜周层由其分泌形成。③卵泡内膜和卵泡外膜，均由细胞成分和纤维组织构成，内膜的细胞成分较丰富，是雌激素的来源。④浅膜，为疏松纤维层，含有较大的血管，到卵泡斑（stigma folliculare）处变薄以至消失，卵泡膜的血管随卵泡发育而分支增多并增粗。⑤上皮，在大的成熟卵泡为单层扁平上皮。卵泡斑是成熟卵泡在卵泡壁顶部的淡色带，宽为 2~3mm，无浅膜和血管，排卵时在此处破裂。

禽卵泡在发育过程中也大量发生退化和闭锁现象。较大的卵泡在萎缩时，细胞膜和卵泡膜破裂，卵黄外溢到卵巢基质而被吸收。

当左卵巢功能衰退或丧失时，右侧未发育的生殖腺有时能继续发育，如成为睾丸或卵睾体，则发生所谓性逆转现象，母鸡偶可见到。

（二）输卵管

1. 一般形态 左侧输卵管发育充分。它在刚孵出的幼禽是一条细而直、壁很薄的管

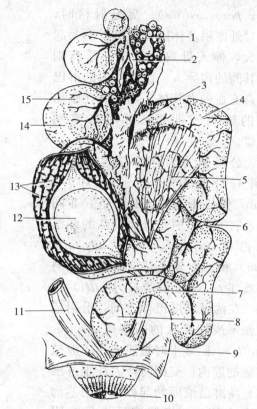

图 8-29 母鸡生殖器官
1. 卵巢 2. 排卵后的卵泡膜 3. 漏斗 4. 膨大部
5. 输卵管腹侧韧带 6. 背侧韧带 7. 峡 8. 子宫
9. 阴道 10. 肛门 11. 直肠 12. 在膨大部中的卵
13. 黏膜褶 14. 卵泡斑 15. 成熟卵泡

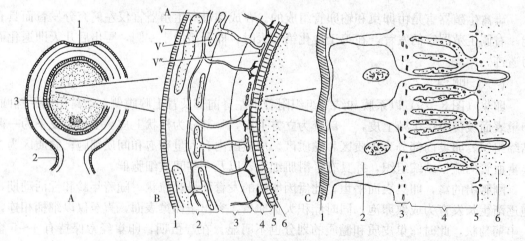

图 8-30 禽成熟卵泡和卵泡壁放大模式图
A. 成熟卵泡 1. 卵泡斑 2. 卵泡蒂 3. 卵母细胞
B. 卵泡壁部分放大 1. 上皮 2. 浅膜 3、4. 卵泡外膜和内膜 5. 颗粒层
6. 最内层 A. 卵泡动脉 V、V′、V″. 浅、中、深静脉丛
C. 颗粒层和最内层局部放大 1. 基膜 2. 颗粒细胞 3. 卵黄膜周层 4. 放射带 5. 卵母细胞膜 6. 卵母细胞

道，随年龄而逐渐增厚、加粗成为长而弯曲的管道（图8-29）。成禽输卵管也因生殖周期而具有显著的变化，以长度而言，如母鸡，在产蛋期达60～70cm，几乎为躯干长的一倍，在孵卵期回缩至30cm，而在换羽期只有18cm。

根据构造和功能，禽输卵管可顺次分5部分：漏斗部、膨大部（或蛋白分泌部）、峡部、子宫和阴道5个区段。

(1) 漏斗部（infundibulum） 位于卵巢正后方。输卵管漏斗部前端扩大呈漏斗状，其游离缘呈薄而软的皱襞，称为输卵管伞，向后逐渐过渡成为狭窄的颈部。漏斗伞部开口，即输卵管腹腔口，呈长裂隙状，长约9cm。当卵子排到腹腔时，由于宽大的输卵管腹腔口及其伞部的强烈活动，将卵收集到输卵管腹腔口，并吞入输卵管，吞没卵所需的时间为20～30min，卵在漏斗部停留15min。漏斗部是卵子和精子受精的场所。输卵管颈部有分泌功能，其分泌物则形成卵的系带形成层和系带（chalaza）。

(2) 膨大部或蛋白分泌部（magnum albumen secreting pare） 是输卵管最长、弯曲最多的部分。膨大部的特征是管径大、管壁厚，管壁内存在大量腺体。膨大部黏膜在性活动期呈乳白色或淡灰色，形成高而厚的纵褶（鸡约22条），比任何区段的皱襞都高而宽，以至管腔成一狭隙。该部黏膜内有丰富的弯曲状分支管状腺，分泌物形成浓稠的白蛋白，因此膨大部又称为蛋白分泌部。分泌的蛋白一部分参与形成系带。卵子在膨大部停留3h。

(3) 峡部（ithmus） 略窄且较短，其管壁比蛋白分泌部薄而坚实，呈淡黄褐色。峡部的黏膜褶较低，峡腺较小，分泌物是一种角蛋白，主要形成卵内、外壳膜。峡与膨大部之间，以稍透明的狭带为界，黏膜内无腺体，称为峡透明部（pars translucens isthmi）。卵在峡部停留75min。

(4) 子宫或壳腺部（uterus, shell glands） 子宫前方有括约肌样的环形肌分布，距其不远即膨大成一永久性的扩大囊，在性成熟前和未产蛋时是较狭窄小的管。子宫壁厚且多肌肉，管腔大，黏膜呈淡红至浅灰色，因功能状况而有不同。其皱襞长而复杂，多为横行，间有环形，故呈螺旋状。当卵通过时，由于平滑肌的收缩，使卵在其中反复转动，使分泌物分布均匀。卵在子宫内停留时间长达18～20h。子宫部的作用是：①有水分和盐类透过壳膜进入浓蛋白周围，形成稀蛋白。②子宫黏膜上皮壳腺的分泌物形成蛋壳，蛋壳中93%～98%为碳酸钙。③褐壳蛋的色素在子宫中沉着于蛋壳。

(5) 阴道（vagina） 是位于子宫与泄殖腔之间的厚壁窄管，呈特有的S状弯曲，阴道肌层发达，尤其是内环肌，比输卵管其他区段厚好几倍。卵经过阴道的时间极短，近1min。

阴道黏膜呈灰白色，形成细而低的褶。在与子宫相连接的第一段，黏膜内形成管状的精小窝（fossulae spermaticae），无分泌作用，交配后可储存部分精子，以后在一定时期内陆续释放出，使受精作用得以持续进行（鸭、鹅8～12d，鸡10～21d）。阴道的肌膜发达，特别是环行肌，在第一段并形成阴道括约肌。

阴道部的作用：①阴道部黏膜内有阴道腺，是暂时储存精子的主要器官。但变态精子的数量随着时间的增长而加多。阴道腺及其他部分的细胞都存在少量葡萄糖和果糖，这可能对精子提供能量来源有关。②蛋在阴道内转方向，钝端先出，产出后遇冷空气，内、外壳膜在钝端形成气室。③阴道分泌物形成石灰质蛋壳外的一层角质（cuticula）薄膜。隔绝空气，防止细菌进入。

输卵管以系膜（背侧韧带）悬挂在腹腔背侧偏左，前端将漏斗固定于左侧倒数第二肋骨处，韧带里含有平滑肌纤维。输卵管腹侧具有游离的腹侧韧带，游离缘厚而短，内有发达的平滑肌束，向后固定于阴道的第二曲上。

2. 组织结构 输卵管壁由黏膜、肌膜和浆膜构成。黏膜形成皱褶，富有血管，上皮由柱状纤毛细胞和腺细胞构成，固有层内含有管状腺，黏膜下组织薄，无黏膜肌层。管壁的肌膜由两层平滑肌构成。

第六节 心血管和淋巴系统

一、心血管系统

心血管系统是一个密闭的管道系统，包括心脏、动脉、毛细血管和静脉。心脏是心血管系统的循环中枢，从左右心室压出的血液，经动脉主干流向身体各部。在其行程中，反复分支移行为毛细血管，毛细血管和静脉末梢连接，静脉末梢的多数分支逐级汇合变粗，最后形成静脉主干，进入左右心房。血液在这密闭系统中，周而复始地循环全身，把从外界摄入的营养物质、氧气和激素等运送到全身各器官、组织和细胞，供其生命活动的需要，同时又将全身各器官、组织和细胞的代谢产物运送至肺、肾和皮肤等排除体外。

（一）心

禽的心脏和体重的相对比例较大，鸡的心脏占体重的 $4‰\sim8‰$，平均重量为 $4\sim6g$。心脏外包以心包，位于胸部的后下方。心基向前向上，心尖向后向下，夹在肺的两叶之间。其构造与哺乳动物相似，也分为右心房、右心室、左心房和左心室4个腔（图8-31），心房与心室之间有房室口相通，其位置与冠状沟相对应。左、右心室内有动脉起始部开口，称为动脉口，有特殊瓣膜，以防止血液逆流。心脏的左右两半部间有中隔，互不相通，在左右心房之间的称为房间隔，在左右心室之间的称为室间隔。心房壁薄，心室壁厚。右心房尚形成静脉窦（sinus venosus）。右房室口上的三尖瓣以一片肌肉瓣（右房室瓣肌）代替，没有腱索。左房室口和两动脉口上的瓣膜与哺乳动物相同。心传导系统（图8-32）也与哺乳动物相似，但房室束的右脚尚分出一支到右房室瓣肌，房室束尚分出一返支（recurrens），绕过主动脉口，与房室结分出的一支环绕右室口而互相连接，形成右房室环（annulus atrioventricularis dexter）。禽的房室束及其分支无结缔组织鞘包裹，兴奋易扩布到心肌，可能与禽的心跳频率较高有关。

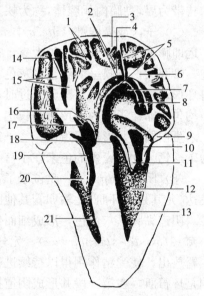

图8-31 鸡心脏纵切面（前腹面观）
1. 梳状肌 2. 右心房左隐窝 3. 正中背肌弓
4. 右横肌弓 5. 房间隔 6. 左横肌弓
7. 左心房肺静脉腔 8. 肺静脉瓣
9. 环状基部心房肌 10. 左房室口
11. 左房室瓣 12. 左心室腔 13. 室间隔
14. 静脉窦 15. 窦房瓣 16. 窦隔
17. 左前腔静脉口 18. 主动脉前庭
19. 右房室口 20. 右房室瓣 21. 右心室腔

（二）血管

1. 动脉（图8-33A） 右心室发出肺动脉干，分为左、右两支肺动脉入两肺。左心室发出主动脉，形成右动脉弓（哺乳动物为左动脉弓），延续而为降主动脉。主动脉弓分出左、右臂头动脉，每一臂头动脉又分为颈总动脉和锁骨下动脉。两颈总动脉出胸前口后，进入颈椎腹侧的肌肉间，沿中线并列向前行，到颈前端从肌肉间走出，分向两侧至头部。锁骨下动脉延续为翼部动脉，并分出发达的胸肌动脉干，后者除分支到胸肌外，还分出躯干外侧皮动脉（又称为胸腹皮动脉）到胸腹部的腹侧皮肤，母鸡此处称为孵斑。

降主动脉沿胸、腹腔背侧向后行，分出的体壁支有成对的肋间动脉和腰荐动脉，内脏支有腹腔动脉、肠系膜前动脉、肠系膜后动脉和一对肾前动脉。降主动脉在相当于肾前部与中部之间，分出一对髂外动脉至后肢，在相当于肾中部与后部之间，又分出一对较粗的坐骨动脉，穿过肾和髂坐孔至后肢，是后肢的主要动脉。此动脉在肾内分出肾中和肾后动脉。降主动脉最后分出一对细的髂内动脉后，延续为尾动脉。

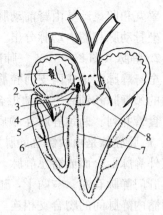

图8-32 禽心脏传导系模式图
1. 窦房结　2. 右房室环
3. 房室结和房室束　4. 右房室瓣支
5. 右房室瓣　6. 右脚　7. 左脚　8. 返支

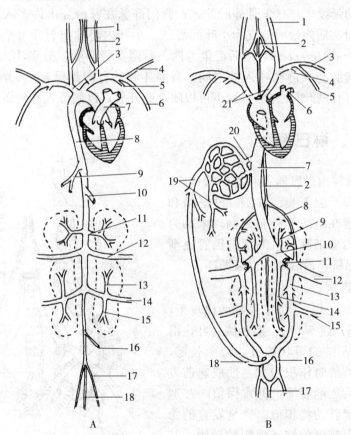

图8-33 禽血管主干模式图

A. 动脉　1. 颈总动脉　2. 锥动脉　3. 锁骨下动脉　4. 臂动脉　5. 胸内动脉　6. 胸肌动脉　7. 肺动脉
8. 主动脉　9. 腹腔动脉　10. 肠系膜前动脉　11. 肾前动脉　12. 髂外动脉　13. 肾中动脉
14. 坐骨动脉　15. 肾后动脉　16. 肠系膜后动脉　17. 髂内动脉　18. 尾中动脉

B. 静脉　1. 颈静脉　2. 椎内静脉窦　3. 臂静脉　4. 胸内静脉　5. 胸肌静脉　6. 肺静脉　7. 后腔静脉
8. 肾门前静脉　9. 肾前静脉　10. 髂总静脉　11. 肾门静脉瓣　12. 髂外静脉　13. 肾门后静脉　14. 肾后静脉
15. 坐骨静脉　16. 髂内静脉　17. 尾中静脉　18. 肠系膜后静脉　19. 肝门静脉　20. 肝静脉　21. 前腔静脉

睾丸和卵巢动脉由肾前动脉分出。输卵管动脉有前、中、后3支，分别从左侧的肾前动脉、坐骨动脉和髂内动脉分出。

2. 静脉（图8-33B） 肺静脉有左、右两支，注入左心房。

全身静脉汇集成两支前腔静脉和一支后腔静脉，开口于右心房的静脉窦。前腔静脉是由同侧的颈静脉和锁骨下静脉汇合而成。两颈静脉在皮下沿颈部而行，右颈静脉较粗，与气管、食管并列。两颈静脉在颅底有颈静脉间吻合（anastomosis interjugularis，常称为桥静脉）。后腔静脉是由两髂总静脉汇合而成。髂内静脉穿行于肾后部和中部内成为肾门后静脉，与髂外静脉汇合而成髂总静脉。

肝门静脉有左、右两干，进入肝的两叶。右干较粗，有肠系膜后静脉注入。后者与盆腔内两髂内静脉间的吻合支相连，体壁静脉和内脏静脉借此相联系。肝静脉有两支，由肝的两叶走出，直接注入后腔静脉。

禽有两支肾门静脉：肾门前静脉（v. portalis renalis cranialis）位于肾前部内，联系髂总静脉与椎内静脉窦之间。肾门后静脉（v. portalis renalis caudalis）位于肾中部和后部内，为髂内静脉的延续，并有坐骨静脉注入。肾门静脉在肾内分出许多入肾支（rr. renales afferentes），在肾实质内最后分支为小叶间静脉。小叶内静脉出肾小叶后陆续汇合为一些出肾支（rr. renales efferentes），最后汇集为前、后两支肾静脉，分别注入髂总静脉。在髂总静脉内，肾门静脉与肾静脉注入处之间，有漏斗状的肾门静脉瓣（valva portalis renalis）。入肾支和肾门静脉瓣在神经控制下可以闭合或开放，以调节入肾的血流量。

二、淋巴系统

家禽的淋巴系统由淋巴器官和淋巴管构成。淋巴器官包括胸腺、腔上囊、脾脏、淋巴结和淋巴组织。淋巴管在组织里分布成网，末端为盲端，内面衬有内皮细胞，由毛细淋巴管逐渐汇流入较大的淋巴管，最后加入血液循环。

（一）淋巴器官

1. 胸腺（图8-34） 位于颈部两侧皮下，每侧一般有7（鸡）或5（鸭、鹅和鸽）叶，沿颈静脉直到胸腔入口的甲状腺处，似一长链，淡黄或带红色。幼龄时体积增大，性成熟前发育至最高峰，此后逐渐萎缩，但常保留一些遗迹。组织结构与哺乳动物相似。完全发育的每叶胸腺，外包以一较薄的结缔组织性被膜，其中主要是粗的胶原纤维和少量纤细的弹性纤维。被膜组织向腺体发出许多隔，将胸腺分隔成许多小叶，血管随其进入胸腺内。胸腺退化时，表现为皮质消失，只留下含有少量淋巴细胞的髓质。

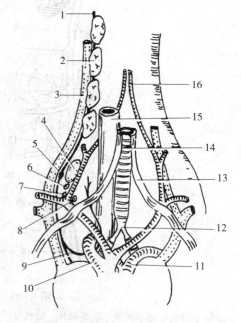

图8-34 鸡颈基部及胸腔入口处的主要结构
1. 迷走神经 2. 胸腺 3. 颈静脉 4. 甲状腺
5. 结状节 6. 甲状旁腺 7. 颈动脉体 8. 鳃后腺
9. 返神经 10. 主动脉 11. 肺动脉 12. 鸣管
13. 胸骨气管肌 14. 气管 15. 食管 16. 颈总动脉

胸腺的作用主要是产生与细胞免疫活动相关的 T 细胞。这些细胞可以转移到脾脏、盲肠扁桃体和其他淋巴组织中，在特定的区域定居、繁殖，并参与细胞免疫活动。有的学者还认为家禽胸腺可以影响钙的代谢。

2. 腔上囊（图 8-13） 又称为泄殖腔囊（*bursa cloacalis*）或法氏囊（*bursa fabriicii*），是禽特有的淋巴器官，位于泄殖腔背侧，开口于肛道，圆形（鸡）或长椭圆形（鸭、鹅）。禽孵出时已存在，性成熟前发育至最大（3～5 月龄，鹅稍迟），此后开始退化为小的遗迹（鸡 10 月龄，鸭 1 年，鹅稍迟），直至完全消失。

囊壁由 4 层构成，即黏膜层、黏膜下层、肌层和浆膜组成。黏膜层表面被覆假复层柱状上皮，形成多条富含淋巴小结的纵行皱襞（鸡 12～14 个，鸭、鹅 2～3 个），在大的皱襞上可再分成 6～7 个次级皱襞。皱襞的中央是小的主腔，鸭的腔道形状不规则。小结可分为皮质部和髓质部，两部之间有一层未分化的上皮细胞。黏膜下层较薄，由疏松结缔组织构成，形成黏膜皱襞中央的小梁，小梁与淋巴小结之间的固有结缔组织相连接。肌层分为内环、外纵层，有时两层均呈斜行排列，在肌层之间有血管分支，穿入黏膜皱襞深层。浆膜层较薄，主要含胶质纤维。

腔上囊的功能与体液免疫有关，是产生 B 淋巴细胞的初级淋巴器官。B 淋巴细胞随血流转移至脾脏、盲肠扁桃体和其他淋巴组织中，在受到抗原刺激后，可迅速增生，转变为浆细胞，产生抗体起防御作用。有的学者认为，腔上囊是一个内分泌器官，其所分泌的激素影响红细胞的生成和肾上腺、甲状腺的功能活动。

3. 脾 位于腺胃与肌胃交界处的右背侧（图 8-9），直径约为 1.5cm，母禽约重 3g，公禽约重 4.5g。脾脏呈棕红色。鸡的脾脏呈球形；鸭的脾脏呈三角形，背面平，腹面凹；鸽为长形，质软而呈褐红色。

脾脏的组织结构与哺乳动物相似，外包薄的结缔组织被膜，被膜主要含弹性纤维和少量平滑肌。结缔组织深入脾实质形成不发达的脾小梁，或无真正的脾小梁，仅在小梁动脉和静脉外包以少量结缔组织。脾实质由白髓和红髓组成，两者数量近乎相等，但两者的轮廓不如哺乳动物明显，鸭脾更不明显。

（1）白髓 由淋巴组织环绕小动脉及其分支而形成（动脉周围淋巴结），在局部位置也形成淋巴小结（脾小结）。

（2）红髓 充满于白髓之间，由脾索和脾窦构成。脾窦即脾血窦，分布于脾索之间，彼此吻合成网。脾索是相邻血窦之间排列成索状的淋巴组织，彼此交织成网。

家禽脾脏的功能主要是造血、滤血和参与免疫反应等，无储血和调节血量的作用。

4. 淋巴结 仅见于鸭、鹅等水禽。恒定的有两对（图 8-35），在淋巴管壁内发育而成。一对颈胸淋巴结（*ln. cervicothoracales*），长纺锤形，长为 1.0～1.5cm，

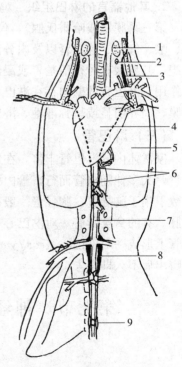

图 8-35 鹅淋巴管和淋巴结模式图
1. 甲状腺 2. 甲状旁腺 3. 颈胸淋巴结
4. 心 5. 肺 6. 胸导管 7. 主动脉
8. 腰淋巴结 9. 淋巴心

位于颈基部和胸前口处，紧贴颈静脉。一对腰淋巴结（*ln. lumbales*），长形，长达 2.5cm，位于腰部主动脉两侧。淋巴结的结构特点是贯穿有中央窦，淋巴小结分散于淋巴结内，小结之间是淋巴索和淋巴窦。

（二）淋巴组织

禽的淋巴组织除形成一些淋巴器官外，淋巴组织广泛分布于体内，如实质性器官、消化道壁以及神经、脉管壁内。有的为弥散性，有的呈小结状。在盲肠颈和食管末端壁内的淋巴集结，又称为盲肠扁桃体和食管扁桃体。

1. 消化管内的淋巴组织　从咽部到泄殖腔的消化管黏膜固有层和黏膜下层内，有不规则分布的、具有明显生发中心的弥散性淋巴组织集结，其中少数肉眼可见。较大而明显的有如下两种：

（1）回肠淋巴集结（*peyers patches*，丕氏斑）　几乎普遍存在于鸡的回肠后段，约在与其平行的盲肠中部，可见直径约为 1cm 的弥散性淋巴团，相当于哺乳动物的淋巴集结，有局部免疫作用。

（2）盲肠扁桃体　位于回肠、盲肠和直肠连接部位的盲肠基部黏膜固有层和黏膜下层内，鸡的很发达，从外表肉眼可见该处略为膨大。弥散性淋巴组织的细胞分为小淋巴细胞和成熟及未成熟的浆细胞。盲肠扁桃体有许多较大的生发中心，是抗体的一个重要来源，对肠道内细菌和其他抗原物质起局部免疫作用。

2. 其他器官的淋巴组织　鸡的淋巴组织团分散存在于体内许多器官组织内，如眼旁器官（第三瞬膜腺或哈雷氏腺），位于眶骨膜深处，鼻旁器官、骨髓、皮肤、心脏、肝脏、胰腺、喉、气管、肺、肾以及内分泌腺和周围神经等处。它们通常都是不具被膜的弥散性淋巴组织，其界限有时很清楚，或浸润于周围细胞之间，局部还可见有生发中心，可能有局部免疫作用。淋巴管的壁内存在淋巴小结，壁内淋巴小结呈圆形、卵圆形或长形的褐色小体，无被膜，周界明显或呈弥散性。淋巴小结也是弥散性淋巴组织。

（三）淋巴管

家禽体内的淋巴管丰富，在组织内密布成网，组织内的毛细淋巴管逐渐汇合为较大的淋巴管，大多伴随血管而行，管内的瓣膜较少。淋巴管除少数在胸腔前口处直接注入静脉外，多数汇集于胸导管。胸导管一般有一对，从骨盆沿主动脉两侧向前行，最后分别注入两前腔静脉。有的禽类具有一对淋巴心，其收缩搏动可推动淋巴向胸导管回流，如鹅在骨盆部的淋巴管上形成一对淋巴心（*cor lymphaticum*）（图 8-35）。鸡在胚胎发育期也有一对淋巴心，但孵出后不久即消失。

第七节　神经系统、感觉器官和内分泌器官

一、神经系统

（一）中枢神经系

1. 脊髓　纵贯脊柱椎管的全长，后端不形成所谓马尾。颈胸部和腰荐部形成颈膨大和腰荐膨大，是翼和腿的低级运动中枢所在。腰荐膨大背侧形成菱形窦（*sinus rhomboidalis*）

（图8-36），内有富含糖原的胶质细胞团，称为胶质体（corpus gelatinosum），又称糖原体，脊髓的构造与哺乳动物相似，灰质呈 H 形，中部为细小的中央管，在不同节段的横断面上，灰质形状有很大差别。颈膨大和腰荐膨大处的灰质腹柱有一部分移至外周白质内，形成缘核（nuclei marginales）。白质的有些上行传导束不发达，所以禽外周感觉较差。脊髓的膜有 3 层，

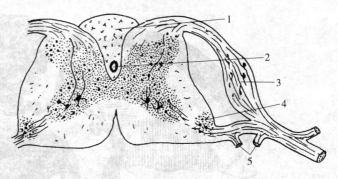

图8-36 鸡脊髓腰荐部的横切面
1. 菱形窦内的胶质体 2. 中央管 3. 脊神经节 4. 缘核 5. 交通支

从外向内依次为脊硬膜、脊蛛网膜和脊软膜。硬膜是强韧的纤维性膜，较厚，背侧硬膜内含静脉窦。颈胸段硬膜与椎管的骨膜分开，形成硬膜外腔，内含胶状物质，胸后段至尾段二者合为一层。蛛网膜为疏松网状，向两侧形成小梁伸入硬膜下腔和蛛网膜下腔。软膜为薄层结缔组织膜，紧贴脊髓。腰、荐部和尾前部腹侧的蛛网膜形成多层而互相连接为多角形的特殊结构。

2. 脑　较小（图8-37、图8-38）。延髓发达，脑桥不明显。小脑蚓部发达，两旁为一对小脑耳（auricula cerebelli），相当于绒球，为运动和维持平衡中枢。中脑顶盖形成一对发达的中脑丘（colliculus mesencephali），又称为视叶（lobi optici），相当于哺乳动物四叠体的前丘，还形成一对半环状枕（tori semicirculares）突向中脑导水管，内为中脑外侧核（nuclei mesencephalici latt.），相当于后丘。间脑也可分为上丘脑、丘脑和下丘脑。禽大脑的主要构造为基底神经节，发达的纹状体突入侧脑室内，是禽的重要运动整合中枢。大脑皮层不发达，薄而表面平滑，不形成沟和回，嗅脑不发达，嗅球较小。海马位于大脑半球内侧面，在半球间裂内。

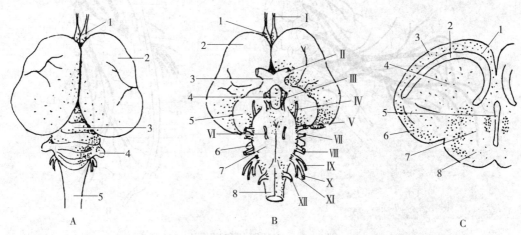

图8-37 鸡的脑
A. 背侧观　1. 嗅球　2. 大脑半球　3、4. 小脑蚓部和小脑耳　5. 脊髓
B. 腹侧观　1. 嗅球　2. 大脑半球　3. 视交叉　4. 垂体　5. 中脑丘
6. 小脑耳　7. 延髓　8. 脊髓　Ⅰ～Ⅻ.12对脑神经
C. 在大脑半球处的横切面：1. 海马　2. 侧脑室　3. 大脑皮质
4. 纹状体　5. 第三脑室　6. 嗅皮质　7. 丘脑　8. 下丘脑

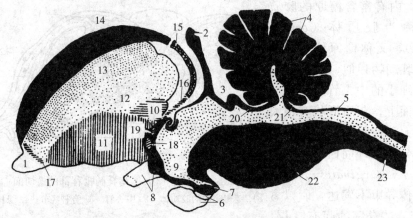

图 8-38 鸟类脑的矢状面

1. 嗅球 2. 松果腺 3. 中脑顶盖 4. 小脑 5. 延髓 6. 垂体 7. 漏斗部 8. 视交叉及视神经 9. 间脑
10. 原纹状体 11. 旧纹状体 12. 新纹状体 13. 上纹状体 14. 新皮质（矢状隆起） 15. 旧皮质
16. 古皮质 17. 古皮质的梨状前区 18. 前连合 19. 皮质连合 20. 前髓帆 21. 后髓帆 22. 延髓 23. 脊髓

（二）周围神经系

1. 脊神经　臂丛（图 8-39A）由颈胸部 4～5 对（第十三至第十六对）脊神经的腹支形

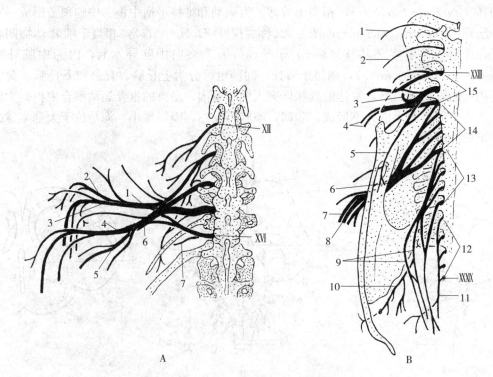

图 8-39　鸡的臂丛和腰荐丛

A. 臂丛　1. 丛背侧干　2. 腋神经　3. 桡神经　4. 正中尺神经　5. 胸肌神经
6. 丛腹侧干　7. 第一肋间神经　Ⅻ、ⅩⅥ. 第十二、十六脊神经
B. 腰荐丛　1. 最后肋间神经　2. 肋腹神经　3. 髋前神经　4. 股神经　5. 闭孔神经
6. 坐骨神经　7. 腓神经　8. 胫神经　9. 阴部神经　10、11. 尾外侧和内侧神经　12. 尾丛
13. 阴部丛　14. 荐丛　15. 腰丛　ⅩⅩⅢ、ⅩⅩⅩⅨ. 第二十三、三十九脊神经

成，集合为丛背侧干和腹侧干，分支经锁骨、第一肋和肩胛骨之间走出。背侧干的分支主要供应翼的背侧面，即伸肌和皮肤，腹侧干的分支主要供应腹侧面即屈肌和皮肤。腰荐丛（图8-39B）由腰荐部8对（第二十三至第三十对）脊神经的腹支形成，又可分腰丛和荐丛，位于腰荐骨两旁，在肾的内面。其中最大的坐骨神经穿过髂坐孔而到腿部。

2. 脑神经（图8-40）　12对，基本与哺乳动物相同。三叉神经发达，在头部分布较广。面神经缺少面肌的分支。舌咽神经有3个主要分支：舌支、喉咽支和食管降支。后者沿颈静脉而行，分布于食管和气管，在鸣管处与迷走神经的返神经相连合。副神经合并入迷走神经，出颅腔后从迷走神经上分出一小支，支配颈皮肌的一部分，其余副神经纤维随迷走神经而分布。舌下神经有前、后两个根，出颅腔后还有第一颈神经腹支的分支加入。舌下神经有两大分支：舌支，较细，分布于舌骨肌；气管支，沿气管向下行，分布于气管肌。

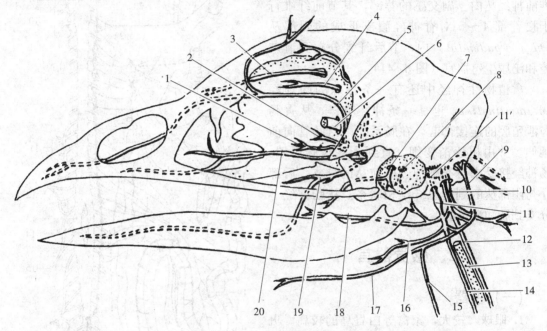

图8-40　鸡脑神经分支模式图

1. 外展神经（Ⅵ）　2. 动眼神经（Ⅲ）　3. 嗅神经（Ⅰ）　4. 滑车神经（Ⅳ）　5. 眼神经（Ⅴ）
6. 视神经（Ⅱ）　7. 面神经（Ⅶ）　8. 前庭耳蜗神经（Ⅷ）　9. 舌下神经（Ⅻ）　10. 副神经（Ⅺ）
11. 舌咽神经（Ⅸ）及其远神经节　11′. 近神经节（Ⅸ、Ⅹ及Ⅺ）　12. 迷走神经　13. 颈静脉　14. 食管降支（Ⅸ）
15. 气管支（Ⅻ）　16. 喉咽支（Ⅸ）　17. 舌支（Ⅻ）　18. 舌支（Ⅸ）　19. 下颌神经（Ⅴ）　20. 上颌神经（Ⅴ）

（三）植物性神经

一对交感干从颅底延伸到尾椎，具有一串神经节。交感干的颈段（颈椎旁干）行于颈椎横突管内，颈前节很大。此外，还有一对细干沿颈总动脉而行，称为颈动脉神经或椎下干，在胸腔入口处与颈交感干一起至颈胸神经节。交感干胸段（胸椎旁干）的节间支分裂为两支，包绕肋骨头。从颈胸神经节上分出心支和肺支，从胸神经节上分出内脏大、小神经，到腹腔动脉和肠系膜前动脉周围以及主动脉上的椎前神经丛。交感干的腹段（腰荐椎旁干）被肾覆盖，向后逐渐变细，至泄殖腔处与对侧者合并而形成具有许多神经节的神经丛腹段分支于输尿管、输精管、输卵管和泄殖腔及腔上囊等处。

副交感神经也与哺乳动物相似。但副交感神经的颅部无耳神经节，蝶腭神经节则分为背侧和腹侧两神经节。迷走神经很发达，在头部有分支与舌咽神经相联系，然后继续沿颈静脉向后行，在胸腔入口处的甲状腺附近具有结状节（远神经节），有分支到甲状腺和心脏，并分出返支折向前与舌下神经的降支相汇合，有分支到气管和食管。迷走神经分出心支和肺丛后，向后沿食管行走，在腺胃处左右两侧合并为迷走神经总干，分支到胃、肝和脾，而入交感的椎前神经丛内。副交感的荐部，其节前纤维行于腰荐部4～5对脊神经腹支形成的阴部丛（plexus pudendus）内，节后纤维分布到泄殖腔和泌尿生殖器官（图8-41）。

禽植物性神经中还有一条特殊的肠神经（n. intestinalis），也是一条神经节链，从直肠与泄殖腔的连接部起，在肠系膜内沿肠管向前延伸，并由粗逐渐变细，直到十二指肠后端。肠神经接受来自交感神经椎前丛的分支，后部并与阴部丛的副交感纤维相联系。从肠神经上分支到肠和泄殖腔。

二、感觉器官

（一）视器

1. 眼球 较大，家禽等白昼鸟的较扁。巩膜较坚硬，其后部含有软骨板，前部有一圈小骨片形成的巩膜骨环（annulus ossicularis sclerae）。角膜较凸。虹膜的括约肌发达，与睫状肌均由横纹肌构成，因此动作迅速。睫状肌不仅调节晶状体凸度，还能调节角膜的曲度。视网膜较厚，但无血管分布，而在视神经盘处形成特殊的眼梳膜（pecten uculi），内含丰富的血管，伸入玻璃体内，与视网膜等的营养及代谢有关。晶状体较软，与睫状体牢固相连接（图8-42）。

2. 辅助器官 下眼睑较大，活动性也大，眼睑无腺体。瞬膜（又称为第三睑）发达，能将眼球前面完全盖住，有两块小横纹肌（瞬膜

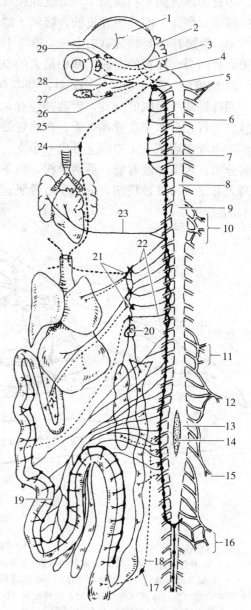

图8-41 禽植物性神经系模式图

1. 大脑半球 2. 小脑 3. 中脑丘 4. 延髓
5. 颈前神经节 6. 交感神经干 7. 颈动脉神经
8. 脊髓 9. 颈膨大 10. 臂丛 11. 腰丛 12. 荐丛
13. 腰荐膨大 14. 胶质体 15. 阴部丛 16. 尾丛
17. 泄殖腔神经节 18. 盆神经 19. 肠神经
20. 肾上腺及肾上腺丛 21. 腹腔丛及肠系膜前丛
22. 脏神经 23. 心肺支 24. 结状节 25. 迷走神经
26. 神经丛及第九对脑神经副交感纤维
27. 下颌节及第七对脑神经副交感纤维
28. 蝶腭节及第七对脑神经副交感纤维
29. 睫状节及第三对脑神经副交感纤维

肌）控制其活动,受外展神经支配。泪腺较小,位于眶的颞角附近。瞬膜腺（*gl. membrana nictitantis*）则较发达,又称为 Harder 氏腺,位于眶的前部和眼球内侧,分泌物如黏液样,有清洁和湿润角膜以及利于瞬膜活动的作用。禽眼球肌肉中无退缩肌,眼球的活动范围也不大。

（二）位听器

禽无耳廓,只有短的外耳道,开口处遮有小的耳羽。中耳只有一块听小骨,称为耳柱骨（*columella*）,中耳腔有一些小孔通颅骨内的气腔,内耳的半规管很发达,耳蜗则是略弯曲的短管（图 8-43）。

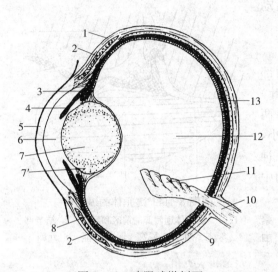

图 8-42 鸡眼球纵剖面
1. 巩膜　2. 巩膜骨环　3. 睫状体　4. 虹膜
5. 角膜　6. 瞳孔　7. 晶状体　7′. 晶状体环枕
8. 脉络膜　9. 视网膜　10. 视神经　11. 眼梳膜
12. 玻璃体　13. 巩膜软骨板

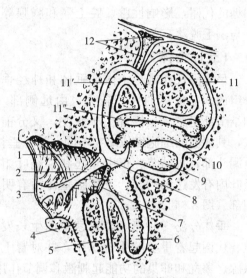

图 8-43 禽位听器模式图
1. 鼓腔　2. 耳柱骨　3. 鼓膜　4. 咽鼓管
5. 外淋巴管　6. 耳蜗管　7. 蜗窗　8. 前庭窗
9. 球囊　10. 椭圆囊　11、11′、11″. 前、后、外侧半规管　12. 内淋巴管和囊

三、内分泌器官

（一）甲状腺

一对,不大,椭圆形,暗红色,位于胸腔入口附近,在气管两旁,紧靠颈总动脉和颈静脉。大小因禽的品种、年龄、季节和食料中碘的含量而有较大变化。甲状腺可分泌甲状腺素,功能主要是调节机体新陈代谢,故与家禽的生长发育、繁殖及换羽等生理功能密切相关(图 8-35)。

（二）甲状旁腺

两对,很小,黄色至淡褐色,紧位于甲状腺之后,每侧的两个常被结缔组织包裹而连接于甲状腺后端或颈总动脉外膜上,但位置变异较大。腺实质为主细胞构成的细胞索,无嗜酸性细胞（图 8-35）。

（三）鳃后腺

鳃后腺（*gl. ultimobranchialis*）又称为鳃后体,一对,不大,新鲜时为淡红色,形状不规则,位于甲状腺和甲状旁腺之后,但变化较大。内部构造为 C 细胞形成的细胞索。家畜鳃后腺组织则在胚胎发生过程中吸收入甲状腺内,成为滤泡旁细胞。鳃后腺分泌降钙素,与禽的髓质骨发育有关。

（四）肾上腺

一对，位于两肾前端，为不正的卵圆形或三角形，不大，乳白色至橙黄色。成体家禽的每个腺体重100～200mg。肾上腺的体积因家禽的种类、年龄、性别、健康状况和环境因素的不同而有很大的变化。肾上腺的皮质与髓质分散形成镶嵌分布。皮质也不明显分为3个区。此外，禽肾上腺里还有一些未分化或作用不明的细胞（图8-24）。

肾上腺是禽体生命活动不可缺少的内分泌腺，主要作用是调节电解质平衡，促进蛋白质和糖的代谢，影响性腺、腔上囊和胸腺等的活动并与羽毛脱落有关。

（五）垂体

呈扁平长卵圆形。由腺垂体和神经垂体两部分组成。腺垂体的体积较大，由远侧部（前叶）和结节部组成。远侧部位于腹侧，又分前、后两区，其滤泡的细胞组成略有不同。神经垂体较小，由漏斗部、灰结节、正中隆起和神经叶组成，神经叶内有发达的隐窝。家禽脑垂体没有明显的中间部（图8-44）。

垂体分泌多种激素，对家禽的生长发育、繁殖、代谢起着重要的生理作用，并对肾上腺、甲状腺、睾丸和卵巢的功能起刺激和调节作用。

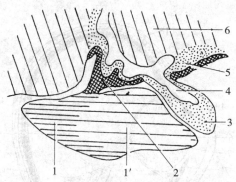

图8-44 禽垂体的纵剖面
1、1′. 腺垂体远侧部的前区和后区 2. 结节部
3. 神经叶 4. 隐窝 5. 漏斗部 6. 丘脑

第八节 被皮系统

一、皮 肤

禽皮肤较薄。皮下组织疏松，有利于羽毛的活动。皮下脂肪在羽区和水禽躯干腹侧形成一层，此外在其他一定部位形成若干脂肪体。

皮肤没有皮脂腺。尾部具有尾脂腺（gl. uropygialis），位于尾综骨背侧（图8-45），分为两叶，每叶有一小腔，四周为辐射状排列的单管状全浆分泌腺，分泌物为脂性，经排泄管开口于小腔，再经一条或数条导管开口于总的小乳头上。水禽的尾脂腺特别发达，极少数禽类无此腺，如有些鸽类和鹦鹉。尾脂腺分泌物含有脂肪、卵磷脂和高级醇，但缺胆固醇。禽类在整梳羽毛时，用喙压迫尾脂腺，挤出分泌物，用喙涂于羽毛上，起着润泽羽毛并使羽毛不被水浸湿的作用，这在水禽是很重要的。此外，外耳道和肛门的皮肤含有少量皮脂腺。

禽皮肤也无汗腺，体温调节的散热作用除主要依靠体表裸区外，蒸发散热则依靠呼吸道。

皮肤真皮和皮下层里的血管形成血管网。母鸡和火鸡在孵卵

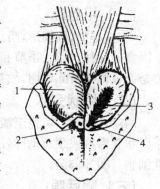

图8-45 鹅的尾脂腺
（背侧观，右叶水平剖开）
1. 尾脂腺左叶 2. 尾脂腺乳头
3. 腺池 4. 导管及开口

期，羽毛较少的胸部皮肤，因血管增生而形成特殊的孵区（areaincubationis），也称为孵斑。其血液供应主要来自一支皮动脉，因此又称为孵动脉（a. incubatoria）。

皮肤还形成一些固定的皮肤褶，如翼膜（plica alaris）和蹼。

二、羽 毛

羽毛是禽皮肤特有的衍生物，根据形态基本可分为3类（图8-46）：正羽、绒羽和纤羽。正羽又称为廓羽（pennae contourae），构造较典型。有一根羽轴（scapus），下段为羽根（基翻 calamus），着生在皮肤的羽囊里，上部为羽茎（rachis），其两侧为羽片（vexilla）。羽片是由许多平行的羽枝构成的，从其上又分出两行小羽枝，远列小羽枝具有小钩，与相邻的近列小羽枝钩搭，从而构成一片完整的弹性结构。绒羽的羽茎细，羽枝长，小羽枝无小钩，主要起保温作用。纤羽细小，仅在羽茎顶部有少数羽枝。有些禽类没有纤羽。家禽羽毛呈现不同的颜色，而且还形成一定的图案。羽毛图案大部分决定于色素的分布，即决定于黑色素与其他色素之间的平衡，特别是与类胡萝卜素的平衡。羽毛的颜色和图案是由遗传决定的，故可作为某些品种的外貌特征。雌、雄之间的羽毛形态、颜色的差异还与性激素有关。

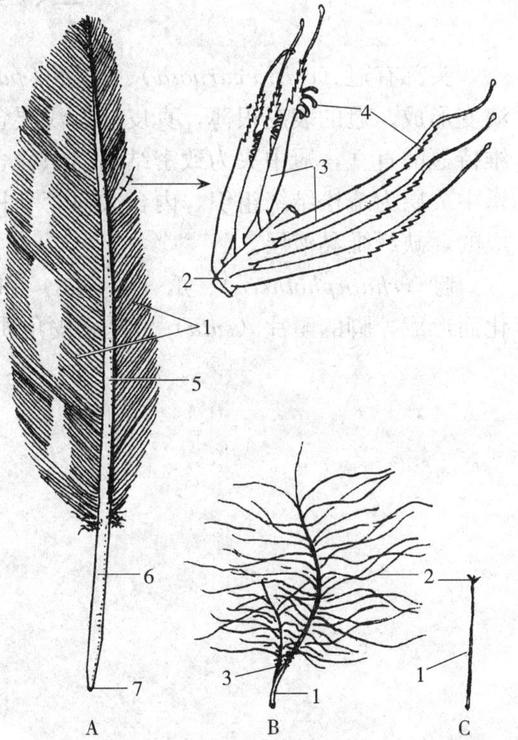

1. 正羽 着生在禽体的一定部位，称为羽区（pterylae），其余部位为裸区（apteriae），以利肢体的运动和散发体温。

2. 绒羽（plumae） 被正羽所覆盖，密生皮肤表面，外表看不到。绒羽只有短而细的羽

图8-46 禽羽毛模式图
A.廓羽（正羽） 1.羽片 2.羽枝 3.小羽枝
4.羽钩 5.羽茎 6.基翻 7.下脐
B.绒羽 1.基翻 2.羽枝 3.下羽
C.纤羽 1.羽轴 2.羽枝

茎，柔软蓬松的羽枝直接从羽根发出，呈放射状，形如绒而得名。绒羽有羽小枝，但枝上的小沟不发达或缺无。羽小枝构成隔温层，起保温作用。它在胸、腹部分布最广。初孵出的幼雏的雏羽似绒羽，不具羽小枝。

3. 纤羽（filoplumae） 亦称为毛状羽，分布于身体各部，长短不一，细小如毛发状，仅羽茎顶部有少数短羽枝。在拔去正羽和绒羽后可见到纤羽。

皮肤的真皮具有发达的平滑肌束，在羽区呈四边形或对角线形连接于相邻羽囊之间，如鱼网状，称为羽肌，起着竖羽、降羽和退羽的作用，在裸区则较短而均匀地平行分布。

羽毛的生长和换羽：初出壳的幼禽，全身长有绒毛，以后逐渐长出新的羽毛，按照羽毛出现的次序，可以判断不同日龄幼雏生长发育和体质状况。母鸡在产蛋期间，体内储存的营养物质大量消耗，每年夏末冬初自然换羽一次。首先是头颈羽毛脱落，以后是胸部及两侧，

大腿部、背部、尾,最后到翼羽和尾羽。当主翼羽毛脱换时,大多数母鸡就停止产蛋。次级翼羽从邻近轴羽处依次有规律脱落。换羽时,卵巢分泌的雌激素减少。换羽迟,换羽期短,鸡的年产蛋量高。换羽与环境、饲养有密切关系,在生产中可以通过控制光照和限制饲喂、断水和喂含锌制剂等方法来实行人工强制换羽,缩短换羽时间,使换羽在一周内完成,提高产蛋量。

三、其他衍生物

头部有冠（*crista carnosa*）、肉髯（*palea*）和耳叶（*lobus auricularis*）,都是由皮肤褶演变形成。冠的表皮很薄,真皮厚,浅层含有毛细血管窦,中间层为厚的纤维黏液组织,能维持冠的直立,冠中央为致密结缔组织,含有较大血管。肉髯和耳叶的构造与冠相似,但肉髯中央层为疏松结缔组织,内含大血管和神经。耳叶是由真皮结缔组织增生产生的皮肤褶形成的,缺纤维黏液层。

喙（*rhamphotheca*）、爪（*ungues*）和距（*spur*）的角质是表皮角质层增厚、角蛋白钙化而形成,脚的鳞片（*suta*）也是表皮角质层加厚形成。

（王彩云）

下篇

组织胚胎

第九章 细胞

第一节 细胞和细胞间质

细胞（cell）是生物体形态结构和生命活动的基本单位，分为真核细胞（eukaryotic cell）和原核细胞（prokaryotic cell）。真核细胞的遗传物质有膜包裹，形成完整的细胞膜；原核细胞的遗传物质没有膜包裹，不形成完整的细胞膜。家畜体是由真核细胞构成的多细胞生物。细胞与细胞间质构成了动物体的各种组织、器官和系统，从而构成一个完整的有机体，表现出各种生命活动。

细胞的形态多样（图9-1），大小、结构和功能各异，但具有共同的特征。光镜下，均可分为细胞膜、细胞质和细胞核3部分；电镜下，根据各种超微结构有无生物膜包裹，一般分为膜性结构和非膜性结构两部分。膜性结构包括细胞膜、膜性细胞器和核被膜，其余为非膜性结构。

构成细胞的基本生活物质是原生质（protoplasm），其化学成分很复杂，主要由蛋白质、核酸、脂类、糖类等有机物和水、无机盐等无机物组成。

一、细胞的构造

细胞在光镜下的结构一般分为细胞膜、细胞质和细胞核3部分（表9-1）。

表9-1 细胞的结构

细胞
- 细胞膜：由蛋白质、脂类、糖类构成的3层生物膜结构
- 细胞质
  - 基质：水、无机盐、氨基酸、糖类、脂类、蛋白质、核苷酸等
  - 细胞器
    - 膜性细胞器：线粒体、内质网、高尔基复合体、溶酶体、微体
    - 非膜性细胞器：核糖体、中心粒、微管、微丝、中心丝
  - 内含物：糖类、脂滴、分泌颗粒、色素颗粒等
- 细胞核：核膜、核仁、染色质（染色体）、核质等

（一）细胞膜（cell membrane）

细胞膜（图9-2）又称为质膜（plasma membrane），是包在细胞表面的界膜。细胞膜在光镜下一般难以分辨。细胞除表面的细胞膜外，细胞内部还有构成某些细胞器的细胞内膜。细胞膜和细胞内膜统称为生物膜（biomembrane）。电镜下，生物膜均呈3层，内外两层电子密度高，颜色发暗，各厚2.0～2.5nm；中间层电子密度低，颜色发亮，厚2.5～3.5nm。具有这样三层结构的膜又称为单位膜（unit membrane）。细胞膜的基本作用是保持细胞形态结构的完整，维持细胞内环境的稳定，并与外界环境不断地进行物质交换。此外，还与细胞识别、能量转换、信息传递、代谢调控、防御功能、神经传导和细胞的分裂分化有

第九章 细 胞

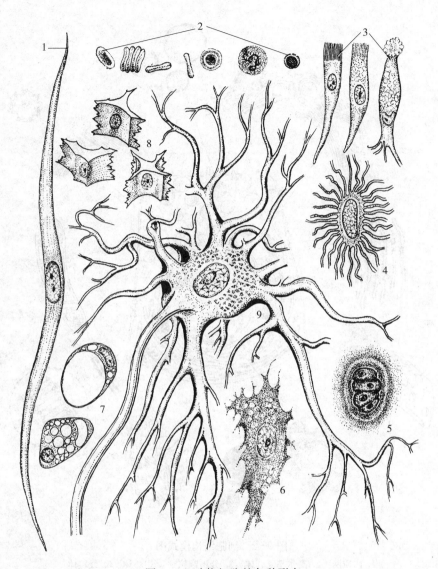

图 9-1 动物细胞的各种形态
1. 平滑肌细胞 2. 血细胞 3. 上皮细胞 4. 骨细胞
5. 软骨细胞 6. 成纤维细胞 7. 脂肪细胞 8. 腱细胞 9. 神经细胞

着密切的关系。

细胞膜的化学成分主要是蛋白质和脂类。此外，还有少量的糖类、微量的水、无机盐和金属离子等。膜的分子结构目前为人们所接受的是液态镶嵌模型（图 9-3），即细胞膜是以两层脂质分子层为基础，其中镶嵌着球状蛋白。每一个脂质分子的一端为亲水极（向着膜的内、外表面），另一端为疏水极（向着膜的中央），这种双层脂质分子组成了细胞膜的基本结构。细胞膜的脂质主要包括磷脂、糖脂和胆固醇 3 种类型，其中磷脂约占细胞膜脂质总量的 50%，是构成细胞膜脂质的基本成分。蛋白分子以不同的方式镶嵌在脂质双层分子之间或结合在其表面。膜蛋白的种类繁多，主要分为两大基本类型：膜外在蛋白（extrinsic protein）或称为膜周边蛋白（peripheral protein）和膜内在蛋白（intrinsic proteins）或称为整合膜蛋

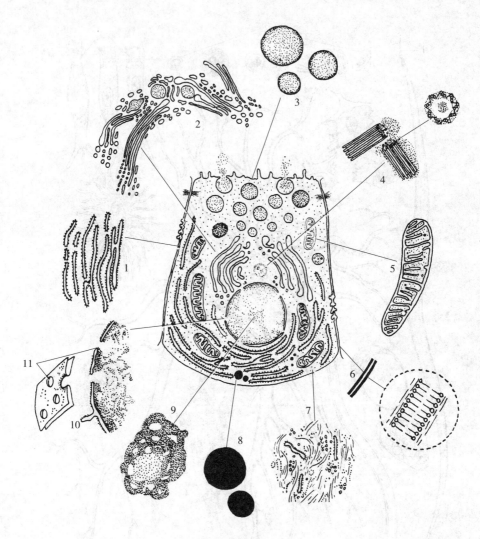

图 9-2 细胞结构模式图
1. 内质网　2. 高尔基复合体　3. 分泌颗粒　4. 中心体　5. 线粒体
6. 细胞膜　7. 基质　8. 脂滴　9. 核仁　10. 核膜　11. 核孔

白（integral protein），前者分布在膜的内外表面，为水溶性，后者多数为跨膜蛋白（transmembrane protein），有的也嵌入脂质双层中。嵌入的蛋白质可以在处于液态的脂质双层中作一定程度的运动，这与膜功能的变化有密切关系。细胞膜蛋白除了在水溶性物质跨膜运输方面的作用外，对于细胞的抗原性、信号识别与传递及其他功能的实现都有重要作用。部分暴露在细胞外表面的蛋白质或类脂分子，可以与糖分子结合成糖蛋白或糖脂。电镜下细胞膜的外表面被覆一层多糖物质，称为细胞衣（cell coat）或糖萼（glycocalyx），具有黏着、支持、保护和物质交换以及参与细胞的吞噬和吞饮等作用。

（二）细胞质（cytoplasm）

细胞膜以内、细胞核以外的细胞组成部分称为细胞质，生活状态下为半透明的胶状物，由基质、细胞器和内含物组成。

1. 基质（cytoplasmic matrix） 基质是细胞质中除去细胞器和内含物以外的胶状物质。其体积约占细胞质的一半，各种细胞器、内含物和细胞核均悬浮于基质中，它是细胞重要的构成成分，内含水、无机盐等小分子，氨基酸、糖类、脂类、核苷酸等中分子，以及可溶性酶类、蛋白质、多糖、RNA等大分子物质。基质为各种细胞器维持其正常结构提供所需的离子环境，为细胞器完成其功能提供所需的底物。此外，基质还是细胞进行生化反应的重要场所。

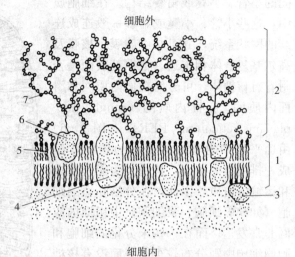

图9-3 细胞膜液态镶嵌模型图
1. 脂质双层 2. 糖衣 3. 外在蛋白 4. 内在蛋白
5. 磷脂分子 6. 糖蛋白 7. 糖链

2. 细胞器（cell organelles） 细胞器是指细胞质中具有一定形态结构和执行一定生理功能的微小器官，包括线粒体、内质网、高尔基复合体、核糖体、溶酶体、过氧化物体（微体）、中心体、微管和微丝等。

（1）**线粒体**（mitochondria） 光镜下线粒体呈圆形或椭圆形小体，长 $1.5\sim3.0\mu m$，宽 $0.5\sim1.0\mu m$。电镜下（图9-4、图9-5）线粒体是由两层单位膜套叠而成的封闭的囊状结构，主要由外膜、内膜、膜间隙和液态基质组成。外膜包在线粒体的最外层，表面光滑。内膜位于外膜内侧，向线粒体内室折叠形成许多板状或管状的嵴，扩大了内膜的表面积。嵴的排列多与线粒体长轴垂直，偶有与长轴平行排列的。嵴的数量与细胞氧化代谢强度成正比。在内膜和嵴的基质面上有许多排列规则的带柄的球状小体，称为基粒。膜间隙是内外

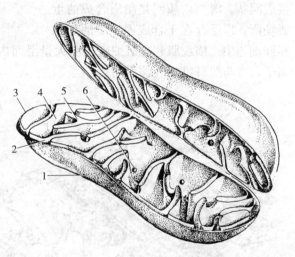

图9-4 电镜下线粒体模式图
1. 外膜 2. 膜间隙 3. 内膜 4. 嵴间腔
5. 内膜突起形成的嵴 6. 基质颗粒

膜之间的腔隙，宽6~8nm，其中充满液状的基质，含有许多酶、核糖体、DNA、RNA和无机离子等。

线粒体存在于除成熟红细胞以外的所有细胞内。其形态、大小、数量和分布随细胞种类和生理状况不同变化很大，即使同一细胞在不同生理状态下也不一样。如代谢旺盛的肝细胞大约有2 000个线粒体，反之则少。线粒体的主要功能是进行氧化磷酸化，氧化磷酸化是在内膜上进行的合成ATP的过程，为细胞生命活动提供直接能量，所以，线粒体被称为细胞内的"供能站"。

（2）**内质网**（endoplasmic reticulum，ER） 是由一层单位膜所组成的一些形状大小不

同的小管、小囊或扁囊结构。在细胞质中，这些小管、小囊或扁囊一般连成连续的网状系统，并可与细胞膜、核膜及高尔基复合体相连通。根据其表面是否附着有核糖体，可分为粗面内质网和滑面内质网。粗面内质网（rough endoplasimic reticulum，RER）（图9-6）由扁平囊和附着在其表面的核糖体组成，排列较为整齐。其主要功能是合成和运输蛋白质。因此，在分泌旺盛的细胞（如胰腺细胞、浆细胞）中粗面内质网非常发达，而在一些未分化的细胞和肿瘤细胞中则分布较少。表面没有核糖体结合的内质网称为滑面内质网（smooth endoplasmic reticulum，SER）（图9-6），通常由分支的小管或小泡连接成网状。滑面内质网是脂质合成的重要场所，广泛存在于合成固醇类的细胞和肝细胞中。横纹肌和心肌细胞内有大量滑面内质网，又称为肌浆网，能摄取和释放 Ca^{2+} 离子，参与肌纤维的收缩活动。

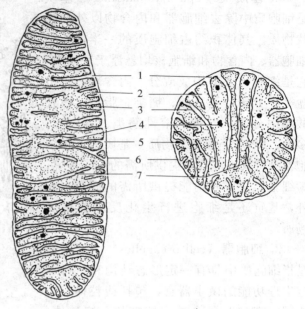

图9-5 电镜下线粒体内部结构（示纵、横切面）
1. 膜间隙 2. 嵴间腔 3. 嵴膜 4. 基质颗粒
5. 内膜 6. 外膜 7. 嵴内腔

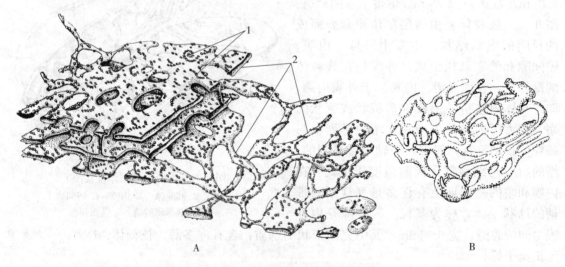

图9-6 粗面内质网和滑面内质网结构
A. 粗面内质网 B. 滑面内质网
1. 核糖体 2. 扁平囊

（3）高尔基复合体（Golgi complex） 又称为高尔基器或高尔基体（图9-7），位于细胞核附近。光镜下呈网状，故又称为内网器。电镜下高尔基复合体是由单位膜构成的扁平囊泡、大囊泡和小囊泡结构。扁平囊泡呈3～8层互相通连的扁平形囊，它有两个面，靠近细

第九章 细 胞

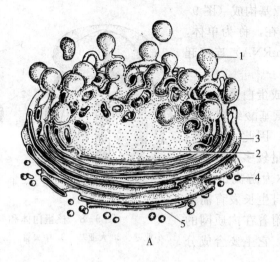

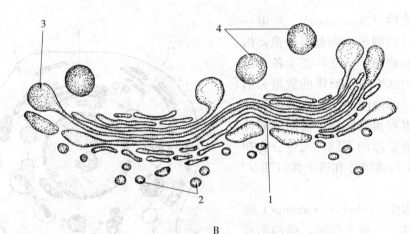

图 9-7 高尔基复合体
A. 高尔基复合体立体结构模式图
1. 大囊泡　2. 成熟面　3. 层状扁囊　4. 小囊泡　5. 生成面
B. 高尔基复合体超微结构示意图
1. 层状扁囊　2. 小囊泡　3. 大囊泡　4. 分泌囊泡

胞核的一面称为形成面或未成熟面或正面；面向细胞膜的一面为成熟面或分泌面或反面。小囊泡又称为运输囊泡，多位于形成面，一般认为它是由内质网形成而脱落下来的，含有合成物时，小囊泡与扁平囊融合，把内质网的合成物运送到扁平囊进行加工浓缩。大囊泡位于成熟面，由扁平囊周围膨大部脱落而成，内含经高尔基复合体加工浓缩后的各种物质。

高尔基复合体的主要功能是形成分泌颗粒参与细胞的分泌活动，故分泌功能旺盛的细胞，高尔基复合体发达。此外，高尔基复合体亦进行多糖类、脂蛋白的合成和溶酶体的形成。

（4）核糖体（ribosome）　又称为核蛋白体或核糖核蛋白体，是由 RNA 和蛋白质构成的致密小体，广泛存在于一切细胞内（哺乳动物成熟的红细胞等极个别高度分化细胞除外）。它们均匀分布于细胞质中或聚集成块，称为核外染色体。在电镜下核糖体为直径 15～25nm

的小体，由大、小两个亚基构成（图9-8）。核糖体可以单独存在，称为单体，也可由信使核糖核酸（mRNA）连接起来，形成多聚核糖体。

核糖体的功能是合成蛋白质，它根据mRNA的密码，将氨基酸组成多肽链，进一步合成蛋白质。因此，在蛋白质合成旺盛的细胞内含量较多。核糖体分散于细胞基质中，称为游离的核糖体，主要合成供细胞本身生长发育需要的蛋白质；有的核糖体附着在内质网的表面，形成粗面内质网，它主要合成分泌蛋白。

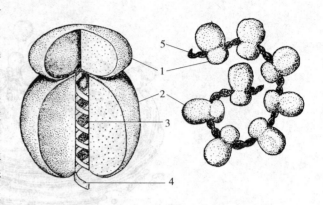

图9-8 核蛋白体和多聚核蛋白体
1. 小亚基 2. 大亚基 3. 中央管 4. 新生的肽链 5. mRNA

（5）溶酶体（lysosome） 是由一层单位膜包裹的圆形或卵圆形小泡，内含多种酸性水解酶。广泛存在于各种细胞内，不同的细胞内溶酶体的数量和形态差异很大，即使同一细胞内溶酶体的大小、形态也有很大区别，根据溶酶体所处生理功能阶段的不同，大致分为初级溶酶体、次级溶酶体和残余体（图9-9）。

初级溶酶体（primary lysosome）是新生的溶酶体，一般为圆形、椭圆形或长杆状，直径25～50nm，其内容物呈均质状，仅含水解酶而无作用底物。

次级溶酶体（secondary lysosome）由初级溶酶体和吞噬的底物融合而成，由于次级溶酶体内含相应的底物和消化后的产物，因此体积较大，直径可达

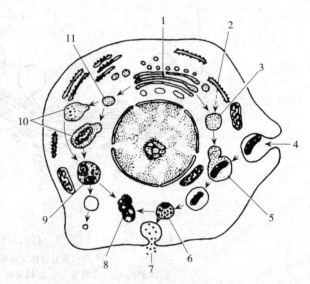

图9-9 溶酶体形成及转化示意图
1. 高尔基复合体 2. 粗面内质网 3. 溶酶体 4. 吞噬作用
5. 异溶酶体 6. 残余体 7. 胞吐作用 8. 脂褐素
9. 残余体 10. 自溶酶体 11. 初级溶酶体

0.8μm左右，形态也多样，其内容物为非均质状。根据底物的来源，可将其分为3种：①自溶酶体，其作用底物为内源性的，即来自于细胞内衰老和崩解的细胞器或局部细胞质等。②异溶酶体，其作用底物为外源性的，即细胞吞噬或吞饮的细胞外异物。③混合性溶酶体，其作用底物既有内源性的，也有外源性的。当溶酶体的消化作用完成后，溶酶体内的酶活力减弱或消失，其中含有一些不能再被消化的剩余物如脂褐素颗粒、含铁血黄素颗粒等，这种次级溶酶体称为终末溶酶体或残余体。有的残余体可排出细胞外，有的则长期留在细胞内。

溶酶体的主要功能是进行细胞内消化作用，消化分解进入细胞的异物和细菌或细胞自身失去功能的细胞器，因此是细胞内重要的"清道夫"，此外，某些细胞的溶酶体还与细胞的

特定功能直接相关。如甲状腺滤泡细胞的溶酶体与甲状腺激素的生成有关；精子的溶酶体参与受精过程；破骨细胞的溶酶体参与陈旧骨质的吸收和清除。

(6) 过氧化物酶体（peroxisome） 又称为微体（microbody），是由一层单位膜围成的圆形或卵圆形小泡，内含过氧化氢酶和多种氧化酶以及类脂和多糖等，直径为 $0.1\sim 0.5\mu m$，大多存在于肾细胞、肝细胞和具有吞噬能力的细胞内，其氧化酶能氧化多种底物，并使氧还原为 H_2O_2；而过氧化氢酶能使 H_2O_2 还原为水，以防细胞因 H_2O_2 浓度过高而中毒。此外，过氧化物酶还参与脂肪代谢、糖原异生等。

(7) 中心体（centrosome） 位于细胞中央近核处，在光镜下，中心体呈颗粒状。在电镜下观察，中心体由两个互相垂直的中心粒（centriole）和周围电子密度高的中心球构成。中心粒呈圆筒状，筒壁由9组三联微管有规律地呈风车旋翼状排列而成。一般认为它们与细胞分裂期纺锤体的形成及排列方向和染色体的移动有密切关系。此外，还参与细胞运动结构的形成，如纤毛、鞭毛等。

(8) 微丝（microfilament） 为直径5～7nm的细丝，由肌动蛋白组成，又称为肌动蛋白纤维。微丝广泛存在于各种细胞内，与细胞的运动、吞噬、分泌物的排出和胞质分裂等功能有关。

(9) 微管（microtubule） 是由微管蛋白装配成的中空的长管状细胞骨架结构，直径为18～25nm，存在于一些细胞的细胞质内或细胞的纤毛和鞭毛中，呈网状或束状分布，并能与其他蛋白共同装配成纺锤体、中心粒、基粒、纤毛、鞭毛、轴突和神经管等结构，参与细胞形态的维持、细胞运动和细胞分裂。

此外，还有直径为10nm的中间丝，介于微丝和微管之间，主要有神经原纤维、神经胶质纤维、角蛋白纤维等，其分布具有组织特异性，与细胞分化有关。

3. 内含物（inclusion） 内含物为广泛存在于细胞内的营养物质和代谢产物，包括糖原、脂肪、蛋白质和色素等。其数量和形态可随细胞不同生理状态和病理情况而改变。目前对光镜下所描述的某些"内含物"已有新的认识。例如，过去一直视为"内含物"的脂褐素和含铁血黄素颗粒，电镜下证实是属于残余体；黑色素颗粒也并非所谓的"代谢产物"，而是充满黑色素的黑素小体。

（三）细胞核（nucleus）

细胞核是细胞的重要组成部分，是细胞遗传和代谢活动的控制中心。在家畜体内除成熟的红细胞没有核外，所有细胞都有细胞核。多数细胞只有一个核，但也有两个和多个核的（如有的肝细胞和骨骼肌细胞）。细胞核的形态一般与细胞的形态相关。细胞核的大小约为细胞体积的1/4～1/3，幼稚细胞的核较大，成熟细胞的核较小。细胞核主要由核膜、核质、核仁和染色质组成（图9-10）。

1. 核膜（nuclear membrane） 是细胞核与细胞质之间的界膜。由双层单位膜构成，面向核质的一层膜称为内（层）核膜，面向胞质的另一

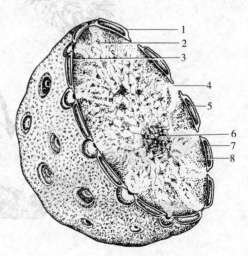

图9-10 电镜下细胞核结构模式图
1. 核膜 2. 常染色体 3. 异染色体 4. 核孔
5. 核周膜 6. 核仁 7. 核膜外层 8. 核膜内层

层膜为外（层）核膜。双层膜之间的间隙为核周隙（perinuclear space）。外（层）核膜的表面附着核糖体，常与粗面内质网相连，使核周隙与内质网腔相通。核膜上有许多散在的孔称为核孔（nuclearpore），核孔是细胞核与细胞质之间进行物质交换的通道。

2. 核质（nucleoplasm） 是无结构的透明胶状物质，又称为核液，成分与细胞质的基质很相近，含有多种酶和无机盐等。近年来发现，核质内还有直径为3～30nm的蛋白质纤维，它们组成三维网状结构充满整个核内空间。因其形态和细胞质骨架相似，故称为核内骨架。

3. 核仁（nucleolus） 通常为单一或多个匀质的球形小体，一般细胞有1～2个，也有3～5个的，个别细胞无核仁（如中性粒细胞）。核仁的大小随细胞生理状态不同而异，在代谢旺盛和生长迅速的细胞，核仁一般较大。核仁由紧密排列的核仁丝构成海绵状网架，网架之间散布着类似胞质内的核糖体的颗粒。核仁的化学成分主要是蛋白质、RNA和DNA，核仁的功能是合成rRNA和组装核糖体大、小亚基的前体。核糖体形成后通过核孔进入细胞质内，参与蛋白质的合成。

4. 染色质（chromatin） 是指细胞核内能被碱性染料着色的物质，是由DNA、组蛋白、非组蛋白和少量RNA组成的复合物，是细胞分裂期间遗传物质的存在形式。它随着细胞周期的不同而呈不同形态，间期细胞核内的染色质按其结构状态可分为常染色质和异染色质两种。常染色质呈解螺旋状态，不容易观察到，多位于细胞中央，是正在执行功能的部分（复制DNA和合成RNA）。异染色质呈不活泼的螺旋状，多位于核的边缘部分，在光镜下呈粒状或块状，被碱性染料染成蓝色。

当细胞进入有丝分裂期时，每条染色质丝均高度螺旋化，变粗变短，成为一条条的染色体（图9-11）。有丝分裂结束后细胞进入间期，染色体螺旋松懈又恢复染色质状态。由此可

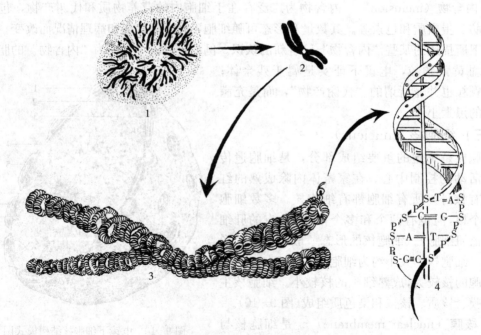

图9-11 染色体结构模式图
1.示有丝分裂中期的染色体 2.分离后的染色体 3.染色体放大后示螺旋状盘绕的染色丝 4.示螺旋状排列的DNA

见，染色质和染色体实际上是同一物质的不同功能状态。染色体上有一相对不着色而且直径较小的部位称为着丝点（centromere），即纺锤丝的附着点。着丝点两侧的染色体部分常称为染色体臂（图 9-12）。根据着丝点的位置和染色体臂的相对长度，可将染色体分为 4 种类型：(1) 等臂（中间）着丝点，为两臂长度相等，着丝点在染色体的中央；(2) 近等臂（近中间）着丝点，为着丝点接近中央，短臂与长臂的比例不到 1∶2；(3) 末端着丝点，即着丝点在染色体末端；(4) 近末端着丝点，即着丝点接近染色体的一侧末端，短臂和长臂的比例为 1∶2 或超过 1∶2。

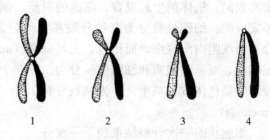

图 9-12　染色体类型图解（有丝分裂中期）
1. 等臂着丝点　2. 近等臂着丝点
3. 近末端着丝点　4. 末端着丝点

各种家畜的染色体具有特定的数目和形态。如猪 38 条，黄牛 60 条，水牛 48 条，马 64 条，驴 62 条，绵羊 54 条，山羊 60 条，犬 78 条，兔 44 条，鸡 78 条，鸭 80 条。正常家畜体细胞的染色体为双倍体（即染色体成对），而成熟的性细胞其染色体是单倍体。在成对的染色体中有一对为性染色体。哺乳动物的性染色体又可分为 X 和 Y 染色体，它们决定性别。雌性动物体细胞的性染色体为 XX；雄性动物的则为 XY。在家禽中，雌性为 ZW；雄性为 ZZ。在遗传学上通常根据染色体的数目、大小和形态结构特征，将染色体分群，称为染色体组型。

性染色质（sexchromotin）是性染色体中的一条在间期形成的异染色质。在雌性动物的某些分裂间期的体细胞核中，其形态和位置因细胞类型而异，一般呈圆形或扁圆形，紧贴于核膜内缘，也有的在核仁近旁，在嗜中性粒细胞核上则呈鼓槌状突起，即为 X 性染色质，又称为 X 小体，而雄性没有。雄性动物体细胞间期核中的 Y 性染色质（Y 小体），可用荧光染色法在荧光显微镜下看到，呈明亮小颗粒状，而雌性则无。因此，可以通过检查 X 或 Y 小体的有无来鉴定个体的性别。

二、细胞间质

细胞间质是由细胞产生的生活物质，位于细胞之间，其性质和数量因组织的种类不同而异。细胞间质由两种成分组成。一种是纤维，主要有胶原纤维、弹性纤维和网状纤维；另一种为基质，含有透明质酸、氨基酸和无机盐等。细胞间质有的呈液态，如血浆；有的呈半固态，如软骨；有的呈固态，如骨。细胞间质对细胞有营养、支持和保护等重要作用。

第二节　细胞的基本生命现象

一、细胞的增殖

细胞增殖是细胞生命活动的重要特征之一，细胞增殖是通过细胞分裂（cell division）

来实现的。机体的生长发育、细胞的更新、创伤的修复以及个体的延续等，都是以细胞分裂来完成的。细胞分裂分为有丝分裂和无丝分裂。有丝分裂（mitosis）又称为间接分裂，因分裂时细胞内出现细丝而得名。无丝分裂（amitosis）又称为直接分裂，分裂时细胞内不出现细丝，而是细胞质和细胞核一分为二。在生殖细胞成熟过程中还有一种特殊的有丝分裂，分裂时染色体数目减半，称为减数分裂（meiosis）。

细胞从前一次分裂结束到下一次分裂完成，称为一个细胞周期（cell cycle）。每个细胞周期又可分为分裂间期和分裂期。细胞总是交替地处于这两个阶段（图9-13）。繁殖快的细胞每隔6~24h增值一次，而细胞分裂一般在1~2h内完成，占整个周期的10%左右，其余的90%左右的时间为分裂间期。下面以有丝分裂为例说明一个细胞周期。

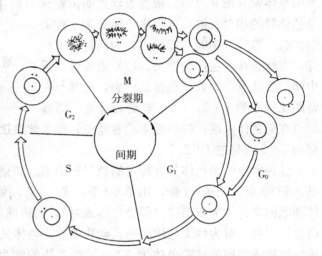

图9-13 细胞周期模式图

（一）分裂间期

分裂间期（interphase）是指细胞前一次分裂结束到下一次分裂开始的过程，在这个时期，光镜下看不到细胞明显的变化，称为静止期。但在细胞中却进行着DNA复制、RNA转录和蛋白质的合成等一系列生化反应。间期以DNA合成为标志，常将其分成3个时期：即DNA合成前期（G1期）、DNA合成期（S期）和DNA合成后期（G2期）。间期的长短随细胞而异。细胞完成合成，即进入分裂期。

1. G1期 即细胞在上一次分裂之后至DNA合成前的一段时间，其长短因细胞类型而异，一般持续时间较长。G1期是DNA合成的一个准备阶段，开始合成细胞生长需要的各种蛋白质、糖类和脂类等。

2. S期 DNA的合成复制均在此期进行，DNA含量增加一倍。S期是细胞增殖的关键，但持续时间较短。

3. G2期 此期合成RNA和形成管蛋白，为进入分裂期做准备，常称为有丝分裂准备期。此期持续时间较短。在G2期，细胞内大部分的mRNA核质比相对G1期都有所下降，这表明细胞内mRNA在核中与胞质中的分布是受细胞周期调控的。

（二）分裂期

细胞完成了以上3个时期，便进入分裂期（division stage）（简称M期）。细胞的分裂是一个连续动态的变化过程，根据其主要变化特征，可分为以下4个时期（图9-14）。

1. 前期（prophase） 细胞核增大，染色质丝逐渐卷曲并变短增粗形成染色体，因经S期的复制，所以DNA的含量为正常时的两倍。染色体开始纵裂成两条染色单体（chromatid），但在着丝点处相连。与此同时，核仁、核膜消失。细胞内的两个中心粒向两极移动，并伸出放射状丝芒形成星体（aster）。分向两极的中心粒之间有许多细丝相连呈纺锤状，称为纺锤体（spindle）。电镜下，纺锤丝是由成束排列的微管构成。

2. 中期（metaphase） 染色体致密而明显，中心粒已移至两极，纺锤体发达。染色体移至纺锤体中部并排列形成赤道板（equatorial plate）。如从细胞的一极看，染色体则呈放射状排列。每条染色单体的着丝点均有纺锤丝相连，借此将其向两极牵引。

3. 后期（anaphase） 染色体的着丝点已分开，赤道板上纵裂的染色体完全分离，各自成为染色单体，且受纺锤丝的牵引逐渐移至细胞两极。与此同时，细胞膜在细胞中部出现缢缩。

4. 末期（telophase） 此期细胞分裂将近完成。染色体已到达两极，开始细胞核的重组。同时，膜进一步缩窄，进而将细胞质分开，形成两个子细胞。子细胞的胞核较小而致密，以后逐渐变大，染色体又恢复为染色质，核膜及核仁重新出现。伴随着细胞分裂过程，细胞质内部的各种成分同时分布到两个子细胞中。

减数分裂仅出现在生殖细胞成熟过程中。减数分裂与有丝分裂比较，其主要的特点是：经分裂后的子细胞染色体的数目减少一半。减数分裂是由相互连续的两次成熟分裂组成。第一次成熟分裂（减数分裂Ⅰ）开始时已经复制的同源染色体

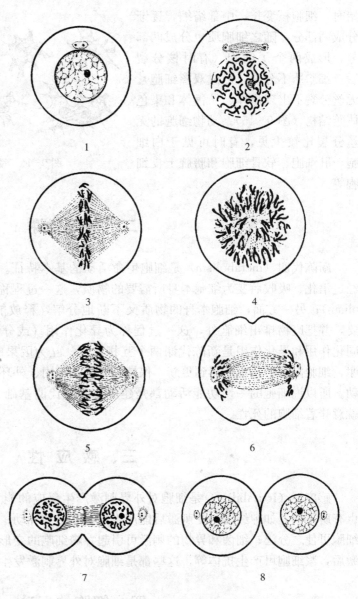

图9-14　细胞有丝分裂模式图
1. 分裂间期　2. 前期　3. 中期　4. 中期（从细胞一极观察）
5. 早后期　6. 晚后期　7. 早末期　8. 晚末期（分成两个子细胞）

配对，这个过程称为"联会"，接着出现交叉，在交叉的部位彼此交换一部分基因，经过交叉的染色体彼此分开，分配到两个子细胞中去，完成第一次分裂。紧接着进入第二次成熟分裂，已经纵裂为二的染色体，在着丝点处分开，进入两个子细胞，从而完成第二次分裂。减数分裂的生物学意义主要在两个方面：①同源染色体配对并交换一部分基因，使生殖细胞具有父母双亲的遗传特性；②染色体数目减半，为精卵结合形成的合子恢复到原来染色体的数目创造条件。

细胞的无丝分裂又称为直接分裂，是细胞繁殖的一种较为简单的分裂方式。无丝分裂开

始时,细胞核变长,中部缢缩,逐渐分成两部分,随之细胞质也分成两部分,形成两个子细胞(有时核分裂后,细胞质不分裂,形成双核细胞)。无丝分裂不出现星体、纺锤体和染色体等结构(图9-15)。动物细胞的无丝分裂比较少见,有时可见于白细胞、肝细胞、软骨细胞和膀胱上皮细胞等。

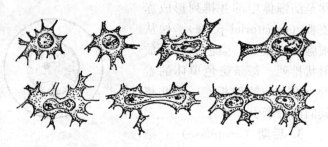

图9-15 动物细胞无丝分裂示意图

二、新陈代谢

新陈代谢(metabolism)是细胞生命活动的基本特征。细胞必须从外界摄取营养物质,经过消化、吸收后变为细胞本身所需要的物质,这一过程称为同化作用(或合成代谢 anabolism);另一方面,细胞本身的物质又不断地分解,释放能量,供细胞各种功能活动的需要,并把废物排出细胞外,这一过程称为异化作用(或分解代谢 catabolism)。由此可见,同化作用和异化作用是新陈代谢两个互相依存、互为因果的对立统一的过程。通过新陈代谢,细胞内的物质不断得到更新,保持和调整细胞内、外环境的平衡,以维持细胞的生命活动。所以说细胞的一切功能活动都是建立在新陈代谢基础上的,如果新陈代谢"停止了",就意味着细胞的死亡。

三、感应性

感应性(irritability)是细胞对外界刺激产生反应的能力。因细胞种类不同,其感应性也有所不同,如神经细胞受刺激后能产生兴奋并传导冲动;刺激肌细胞可使之收缩;刺激腺细胞可使之分泌;细菌和异物的刺激可引起吞噬细胞的变形运动和吞噬活动;受抗原物质刺激后,浆细胞可产生抗体等,这些都是细胞对外界刺激发生反应的表现形式。

四、细胞的运动

生活的细胞在各种环境条件刺激下,均能表现出不同的运动形式。常见的有变形运动(如嗜中性粒细胞)、舒缩运动(肌细胞的肌原纤维)、纤毛运动和鞭毛运动(气管和支气管的纤毛上皮的摆动和精子的游动)等。

五、细胞的内吞和外吐

细胞从周围环境摄取固体物质(如细菌)的过程,称为吞噬作用(phagocytosis);从周围环境摄取液体物质的过程,称为吞饮作用(pinocytosis),二者统称为内吞作用(endocytosis)。内吞形成的吞噬小体或吞饮小泡与溶酶体接触融合成一体,异物则被溶酶体的酶系消化。

细胞的分泌物或一些不能被细胞"消化"的残余物质（残余体），在细胞内逐渐移至细胞内表面，通过与细胞膜的融合、重组后将内容物排出的过程，称为外吐（外倾）作用（exocytosis）。典型的如分泌细胞排出分泌物的过程。

六、细胞的分化、衰老和死亡

（一）细胞的分化

多细胞生物在个体发育中，由一种相同的细胞类型经细胞分裂后逐渐在形态、结构和功能上形成稳定性的差异，产生不同细胞类群的过程称为细胞分化（cell differentiation）。细胞分化存在于动物体的整个生命过程中，但在胚胎时期表现最为明显。如组成动物有机体的各种细胞就是由一个受精卵经增殖分裂和细胞分化衍生而来的。

一般来说，分化程度低的细胞，其分裂繁殖的能力较强（如间充质细胞），有些细胞不断地分裂繁殖，同时又不断地进行着分化，如造血干细胞和精原细胞，这些细胞通常在形态上表现出细胞核大、核仁明显、染色浅、细胞质嗜碱性，这种幼稚的细胞（低分化细胞）常称为干细胞（stem cell）。分化程度较高的细胞，其分裂繁殖的潜力较弱或完全丧失，如神经细胞。

细胞的分化既受到内部遗传的影响，而且也受外界环境的影响。如某些化学药物、激素、维生素缺乏等因素，可引起细胞异常分化或抑制细胞分化。

（二）细胞的衰老与死亡

衰老和死亡是细胞发展过程中的必然规律。衰老的细胞主要表现为代谢活动降低、生理功能减弱以及形态结构的改变。不同类型的细胞，其衰老进程很不一致。一般说，寿命长的细胞，衰老出现很慢，如神经细胞和心肌细胞；寿命短的细胞，衰老较快，如红细胞和表皮的上皮细胞等。

细胞衰老时，其形态结构变化主要表现为细胞质出现膨胀或缩小，嗜酸性增强，脂肪增多，出现空泡、色素、脂褐素等蓄积；核固缩、结构不清、染色加深，进而崩裂成碎片，核内染色质出现溶解，最后整个细胞解体死亡。在体内死亡的细胞被吞噬细胞所吞噬或自溶解体，随排泄物排出体外。在体表死亡的细胞则自行脱落。

细胞凋亡（apoptosis）是一个主动的由基因决定的自动结束生命的过程，普遍存在于动物和植物中，在有机体生长发育过程中具有极其重要的意义，通过细胞凋亡，有机体得以清除不再需要的细胞，保持自稳平衡以及抵御外界各种因素的干扰。近年来对它的研究受到广泛的重视。在细胞凋亡发生过程中，细胞的形态学变化表现为细胞表面的特化结构如微绒毛和细胞间接触的消失，内质网囊腔膨胀，染色质固缩，核染色质断裂为大小不等的片断，与某些细胞器如线粒体聚集一起，被反折的细胞膜包裹，形成众多的凋亡小体（apoptotic bodies），继而被邻近的细胞吞噬并消化。细胞凋亡的生化特征是 DNA 电泳时形成梯状条带，其大小为 180～200bp 的整数倍。所以，梯状条带是目前鉴定细胞凋亡最可靠的依据。

（杨银凤）

第十章 基 本 组 织

组织为构成动物体内各器官的基本构造材料,它是由细胞群和细胞间质构成。根据组织的形态结构与功能特点,可将动物体内的组织归纳为4大类基本组织,即上皮组织、结缔组织、肌组织和神经组织。

第一节 上皮组织

上皮组织(epithelial tissue)是由大量排列密集的上皮细胞及少量的细胞外基质组成。上皮组织分布很广,根据其形态结构和功能主要分为被覆上皮、腺上皮和感觉上皮。其中被覆上皮在动物体内分布最广,功能也很多样;腺上皮是以分泌功能为主的上皮,分布也较广;感觉上皮主要分布在一些特殊感觉器内,如舌、鼻、眼、耳感觉器官内。此外,少数上皮还可以特化为生殖上皮和肌上皮等,生殖上皮见于睾丸曲细精管的生精上皮和卵巢表面的上皮,肌上皮是指一些位于腺泡基部的具有收缩功能的细胞。本章主要介绍被覆上皮、腺上皮和感觉上皮。

一、被覆上皮

(一)被覆上皮

被覆上皮(covering epithelium)是覆盖在动物体的外表面和衬贴在体内的腔、管、囊、窦等内表面。被覆上皮具有以下特点:①细胞成分多,间质成分少;②细胞成层分布,排列紧密,具有明显的极性。朝向体表和管腔内表面的一端,不与任何组织接触称为游离面。与游离面相对,并与深层结缔组织相连的面称为基底面;③上皮组织内一般无血管,所需的营养靠结缔组织内的血管透过基膜供给;④上皮组织内神经末梢丰富,因此,许多部位的上皮对内外环境的刺激非常敏感。

(二)被覆上皮的类型和主要分布

根据组成被覆上皮的细胞层数和表层细胞的形态将被覆上皮分为以下几种(表10-1):

表10-1 被覆上皮的类型和主要分布

被覆上皮的类型			主要分布
单层上皮	单层扁平上皮	内皮	心、血管、淋巴管的腔面
		间皮	胸膜、腹膜和心包膜的表面
		其他	肺泡、肾小囊壁层的上皮
	单层立方上皮		肾小管上皮、甲状腺滤泡上皮、小叶间胆管上皮等
	单层柱状上皮		胃、肠、子宫和胆囊等腔面上皮

(续)

	被覆上皮的类型		主要分布
假复层上皮	假复层柱状纤毛上皮		呼吸道、附睾等腔面上皮
	变移上皮		肾盏、肾盂、输尿管、膀胱等腔面上皮
复层上皮	复层扁平上皮	未角化上皮	口腔、食管、阴道腔面上皮
		角化上皮	皮肤的表皮
	复层柱状上皮		眼睑结膜、雄性尿道的腔面

1. 单层扁平上皮（simple squamous epithelium） 单层扁平上皮仅由一层扁平细胞组成（图10-1）。从上皮表面看，细胞呈不规则的多边形，细胞边缘呈锯齿状互相嵌合，核扁圆形，位于细胞中央；从上皮的垂直切面看，细胞扁平，中央含核的部分略厚。衬于心脏、血管和淋巴管腔面的单层扁平上皮称为内皮（endothelium）。分布在胸膜、腹膜和心包膜表面的单层扁平上皮称为间皮（mesothelium）。内皮和间皮可保持器官表面光滑湿润，可减少摩擦。单层扁平上皮还分布在肺泡、肾小囊壁层和肾髓袢降支。

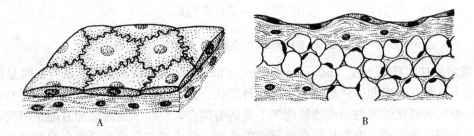

图10-1 单层扁平上皮
A. 单层扁平上皮模式图　B. 浆膜切面

2. 单层立方上皮（simple cuboidal epithelium） 单层立方上皮由一层立方形细胞组成（图10-2）。从上皮表面看，细胞呈多边形；从上皮的垂直切面看，细胞呈立方形，核圆，位于细胞中央。单层立方上皮分布于肾小管、甲状腺滤泡上皮、脉络丛上皮和一些腺导管处，多以吸收和分泌功能为主。

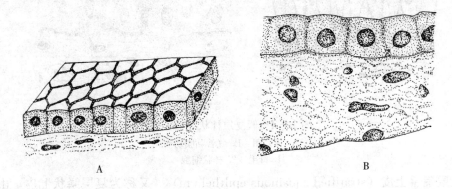

图10-2 单层立方上皮
A. 单层立方上皮模式图　B. 马肾集合管上皮侧面观

3. 单层柱状上皮（simple columnar epithelium） 单层柱状上皮由一层棱柱状细胞构成（图10-3）。从上皮表面看，细胞呈多边形；从上皮的垂直切面看，细胞呈柱状，核椭圆，近细胞基底部。细胞游离面常有纹状缘、刷状缘等特殊结构。主要分布于胃、肠、肾近端小管、胆囊和子宫、输卵管等腔面，多以吸收和分泌功能为主。在肠道的单层柱状上皮间常散在有单个的杯状细胞。

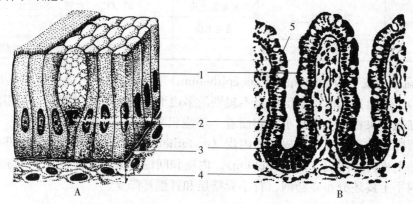

图10-3 单层柱状上皮
A. 模式图 B. 小肠单层柱状上皮（侧面观）
1. 柱状细胞 2. 杯状细胞 3. 基膜 4. 结缔组织 5. 纹状缘

4. 假复层柱状纤毛上皮（pseudostratified ciliated columnar epithelium） 假复层柱状纤毛上皮由柱状、梭形和锥体形、杯状等几种形状、大小不同的细胞组成（图10-4），其中只有柱状细胞和杯状细胞的顶端能够达到上皮的游离面，柱状细胞游离面有能定向摆动的纤毛。由于细胞高矮不等，细胞核所在位置高低不齐，故上皮在其垂直切面上形似复层，实为单层。这些细胞的基底面均附于基膜上，故称为假复层柱状纤毛上皮。此上皮主要分布于呼吸道的腔面，具有保护和分泌功能。

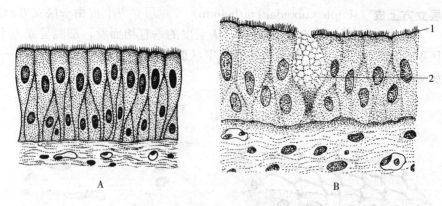

图10-4 假复层柱状纤毛上皮
A. 模式图 B. 气管黏膜切面
1. 纤毛 2. 杯状细胞

5. 复层扁平上皮（stratified squamous epilthelium） 又称为复层鳞状上皮，由多层细胞组成（图10-5）。从上皮的垂直切面看，表层的数层细胞是扁平的；中间数层由浅至深分别为梭形和多边形细胞；紧靠基膜的一层基底细胞为立方形或矮柱状，细胞较幼稚，具有旺盛的分裂增殖能力，以补充表层脱落的细胞。上皮基底面借基膜与深部结缔组织的连接凹凸不平，扩大两者的接触面，保证上皮组织的营养供应。皮肤表皮的复层扁平上皮表面的细胞角化，称为角化的复层扁平上皮，具有很强的耐摩擦和阻止异物侵入等作用。衬贴在口腔和食管等腔面的复层扁平上皮，浅层细胞不角化，称为未角化的复层扁平上皮。

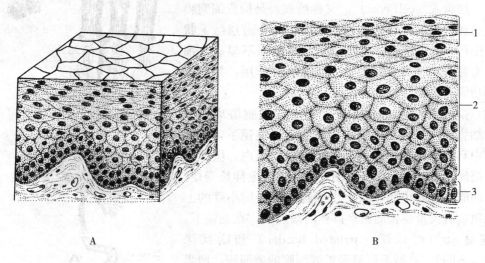

图 10-5 复层扁平上皮
A. 模式图　B. 表皮切面
1. 表层　2. 中间层　3. 深层

6. 变移上皮（transitional epithelium）　又称为移行上皮，细胞的形状和层数可随所在器官功能状态的不同而变化。分布于排尿管道。如当膀胱收缩时，上皮变厚，细胞层数增多，表层细胞呈大立方形，可覆盖深面的几个细胞，故称为盖细胞。盖细胞近游离面的胞质浓缩，嗜酸性，形成壳层，有防止尿液侵蚀的作用；中间数层细胞呈多边形或倒置梨形；基层细胞呈矮柱状或立方形。当膀胱充盈时，上皮变薄，细胞层数减少，表层细胞变扁（图10-6）。

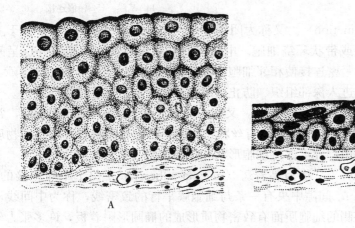

图 10-6 变移上皮（膀胱）
A. 收缩状态　B. 扩张状态

（三）上皮组织的特殊结构

在上皮细胞的游离面、侧面和基底面常形成不同的特殊结构（图10-7），以适应其相应的功能。

1. 上皮细胞的游离面

（1）细胞衣（cell coat） 又称糖衣，是构成细胞膜的糖蛋白和糖脂向外伸出的糖链部分，为一薄层绒毛状结构（图10-7），细胞游离面显著，其他面不显著。细胞衣具有黏着、支持、保护、物质交换等作用，并与细胞识别功能有关。

（2）微绒毛（microvillus） 是上皮细胞游离面细胞膜和细胞质向外伸出的细小指状突起。电镜下，微绒毛胞质中有许多纵行的微丝，微丝为肌动蛋白，微绒毛基部有肌球蛋白，两者相互作用，可使微绒毛伸长变短。在吸收功能旺盛的小肠柱状上皮细胞和肾近端小管的上皮细胞顶端有大量等长而密集排列的微绒毛，在光镜下，可分别显示为纹状缘（striated border）和刷状缘（brush border）。微绒毛可显著扩展细胞的表面积，增强分泌和吸收功能。

（3）纤毛（cilia） 是上皮细胞游离面的细胞膜和细胞质向外伸出的指状突起，比微绒毛粗而长。电镜下，纤毛内含有纵行排列的微管，中央有两条中央微管，周围有9组双联微管。微管之间的滑动与纤毛的单向节律性摆动有关。纤毛的摆动能将黏附在上皮表面的分泌物及颗粒状物质加以清除。

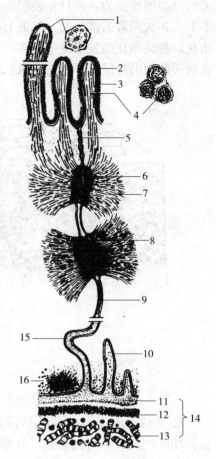

图10-7 上皮细胞的特殊结构模式图
1. 纤毛 2. 细胞膜 3. 糖衣 4. 微绒毛
5. 紧密连接 6. 中间连接 7. 终末网
8. 桥粒 9. 缝隙连接 10. 质膜内褶
11. 透明板 12. 基板 13. 网板
14. 基膜 15. 镶嵌连接 16. 半桥粒

2. 上皮细胞的侧面 细胞间隙很窄，一般宽15～20nm，细胞间黏附力很强，细胞侧面特化形成呈点状、斑状或带状的连接结构。

（1）紧密连接（tight junction） 又称为闭锁小带（zonula occludens），常见于上皮细胞近游离面，呈点状、斑状或带状环绕细胞。电镜下此处两相邻细胞的胞膜外层呈间断融合，融合处细胞间隙消失。紧密连接使相邻细胞顶部的细胞间隙封闭而形成一道屏障，可防止大分子物质通过细胞间隙进入深部组织、防止组织液外溢、起机械连接等作用。

（2）中间连接（intermediate junction） 又称为黏着小带（zonula adherens），常位于紧密连接下方。相邻细胞间隙20nm宽，内有丝状物，胞膜的胞质面附有薄层致密物质和微丝。起加强细胞间连接的作用，并可保持细胞形状和传递细胞收缩力。

（3）桥粒（desmosome） 又称为黏着斑（macula adherens），位于中间连接的深部，连接区细胞间隙宽20～30nm，间隙中央有一条与细胞膜平行的致密线，称为中间线，由丝状物质交织而成。在间隙两侧的细胞质面有致密物质形成的椭圆形附着板，许多张力丝附于板上又折成袢状返回胞质，一些跨膜细丝连接中间线和两侧的附着板。附着板内还有更细的丝，从板内侧勾住袢状张力丝，这些结构使相邻两细胞更牢固连接。桥粒在易受机械牵拉的结构中分布较多。

（4）缝隙连接（gap junction）　细胞间隙仅 2~3nm，连接处的相邻两细胞膜上有许多排列规律的柱状颗粒，称为连接小体，由 6 个亚单位组成，直径约 2nm，相邻两细胞的连接小体彼此相接（图 10-8），细胞间依此直接进行小分子物质和离子交换，传递化学信息。

只要两个或两个以上的细胞连接同时存在，则称为连接复合体（junctional complex）。细胞连接不仅存在于上皮细胞间，其他细胞间也存在，连接方式和数量常随器官不同功能状态而改变。

3. 上皮细胞的基底面

（1）基膜（basement membrane）　基膜是上皮细胞基底面与深部结缔组织之间的薄膜结构（图 10-9）。由靠近上皮层的基板（basal lamina）和靠近结缔组织侧的网板（reticular lamina）构成。基膜是物质通透的半透膜，对上皮细胞有支持、连接和固着作用。

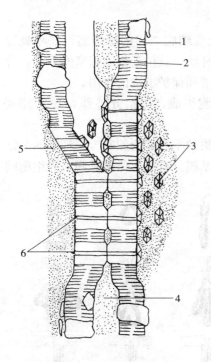

图 10-8　缝隙连接立体超微
　　　　　结构模式图
1. 细胞膜内面　2. 细胞膜外面
3. 缝隙连接小体　4. 细胞间隙
5. 细胞质　6. 连接小体

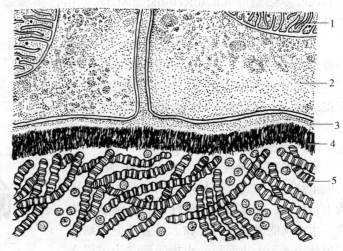

图 10-9　基膜超微结构模式图
1. 线粒体　2. 细胞基端　3. 细胞衣　4. 基板　5. 网板

（2）质膜内褶（plasma membrane infolding）　质膜内褶是细胞膜折入胞质所形成的许多内褶，内褶与细胞基底面垂直，内褶附近的胞质中常有较多与之平行排列的线粒体。质膜内褶多分布于肾小管等处，扩大细胞基底面表面积，增强上皮细胞物质转运的能力。

（3）半桥粒（hemidesmosome）　半桥粒是一些上皮细胞的基底面朝向细胞质的一侧形成的半个桥粒的结构，半桥粒将上皮细胞固着在基膜上。

二、腺上皮和腺

有些上皮细胞在胞质内能合成具有特殊作用的产物并将其分泌到细胞外,这种以分泌功能为主的上皮称为腺上皮(glandular epithelium),以腺上皮为主要成分组成的具有分泌功能的器官称为腺(gland)。

(一)腺的分类

根据腺有无导管可将腺分为有管腺和无管腺。有管腺的分泌物可经导管排出到体表或器官的腔面,称为外分泌腺,如汗腺、乳腺和唾液腺等;无管腺的分泌物释放后渗入血液和淋巴而运送到作用部位,则称为内分泌腺(endocrine gland),如甲状腺、肾上腺和脑垂体等(详见第七章内分泌系统)。

(二)外分泌腺的类型和结构

1. 根据腺细胞的多少分类

(1)单细胞腺(unicellular gland) 指单独分布于上皮细胞之间的腺细胞,如呼吸道和肠上皮细胞之间的杯状细胞。这种细胞呈典型的高脚酒杯状,核位于细胞细窄的下部,分泌颗粒充满在细胞宽阔的上部。杯状细胞分泌黏液,有润滑和保护上皮的作用。

(2)多细胞腺(multicellular gland) 由许多腺细胞组成,包括分泌部和导管部两部分。

分泌部又称为腺末房或腺泡,由一层腺细胞围成,中央的空腔称为腺腔。腺细胞的分泌物首先排入腺腔内。腺细胞和周围结缔组织之间也有一层基膜。有些腺体的基膜与腺细胞间有一种星形的、互相连接的篮状细胞或称为肌上皮细胞,该细胞收缩时,有助于腺末房排出分泌物。基膜周围结缔组织内有丰富的毛细血管、淋巴管和神经。

导管部即排泄管,为分泌物排出的管道。管壁由两层组织组成,外层为结缔组织,内层为上皮组织,通常由非分泌性的上皮细胞所构成。主要功能是输送分泌物。导管部上皮细胞的形状因管径大小而异,小排泄管常为单层立方上皮,大排泄管则多为单层或复层上皮。

2. 根据腺的形态分类 由一层腺细胞围成的分泌部呈管状、泡状和管泡状3种类型,而导管部又有不分支、分支和反复分支3种,通常根据导管是否分支和分泌部的形状进行腺的分类,腺泡和导管的结合可有多种形态(图10-10)。家畜中常见的有:

(1)管状腺 单管状腺,如汗腺和肠腺;分支管状腺,如胃腺和子宫腺;复管状腺,如肝脏。

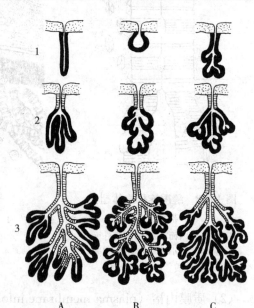

图10-10 各种多细胞腺模式图(黑色示分泌部,横线示导管部)
A. 管状腺 B. 泡状腺 C. 管泡状腺
1. 单腺 2. 分支腺 3. 复腺

(2) 泡状腺　分支泡状腺，如皮脂腺。

(3) 管泡状腺　复管泡状腺，如唾液腺、胰腺和乳腺。

3. 根据腺细胞分泌物性质的不同分类

(1) 浆液腺　也称为蛋白质分泌腺。腺泡有浆液性腺细胞组成，腺细胞呈锥体形；核圆形，位于细胞近基部，染色较浅，核仁可见；细胞质顶部有许多嗜酸性分泌颗粒，呈红色，基底部胞质显嗜碱性，呈淡蓝色。浆液腺的分泌物较稀薄，如腮腺和胰腺。

(2) 黏液腺　黏液腺也称为糖蛋白分泌腺。腺泡有黏液性腺细胞组成，腺细胞多呈矮柱状、立方形或锥形；核多为扁平状，染色较深，位于细胞的基底部；顶部胞质含有嗜碱性分泌颗粒，但在制片过程中由于分泌颗粒多被溶解，故胞质呈泡沫状。黏液腺分泌物黏稠，具有润滑和保护等作用。如舌腺、腭腺以及反刍兽和肉食兽的短管舌下腺等。

(3) 混合腺　腺泡由浆液性腺细胞和黏液性腺细胞共同组成。混合腺的分泌物兼有黏液和浆液。如颌下腺和舌下腺等（图10-11）。

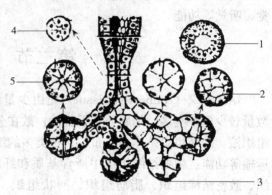

图10-11　各种腺泡及导管模式图
1. 纹状管　2. 混合性腺泡　3. 肌上皮细胞
4. 闰管　5. 浆液性腺泡

(三) 腺细胞的分泌方式（图10-12）

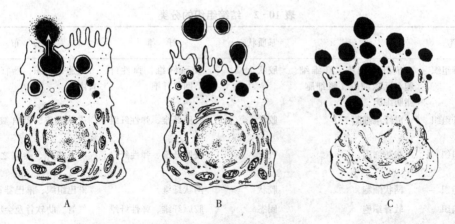

图10-12　腺细胞的分泌方式
A. 局部分泌　B. 顶浆分泌　C. 全浆分泌

1. 局部分泌　腺细胞所形成的有包膜的分泌颗粒逐渐移向细胞的游离面，而后分泌颗粒的包膜与细胞膜融合，以胞吐方式排出分泌物，细胞膜本身不受损失。如唾液腺和胰腺外分泌部的分泌。

2. 顶浆分泌　细胞形成的分泌物逐渐向细胞游离面突出，随后包着细胞膜排出。损伤部位的细胞膜很快被修复。如乳腺（脂滴）和汗腺的分泌。

3. 全浆分泌　腺细胞的分泌物形成后，细胞则解体连同分泌物一起排出，然后由邻近的腺细胞增殖补充。如皮脂腺的分泌。

三、感觉上皮

感觉上皮（sensory epithelium）又称为神经上皮（seuro-epithelium），是具有特殊感觉功能的特化上皮。上皮游离端往往有纤毛，可感受声、光、味觉等刺激。另一端与感觉神经元周围突的末梢形成突触。它们分布在舌、鼻、眼、耳感觉器官内，具有味觉、嗅觉、视觉、听觉等功能。

第二节 结缔组织

结缔组织（connective tissue）是由少量的细胞和大量的细胞间质构成。其特点是细胞数量较少但种类多，细胞分布无极性，散在分布。细胞间质由细胞产生，包括纤维、基质和组织液。结缔组织是体内分布广、种类多的组织。结缔组织具有连接、支持、营养、保护和运输等功能。根据结缔组织中所含基质和纤维成分的不同，可将结缔组织分为疏松结缔组织、致密结缔组织、脂肪组织、网状组织、软骨组织、骨组织、血液和淋巴7大类（表10-2）。

所有的结缔组织都是由胚胎时期的间充质演变而来。间充质由间充质细胞和大量无定形基质构成。间充质细胞是分化程度低、星形多突起的弱嗜碱性细胞，胚胎期可分化成各种结缔组织细胞、内皮细胞、平滑肌细胞等。成体结缔组织中仍保留少量未分化的间充质细胞。

表10-2 结缔组织的分类

类 型	细 胞	基质状态	纤 维	分 布
疏松结缔组织	成纤维细胞、纤维细胞、巨噬细胞、浆细胞、脂肪细胞	胶状	胶原纤维、弹性纤维、网状纤维	细胞、组织、器官之间和器官内
致密结缔组织	成纤维细胞	胶状	胶原纤维、弹性纤维	皮肤真皮、器官被膜、腱及韧带
脂肪组织	脂肪细胞	胶状	胶原纤维、弹性纤维	皮下组织、器官之间和器官内
网状组织	网状细胞	胶状	网状纤维	淋巴组织、淋巴器官、骨髓
软骨组织	软骨细胞	固态	胶原纤维、弹性纤维	气管、肋软骨及会厌软骨
骨组织	骨细胞	固态坚硬	胶原纤维	骨骼
血液和淋巴	红细胞、白细胞、淋巴细胞	液态	纤维蛋白原	心、血管、淋巴管

一、疏松结缔组织

疏松结缔组织（loose connective tissue）（图10-13）又称为蜂窝组织，结构疏松，形态不固定，有一定的弹性和韧性。在体内分布广泛，常见于皮下和各种器官内，其结构特点是细胞排列松散，基质含量较多，它具有连接、防御、保护、营养和创伤修复等功能。

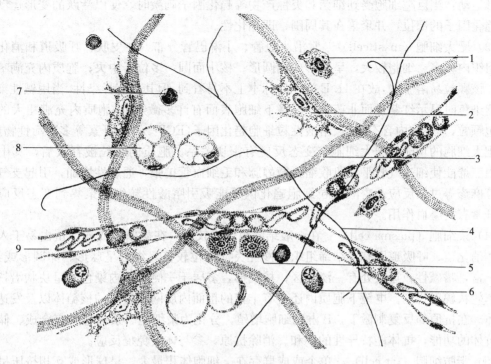

图 10-13 疏松结缔组织铺片
1. 巨噬细胞　2. 成纤维细胞　3. 胶原纤维　4. 弹性纤维
5. 肥大细胞　6. 浆细胞　7. 淋巴细胞　8. 脂肪细胞　9. 毛细血管

1. 细胞成分

(1) 成纤维细胞（fibroblast）　数量最多，分布广，常紧贴胶原纤维分布。细胞扁平、多突起，细胞轮廓不清；胞质较丰富，呈弱嗜碱性；核大，卵圆形，染色质少，染色浅，常有1~2个核仁。电镜下可见胞质中有丰富的粗面内质网和游离的核糖体，高尔基体发达。

成纤维细胞的功能　成纤维细胞具有形成胶原纤维、弹性纤维、网状纤维和基质的功能。其自身可进行分裂增殖，在机体有创伤时，成纤维细胞功能增强，能加速伤口愈合，但也容易形成瘢痕。当成纤维细胞功能处于相对静止状态时，细胞较小，长梭形，胞核小，染色深，核仁不明显，胞质内粗面内质网少，高尔基复合体不发达，此时称为纤维细胞（fibrocyte）。在一定条件下，如创伤修复时，纤维细胞可以转变为功能活跃的成纤维细胞。

(2) 巨噬细胞（macrophage）　疏松结缔组织内的巨噬细胞又称为组织细胞（histiocyte）。数量较多，分布较广，是由血液内单核细胞穿出血管后分化而成的，因而常靠近毛细血管。胞体较小，形态多样，呈圆形、卵圆形或不规则形，细胞表面有短而钝的突起；胞质丰富，呈嗜酸性，内含空泡和异物颗粒；胞核小，着色深，核仁不明显。电镜下，细胞表面有许多皱褶、小泡和微绒毛，胞质内含大量溶酶体、吞噬体、吞饮小泡、残余体和许多微丝微管。

巨噬细胞的功能：①吞噬作用：巨噬细胞具有强大的吞噬（细菌、异物、衰老伤亡的细胞等）功能；②参与免疫应答：巨噬细胞对吞噬的抗原物质进行加工、处理，然后呈递给淋巴细胞，使其发生特异性免疫应答反应；③分泌作用：巨噬细胞具有活跃的分泌功能，能合成和分泌多种生物活性物质，如溶菌酶、干扰素、白细胞介素-1、补体等，这些物质在改建组织、修复创伤、消灭病菌、杀死肿瘤细胞、调节代谢等过程中均起着重要作用；④趋化性和变形运动:当巨噬细胞受到细菌和炎性产物等趋化因子刺激时,便以活跃的变形运动移向产生趋化因子的部位,并聚集在其周围,即趋化性。

(3) 肥大细胞(mast cell) 常沿小血管、小淋巴管分布,在皮肤、呼吸道和消化管的结缔组织内较多。细胞较大,呈圆形或椭圆形;核小而圆,多位于中央;胞质内充满嗜碱性颗粒,该颗粒易溶于水,故在H.E染色的标本上不易看到,但其具有异染性,当用碱性染料甲苯胺蓝染色时显示红紫色而非蓝色。电镜下细胞表面有许多微绒毛,胞质内充满粗大的异嗜性膜包颗粒,其颗粒内含有组胺、嗜酸性粒细胞趋化因子(ECF-A)和肝素等多种活性物质。

肥大细胞的功能:肥大细胞与变态反应有密切关系。胞质内颗粒被释放后,其中的组胺、白三烯能使细支气管平滑肌收缩,微静脉和毛细血管扩张,通透性增加,引起支气管哮喘和荨麻疹等过敏反应。嗜酸性粒细胞趋化因子能吸引嗜酸性粒细胞聚集到变态反应的部位。肝素有抗凝血作用。

(4) 浆细胞(plasma cell) 在一般结缔组织内较少,在病原菌或异性蛋白易于入侵的部位如消化道、呼吸道固有层结缔组织及慢性炎症部位较多。细胞呈球形、卵圆形或梨形;胞质丰富,嗜碱性,近核处有一淡染区;核圆形,多居于一侧,核内染色质呈块状沿核膜内面呈车轮状辐射排列。电镜下胞质内还含有丰富的粗面内质网和游离的核糖体以及发达的高尔基体。在抗原的反复刺激下,B淋巴细胞增殖,分化为浆细胞。浆细胞具有合成、储存和分泌抗体的功能,抗体能特异性的中和、消除抗原,参与体液免疫反应。

(5) 脂肪细胞(fat cell) 单个或成群存在。细胞体积最大,呈球形或互相挤压呈多边形,胞质内含脂肪滴,融合的脂肪滴将核挤压至细胞一侧。在H.E染色的标本上,因脂滴被溶解,细胞呈空泡状,胞核着色深,整个细胞形如指环状。脂肪细胞能合成并储存脂肪,提供能量,参与脂质代谢。

(6) 未分化的间充质细胞(undifferentiated mesenchymal cell) 常分布在小血管、毛细血管周围,是保留在成体结缔组织内较原始、有分化潜能的细胞。

2. 纤维成分 疏松结缔组织中的纤维成分包括胶原纤维、弹性纤维和网状纤维3种。

(1) 胶原纤维(collagenous fiber) 数量最多,分布最广。新鲜时呈白色,又称为白纤维,H.E染色呈嗜酸性,粉红色,纤维呈波浪形,粗细不等(直径1~20μm),相互交织成网。胶原纤维主要由成纤维细胞产生。电镜下,胶原纤维由更细的胶原原纤维与少量黏合物质组成,胶原原纤维有明暗相间的周期性横纹,横纹周期约为64μm,其化学成分是胶原蛋白。胶原纤维的韧性大、抗拉力强,但弹性较差。

(2) 弹性纤维(elastic fiber) 数量较少而细,新鲜时呈黄色,又称为黄纤维。粗细不同,直径0.2~1.0μm,也可有分支。折断时纤维末端常呈卷曲状,H.E染色不易着色,可被醛复红或地衣红染成紫色或棕褐色。电镜下无横纹,由微原纤维组成。其化学成分是弹性蛋白。弹性纤维的弹性强、易拉长,但韧性差。在器官和组织中弹性纤维和胶原纤维共同作用,即可保持其形态位置相对固定,又具有一定可变性。

(3) 网状纤维(reticular fiber) 数量最少,细而短,多分支,交织成网。主要分布于上皮组织下的基膜中和脂肪组织、血管、神经及平滑肌周围。造血器官和内分泌腺内也有较多网状纤维构成支架。H.E染色不易识别,镀银法染成黑色,也称为嗜银纤维。网状纤维由Ⅲ型胶原蛋白构成,表面覆盖有糖蛋白和蛋白多糖。网状纤维的韧性大、弹性差。

3. 基质(ground substance) 是无固定形态、无色透明的黏稠胶体,充满于纤维与细胞之间。由成纤维细胞分泌。主要成分包括蛋白多糖和结构性糖蛋白及组织液。蛋白多糖主要是由蛋白质与糖胺多糖结合的大分子复合物，其中糖胺多糖主要是硫酸软骨素、硫酸角质素和肝素等，其中透明质酸含量最高，其长链分子曲折盘绕分布于基质中，长链分子上又连接许多蛋白质和多糖分子，构成具有许多微孔的结构，称为分子筛。小于分子筛孔径的物质（如 O_2、CO_2 及营养物质）可以自由通过，而大于其孔径的物质（如细菌）不能通过，使基质成为限制细菌扩散的防御屏障。结构性蛋白主要是黏蛋白等，主要参与构成分子筛，影响细胞附着和移动，调节细胞的生长和分化。组织液是从毛细血管动脉端渗出的血浆的一部分成分，生理状态下，它不断循环更新保持恒定。

二、致密结缔组织

致密结缔组织（dense connective tissue）由大量紧密排列的纤维和少量的细胞及基质构成。纤维粗大，主要是胶原纤维和弹性纤维，纤维排列紧密，形态固定，有支持、连接和抗牵引力作用。细胞主要是成纤维细胞。依据纤维成分和排列规则与否，分为规则致密结缔组织、不规则致密结缔组织和弹性组织3种。

规则致密结缔组织以密集的胶原纤维为主，胶原纤维顺受力方向平行排列成束，成纤维细胞成行排列于纤维束间，基质很少。如肌腱和腱膜。

不规则致密结缔组织以胶原纤维为主，纤维排列方向不规则，互相交织成致密的网或层，形成坚固的纤维膜。如真皮、骨膜、软骨膜、巩膜和硬脑膜等。

弹性组织以弹性纤维为主，纤维排列规则而紧密，在弹性纤维束间有胶原纤维和成纤维细胞分布。如项韧带（图10-14）、弹性动脉中膜。

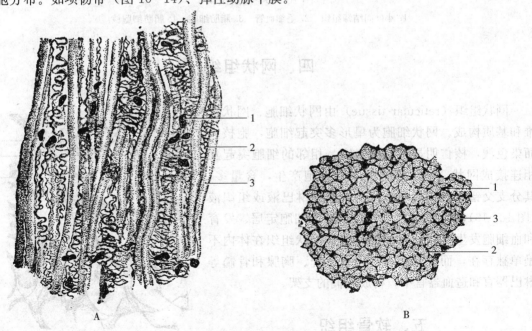

图10-14 牛项韧带
A. 纵切 B. 横切
1. 成纤维细胞核 2. 胶原纤维 3. 弹性纤维

三、脂肪组织

脂肪组织（adipose tissue）由大量脂肪细胞集聚而成（图10-15），细胞表面包绕有致密而纤细的网状纤维，基质含量极少。少量疏松结缔组织和小血管深入脂肪组织内，将其分割成许多小叶。

脂肪组织主要分布在皮下、肠系膜、腹膜、大网膜以及某些器官周围。其主要功能是储存脂肪参与脂肪代谢，是体内最大的能量库，可产生热量，维持体温。此外还有支持、填充、缓冲和保护等作用。

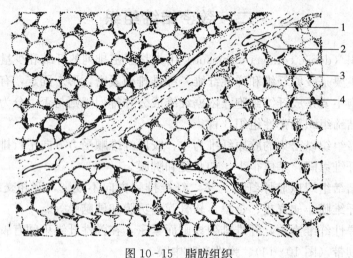

图10-15 脂肪组织
1. 小叶间结缔组织　2. 毛细血管　3. 脂肪细胞　4. 脂肪细胞核

四、网状组织

网状组织（reticular tissue）由网状细胞、网状纤维和基质构成。网状细胞为星形多突起细胞，胞核大而染色浅，核仁明显，胞质丰富，相邻的细胞突起互相连接成网状。网状纤维由网状细胞产生，含量多，其分支交错，连接成网，网孔内充满淋巴液或组织液（图10-16），为T淋巴细胞、B淋巴细胞定居、发育和血细胞发生提供适宜的微环境。网状组织在体内不是单独存在，而是分布在淋巴结、脾、胸腺和骨髓等淋巴器官和造血器官中，构成它们的支架。

五、软骨组织

软骨组织（cartilage tissue）由少量的软骨细胞和

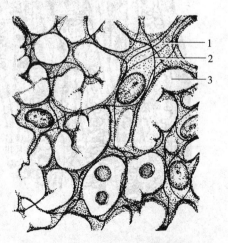

图10-16 网状组织（硝酸银染色）
1. 网状细胞　2. 网状纤维　3. 网眼

大量的细胞间质（基质和纤维）构成。根据软骨组织所含纤维不同，可将软骨分为透明软骨、弹性软骨和纤维软骨3种。

（一）透明软骨

透明软骨（hyaline cartilage）分布最广，主要分布在成年动物的骨的关节面、肋软骨、鼻中隔软骨及呼吸道的软骨环。胚胎时期构成大部分四肢骨和中轴骨。新鲜时呈半透明状，含软骨细胞和少量胶原原纤维，基质较丰富（图10-17）。

1. 透明软骨的结构

（1）软骨细胞 软骨细胞深陷在软骨间陷窝中，大小形态不一，靠近软骨膜的软骨细胞较幼稚，体积小，呈扁圆形，单个分布，位于软骨中部的软骨细胞接近圆形，成群分布，每群有2～8个细胞，它们是由一个软骨细胞分裂增生而成。细胞核圆形或椭圆形，胞质弱嗜碱性。软骨陷窝周围的一层基质浓稠，含硫酸软骨素较多，染色时强嗜碱性，色较深，形成一深色陷窝，称为软骨囊。电镜下软骨细胞内

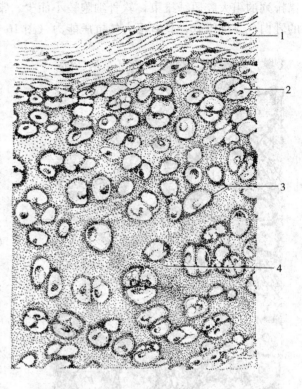

图10-17 透明软骨
1. 软骨膜 2. 软骨细胞 3. 软骨细胞囊 4. 基质

有丰富的粗面内质网、发达的高尔基复合体及一些糖原和脂滴。

（2）软骨基质 由软骨细胞产生，基质主要成分为嗜碱性软骨黏蛋白，它以透明质酸分子为骨干，与硫酸软骨等分子链构成分子筛，分子筛与胶原原纤维结合在一起形成固态均质状结构。软骨内没有血管、淋巴管和神经，由于基质内富含水分，通透性强，软骨细胞所需的营养由软骨膜血管渗出供给。

2. 软骨膜 软骨组织的表面（除关节软骨的关节面外）覆盖着一层由致密结缔组织构成的软骨膜。软骨膜分内、外两层，外层纤维多，细胞少，主要起保护作用；内层纤维少，细胞较多，其中有些梭形小细胞，为骨原细胞，可增殖分化为软骨细胞，使软骨生长。软骨膜内有血管神经等，为软骨提供营养。

3. 软骨的生长和发育 有两种生长方式，即软骨内生长和软骨膜下生长。软骨内生长为软骨内软骨细胞成熟长大和分裂增殖，进而不断地产生基质和纤维使软骨从内部生长；软骨膜下生长为软骨膜内层的骨原细胞向软骨表面不断添加新的软骨细胞、产生基质和纤维，使软骨增厚。

（二）弹性软骨

弹性软骨（elastic cartilage）分布于耳廓、会厌及咽鼓管等处。含大量交织密布的弹性纤维。新鲜时略显黄色，不透明，具有弹性（图10-18）。

（三）纤维软骨

纤维软骨（fibrous cartilage）分布于椎间盘、关节盘及耻骨联合等处。含大量平行或交

错排列的粗大胶原纤维束，软骨细胞较小而少，常成行分布于纤维束之间。新鲜时呈不透明的乳白色。纤维软骨具有很大的抗压能力（图10-19）。

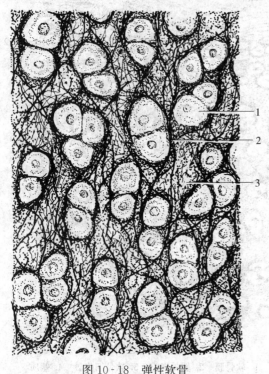

图 10-18 弹性软骨
1. 软骨细胞 2. 弹性纤维 3. 基质

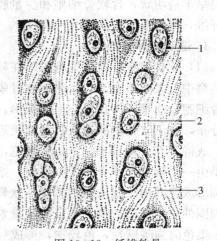

图 10-19 纤维软骨
1. 软骨囊 2. 软骨细胞 3. 胶原纤维束

六、骨组织

骨组织（osseous tissue）是坚硬而有一定韧性的结缔组织，由几种细胞和大量钙化的细胞间质（也称为骨基质）组成。骨组织、骨膜和骨髓共同构成骨器官。

（一）骨组织

1. 骨组织的细胞 骨组织的细胞有骨原细胞、成骨细胞、骨细胞及破骨细胞4种，骨细胞最多，位于骨基质内，其余3种细胞位于骨组织边缘。骨原细胞、成骨细胞和骨细胞与骨基质的生成有关，破骨细胞与骨基质的溶解吸收有关。

（1）骨原细胞（osteoprogenitor cell） 位于结缔组织形成的骨外膜和骨内膜贴近骨组织处。细胞较小，呈梭形，核椭圆形，胞质少，弱嗜碱性。骨原细胞为骨组织的干细胞，随着骨生长、改建，分裂分化为成骨细胞。

（2）成骨细胞（osteoblast） 位于骨组织表面，常排为一排，幼年时多，成年减少。成骨细胞呈矮柱状或椭圆形，有细小突起深入骨小管中与相邻细胞突起连接。胞核圆形，常位于一端，胞质嗜碱性，含大量粗面内质网和发达的高尔基复合体，可分泌含有机成分的类骨质，当本身被类骨质包埋后成为骨细胞。

（3）骨细胞（osteocyte） 数量最多，单个分散于骨板内或骨板间的骨陷窝内，骨细胞呈扁椭圆形，突起多，突起通过骨小管与其他细胞形成缝隙连接。骨细胞与陷窝内及骨小管中的组织液进行物质交换。骨陷窝周围薄层骨基质钙化程度较低，并可不断更新。

（4）破骨细胞（osteoclast） 分布在骨组织表面浅窝内，为多核的大细胞，直径约 $100\mu m$，常有5~60个核，无分裂能力，胞质嗜酸性，呈泡沫状。破骨细胞贴近骨基质的一侧有皱褶缘。电镜下，皱褶缘为破骨细胞表面的许多不规则的分支状突起。破骨细胞含丰富的酶和酸，通过胞吐释放后可溶解骨基质，并通过内吞重吸收骨基质，参与骨基质的重建和维持血钙平衡。

2. 骨基质 呈固体状，由有机成分和无机成分构成。有机成分占35％，无机成分占65％。有机成分由成骨细胞分泌形成，包括大量骨胶纤维及少量无定形基质。骨胶纤维占有机成分的90％。基质为凝胶状，主要成分是蛋白多糖及其复合物，分布于纤维之间，起黏合作用。无机成分又称为骨盐，主要为羟磷灰石结晶，呈细针状沿骨胶纤维平行排列，结合紧密。

骨基质结构呈板状，称为骨板。同一骨板内的骨胶纤维相互平行，相邻骨板内的骨胶纤维则相互垂直或形成夹角，这种结构形式有效地增强了骨的支持力。以骨板排列的疏密程度可将骨基质分为两种（图10-20）。

（1）骨密质（substantia compacta） 分布在骨的表面。以长骨为例，骨密质构成长骨骨干的绝大部分和骨骺的表层，骨密质内的骨板排列很有规律，按排列方式可分为环骨板、骨单位和间骨板。

①环骨板（circumferential lamella） 是环绕长骨骨干的外侧面及近骨髓腔的内侧面的骨板，分别称为外环骨板和内环骨板。外环骨板较厚，可达几十层。内环骨板较薄，仅有数层，排列不规则。内、外环骨板均有横向穿越的小管，也称为穿通管，是小血管、神经的通道。

②骨单位（osteon） 又称为哈佛氏系统，是骨干骨密质的主要部分，呈筒状，是长骨起支持作用的主要结构。骨单位介于内、外环骨板之间，呈同心圆排列，中轴有一中央管，称为哈佛氏管（Haversian canal），与穿通管相通，也含骨膜组织、血管、神经和组织液。

③间骨板（interstitial lamella） 为填充于骨单位之间的形状不规则的骨板，是旧的骨单位或内外骨板未被吸收的残留部分。它与骨单位之间有一条黏合线，黏合线由含较多骨盐的骨基质形成。

（2）骨松质（substantia spongiosa） 分布于长骨骨干内侧面和骨骺及短骨内部。由骨细胞、骨胶纤维和骨基质形成骨板，数层骨板组成粗细不同的骨小梁，骨小梁纵横交错成网，形成骨松质，骨松质网孔中充满红骨髓。

（二）骨膜

骨膜由致密结缔组织构成。分布于除关节面以外的骨的外表面，称为骨外膜（perioste-

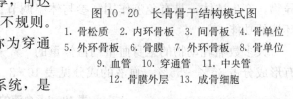

图10-20 长骨骨干结构模式图
1. 骨松质 2. 内环骨板 3. 间骨板 4. 骨单位
5. 外环骨板 6. 骨膜 7. 外环骨板 8. 骨单位
9. 血管 10. 穿通管 11. 中央管
12. 骨膜外层 13. 成骨细胞

um)。骨外膜较厚，又分内、外两层。外层中含密集的胶原纤维束，横向穿入外环骨板，称为穿通纤维，起固定骨膜和韧带的作用；内层含有骨原细胞和成骨细胞及小血管和神经。被覆于骨髓腔面、骨小梁表面、穿通管和中央管内表面的骨膜称为骨内膜（endosteum），骨内膜很薄，由一层扁平的骨原细胞和少量结缔组织构成。

（三）骨的发生

骨来源于胚胎时期的间充质，有膜内成骨和软骨内成骨两种方式。

1. 膜内成骨 在将要形成扁骨的部位，间充质细胞增殖分化成胚胎性结缔组织膜，膜内形成未来骨的膜性雏形，然后在此膜性雏形内形成骨化中心，血管增生，间充质细胞增殖，分化为骨原细胞、成骨细胞和骨细胞，形成骨基质并形成骨。成骨过程由中心向周围扩展，外周的间充质分化为骨膜。扁骨大多按此种方式发生，如顶骨、额骨等。

2. 软骨内成骨 在将要形成骨的部位，先由间充质分化成为透明软骨，形成未来骨的透明软骨雏形，透明软骨骨干周围的软骨经过软骨内骨化过程，形成初级骨化中心、骨髓腔和次级骨化中心过程，最终软骨细胞死亡，基质钙化而成骨。大多数骨主要以此方式发生，如四肢骨和躯干骨等。

七、血液及淋巴

血液和淋巴是流动在血管和淋巴管内的液体性结缔组织。

（一）血液

血液（blood）由有形成分和液态的细胞间质（血浆）组成。血液在新鲜状态时呈红色，不透明，具有一定的黏稠性。

血液的生理功能是运输氧和营养物质，供各组织细胞利用，并把各组织细胞产生的代谢产物运走；运输各种激素到有关组织或器官，实现体液调节；血液中的白细胞能吞噬细菌和异物，产生抗体，具有免疫作用；参与体温调节、酸碱平衡和渗透压维持；具有稳定机体内环境的功能。

大多数哺乳动物的全身血量约占体重的7%~8%；其中血浆占血液成分的45%~65%，有形成分占35%~55%。血液的成分见表10-3。

表10-3 血液的组成成分

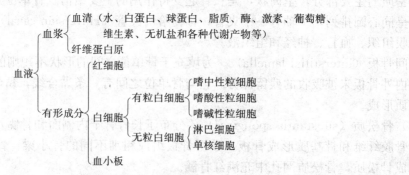

1. 血浆（plasma） 血浆是略带黄色的黏稠液体，其中水分约占91%，其余9%为各种溶解状态的有机物和无机物，如纤维蛋白原、血清蛋白（包括白蛋白、球蛋白）、脂质、

葡萄糖、酶、激素、维生素、无机盐等。血液流出血管后，其中纤维蛋白原凝固，与血细胞一起形成血块，剩下的淡黄色清亮液体叫血清（serum）。

2. 有形成分（图版1~7）　习惯上将红细胞与白细胞合称为血细胞（hemocyte，blood cell），将血细胞和血小板合称为有形成分。

（1）红细胞（erythrocyte）　数量最多，体积小而均匀分布，直径为5~8μm。大多数哺乳动物成熟的红细胞无细胞核和细胞器，呈双面凹陷的圆盘状，周边厚，着色较深，中央薄，着色较浅，胞质内充满血红蛋白。骆驼和鹿的红细胞为椭圆形，禽类的红细胞呈卵圆形，细胞中央有一个椭圆形的核。红细胞的大小和数量随家畜种类不同而异（表10-4）。

表10-4　主要畜、禽红细胞的直径和数量

动物类别	直径（μm）	每立方毫米血液中红细胞数（百万）
牛	5.1	6.0
绵羊	5.0	9.0
山羊	4.1	14.4
马	5.6	8.5
驴	5.3	6.5
猪	6.2	7.0
兔	6.8	5.6
犬	7.0	6.8
猫	5.9	7.5
鸡	7.5×12.0	3.5

红细胞的数量还依个体、性别、年龄、营养状况及生活环境而改变。幼龄比成年多，公畜比母畜多，生活在高原比平原多，营养良好的比营养不良的多。单个红细胞呈黄绿色，大量红细胞聚集则呈红色。红细胞的主要成分是血红蛋白，血红蛋白是含铁的蛋白质，它具有结合与运输O_2和CO_2的功能。红细胞的平均寿命为120d，新生红细胞从红骨髓产生，衰老的红细胞被肝、脾中的巨噬细胞吞噬，数量恒定。

红细胞的渗透压与血浆一致，当血浆渗透压降低时，过量水分进入血细胞，使血细胞膨胀为球形，甚至破裂，血红蛋白逸出，称为溶血。溶血后的红细胞膜称为血影。相反，血浆渗透压升高时，红细胞水分渗出而皱缩。

（2）白细胞（leukocyte）　有细胞核和细胞器，球形，比红细胞大，且数量比红细胞少得多。其数量依动物种类、年龄、生理状况在一定范围变化。白细胞的种类很多，成年健康动物血液白细胞数值及分类百分比见表10-5。白细胞中除淋巴细胞来源于胸腺、脾脏、淋巴结、腔上囊外，其他成分均来源于红骨髓。白细胞在血液中寿命很短，嗜中性粒细胞仅5d，嗜酸性粒细胞更短。

表10-5　成年健康动物血液白细胞数值及分类百分比（平均值）

动物种别	血液中白细胞数（×10³个/mm³）	各种白细胞的百分比					
		嗜碱性粒细胞	嗜酸性粒细胞	嗜中性粒细胞			淋巴细胞	单核细胞
				幼稚型	杆状核	分叶核		
牛	8.2	0.7	7.0	6.0	25.0	54.3		7.0
山羊	9.6	0.8	2.0	1.4	47.8	42.0		6.0

(续)

动物种别	血液中白细胞数 (×10³ 个/mm³)	各种白细胞的百分比						
		嗜碱性粒细胞	嗜酸性粒细胞	嗜中性粒细胞			淋巴细胞	单核细胞
				幼稚型	杆状核	分叶核		
绵羊	8.2	0.6	4.5		1.2	33.0	57.7	3.0
马	8.5		4.0		4.0	48.4	40.0	3.0
驴	8.0	0.5	8.3		2.5	25.3	59.4	4.0
猪	14.8	1.4	4.0	1.5	3.0	40.0	48.0	2.1
兔	5.7~12.0	0.5~30	1~3		8~50		20~90	1~4
犬	3.0~11.4	0~1	0~14		42~77		9~50	1~6
猫	8.6~32.0	0~2	1~10		31~85		10~69	1~3
鸡	30.0	4.0	12.0		24.1		53.0	6.0

①嗜中性粒细胞（neutrophilic granulocyte；neutrophil） 是白细胞中最多的一种。嗜中性粒细胞呈球形，体积比红细胞大，直径 7~15μm。细胞核呈深紫红色，形态多样，有杆状和分叶状。杆状核为幼稚型，胞核细长，弯曲盘绕成马蹄形、S 形、W 形等多种形态；分叶核一般分 3~5 叶或更多，叶间以染色质丝相连，叶的大小、形状各不相同。核分叶的多少与该细胞衰老有关。一般认为分叶越多，细胞越接近衰老。细胞质染成粉红色，充满大量细小的、分布均匀的、呈淡红色的颗粒。其中体积较大的颗粒为嗜天青颗粒（占颗粒数 20%），电镜下为圆形或椭圆形膜包颗粒，是一种溶酶体，能消化、分解吞噬的异物。较细小的为特殊颗粒（占颗粒数 80%），电镜下，该颗粒呈哑铃状或椭圆形，内含乳铁蛋白、吞噬素、溶菌酶等，能杀死细菌，溶解细菌表面的糖蛋白。

嗜中性粒细胞的作用：中性粒细胞可与血管内皮黏附，进而做变形运动进入周围组织。向病变局部集中，用伪足吞噬细菌、异物。吞噬细菌后的中性粒细胞或被巨噬细胞吞噬，或变性坏死成为脓细胞。

②嗜酸性粒细胞（acidophilic granulocyte） 数量较少，占总数的 2%~4%。细胞呈圆球形，直径为 8~20μm，核有肾形和分叶形（一般两叶），染成较浅的蓝紫色。胞质内充满粗大的嗜酸性颗粒，橘红色，颗粒中含有酸性磷酸酶、过氧化物酶和组胺酶等，因此也是一种溶酶体。但过氧化物酶活性更高，缺少溶菌酶。电镜下溶酶体为圆形、椭圆形膜包颗粒，颗粒内可见细颗粒状基质和方形或长方形致密结晶体。

嗜酸性粒细胞的作用：嗜酸性粒细胞可做缓慢的变形运动，在趋化因子的作用下，能穿过毛细血管壁进入组织，聚集于患处，释放组胺酶灭活组织胺，从而减弱机体过敏反应。还能借助抗体与某些寄生虫表面结合，直接杀死虫体或虫卵。在过敏或变态反应性疾病及寄生虫感染时，其细胞数量大量增加。

③嗜碱性粒细胞（basophilic granulocyte） 数量最少，仅占总数的 0.2%~0.5%，细胞呈圆形，略小于嗜酸性白细胞。核呈 S 形或 2~4 叶的分叶状，呈蓝紫色，轮廓常不清楚。胞质内充满大小不等的蓝色嗜碱性颗粒。电镜下，嗜碱性颗粒中充满细小微粒，均匀状分布，有些颗粒内可见板层状或细丝状结构。

嗜碱性粒细胞的作用：嗜碱性颗粒内含肝素、组织胺可被快速释放。肝素有抗凝血作用，组织胺参与过敏反应。

④单核细胞（monocyte） 是白细胞中体积最大的细胞，直径为 $10\sim20\mu m$，数量占 $3\%\sim8\%$。细胞呈球形；核为特殊的马蹄形、肾形，马和牛常为分叶形，染成蓝紫色，核内染色质呈网状，染色较浅，核仁明显；细胞质丰富，染成浅灰蓝色，其中常可见到散在、细小的嗜天青颗粒，颗粒中含有氧化酶。电镜下，细胞表面有皱褶和短的微绒毛，胞质内有许多吞噬泡、线粒体和粗面内质网。单核细胞在血中停留时间短，功能不活跃。

单核细胞的作用：单核细胞具有明显的趋化性和吞噬功能。当机体发炎时，可做变形运动，游出血管外，趋向病变部位，在不同的组织进一步分化为单核吞噬系统中的各种细胞和巨噬细胞，吞噬病原微生物、异物，消除体内衰老病变细胞，参与调节免疫应答，分泌多种细胞因子，参与机体造血调控等。

⑤淋巴细胞（lymphocyte） 淋巴细胞在白细胞中数量较多，占 $20\%\sim25\%$，细胞呈圆球形。依体积可分大、中、小3种。

大淋巴细胞直径为 $13\sim20\mu m$，见于骨髓、脾和淋巴结的生发中心，它是机体受抗原刺激后，由静止状态的淋巴母细胞分化而来，大淋巴细胞经几次分裂后可变成小淋巴细胞。血液中大淋巴细胞少见，只有中淋巴细胞和小淋巴细胞。中淋巴细胞直径为 $9\sim12\mu m$，胞质较丰富，核椭圆形或肾形，着色较浅，有时难与单核细胞相区别。小淋巴细胞数量最多，约占淋巴细胞总数的 90%，直径为 $5\sim8\mu m$；胞核呈圆形，一侧常有小凹陷，染色质粗大而致密，着色深；胞质很少，胞质在核周围呈一窄的浅色环，含少量嗜天青颗粒。电镜下，胞质内含大量游离核糖体及少量线粒体、溶酶体等细胞器。

根据小淋巴细胞的形态、发育部位和免疫功能可分为4类，即T细胞、B细胞、K细胞和NK细胞。T细胞是在胸腺分化发育而成，称为胸腺依赖细胞，所占比例较多，寿命长，与细胞免疫有关。B细胞在哺乳动物的骨髓分化发育，称为骨髓依赖细胞；在鸟类，B细胞在腔上囊分化发育，称为腔上囊依赖细胞。B细胞所占比例少，寿命短，它可变为浆细胞，与体液免疫有关。K细胞又称为杀伤细胞（killer cell），能借抗体的帮助，杀死与该抗体相应抗原的细胞。NK细胞又称为自然杀伤细胞（natural killer cell），可不需经抗原致敏而能直接杀死某些肿瘤细胞或感染病毒的细胞（表10-6）。

淋巴细胞的作用为参与体内的细胞免疫和体液免疫反应。

表10-6 小淋巴细胞的分类、发育部位和免疫功能

名称	占外周血中淋巴细胞的百分比	发育部位	寿命	转化	功能
T-细胞	$60\%\sim75\%$	胸腺	数月至数年	受抗原刺激转化为效应细胞	参与细胞免疫
B-细胞	$10\%\sim15\%$	腔上囊、红骨髓	数日至数周	受抗原刺激转化为浆细胞	参与体液免疫
K-细胞	$5\%\sim7\%$	红骨髓		存在于血液和脾脏	与带抗体的靶细胞结合后杀伤靶细胞
NK细胞	$2\%\sim3\%$	红骨髓		存在于血液和脾脏	可直接杀伤靶肿瘤细胞或感染病毒的细胞

（3）血小板（blood platelet） 又称为血栓细胞。哺乳动物的血小板是由血液中骨髓巨核细胞胞质碎片形成，形态为圆形、椭圆形、星形或多角形的蓝紫色小体，体积很小，直径为 $2\sim3\mu m$。血小板中央着色深的是颗粒区，周边着色浅是透明区。常成群分布于血细胞之

间。每立方毫米血液内含 25 万至 50 万个。鸡的血小板有核，与红细胞相似，又称为凝血细胞。与红细胞的区别是：体积较小，核较大，染成玫瑰紫色；细胞质染成浅蓝色，其中含有很少量的颗粒，血液内约有 10 万个/mm³。

血小板的功能主要与凝血有关。

(二) 淋巴

淋巴（lymph）一般由淋巴浆和淋巴细胞组成。小部分组织液渗入毛细淋巴管内形成淋巴浆，无色透明，与血浆相似，在流经淋巴结后，其中的细菌等异物被清除掉，并加入了淋巴细胞和抗体，偶见单核细胞。

第三节 肌 组 织

肌组织(muscle tissue) 主要由肌细胞组成。肌细胞细而长，呈纤维状，又称为肌纤维(muscle fiber)。肌纤维的结构特点是胞质内含有大量的肌丝，能进行收缩运动。肌纤维的胞膜称为肌膜，胞质称为肌浆，肌细胞内有胞核和各种细胞器，其中的滑面内质网称为肌浆网。

根据肌纤维形态、分布和功能的不同，肌组织可分为 3 类：骨骼肌、心肌和平滑肌。骨骼肌的肌纤维有明显横纹，收缩快而有力，受躯体神经支配，为随意肌，受意识控制。心肌的横纹不如骨骼肌的明显，收缩持久有节奏性。平滑肌无横纹，收缩缓慢持久。心肌和平滑肌受自主神经支配，为不随意肌，不受意识控制。

一、骨 骼 肌

大多数骨骼肌借肌腱附着于骨骼上，由骨骼肌纤维组成，因其肌纤维显有横纹，又称为横纹肌。

(一) 骨骼肌纤维的显微结构

1. 骨骼肌（skeletal muscle） 肌纤维呈长圆柱形，光镜下可见有明显横纹。骨骼肌肌纤维长短不一，一般长 1~45mm，直径为 10~100μm，为多核细胞，胞核可达上百个，胞核呈椭圆形，位于细胞周缘，紧贴肌膜内面，有 1~2 个核仁。肌浆内含丰富的肌原纤维。

2. 肌原纤维（myofibril） 呈细丝状，直径为 1~2μm，与肌纤维长轴平行排列。光镜下，每条肌原纤维上都呈现明暗相间的明带和暗带，一个细胞内所有肌原纤维的明、暗带都整齐地对应排列，故整个肌纤维显现明暗相间的横纹（图 10-21）。

（1）明带 又称为 I 带，单折光，长 0.8~1μm，中间有深染的 Z 线。

（2）暗带 又称为 A 带，双折光，长约 1.5μm，中部有一浅色窄带称为 H 带，H 带中央有一深染的

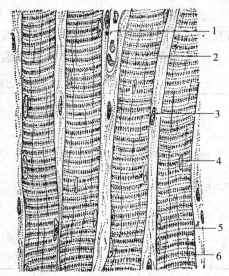

图 10-21 马骨骼肌纤维纵切
1. 毛细血管 2. 肌纤维膜 3. 成纤维细胞
4. 肌细胞核 5. 明带(I带) 6. 暗带(A带)

M线。

3. 肌节（sarcomere）　相邻两Z线间的一段肌原纤维称为肌节，包括1/2I带＋1个A带＋1/2 I带，长2～2.5μm，肌节是骨骼肌纤维结构和功能的基本单位。

肌浆中含有肌红蛋白（myoglobin）、糖原颗粒和丰富的线粒体，是肌纤维运动的能量来源。

肌纤维中，肌原纤维多而肌浆少，称为白肌纤维。相反，肌纤维中，肌浆多而肌原纤维少，称为红肌纤维。白肌收缩力强，收缩较快，持续时间较短，又称为快肌。红肌纤维收缩力较弱，收缩较慢，但较持久，又称为慢肌。通常一块肌肉中两种肌纤维都有，但其比例随不同肌肉而异，依此可作为挑选运动潜能的参考依据之一。

（二）骨骼肌纤维的超微结构（图10-22、图10-23）

1. 肌原纤维　电镜下肌原纤维由许多平行排列的粗肌丝和细肌丝构成，粗肌丝位于肌节中部，两端游离；细肌丝位于肌节两侧，一端

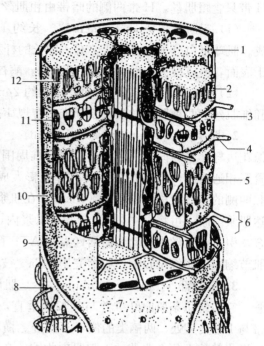

图10-22　骨骼肌超微结构模式图
1. 肌原纤维　2. 肌浆网　3. 终池　4. 横小管
5. 肌浆网　6. 三联体　7. 横小管开口　8. 网状纤维
9. 基膜　10. 肌膜　11. Z线　12. 纵小管

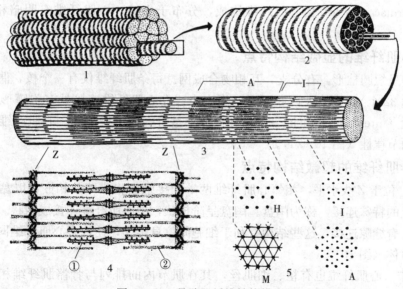

图10-23　骨骼肌纤维结构模式图
1. 肌纤维束　2. 一条肌纤维　3. 一根肌原纤维　4. 一节肌节（模式图）
5. 肌原纤维横切示不同部位肌微丝排列　①肌球蛋白微丝及其横突　②肌动蛋白微丝
A. A带及过A带横切面　I. I带及过I带横切面　H. H带及过H带横切面
M. M线及过M线横切面　Z. Z线

固定在 Z 线上，另一端伸至粗肌丝间，末端游离，止于 H 带外侧。所以明带由细肌丝构成，H 带只含粗肌丝，H 带两侧的暗带由粗肌丝和细肌丝平行穿插构成。

(1) 粗肌丝（thick filament） 长约 1.5μm，直径为 10～20nm，由肌球蛋白分子组成。肌球蛋白分子呈豆芽状，有一细长的杆和两个豆瓣样的头。头部朝向粗丝的两端，并露于表面，形成横突。横突上有 ATP 酶。酶被激活时，促使 ATP 释放产生运动的能量。

(2) 细肌丝（thin filament） 长约 2μm，直径约 5nm，主要由肌动蛋白构成。粗肌丝和细肌丝这两种肌微丝在肌原纤维中有规律排列，交错穿插，彼此滑动而引起肌肉收缩。

2. 肌浆网（sarcoplasmic reticulum） 是肌纤维内特化的滑面内质网，为管状或囊状，像花边样套管纵向包围在每根肌原纤维周围，故又称为纵小管（longitudinal tubule）。纵小管互相通连成网状，在靠近横小管处膨大成囊状，称为终池（terminal cisternae）。横小管和两侧的终池合称为三联体（triad）。在肌浆网膜上有大量钙泵，当神经冲动传至肌膜并到达肌浆网时，可将网中的 Ca^{2+} 泵入肌浆内，肌浆内 Ca^{2+} 浓度升高，Ca^{2+} 与钙结合蛋白结合，引起细肌丝中肌动蛋白活性点在 ATP 释放能量的作用下，向肌球蛋白头部滑动，引起肌节缩短，肌纤维收缩，收缩完毕，Ca^{2+} 被泵入肌浆网。

3. 横小管（transverse tubule） 是肌膜向细胞内凹陷分支形成的小管，又称为 T 小管。它包绕每条肌原纤维并与其长轴垂直，故称为横小管。人和哺乳动物的横小管深入 A 带与 I 带交界处，两栖类的位于 Z 线处。横小管开口于肌纤维表面，可将肌膜的神经兴奋迅速沿小管传至每个肌节，引起肌肉收缩，产生运动。

二、心 肌

心肌（cardiac muscle）由心肌纤维构成，分布于心壁，心肌纤维有明暗相间的横纹，也属横纹肌。

(一) 心肌纤维的显微结构特点

心肌纤维呈短圆柱形，有分支，互相吻合成网。每条肌纤维仅有一个核，偶见双核或多核（猪可多达 32 个），核较大，卵圆形，居中央。在心肌纤维连接处有胞膜形成的特殊结构，称为闰盘（intercalated disk），闰盘在切片上呈阶梯状深染的线。心肌纤维收缩强而持久，具有自动节律性（图 10-24）。

(二) 心肌纤维的超微结构特点

1. 闰盘 位于 Z 线水平，相邻心肌纤维两端的接触面胞膜凹凸相嵌，以黏合小带和桥粒连接而形成的特殊连接，称为闰盘。闰盘呈阶梯状，把心肌纤维连接成网状。心肌纤维在纵向接触面上有缝隙连接，这些结构有利于细胞间信息传递，使许多心肌纤维同步收缩，形成一个功能整体（图 10-25）。

2. 肌丝束 心肌纤维也有粗、细肌丝，其在肌节内的排列与骨骼肌纤维相同，但由于肌浆丰富，粗、细肌丝由肌浆网、横小管和线粒体分隔成大小不等的区域，所以，不形成明显的肌原纤维。

3. 二联体 心肌纤维的横小管比骨骼肌的粗，位于 Z 线处（家禽仅形成浅的凹陷），肌浆网较稀疏，纵小管不发达，终池扁小，横小管两侧的终池往往不同时存在，常见横小管一

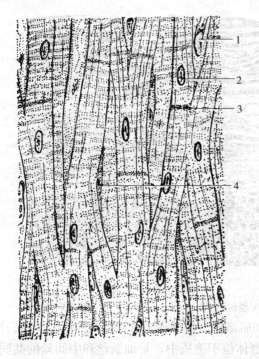
图10-24 羊的心肌纤维纵切
1. 毛细血管 2. 心肌细胞核 3. 闰盘 4. 结缔组织

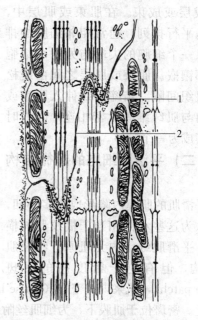
图10-25 心肌闰盘超微结构模式图
1. 附着膜 2. 缝管连接

侧的盲端略膨大，肌浆网与横小管多形成二联体。由于其肌浆网不如骨骼肌发达，储 Ca^{2+} 能力较差，必须不断从细胞外摄取，故心肌纤维对 Ca^{2+} 反应敏感。

还有少量特殊的心肌纤维分布在心脏的传导系统内。传导系统包括窦房结（sinoatrial node）、房室结（artrioventricular node）和房室束（artrioventricular bundle）。分布在结内的特殊细胞是一种比较原始的细胞，比普通心肌纤维小，颜色苍白，有启动作用，故又称为起搏细胞（pacemaker cell）或 P 细胞。分布在左、右分支的房室束内的特殊纤维，称为蒲肯野纤维，它比一般心肌纤维粗，肌浆含量多，内含丰富的线粒体和糖原颗粒，肌原纤维少，分布在肌纤维边缘，排列不甚规则，有1～2个细胞核。

三、平 滑 肌

平滑肌（smooth muscle）由平滑肌纤维构成，分布于血管壁、内脏器官的管壁及皮肤的竖毛肌。

（一）平滑肌纤维的显微结构特点

平滑肌纤维呈长梭形，一般长约 $100\mu m$，粗部横径为 $5～20\mu m$，无横纹（图10-26）。妊娠子宫平滑肌可长达 $500\mu m$。平滑肌纤维有一个核，呈椭圆形或杆状，位于细胞中央，内含纤细的染色质网，有1～2个核仁，核两端的肌浆较丰富。肌纤维收缩时会扭曲成螺旋形。

平滑肌细胞在不同的器官分布情况不同，如在小肠绒毛、淋巴结被膜和小梁等处，为单个分散存在；在皮肤的竖毛肌则形成小束；在消化道和子宫壁等器官内常排列成层或成束。在肌束或肌层中，肌细胞平行排列，通常相邻细胞的排列是以一个细胞的尖端与另一个细胞的中部镶嵌。肌束或肌层之间由疏松结缔组织间隔。结缔组织伸入肌束或肌层内与肌纤维膜紧密相连，收缩时可使其成为一个整体。

（二）平滑肌细胞的超微结构特点

平滑肌的肌膜内陷形成许多小凹，目前认为这些小凹相当于横纹肌的横小管。平滑肌纤维内无肌原纤维及肌节结构，但有电子密度高的密斑

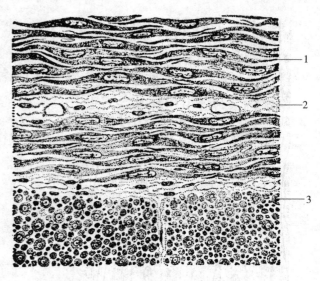

图10-26 平滑肌
1. 平滑肌纤维纵切 2. 结缔组织 3. 平滑肌纤维横切

（dense patch），肌浆内有密体（dense body）和肌微丝。肌微丝有3种：中间丝、粗肌丝和细肌丝。密斑位于肌膜下，为细肌丝附着点；密体位于胞质中，是细肌丝和中间丝的共同附着点，相当于横纹肌的Z线；中间丝连于相邻密体之间。粗肌丝由肌球蛋白构成；细肌丝主要由肌动蛋白构成，若干肌丝构成平滑肌的网架，平滑肌的网架系统发达，造成平滑肌收缩时变短、增粗并呈螺旋状扭曲（图10-27）。

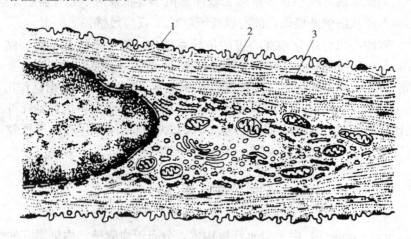

图10-27 平滑肌纵切超微结构
1. 密区 2. 小凹 3. 密斑

第四节 神经组织

神经组织（nervous tissue）由神经细胞和神经胶质细胞组成。神经细胞（nerve cell）又称为神经元（neuron），具有感受刺激、整合信息和传导冲动的能力，是神经系统结构和

功能的基本单位。一般来说，越是高等的动物，其神经元越多。如较低等的动物海兔的神经元只有2000多个，而人的大脑神经元约有10^{11}个。某些神经元还有内分泌功能。神经胶质细胞（neuronglial cell）也称为神经胶质（neuronglia），其数量远比神经元多，无传导功能，对神经元起支持、营养、保护、隔离和修复的作用。

神经组织是构成神经系统的主要成分，神经系统分中枢神经系统（包括脑和脊髓）和周围神经系统（包括脑神经、脊神经、内脏神经和神经节）。中枢神经位于颅腔内和脊柱椎管内；周围神经是联络于中枢神经和周围器官之间。

一、神 经 元

（一）神经元的形态结构

神经元形态多样，大小不一，但其一般结构可分胞体和突起两部分（图10-28）。

1. 胞体 形态多样，大小差异很大，小的直径仅5~6μm，大的直径可达150μm。常见的形态有球形、锥体形、梭形和星形等。胞体是神经元代谢和营养中心，由细胞膜、细胞核和细胞质构成。

（1）细胞膜 为单位膜结构，包裹树突和轴突，液态，具有流动性，膜上镶嵌有糖脂、糖蛋白和受体，具有接受刺激、处理信息、产生与传导神经冲动的功能。

（2）细胞核 球形，居中央，异染色质很少，H.E染色淡染，核膜清晰，核仁明显。核膜上有核孔，可以进行细胞核内外物质交换。

（3）细胞质 又称为核周质（perikaryon），内有发达的高尔基复合体、线粒体、溶酶体、微管等细胞器。光镜下胞质内含有尼氏体和神经原纤维两种特殊细胞器。

①尼氏体（Nissl bodies） 光镜下为粒状或块状的嗜碱性物质，形如虎皮花纹，又称为虎斑（图10-29）；电镜下由粗面内质网和游离核糖体构成。尼氏体分布于胞体和树突内，轴突和轴丘内没有。主要功能是合成细胞器更新所需的结构蛋白质、合成神经递质所需的酶类以及肽类的神经递质（neuromodulator）。当神经元疲劳或受损时，尼氏体减少或消失。其含量和形态可反映神经元的机能状态。

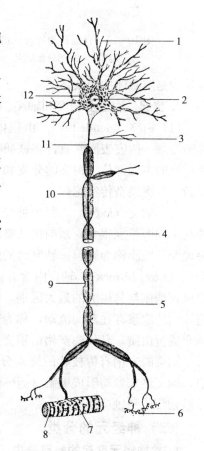

图10-28 运动神经元模式图
1. 树突 2. 神经细胞核 3. 侧枝
4. 雪旺氏鞘 5. 朗飞氏结 6. 神经末梢
7. 运动终板 8. 肌纤维 9. 雪旺氏细胞
10. 髓鞘 11. 轴突 12. 尼氏体

②神经原纤维（neurofibril）为细胞体内交织成网、突起内相互平行排列的嗜银性的细丝状结构（图10-30）。电镜下观察，神经原纤维是由微丝、微管和神经丝（中间丝）构成的束状结构，是神经元的细胞骨架。功能是起支持作用和参与胞内物质的运输。此外，胞质内还有一种色素颗粒，称为脂褐素，随年龄增长而增多，

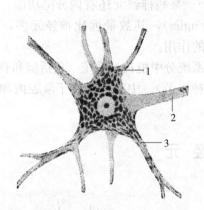

图 10-29　脊髓运动神经元的示尼氏体
1. 尼氏体　2. 轴丘和轴突　3. 树突

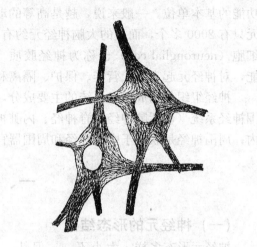

图 10-30　经原纤维

被认为是溶酶体的残余体。

2. 突起　突起分树突和轴突。

（1）树突（dendrite）　由胞体发出，有一至多个。起始部较粗，呈树枝状反复分支，逐渐变细。树突表面常有许多鼓槌状的小突起，称为树突棘（dendritic spine），是神经元接受信息的主要部位。树突的分支和树突棘扩大了接受刺激的表面积。树突的主要功能是接受刺激，并将兴奋传给胞体。

（2）轴突（axon）　每个神经元一般只有一个轴突。全长粗细均匀一致，长短因神经元种类不同而差别很大，短的仅几微米，长的可达 1m 以上。轴突可有呈直角分出的侧支。轴突表面的胞膜称为轴膜，轴突内的胞质称为轴浆（axoplasm）。轴突起始部呈圆锥形，称为轴丘（axon hillock），轴丘内含有轴浆，轴浆中无尼氏体。电镜下，轴突内无粗面内质网和游离核糖体是与树突的最大区别，但含大量纵行排列的神经丝、微管、微丝等结构。轴浆与胞体内的胞浆存在双向流动，称为轴浆流，起物质运输作用。由于轴突中无尼氏体，所以不能合成蛋白质，其代谢产物由轴突运向胞体。

轴突的末梢有树枝状的终末分支，形成轴突终末，其内有许多含有神经递质的膜包小泡，轴突终末参与形成突触（synapse）。轴突的主要功能是传导神经冲动，将神经冲动由胞体沿轴膜传到轴突终末。

（二）神经元的分类

1. 按神经元突起的数目分类（图 10-31）

（1）假单极神经元（pseudounipolar neuron）　只有一个突起，伸出胞体不远，呈 T 字形分支，一支走向外周器官，称为外周突；另一支走向脑或脊髓，称为中央突，如脊神经节细胞。

（2）双极神经元（bipolar neuron）　有两个方向相反的突起从细胞体伸出，一个为树突，一个为轴突，如嗅觉细胞和视网膜中的双极细胞等。

（3）多极神经元（multipolar neuron）　有 3 个以上的突起从细胞体伸出，一个为轴突，其余均为树突，在神经系统分布最广，如大脑皮质的椎体细胞、脊髓腹角运动神经元和

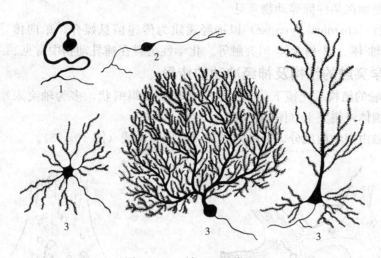

图 10-31 神经元的类型
1. 假单极神经元 2. 双极神经元 3. 多极神经元

交感神经节细胞等。

2. 根据神经元的功能分类

（1）感觉神经元（sensory neuron） 又称为传入神经元，能将感受器的刺激传向中枢。

（2）运动神经元（motor neuron） 又称为传出神经元，能将中枢的信息传至外周效应器。

（3）中间神经元（inter neuron） 又称为联络神经元，位于感觉神经元与运动神经元之间，起联络作用。

3. 按神经元释放的神经递质分类

（1）肾上腺素能神经元（adrenergic neuron）。

（2）胆碱能神经元（cholinergic neuron）。

（3）肽能神经元（peptidergic neuron）。

一般一个神经元只能释放一种神经递质。有的神经元同时还可释放多种神经递质。

4. 按轴突的长短分类

（1）高尔基Ⅰ 轴突细长，联系范围广。

（2）高尔基Ⅱ 轴突甚短，仅与周围临近的神经元连接。

二、神经元之间的联系——突触

（一）突触的概念

突触（synapse）是神经元之间，或神经元与效应细胞（肌细胞、腺细胞）之间相互接触并发生机能联系的部位，是一种特化的细胞连接。通过突触，神经元间、神经元与支配细胞间形成复杂的神经网络，完成各种神经活动。

（二）突触的类型

电突触（electrical synapse）实际是缝管连接，以电流作为信息载体，神经冲动的传导是双向的。电突触在某些低等动物常见。

化学性突触（chemical synapse）以神经递质为传递信息媒介，单向传导。根据接触部位又分轴-树、轴-体、树-树及体-树突触等。化学性突触在哺乳动物中常见。

（三）化学突触的结构及神经冲动的传导

1. 化学突触的结构 光镜下化学突触呈扣环状或蝌蚪状，多为轴突末端膨大，贴附在另一神经元的胞体或树突上（图10-32）。

电镜下突触由突触前成分、突触间隙和突触后膜构成（图10-33）。

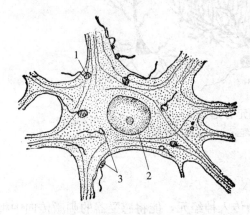 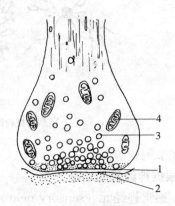

图10-32 狗脊髓运动神经元的突触
1、3. 突触 2. 神经细胞核

图10-33 化学突触超微结构模式图
1. 突触前膜 2. 突触后膜 3. 突触小泡 4. 线粒体

（1）突触前成分（presynaptic element） 轴突的终末脱去髓鞘后反复分支，每一个分支的末端膨大，称为突触前成分。突触前成分主要由突触前膜（presynaptic membrane）和突触小泡（presynaptic vesicle）构成，还有少量线粒体、滑面内质网、微管微丝等。突触前膜是轴突末端胞膜特化增厚的部分。突触小泡位于突触前膜内侧，一般呈圆形或椭圆形，表面附有突触小泡相关蛋白，称为突触素，可使突触小泡附着在细胞骨架上。小泡内含乙酰胆碱、去甲肾上腺素或肽类等神经递质。一般来讲，圆形透亮的突触小泡多含兴奋性神经递质，如肾上腺素、去甲肾上腺素、乙酰胆碱和谷氨酸等；颗粒形实心小泡多含抑制性神经递质，如多巴胺、γ-氨基丁酸。

（2）突触间隙（synaptic cleft） 突触前膜与突触后膜间的狭窄间隙，宽20~30nm，含有糖蛋白和一些丝状物质。

（3）突触后膜（postsynaptic membrane） 较厚，膜上含有突触小泡中所含神经递质的相应受体与离子通道。一种受体只能与一种神经递质结合，不同递质对突触后膜的作用不同。

2. 化学突触的功能 神经冲动沿轴膜传到突触终末时，突触前膜的钙通道开放，在钙离子、ATP酶和突触素的参与下，引起突触小泡释放其中的神经递质进入突触间隙，大部分神经递质与突触后膜上特异性的受体结合，引起后一神经元膜电位的变化，产生兴奋或抑制的效应。产生上述效应后，一部分神经递质在突触间隙中立即被相应的酶灭活，少量神经递质被突触前膜以胞饮方式重新吸收入突触终末内，最终被突触小泡再利用。

三、神经胶质细胞

神经胶质细胞是神经组织的辅助成分，胞质内无尼氏体和神经原纤维，细胞具有突起，但无轴突和树突之分，也无传导冲动的作用，数量是神经元的 10～50 倍，对神经元起支持、营养和保护作用。

（一）中枢神经系统内的神经胶质细胞

1. 星形胶质细胞（astrocyte） 神经胶质细胞中体积最大、数量最多的一种，胞体呈星形多突起，有的突起终止于毛细血管壁上形成血管周足，与血管内皮、基膜共同构成血—脑屏障（blood brain barrier）。星形胶质细胞以胞体中含胞浆的多少，可分为纤维性星形胶质细胞和原浆性星形胶质细胞（图 10-34）。

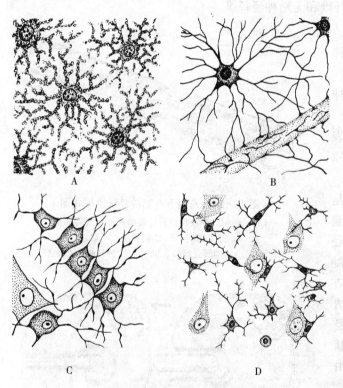

图 10-34 神经胶质细胞的类型
A. 原浆性星形胶质细胞 B. 纤维性星形胶质细胞
C. 少突胶质细胞 D. 小胶质细胞

图 10-35 室管膜细胞

星形胶质细胞的功能是对神经元起支持、营养和保护作用。

2. 少突胶质细胞（oligodendrocyte） 胞体较小，突起少，是中枢神经系统形成髓鞘的细胞（图 10-34）。

3. 小胶质细胞（microglia） 体积最小，梭形，核小，深染，有较强的吞噬能力，也称为中枢神经中的清道夫细胞。小胶质细胞来源于单核细胞，在中枢神经系统损伤时可转变为巨噬细胞（图 10-34）。

4. 室管膜细胞（ependymal cell） 是分布于脑室和脊髓中央管内表面一层立方形或柱状上皮样细胞。其基底面有一长的突起伸向脑和脊髓深部。起支持和屏障的作用（图10-35）。

（二）周围神经系统内的神经胶质细胞

1. 神经膜细胞（neurolemmal cell） 又称为施万细胞（Schwann cell），是周围神经系统形成髓鞘的细胞。

2. 神经节细胞（gangliocyte） 又称为卫星细胞或被囊细胞，分布于外周神经节内神经元周围，是一层扁平或立方形的小细胞，对神经元起营养和保护作用。

四、神经纤维

神经纤维（nerve fiber）由轴突或长树突与包在其外面的神经胶质细胞共同构成。根据神经纤维有无髓鞘可分有髓神经纤维和无髓神经纤维。

（一）有髓神经纤维

体内大部分神经纤维属有髓神经纤维（myelinated nerve fiber），其结构由内向外为轴索、髓鞘和神经膜（图10-36）。

1. 轴索 轴突或长树突。表面有轴膜，内含轴浆和神经原纤维。

2. 髓鞘（myelin sheath） 是包在轴索外面的一层鞘状结构。髓鞘呈节段状，每一节段由一个神经膜细胞构成。相邻两节段间的无髓鞘的狭窄处称为神经纤维结（neurofiber node）或郎飞氏结（ranvier node），轴膜裸露。神经纤维越长，结间段也越长。有髓神经纤维神经冲动的传导就是由一个结向另一个结呈跳跃式传导。

电镜下可见，周围神经的髓鞘是由神经膜细胞的胞膜以轴索为中轴，呈同心圆缠绕而形成的板层状结构。中枢神经中的髓鞘由少突胶质细胞形成。一个少突胶质细胞可以伸出几个突起，分别包绕周围的神经纤维，形成髓鞘。一般认为髓鞘有绝缘作用，因此，有髓神经纤维传导神经冲

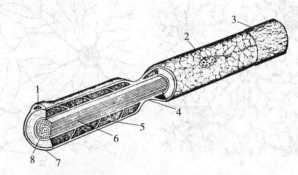

图10-36 光镜下有髓神经纤维模式图
1. 断面 2. 神经膜细胞核表面观 3. 神经内膜
4. 郎飞氏结 5. 髓鞘和施兰氏切迹
6. 轴索内的神经元纤维和轴浆 7. 神经膜 8. 轴膜

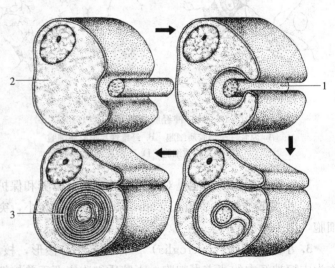

图10-37 髓鞘生成过程示意图
1. 轴索 2. 神经膜细胞 3. 髓鞘

动比无髓神经纤维快（图 10-37）。

3. 神经膜（neurolemma） 由神经膜细胞的部分胞膜、胞质和胞核构成。

（二）无髓神经纤维

周围神经中的无髓神经纤维（nonmyelinated nerve fiber）由一个神经膜细胞包裹多条轴索形成，不再缠绕，部分轴索裸露（图 10-38）。无髓神经纤维因无髓鞘和郎飞氏结，因而，神经冲动传导速度较慢。植物性神经的节后纤维及部分感觉神经纤维属于此类。

中枢神经系统中的无髓神经纤维轴突外面无任何鞘膜，而完全裸露。

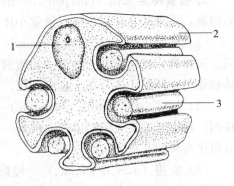

图 10-38 无髓神经纤维示意图
1. 雪旺氏细胞核 2. 雪旺氏细胞膜 3. 轴索

五、神经末梢与效应器

神经末梢（nerve ending）为周围神经纤维的终末部分与其他组织形成的特有结构，根据功能不同分为感觉神经末梢和运动神经末梢两类。

（一）感觉神经末梢

感觉神经末梢（sensory nerve ending）（图 10-39）常与其周围的其他组织共同构成感受器（receptor），感受体内、体外环境的各种刺激，产生冲动传给中枢，形成感觉。按结构特点不同分游离神经末梢和被囊神经末梢两类。

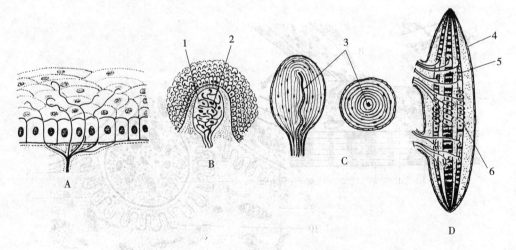

图 10-39 感觉神经末梢
A. 游离神经末梢 B. 触觉小体 C. 环层小体 D. 神经肌梭
1. 被囊 2. 神经末梢 3. 内棍 4. 被囊 5. 梭内肌纤维 6. 感觉神经末梢

1. 游离神经末梢（free nerve ending） 神经纤维的末端脱去髓鞘，裸露的部分反复分支，分布于上皮组织、结缔组织和肌组织中，如皮肤的表皮、角膜、黏膜等，感受冷热和疼痛。

2. 被囊神经末梢（encapsulated nerve ending） 神经纤维末端失去髓鞘后被结缔组织被囊包裹，常见的有环层小体、触觉小体和肌梭、腱梭。

（1）环层小体（pacinian corpuscle） 圆形或椭圆形，由多层扁平的被囊细胞和纤维呈同心圆排列构成被囊，中轴为一均质的圆柱体。轴索进入圆柱体后不再分支，感受压觉、振动和张力。环层小体分布于真皮深层、皮下组织、肠系膜及某些内脏器官。

（2）触觉小体（tactile corpuscle） 椭圆形，在结缔组织被囊中，扁平形触觉细胞横向排列，神经纤维失去髓鞘后进入被囊，反复分支，盘绕触觉细胞，感受触觉。触觉小体主要分布于皮肤的真皮乳头内。

（3）肌梭（muscle spindle） 梭形，分布于骨骼肌的本体感受器内。在结缔组织被囊中有数条较细的梭内肌纤维，神经纤维进入梭内后分支，缠绕于肌纤维表面，感受肌肉的运动和肢体位置的变化。在肌腱内有结构和功能与之相似的腱梭。

（二）运动神经末梢

运动神经末梢（motor nerve ending）是运动神经元传出纤维的终末与肌细胞、腺细胞或脏器的平滑肌上形成的结构，与其他组织共同组成效应器（effector），支配肌肉收缩和腺体分泌。

1. 躯体运动神经末梢（somatic motor nerve ending） 分布在骨骼肌内的运动神经末梢，呈扁平板状，也称为运动终板（motor end plate）（图10-40）。光镜下运动神经元的轴突终末分支成爪状，贴附于骨骼肌纤维表面，形成卵圆形的板状隆起。电镜下为一种神经-肌肉突触，运动终板处的肌膜凹陷成浅槽，轴突终末嵌入浅槽内，与肌膜相对的轴膜成为突触前膜，与轴膜相对的肌膜则成为突触后膜。突触后膜上有乙酰胆碱N型受体，突触前后膜之间为突触间隙。轴突终末中有大量含乙酰胆碱的圆形突触小泡。

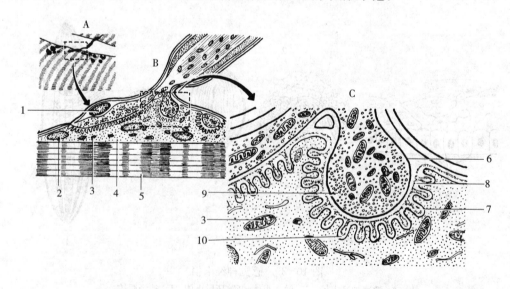

图10-40 运动终板连续放大示意图
A. 光镜下的结构 B、C. 电镜下的结构
1. 神经膜细胞核 2. 肌细胞核 3. 线粒体 4. 肌浆 5. 肌原纤维
6. 轴突末梢 7. 肌纤维膜 8. 突触槽 9. 突触小泡 10. 连接褶

运动终板的功能是把神经冲动传给肌细胞，引起肌肉收缩。每个运动神经元的分支可支配1 000~2 000条肌纤维。

2. 内脏运动神经末梢（visceral motor nerve ending） 支配平滑肌、心肌和腺体的神经末梢，为植物性神经节发出的无髓神经纤维，较细，末梢分支呈串珠状或膨大的扣结状，称为膨体。膨体内有许多圆形或颗粒型小泡，内含神经递质。内脏运动神经末梢附着在平滑肌纤维上或包绕、穿行于腺细胞间，支配肌纤维的收缩和腺细胞的分泌。

（范光丽）

第十一章 主要器官的组织结构

第一节 心血管系统

一、心 脏

心脏（heart）是一管状结构，主要由心肌构成。心壁的结构由内向外依次分为心内膜、心肌膜、心外膜3层（图11-1）。

（一）心内膜

心内膜（endocardium）由内皮、内皮下层、心内膜下层组成。内皮为衬于腔面的单层扁平上皮，并与血管内皮相连续。内皮下层由薄层疏松结缔组织构成，含有少量的平滑肌。心内膜下层由疏松结缔组织构成，含有血管、神经和浦肯野纤维。

心瓣膜（cardiac valve） 是房室口和动脉口处由心内膜折叠形成的薄片。瓣膜表面被覆内皮，内部夹有致密结缔组织，与心骨骼相连。

（二）心肌膜

心肌膜（myocardium）最厚，主要由心肌纤维构成。心房的心肌薄，心室的心肌厚，左心室的心肌最厚。心肌纤维呈螺旋状环绕分层排列为内纵、中环、外斜3层，心肌纤维集合成束，束间有少量结缔组织、血管和神经。结缔组织中有较多的成纤维细胞，在心肌损伤进行修复时大量增加，形成瘢痕组织。

在心房和心室交界处，有心骨骼（cardiac skeleton），它是心脏的支架，也是心肌和心瓣膜的附着处。猪和猫的由致密结缔组织组成；羊和犬的为软骨；牛和马的为骨。心房肌和心室肌分别附着在心骨骼上，两部分心肌并不相连。

心肌不仅推动血液循环，而且具有重要的内分泌功能。心肌纤维可分泌心房利钠尿多肽（atrial natriuretic polypeptide），简称心钠素，有很强的利尿、排钠、扩张血管及降低血压的功能。还可合成肾素和血管紧张素，对促进心肌细胞生长，增强心肌收缩力等有重要作用。

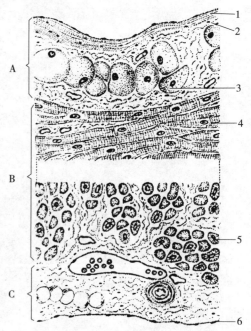

图11-1 心壁的组织结构
A. 心内膜 B. 心肌膜 C. 心外膜
1. 内皮 2. 内皮下层 3. 浦肯野纤维
4. 环肌层 5. 纵肌层 6. 间皮

（三）心外膜

心外膜（epicardium）是最外层，即心包膜的脏层。外表面被覆间皮，间皮下面是薄层结缔组织，内含弹性纤维、血管和神经，常有脂肪细胞。

二、血　管

（一）毛细血管

毛细血管（capillary）是动物体内分布最广、数量最多、管径最细、管壁最薄的血管。毛细血管在组织器官内分支并吻合成网，其疏密程度反映所在的局部组织和细胞的代谢率及耗氧量。在代谢旺盛的组织和器官，如肺、肾和许多腺体中，毛细血管网密集；在代谢较低的组织中，如骨、肌腱和韧带等，毛细血管网稀疏。少数器官和组织，如表皮、软骨、角膜、晶状体、玻璃体和蹄匣等则无毛细血管。

1. 毛细血管的一般结构　　毛细血管的管径一般为 $6\sim 8\mu m$，结构简单，管壁由一层内皮细胞和基膜围成（图 11-2）。有的毛细血管外侧有少量的周细胞和结缔组织。

（1）内皮　为单层扁平上皮，细胞呈扁平梭形或不规则形，细胞核略向管腔突出。

（2）基膜　位于内皮外侧，很薄，厚度为 20～60 nm。基膜主要起支持作用，此外，还能诱导内皮再生。

（3）周细胞（pericyte）　为一种扁平多突起的细胞，核呈椭圆形，位于基膜内，紧贴于内皮细胞。其功能尚未定论，有人认为周细胞主要起支持作用，防止血管闭合；也有人认为它是一种未分化的间充质细胞，在炎症或创伤后血管再生时能分化为内皮细胞、成纤维细

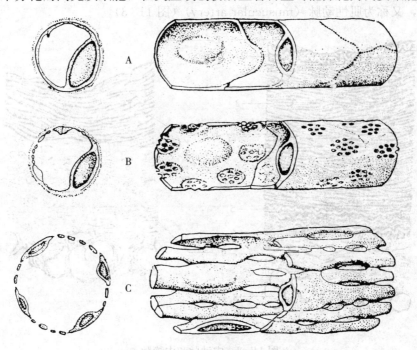

图 11-2　3 种毛细血管结构模式图
A. 连续毛细血管　B. 有孔毛细血管　C. 血窦

胞和血管平滑肌细胞等。

2. 毛细血管的分类 根据内皮细胞结构不同分为 3 类（图 11-2）。

（1）连续毛细血管（continuous capillary） 有一层连续的内皮和完整的基膜。内皮细胞胞质中有许多吞饮小泡，其直径为 60~70 nm，是由内皮细胞膜内陷形成，分布在胞质周围，营养物质和代谢产物的转运由吞饮小泡完成。相邻内皮细胞彼此紧密相连，细胞间有 10~20 nm 宽的间隙，常有紧密连接。连续性毛细血管多分布于肌组织、结缔组织、中枢神经系统、肺、皮肤、外分泌腺等处。

（2）有孔毛细血管（fenestrated capillary） 也有一层连续的内皮和完整的基膜。内皮细胞无核的部分极薄，吞饮小泡贯穿细胞的全厚度，胞质上有许多小孔，孔上有时有隔膜，厚为 4~6 nm，基膜完整。通透性比连续性毛细血管大。有孔毛细血管多存在于胃肠黏膜、肾小球、某些内分泌腺等需快速渗透的部位。

（3）血窦（sinusoid） 又称为窦样毛细血管（sinusoidal capillary），其管腔大、管壁薄，粗细不等，形状不规则，管径达 30~40μm。内皮细胞有孔，相邻内皮细胞连接处有较宽的间隙，基膜不完整，有时甚至没有。血窦多分布于肝、脾、骨髓和内分泌腺等物质交换量大而多的器官内。

（二）动脉

动脉（artery）管壁由内膜、中膜、外膜 3 层组成，通常根据管径的大小，将动脉分为大、中、小 3 类。其中以中动脉管壁结构较为典型。

1. 中动脉（medium-sized artery） 除主动脉、肺动脉、颈总动脉、髂总动脉和锁骨下动脉等大动脉外，凡解剖学上有名称的动脉都属中动脉。其管壁的主要成分是平滑肌，管壁收缩性强，又称为肌性动脉（musucular artery）（图 11-3）。

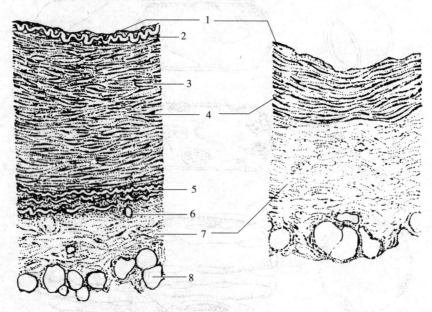

图 11-3 中动脉和中静脉
1. 内膜 2. 内弹性膜 3. 平滑肌 4. 中膜 5. 外弹性膜 6. 营养血管 7. 外膜 8. 脂肪细胞

(1) 内膜 (tunica intima)　分内皮、内皮下层和内弹性膜 (internal elastic membrane)。

内皮为单层扁平上皮，表面光滑，有利于血液流动。内皮下层为薄层疏松结缔组织，含有少量的胶原纤维、弹性纤维和少量平滑肌。内弹性膜由均质状弹性蛋白组成，膜上有许多小孔。在 H.E 染色的横切面上，因管壁收缩，常呈现红色折光性强的波浪状，为内膜和中膜的分界。

(2) 中膜 (tunica media)　较厚，由多层环行或螺旋排列的平滑肌组成，其间夹有少量的胶原纤维和弹性纤维。平滑肌发达，管壁收缩性强，能使管腔明显地缩小或扩大，可调节分配到机体各部和各器官的血流量。

(3) 外膜 (tunica adventitia)　与中膜的厚度相近，主要是较疏松的结缔组织，有纵行排列的胶原纤维和弹性纤维，以及自养血管、神经和淋巴管。在外膜和中膜交界处常有一层外弹性膜 (external elastic membrane)，但不如内弹性膜清楚。

2. 大动脉 (large artery)　中膜富含弹性纤维，又称为弹性动脉 (elastic artery)。内弹性膜厚；中膜最厚，由 50~60 层弹性纤维组成，基质含有较多的硫酸软骨素，呈嗜碱性和异染性；外膜较薄，外弹性膜不明显。

3. 小动脉 (small artery)　管径在 1mm 以下，其管壁特点是：内弹性膜薄而不明显，无外弹性膜，中膜为 2~4 层不完整的平滑肌 (图 11-4)。小动脉的收缩或舒张，能影响器官组织内的血流量，对调节血压有重要意义。

(三) 静脉

静脉 (vein) 亦分为大、中、小 3 种，常与相应的动脉伴行，但数量比动脉多，变异也较大。管壁三层结构分界不明显 (图 11-3)，中膜薄而外膜厚；比伴行动脉的管径大、管壁薄，容血量大；弹性纤维和平滑肌较少，管腔不规则，容易塌陷。在四肢和颈部的静脉内膜上，常有成对的静脉瓣膜 (venous valves)，由内膜突向腔内折叠形成。其游离缘朝向心脏。当血液向心流动时，瓣膜紧靠管壁，如血液逆流时，则两瓣膜的游离缘彼此相接，封闭管腔，防止血液逆流。

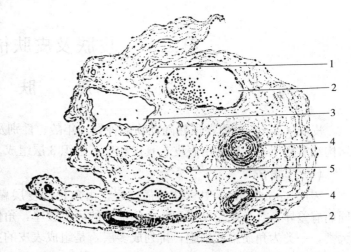

图 11-4　小动脉、小静脉、毛细血管和小淋巴管
1. 毛细淋巴管　2. 小静脉　3. 小淋巴管　4. 小动脉　5. 毛细血管

(四) 微循环

微循环 (microcirculation) 是指由微动脉到微静脉之间的微细血管的血液循环。它是血液循环的基本功能单位，它含总血量的 10%。在微循环中，血液与组织细胞之间进行充分的物质交换，能调节局部的血流，影响局部组织和细胞的新陈代谢和功能活动。微细血管包括微动脉 (arteriole)、中间微动脉 (meta-arteriole)、真毛细血管 (true capillary)、直捷通路 (thoroughfare channel)、动静脉吻合 (arteriovenous anastomosis) 及微静脉 (venule) 6个相连续的组成部分（图 11-5）。

真毛细血管管壁极薄，是中间微动脉的分支，相互吻合成网。其起始端有少量环形平滑肌组成毛细血管前括约肌（precapillary sphincter），起着调节微循环的"闸门"作用。当机体组织处于静息状态时，大部分括约肌收缩，真毛细血管内仅有少量血液通过，微循环的大部分血液经直捷通路或动静脉吻合快速流入微静脉；当机体组织功能活跃时，括约肌松弛，微循环的大部分血液流经真毛细血管，血液与组织细胞之间进行充分的物质交换。因此，根据机体局部机能活动的需要，血液流经微循环的途径有3条：①微动脉→真毛细血管→微静脉；②微动脉→直捷通路→微静脉；③微动脉→动静脉吻合→微静脉。与毛细血管相接的微静脉，称为毛细血管后微静脉（postcapillary venule），其结构与毛细血管相似，相邻细胞间隙较宽，物质通透性大，故仍可进行物质交换。

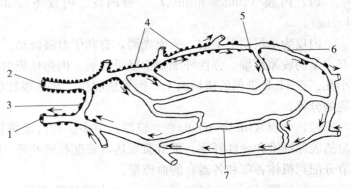

图 11-5 微循环组成模式图
1. 微静脉 2. 微动脉 3. 动静脉吻合 4. 中间微动脉
5. 前毛细血管括约肌 6. 直接通路 7. 真毛细血管

（彭克美）

第二节 皮肤及皮肤衍生物

一、皮 肤

皮肤（skin）的厚薄虽然随动物的种类、年龄、性别及分布的部位不同而异，但其组织结构基本相似，一般均由表皮、真皮和皮下组织3层组成。

（一）表皮

表皮（epidermis）是皮肤的最浅层，由角化的复层扁平上皮构成。它的厚薄随部位不同而有差异，凡长期受摩擦和压力的部位的表皮较厚，角化也较显著。表皮的细胞可分为两大类，一类为角质形成细胞，排列成多层，是组成表皮的主要细胞成分；另一类为非角质形成细胞，数量较少，散在于角质形成细胞之间。

1. 角质形成细胞 根据角质形成细胞的分化阶段和特点，表皮由内向外依次分为基底层、棘层、颗粒层、透明层和角质层5层，基底层借助基膜与真皮连接（图 11-6）。在鼻镜、足垫、乳头等无毛皮肤的表皮较厚，由5层组成；有毛皮肤的表皮薄，缺少透明层。

（1）基底层（stratum basale） 是表皮的最深层，借基膜与真皮相连。基底层由一层矮柱状或立方形的细胞组成，细胞排列整齐，胞核呈大的卵圆形，位于基部，核仁明显。胞质较少，呈嗜碱性，胞质中含有从黑素细胞获得的黑素颗粒，主要分布于细胞核上方。电镜下，细胞质内含丰富的游离核糖体和分散、成束的角蛋白丝（keratinfilament），也称为张力细丝（tonofilament），成束时即成为光镜下的张力原纤维；细胞基部有短突伸入基膜内，加强附着力,并有吸收真皮营养的作用。基底细胞与相邻细胞间由桥粒相连,细胞基底面以半桥粒与基膜相连。基底细胞是表皮未分化的幼稚细胞(干细胞),有活跃的分裂增殖能力,细胞可以不断分裂产生新的细胞,从而替代不断死亡脱落的其他细胞。正常表皮基底细胞的分裂周期为13~19d,分裂后形成的细胞由基底层移行至颗粒层需14~42d,从颗粒层移至角质层表面而脱落又需14d,因此,正常表皮更新时间为28~56d。在基底层细胞间有少数散在的、具有短指状突起的梅克尔细胞,能感受触觉或其他机械刺激。基底膜使表皮与真皮紧密连接起来,并具有渗透和屏障作用,当基底膜损伤时,炎症细胞、肿瘤细胞和一些大分子可通过此层进入表皮。

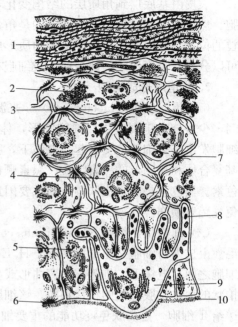

图 11-6 表皮超微结构模式图
1. 角质细胞 2. 透明角质颗粒 3. 颗粒层细胞
4. 棘细胞 5. 基底细胞 6. 半桥粒 7. 桥粒
8. 黑素颗粒 9. 黑素细胞 10. 基膜

(2) 棘层(stratum spinosum) 位于基底层的浅层,一般由数层大的多边形细胞构成,核呈圆形或椭圆形,位于细胞中央,靠近颗粒层的细胞趋于扁平形;胞质丰富,呈弱嗜碱性,张力丝成束交织分布。细胞向四周伸出许多短而细的棘状突起,故称为棘细胞(spinous cell)。相邻棘细胞的突起以桥粒相接。胞质内含有较多的游离核糖体,有的可见少数黑色素颗粒。此外,还可见到电子致密的卵圆形的膜被颗粒,直径为 0.1~0.5μm,称为角质小体或 Odland 小体;小体内有呈现明暗相间的平行板层结构,称为板层颗粒,颗粒内容物主要为糖脂和固醇。深层的棘细胞亦有分裂增生能力,故也将基底层和棘层合称为生发层。

(3) 颗粒层(stratum granulosum) 位于棘层的表面,由 2~4 层较扁平的梭形细胞组成。此层细胞的胞核和细胞器已退化,胞质中有许多大小不等、形状不规则、强嗜碱性的透明角质颗粒。颗粒无界膜包被,呈致密均质状,角蛋白丝穿入其中。颗粒主要成分为富含组氨酸的蛋白质,释放到细胞间隙形成多层膜状结构,构成阻止物质透过表皮的主要屏障。

(4) 透明层(stratum lucidum) 位于颗粒层浅层,仅见于掌、跖等角质层较厚的表皮。此层由位于角质层与颗粒层之间的 2~3 层扁平细胞构成,细胞界限不清,胞质嗜酸性,胞核和细胞器已消失。细胞的超微结构与角质层相似,细胞间桥粒连接开始解体,含有大量角蛋白。透明层是防止水及电解质通过的屏障。

(5) 角质层(stratum corneum) 为表皮的表层,由多层死亡的扁平角质细胞组成。其细胞核和细胞器已经完全消失。电镜下,角质层细胞内充满密集平行的角蛋白张力细丝及均质状物质,其中主要为透明角质所含的富有组氨酸的蛋白质;细胞膜增厚而坚固。细胞膜表面折皱不平,细胞相互嵌合,细胞间隙中充满角质小体颗粒释放的脂类物质。靠近透明层的角质层细胞间尚可见桥粒,而角质层表层细胞的桥粒消失,因而容易脱落形成皮屑。

表皮由基底层到角质层的结构变化，反映角质形成细胞增殖、迁移、逐渐分化为角质细胞、然后脱落的过程；与此伴随的是角蛋白及其他成分的合成的量与质的变化。细胞之间桥粒的位置不是恒定不变的，新生角质形成细胞从基底层经棘层过渡至颗粒层的移动中，桥粒可以分离并重新形成，使角质形成细胞有规律地到达角质层而脱落。

2. 非角质形成细胞

（1）黑素细胞（melanocyte）　来源于胚胎时期的神经嵴细胞。散在于表皮基底细胞之间，少数分布于真皮中。细胞圆形，体积较大，H.E 染色切片不易辨认；特殊染色显示，细胞发出许多细长分支突起。电镜下，胞质内可见丰富的核糖体、粗面内质网、发达的高尔基复合体和长圆形的黑素颗粒。黑素颗粒有界膜包被，内含酪氨酸酶，能将酪氨酸转化为黑色素。黑色素是决定皮肤颜色的重要因素，并能吸收和散射紫外线，可保护基底的幼稚细胞免受辐射损伤。

（2）郎格汉斯细胞（Langerhans cell）　来源于单核细胞。分散于表皮的棘细胞之间及毛囊上皮内，细胞呈星形多突起，H.E 染色不易辨认；特殊染色显示，细胞突起穿插在棘细胞之间。电镜下，细胞核呈弯曲形或分叶状，细胞质中溶酶体较多，还有一些呈杆状或球拍状的由单位膜包被的特殊颗粒。该细胞能识别、结合和处理侵入皮肤的抗原，并把抗原传送给 T 细胞，是皮肤免疫功能的重要细胞。

（3）梅克尔细胞（Merkel's cell）　多见于掌、跖、指、趾、口腔、生殖器等皮肤或黏膜，亦可见于毛囊上皮。分散于基底层细胞之间，数目很少，是一种具有短指状突起的扁平形细胞，突起伸入到角质形成细胞之间。一般认为梅克尔细胞来源于外胚层的神经嵴细胞，是一种感受触觉刺激的感觉上皮细胞。

（二）真皮

真皮（dermis）位于表皮的深部，由致密结缔组织构成，含有大量粗大而交织成网的胶原纤维和弹性纤维，细胞成分较少。因此，真皮坚韧而富有弹性，是鞣制皮革的原料。真皮内常有毛、皮脂腺、竖毛肌、汗腺、血管、淋巴管和神经等分布。真皮可分为浅层的乳头层和深层的网状层，两层之间没有明显的界线。

1. 乳头层（papillary layer）　位于真皮浅层，为紧邻表皮的薄层结缔组织。此层组织与表皮凸凹相接，形成许多嵴状或乳头状的凸起，称为真皮乳头（dermal papilla），扩大了表皮与真皮的连接面，有利于两者牢固连接。乳头层中含有细密的胶原纤维和弹性纤维，成纤维细胞较多。富含毛细血管、淋巴管和游离神经末梢，以供应表皮的营养和感受外界刺激。真皮乳头在无毛或少毛和皮厚的皮肤（如水牛）中高而细，在多毛的皮肤和表皮薄的皮肤（如羊皮）中则小而不明显。

2. 网状层（reticular layer）　在乳头层深部，此层一般较厚，是真皮的主要组成部分，与乳头层无明显的分界。网状层由大量不规则的致密结缔组织组成，细胞成分少，粗大的胶原纤维束和丰富的弹性纤维交织成密网，使皮肤有较大的韧性和弹性。此层内常有较大的血管、淋巴管和神经末梢分布，毛囊、皮脂腺和汗腺也多存在于此层内，并常见环层小体。牛网状层的胶原纤维束粗大且排列紧密，绵羊（特别是细毛羊）的纤维束细。

（三）皮下组织

皮下组织（hypoermis）位于真皮网状层的深部，由疏松结缔组织构成，将皮肤与深部组织连接在一起，并使皮肤有一定范围的活动性，减少皮肤机械性的损伤。皮肤的毛囊和汗腺常延伸到此层，分布到皮肤的血管、神经也从此层通过。皮下组织内常含有脂肪细胞，又称为皮下脂肪（subcutaneus fat），其数量的多少因动物品种、营养、个体年龄、性别和部位而异。猪的皮下脂肪组织特别发达，形成一层厚的皮下脂肪膜。

二、毛

家畜体表除少数部位如鼻镜、足垫等外，都有毛生长。毛由角化的上皮细胞构成，坚韧而有弹性。毛有保持体温、保护皮肤和对抗机械损害的作用。

毛（hair）分为毛干和毛根两部分，露出皮肤表面的部分为毛干（scapus pili），埋在真皮和皮下组织内的为毛根（radix pili）。毛根外面包有毛囊。毛根末端略膨大称为毛球（bulbus pili），此处细胞分裂很快，是毛的生长点。毛球底面凹陷，容纳毛乳头（papilla pili）。毛乳头由结缔组织、神经末梢及毛细血管组成，为毛球提供营养。毛球下层靠近毛乳头处的细胞称为毛基质（matrix），是毛发及毛囊的生长区，相当于表皮的基底层，含有黑素细胞，决定毛的颜色。

（一）毛的组织结构

毛由髓质、皮质和毛小皮3部分组成（图11-7）。

1. 髓质（medulla）　构成毛的中轴，由一层或数层纵行排列的扁平或立方形的角化细胞构成，胞质内充满透明角质颗粒，向上角质颗粒减少或消失，胞核退化、萎缩。毛干部分的细胞间充满气泡。细毛或幼畜的毛缺乏髓质。

2. 皮质（cortex）　包在髓质外面，由数层多边形或梭形角化细胞构成。靠近毛球部的细胞呈多边形，胞核清楚，向上逐渐角化成梭形的细胞，胞核消失；胞浆中有色素颗粒，决定毛的颜色。

3. 毛小皮（cuticle）　位于毛的最外层，由一层扁平无核完全角化的上皮细胞构成。细胞排列成叠瓦状，其游离缘向上，外观呈锯齿状。毛小皮的形状和含量，因动物的种类和毛的粗细而异，通常毛愈细毛小皮的细胞数量愈多。

（二）毛囊和竖毛肌

毛囊是表皮向真皮下陷并包在毛根周围的结构。毛囊底部可达皮下组织内。毛囊由上皮根鞘和结缔组织鞘两部分组成。表皮构成上皮根鞘，真皮构成结缔组织鞘。

1. 上皮根鞘　也称为毛根鞘。位于内层，又分为内根鞘和外根鞘两层（图11-7）。

（1）内根鞘（internal root sheath）　不包围整个毛根，由毛球向上仅包到皮脂腺开口处，由数层角化的上皮细胞构成。内根鞘由内向外分为内鞘小皮、赫氏层和亨氏层。

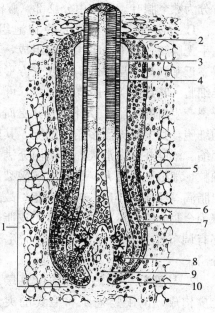

图11-7　毛囊与毛根结构模式图
1. 毛球　2. 毛皮质　3. 毛小皮　4. 毛髓质
5. 结缔组织鞘　6. 外根鞘　7. 内根鞘
8. 黑素细胞　9. 毛乳头　10. 毛母细胞

①内鞘小皮 位于毛小皮外面，由单层扁平角化细胞构成，呈覆瓦状排列，但游离缘朝向毛根，与毛小皮互相借助锯齿状突起紧密镶嵌，使毛发固着在毛囊内。

②赫氏层 由1～3层角化细胞构成，细胞内含有透明角质颗粒。基部细胞呈立方形，向上逐渐角化，胞核消失。

③亨氏层 是内根鞘的最外层，仅由一层角化的立方或扁平细胞构成。胞质内含有透明角质颗粒。

(2) 外根鞘 (external root sheat) 是表皮生发层的延续，包围整个毛根。与亨氏层分界清晰，直接与表皮基底层及皮脂腺导管相连接。由数层不规则的细胞构成。核及细胞界限清楚，可见细胞间桥；胞浆透明呈空泡样。

2. 结缔组织鞘 也称为真皮鞘。位于外根鞘的外周，由致密的结缔组织构成，纤维纵横交错排列。靠近外根鞘有一层均质的透明玻璃样薄膜，向上与表皮的基底膜相连；中层由波浪状致密的结缔组织构成，外层由疏松的胶原纤维和弹力纤维组成，此层和周围的结缔组织无明显的界限。

竖毛肌 (arrector pillimuscle) 是位于毛囊一侧的一束平滑肌，竖毛肌下端附着在毛囊下端，上端附着在真皮乳头层。竖毛肌受交感神经支配，收缩时使毛直立，并可压迫皮脂腺、汗腺分泌，是动物争斗和恐惧的一种表现。

三、皮脂腺

皮脂腺 (sebaceous gland) 位于毛囊和竖毛肌之间，属分支泡状腺，有结缔组织包绕并被分为数个腺叶。腺体由分泌部（腺泡）和导管部两部分组成（图11-8）。

1. 分泌部 由几个大的腺泡组成，几乎无腺腔。腺泡由多层细胞组成，其外层靠近基膜是一层小的扁平或立方形的幼稚细胞（基细胞），有增殖能力，可不断分裂产生新的细胞，以补充因分泌而崩解的细胞，其中央充满多角形细胞，其胞核固缩、浓染并逐渐消失，胞质内充满类脂颗粒，细胞逐渐增大，最终崩解破裂而释出脂滴，经导管排出，构成皮脂。故皮脂腺为全浆分泌型腺体。性激素对皮脂腺分泌有调节作用，能促进皮脂腺的生长和分泌。

2. 导管部 较短，管壁由复层扁平上皮构成，位于竖毛肌和毛囊的夹角之间，竖毛肌的收缩可促进皮脂的排泄。在有毛皮肤，皮脂腺导管直接开口于毛囊颈部。少数无毛部位的皮脂腺导管则直接开口于皮肤表面，如睑板腺、叮咛腺。

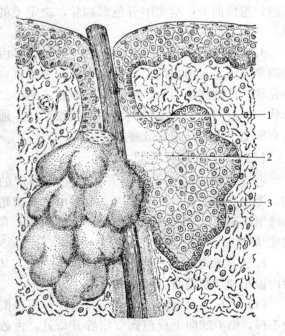

图11-8 皮脂腺
1. 排泄管 2. 分泌物 3. 新形成的分泌细胞

四、汗　　腺

汗腺（sweat gland）属单管状腺，末端盘曲成团，由分泌部和导管部两部分组成。分泌部位于真皮深部和皮下组织，其导管开口于毛囊或皮肤表面。家畜的汗腺多为顶浆分泌型（图11-9）。

1. 分泌部　分泌部由单层分泌细胞排列成管状，盘绕如球形，其腺腔大，呈囊状。牛、绵羊和山羊的汗腺分泌部特别发达，蜿蜒卷曲近于囊状，马和猪的盘曲成团。腺上皮根据不同的分泌阶段，呈矮柱状或立方形。在上皮组织和基膜之间，有一层梭形的肌上皮细胞分布，收缩时有助于汗液排出。

2. 导管部　为细长的上皮管道，管壁由两层较扁的小立方形细胞组成，其基底膜不明显，无肌上皮细胞。导管与分泌部盘绕连接，向上穿行于真皮中，最后一段呈螺旋状穿过表皮，开口于毛囊一侧或直接开口于皮肤表面。

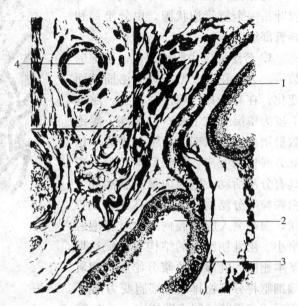

图11-9　顶浆分泌型汗腺
1. 导管纵切　2. 分泌部　3. 肌上皮　4. 导管横切

五、乳　　腺

乳腺（glandulae lactiferae）为复管泡状腺，由间质和实质构成，实质包括分泌部和导管部两部分。乳腺的基本结构特征常随动物的年龄、生理周期的变化而变化。妊娠后期和哺乳期的乳腺，因有泌乳功能，称为泌乳期乳腺；在性成熟前及两个泌乳期之间的乳腺，因无分泌功能，称为静止期乳腺。

（一）间质

乳腺间质由富含血管、淋巴管和神经纤维的疏松结缔组织构成，对腺泡起支持和营养作用。乳腺间质的多少与动物品种、年龄、生理状态和泌乳期关系密切。静止期，乳腺中主要是间质组织，腺泡稀少（图11-10）；性成熟后，特别是妊娠期，乳腺间质成分相对减少；泌乳期的乳腺间质更少，腺泡增多（图

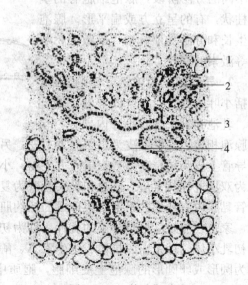

图11-10　静止期乳腺
1. 脂肪细胞　2. 腺泡　3. 结缔组织　4. 叶间导管

11-11)。

（二）实质

乳腺实质由许多腺叶构成，每个腺叶是一个复管泡状腺，由分泌部和导管部组成。

1. 分泌部 由腺泡组成。腺泡的数量、大小和上皮形态随分泌周期而变化。在静止期，腺泡数量少，腺泡上皮为单层立方上皮；妊娠期，腺泡数量增多，体积变大，腺上皮为单层立方或柱状上皮。妊娠后期，腺上皮具有分泌活动，胞质内聚集脂滴和蛋白颗粒等分泌物，细胞呈高柱状或锥状，顶端突入腺泡腔内，此时腺泡腔窄小。泌乳期腺泡的结构与妊娠后期基本相同。乳腺为顶浆分泌腺，随乳腺细胞将分泌物排出，细胞变为低立方形或扁平状，腺泡腔增大，并充满分泌物。

在腺泡基部有肌上皮细胞，肌上皮细胞的收缩可促使腺泡的分泌和乳汁的排出。同一腺小叶中的各个腺泡的分泌活动并不完全一致，可分别处于不同的分泌阶段，腺泡细胞有的呈高柱状，有的呈立方或扁平形。腺泡的生长和分泌受催乳素、雌激素、孕酮等激素的调控。

2. 导管部 为输送乳汁的管道，包括小叶内导管、小叶间导管、输乳管、乳池和乳头管。小叶内导管一端与腺泡相连，管壁上皮为单层立方上皮；

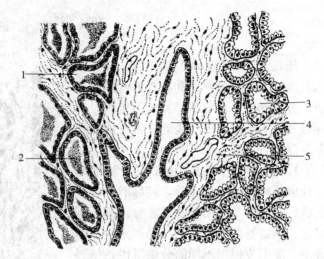

图 11-11 泌乳期乳腺
1. 分泌后腺泡 2. 乳汁 3. 分泌前的乳腺
4. 小叶间导管 5. 小叶间结缔组织

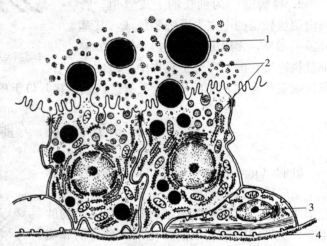

图 11-12 泌乳期乳腺腺细胞超微结构模式图
1. 脂滴 2. 蛋白颗粒 3. 肌上皮细胞 4. 基膜

另一端在小叶间结缔组织内汇入小叶间导管。小叶间导管上皮为单层立方或双层立方上皮。小叶间导管进一步汇合为较大的输乳管，其管壁上皮为双层矮柱状上皮。乳池和乳头管壁为复层扁平上皮，乳头管上皮与皮肤表皮相连接，乳头管黏膜内有环形的平滑肌束形成的括约肌，可控制乳汁的排放。

家畜在分娩后最早分泌的乳汁，称为初乳。初乳除含有正常乳汁中的成分外，还有大量的初乳小体、球蛋白、抗体、维生素 A、酶和溶菌素等物质，具有极高的营养价值。初乳小体为圆形或卵圆形的腺泡上皮细胞，胞质中充满脂滴。初乳具有轻泻作用，有助于胎粪的排出。

（赵慧英）

第三节 消化管及消化腺

一、食 管

食管（esophagus）壁由内向外分为黏膜、黏膜下层、肌层和外膜4层（图11-13）。

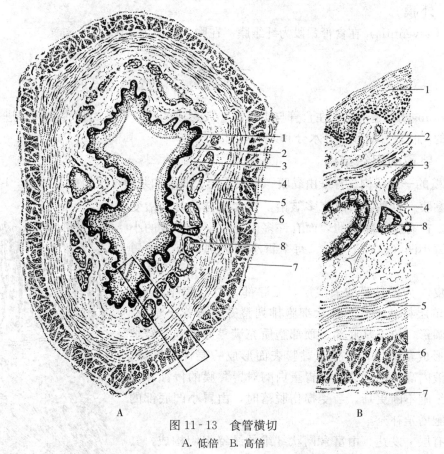

图11-13 食管横切
A. 低倍　B. 高倍
1. 黏膜上皮　2. 固有层　3. 黏膜肌层　4. 黏膜下层　5. 内环行肌　6. 外纵行肌　7. 外膜　8. 食管腺

（一）黏膜

黏膜（mucosa）形成数条纵行皱褶，食物通过时可展平消失。黏膜由黏膜上皮、固有层和黏膜肌层组成。黏膜上皮为复层扁平上皮，其浅层细胞角化，角化程度因家畜种类不同而异。固有层为疏松结缔组织，含有血管、淋巴管和食管腺导管等。黏膜肌层为分散的纵行平滑肌束，由前向后逐渐增多，近胃处形成完整的一层，猪和狗的食管前半段无黏膜肌层。

（二）黏膜下层

黏膜下层（submucosa）由疏松结缔组织构成，含有分支的管泡状黏液腺或以黏液腺细胞居多的混合腺，称为食管腺（oesophagus gland）。家畜种类不同，食管腺的分布存在差异。反刍动物、马和猫仅见于咽和食管的连接处；猪在食管的前半段丰富，自中段向后逐渐减少；犬在食管全长均有分布。

(三) 肌层

肌层 (muscular layer) 主要由骨骼肌构成, 到后段可变成平滑肌。反刍动物和犬食管的肌层全部由骨骼肌构成; 猪食管前 1/3 是骨骼肌, 中 1/3 为骨骼肌和平滑肌交错排列, 后 1/3 为平滑肌; 马食管的前 2/3 为骨骼肌, 后 1/3 平滑肌; 猫食管的前 4/5 为骨骼肌, 后 1/5 为平滑肌。肌层由内环行肌和外纵行肌组成, 有时在两层之间出现 1~4 层副肌层, 故食管肌层的分层不很明显。

(四) 外膜

外膜 (adventitia) 在食管颈段为纤维膜; 在胸、腹段为浆膜 (serosa)。

二、胃

胃 (stomach) 是消化管在食管与小肠间膨大形成的囊, 可暂时储存食物, 进行机械性和化学性的消化, 并吸收部分水分和无机盐等。

(一) 单胃的组织结构

1. 胃壁的一般结构 胃壁由黏膜、黏膜下层、肌层和浆膜 4 层组成 (图 11-14)。

(1) 黏膜 胃黏膜形成许多皱褶, 当食物充满时皱褶变低或消失。在有腺部黏膜的表面有许多由上皮下陷形成的小窝, 称为胃小凹 (gastric pit)。每个胃小凹底部常有几个胃腺的开口。

①上皮 为胃黏膜的最浅层, 无腺部为复层扁平上皮, 有腺部为单层柱状上皮。柱状细胞排列整齐, 附着于基膜。胞核呈椭圆形, 位于基底部。顶部胞质充满黏原颗粒, 经细胞排出后形成黏液层, 覆盖于黏膜表面形成一层保护屏障, 可防止胃液内高浓度的盐酸与胃蛋白酶对胃黏膜的侵蚀和损伤。上皮细胞不断更新, 当受损伤脱落时, 由胃小凹底部的未分化细胞增殖补充。

②固有层 发达, 由富含网状纤维的结缔组织构成, 其中充满排列紧密的胃腺。此外, 还含有来自黏膜肌层的平滑肌纤维、浸润的白细胞、弥散的淋巴组织和淋巴小结等, 后者在猪特别多。

③黏膜肌层 由内环、外纵两层平滑肌组成, 收缩时有助于黏膜紧缩和胃腺分泌物的排出。

(2) 黏膜下层 由疏松结缔组织构成, 较发达, 含有较大的血管、淋巴管和神经丛。在猪贲门和幽门处还含有淋巴小结。

(3) 肌层 很厚, 由内斜、中环和外纵 3 层平滑肌组成。内斜肌层仅分布于无腺部, 在贲门处最厚, 形成贲门括约肌; 中环肌层很发达, 为肌层的主要部分, 在胃的右端特别增厚, 形成幽门括约肌; 外纵肌层为不完整的纵行肌层, 肌纤维多

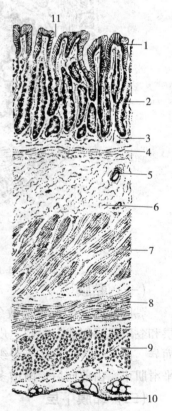

图 11-14 胃底部横切 (低倍)
1. 黏膜上皮 2. 胃底腺 3. 固有层
4. 黏膜肌层 5. 血管 6. 黏膜下层
7. 内斜行肌 8. 中环行肌
9. 外纵行肌 10. 浆膜 11. 胃小凹

集中在胃大弯、胃小弯和幽门窦处。肌层收缩可使胃内食糜与胃液充分混合，促进消化。

（4）浆膜　光滑而湿润，被覆于胃的表面。但在胃脾韧带、大网膜和胃膈韧带等附着于胃的部分，无浆膜被覆。

2. 胃腺的结构　胃黏膜上皮下陷至固有层内形成胃腺（gastric gland）。根据胃腺的结构、分泌物的性质以及分布部位的不同，分为胃底腺、贲门腺和幽门腺3种。

（1）胃底腺（fundic gland）（图11-15）　分布于胃底部的单管状腺或分支管状腺，腺腔狭小。腺体可分为颈、体和底部。颈部与胃小凹相连；体部较长；底部稍膨大并延伸至黏膜肌层。胃底腺是分泌胃液的主要腺体，由主细胞、壁细胞、颈黏液细胞和内分泌细胞组成。

①主细胞（chief cell）　又称为胃酶原细胞（zgmogenie cell），数量最多，成堆分布于腺的体部和底部。细胞呈矮柱状或锥体形，胞核圆形，位于细胞基部，胞质基部嗜碱性，顶部色淡。电镜下，细胞基部有许多粗面内质网和线粒体，细胞顶部充满圆形的酶原颗粒。主细胞分泌胃蛋白酶原，幼畜还分泌凝乳酶。

②壁细胞（parietal cell）　能分泌盐酸，又称为泌酸细胞。壁细胞体积较大，呈圆形或锥体形，大多散在，分布于腺的颈部和体部。胞核圆而深染，位于细胞中央（常见有双核）。胞质为颗粒状，呈强嗜酸性。电镜下，壁细胞结构有两个特点：一是细胞游离面的胞膜向胞质内凹陷，形成大量分支小管，称为细胞内分泌小管（intracellular secretory canaliculi），小管腔面有许多细长微绒毛，从而大大增加了壁细胞的表面积；二是胞质内有许多滑面内质网组成的微管泡系统（tubulovesicular system）以及丰富的线粒体和高尔基复合体。壁细胞的主要功能是合成和分泌盐酸。包括以下过程：a. 血液和自身代谢中产生的CO_2在壁细胞碳酸酐酶的作用下形成H_2CO_3；b. H_2CO_3解离成H^+和HCO_3^-，H^+被主动运输至细胞内分泌小管；c. 血浆内Cl^-经微管泡系统运输到细胞内分泌小管，与H^+结合成HCl。

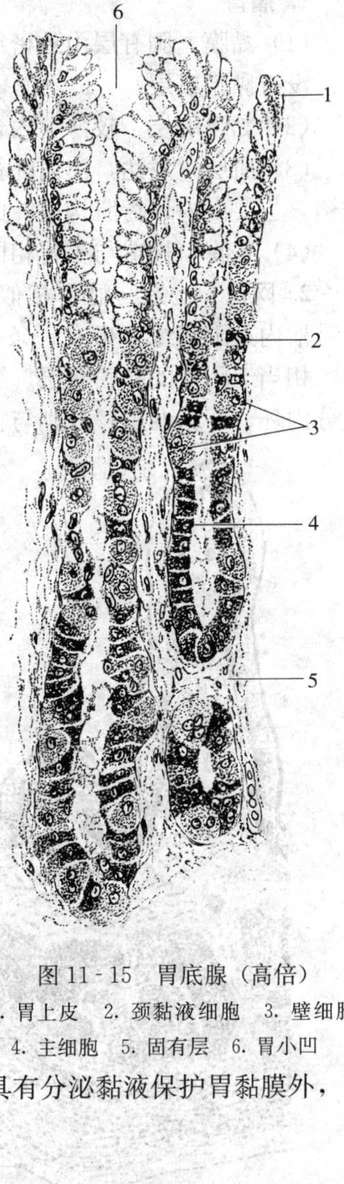

③颈黏液细胞（mucous neck cell）　数量很少，一般分布于腺颈部。但猪的颈黏液细胞分布于腺体各段，而以腺底部最多。细胞呈立方形或锥体形，胞核扁圆，位于细胞基部。胞质顶部充满黏原颗粒，呈PAS反应阳性。常规染色切片中，颗粒淡染，故难与主细胞区别。颈黏液细胞除具有分泌黏液保护胃黏膜外，可能还有分化为其他胃底腺细胞的功能。

④内分泌细胞　详见第七章内分泌系统。

图11-15　胃底腺（高倍）
1. 胃上皮　2. 颈黏液细胞　3. 壁细胞
4. 主细胞　5. 固有层　6. 胃小凹

（2）贲门腺（cardiac gland）　分布于贲门部的固有层内，为分支管状腺，腺体短，腺腔较大。腺细胞呈柱状，核圆形或卵圆形，位于细胞基底部。犬的贲门腺内可见少量的壁细胞，猪有少量散在的主细胞。

(3) 幽门腺（pyloric gland） 分布于幽门部的固有层内，为分支管状腺，腺体形状与贲门腺相似，但位置较贲门腺深，排列稀疏，腺管分支多而弯曲。幽门腺主要分泌黏液。另外，在幽门腺中可见到散在的壁细胞和内分泌细胞。

（二）复胃的组织结构特点

复胃胃壁也分黏膜、黏膜下层、肌层和浆膜4层。前三个胃的黏膜上皮为复层扁平上皮，浅层细胞角化，乳头多而显著；固有层内没有腺体，不分泌胃液，食物消化主要靠胃壁的机械作用和微生物的发酵分解。皱胃的黏膜内有腺体，机能同一般的单胃。

1. 瘤胃

（1）黏膜 固有层由致密结缔组织构成，富含弹性纤维，并伸入上皮内共同形成许多乳头。没有黏膜肌层。

（2）黏膜下层 较薄，内含淋巴组织，但不形成淋巴小结。

（3）肌层 发达，由内环行、外纵行两层平滑肌构成。瘤胃肉柱是胃壁向内折转形成的皱褶，主要由内环行肌构成。此外，肉柱内还含有大量弹性纤维。

（4）浆膜 构造与单胃相同，内含有许多脂肪细胞、血管、淋巴管和神经等（图11-16）。

2. 网胃 构造与瘤胃相似。黏膜形成许多网状皱褶，其边缘和网底部密布角质乳头，在皱褶内近游离缘中央有一条平滑肌带，并随皱褶形成连续的肌带网，与食管黏膜肌层相连，相当于网胃的黏膜肌层。皱褶内有较疏松的结缔组织，相当于固有层和黏膜下层。肌层也分内环、外纵两层，分别与食管及食管沟的内、外肌层相连接（图11-17）。

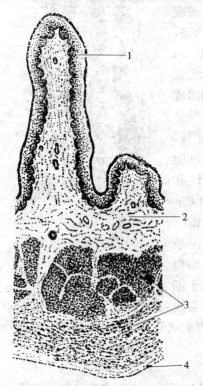

图11-16 牛瘤胃过乳头切面
1. 复层扁平上皮 2. 固有层 3. 肌层 4. 浆膜

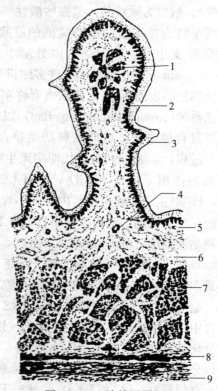

图11-17 绵羊网胃切面
1. 皱襞的肌带 2. 复层扁平上皮 3. 嵴 4. 血管
5. 固有层 6. 黏膜肌 7. 环肌层 8. 纵肌层 9. 浆膜

网胃沟的结构与网胃相似，但固有层内弹性纤维特别丰富，在羊的网胃沟黏膜内还有网胃沟腺。网胃沟底的肌层分两层，内层厚，为横行的平滑肌；外层薄，为纵行的平滑肌和骨骼肌，与食管内的肌层相延续。网胃沟唇由一厚的纵行平滑肌构成，与食管的内肌层相连。

3. 瓣胃 黏膜形成许多瓣叶，其两侧密布角质乳头。黏膜的结构与瘤胃、网胃相似，但有发达的黏膜肌层。黏膜下层很薄。肌层也分内、外两层，内环层厚，外纵层薄。最外层是浆膜。瓣叶内有固有层、黏膜肌和黏膜下层，大瓣叶内还有来自胃壁肌层的中央肌层，夹于两层黏膜肌之间（图11-18）。

4. 皱胃 结构与单胃相似。其特点是贲门腺区小，幽门腺区大；胃底部黏膜形成永久性的螺旋形大皱褶，胃底腺发达，短而密集；胃小凹的密度比较大。

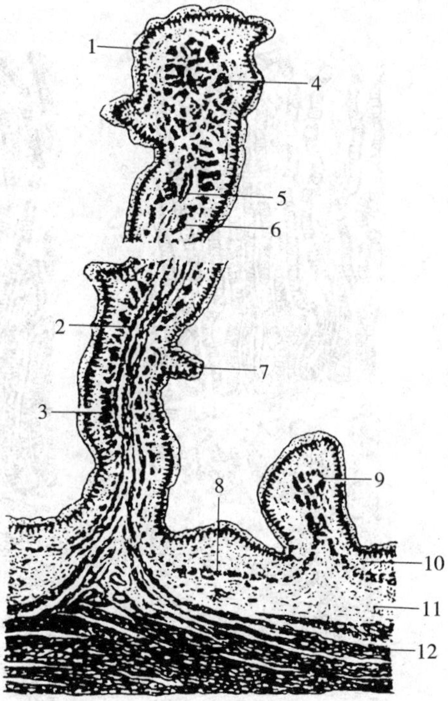

三、肠

图11-18 牛瓣胃切面
1. 上皮 2. 黏膜肌的延续 3. 肌层的延续
4. 厚的边缘肌层 5. 中央肌层 6. 外侧肌层
7. 嵴 8. 黏膜肌层 9. 小瓣叶的黏膜肌层
10. 固有层 11. 黏膜下层 12. 肌层

（一）小肠的组织结构

1. 小肠壁的一般结构 小肠管壁由黏膜、黏膜下层、肌层和浆膜4层构成（图11-19）。

（1）黏膜 小肠黏膜形成许多环行皱褶和微细而密集的肠绒毛，突入肠腔内，以增加与食物接触的面积。

①上皮 被覆于黏膜和绒毛的表面，为单层柱状上皮，并夹有杯状细胞和少量内分泌细胞。

a. 柱状细胞 又称为吸收细胞，具有吸收功能。数量最多，呈高柱状，底面附着于基膜上。胞核为椭圆形，位于细胞基部。胞质内有丰富的线粒体、滑面和粗面内质网等细胞器。细胞顶端有明显的纹状缘，电镜下纹状缘由密集排列的微绒毛构成，这种结构大大增加了每个细胞的消化和吸收面积。

b. 杯状细胞 数量较少，散在于柱状细胞之间。细胞上部膨大，下部细窄，呈典型的高脚酒杯状。无纹状缘，仅有一层薄的细胞膜。杯状细胞能分泌黏液，有润滑和保护上皮的作用。

c. 内分泌细胞 详见第七章内分泌系统。

②固有层 由富含网状纤维的疏松结缔组织构成，一部分突入绒毛内形成绒毛轴心，另一部分则伸入肠腺之间。固有层内除有大量的肠腺外，还有血管、淋巴管、神经、巨噬细胞、淋巴细胞及淋巴组织。十二指肠和空肠多为弥散淋巴组织和孤立淋巴小结；回肠多为集合淋巴小结，常伸入到黏膜下层（图11-19C）。

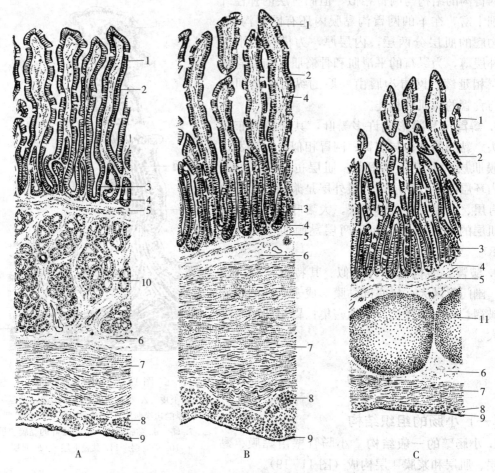

图 11-19 小肠横切（低倍）
A. 十二指肠 B. 空肠 C. 回肠
1. 肠上皮 2. 肠绒毛 3. 肠腺 4. 固有层 5. 黏膜肌层 6. 黏膜下层 7. 内环行肌
8. 外纵行肌 9. 浆膜 10. 十二指肠腺（十二指肠） 11. 淋巴集结（回肠）

③黏膜肌层 一般由内环、外纵两层平滑肌组成。部分内层平滑肌纤维随固有层伸入肠绒毛内和肠腺之间，收缩时可促使肠绒毛对营养物质的吸收和肠腺分泌物的排出。

（2）黏膜下层 为疏松结缔组织，内有较大的血管、淋巴管、神经和淋巴小结等。在十二指肠的黏膜下层内还有十二指肠腺（图 11-19A）。

（3）肌层 由内环、外纵两层平滑肌组成。

（4）浆膜 与胃的浆膜相同。

2. 小肠黏膜的特殊结构

（1）肠绒毛（intestinal villus）（图 11-20 A、图 11-20 B） 是小肠特有的结构和功能单位。由上皮和固有层组成的细小突起，长 0.35～1.00mm。上皮构成绒毛的外表面，固有层组成小肠绒毛的轴心。肠绒毛在十二指肠和空肠分布最密，回肠则逐渐减少而变稀。上皮由大量的柱状细胞、散在的杯状细胞和内分泌细胞组成。肠绒毛中央有一条（绵羊有两条）盲端粗大的毛细淋巴管，称为中央乳糜管。其周围有丰富的毛细血管网及纵行排列的平滑肌纤维。中央乳糜管管径较大，管壁由一层内皮细胞构成，无基膜，通透性大，乳糜微粒和脂类等大分子物质可进入管内。周围毛细血管的内皮有孔，有利于营养物质的吸收。平滑肌收缩，绒毛摆动缩短，可促进淋巴和血液运行，加速营养物质的吸收和运输。

(2) 肠腺（intestinal gland）（图 11-20C） 由肠黏膜上皮下陷到固有层内形成的单管状腺，开口于肠绒毛之间的黏膜表面。肠腺由以下 5 种细胞组成。

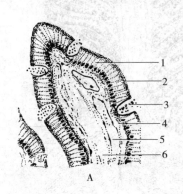 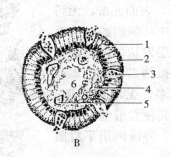 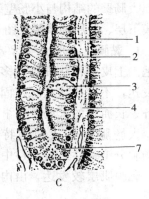

图 11-20 肠绒毛和肠腺
A. 肠绒毛纵切 B. 肠绒毛横切 C. 肠腺
1. 柱状细胞 2. 纹状缘 3. 杯状细胞 4. 固有层
5. 毛细血管 6. 中央乳糜管 7. 潘氏细胞

①柱状细胞 数量最多，是构成肠腺的主要细胞，结构和小肠黏膜的柱状细胞相似，纹状缘很薄或无。

②杯状细胞 其形态和功能同小肠黏膜的杯状细胞。

③潘氏细胞（Paneth cell） 常三五成群地分布于肠腺底部。细胞较大，呈锥状或柱状；胞核椭圆形，位于细胞基底部；胞质顶端充满大而圆的嗜酸性颗粒，其中含锌、溶菌酶和肽酶等。猪、犬和猫的肠腺内无潘氏细胞。

④未分化细胞（undifferentiated cell） 分布于肠腺的基部，夹在其他细胞之间。细胞较小，呈矮柱状，胞质嗜碱性。这种细胞为肠上皮干细胞，可不断分裂增殖分化为肠腺细胞和绒毛上皮细胞。

⑤内分泌细胞 详见第七章内分泌系统。

(3) 十二指肠腺（图 11-19A） 分布于十二指肠黏膜下层内。在羊和犬，仅分布于十二指肠的前段或中段，而在马、猪和牛，则延伸至空肠。十二指肠腺为分支管泡状腺（反刍兽为管状腺），其分泌部由矮柱状细胞和杯状细胞组成，矮柱状细胞的核圆形（猪）或扁平状（马），位于细胞基底部。十二指肠腺的导管开口于肠腺底部或直接开口于绒毛间的黏膜表面。一般认为，猪和马为浆液腺，反刍兽为黏液腺，兔和猫为混合腺。该腺分泌物为含有黏蛋白的碱性液体，可保护肠黏膜免受酸性胃液的侵蚀。

3. 小肠各段结构的主要特征

(1) 十二指肠 绒毛密集，短而宽，多呈叶片状；上皮中杯状细胞较少；固有层内有淋巴小结，无淋巴集结；黏膜下层有十二指肠腺。

(2) 空肠 黏膜形成的环行皱褶，发达；绒毛密集，细而长，多呈指状；上皮中杯状细胞较多；固有层内有淋巴小结，无淋巴集结；没有十二指肠腺。

（3）回肠　环行皱褶较低矮，数量也少；绒毛呈杆状，向后逐渐减少；上皮中杯状细胞最多；固有层内有淋巴孤结和淋巴集结。

（二）大肠的组织结构

大肠壁的结构与小肠壁基本相似，包括黏膜、黏膜下层、肌层和浆膜（图 11-21）。

1. 黏膜　不形成环行皱褶，表面光滑，无肠绒毛。上皮中杯状细胞较多，柱状细胞的微绒毛不发达，不形成纹状缘。固有层发达，内有排列整齐、长而直的大肠腺，淋巴孤结多，淋巴集结少。大肠腺中杯状细胞特别多，无潘氏细胞。大肠腺分泌碱性黏液，可中和粪便发酵的酸性产物。黏膜肌层较发达，由内环、外纵两层平滑肌组成。

2. 黏膜下层　由疏松结缔组织构成，其中含有较多的脂肪细胞。此外，还有神经丛、血管和淋巴管等。

3. 肌层　由内环、外纵两层平滑肌组成。马和猪结肠和盲肠的外纵肌集合形成纵肌带。内环肌在肛门增厚形成肛门内括约肌。

4. 浆膜　除直肠的腹膜外部、马盲肠底和右上大结肠的无浆膜部外，其余部分均覆以浆膜。

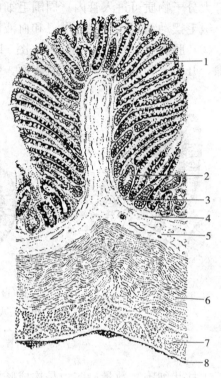

图 11-21　大肠切片（低倍）
1. 黏膜上皮　2. 大肠腺　3. 固有层
4. 黏膜肌层　5. 黏膜下层　6. 内环行肌
7. 外纵行肌　8. 浆膜

四、肝

肝（tiver）的表面被覆一层浆膜，其深面为富含弹性纤维的结缔组织构成的纤维囊。纤维囊结缔组织在肝门处向肝实质内伸入，将其分成许多棱柱状的肝小叶。小叶间结缔组织内含门静脉、肝动脉、淋巴管、神经及肝管的分支等。肝小叶轮廓的清晰程度因家畜种类不同而异。猪、猫和骆驼的小叶间结缔组织特别发达，肝小叶轮廓清晰。而其他动物小叶间结缔组织不发达，肝小叶分界不明显。

（一）肝小叶

肝小叶（liver lobule）是肝的基本结构和功能单位，立体呈多角形棱柱体，一般高约 2mm，宽 1mm，横断面呈不规则的多边形。肝小叶由中央静脉、肝细胞、肝板、肝血窦和胆小管等结构组成（图 11-22）。

1. 中央静脉（central vein）　是肝静脉的终末分支，直径约 $50\mu m$，位于肝小叶的中央，并纵贯其长轴，由内皮和少量的结缔组织构成。其管壁不完整，有许多肝血窦的开口，接收来自肝血窦的血液，最后汇入小叶下静脉。

2. 肝细胞（liver cell）（图 11-23）　呈多面体形，胞体较大，直径为 $20\sim30\mu m$，界限

清楚。胞质嗜酸性，胞核大而圆，位于细胞中央（常有双核），核膜清楚，核仁为1～2个。电镜下可见胞质内含有丰富的细胞器和多种内含物，如线粒体、内质网、高尔基复合体、溶酶体、过氧化物酶体、糖原、脂滴和色素等，它们在肝细胞的功能活动中起着重要作用。

3. 肝板（liver plate） 在肝小叶的横断面上，肝细胞以中央静脉为轴心呈放射状排列成索状，称为肝细胞索（liver cell cords）。从立体结构上看，肝细胞呈行排列成不规则的、相互连接的板状结构，称为肝板。相邻肝板互相吻合连接，肝血窦位于肝板之间，并通过肝板上的孔彼此相通。肝板具有一定的弹性，常随血窦内血液充盈程度的不同而变形。

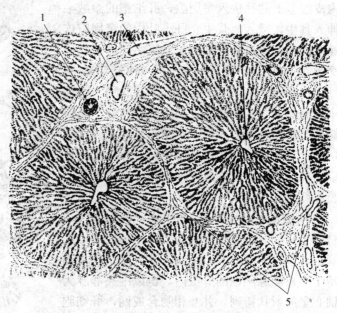

图11-22 猪的肝小叶（低倍）
1. 小叶间胆管 2. 小叶间动脉 3. 小叶间静脉
4. 中央静脉 5. 小叶间结缔组织

4. 肝血窦（liver sinusoid）（图11-23） 是位于肝板之间、相互吻合的网状管道。窦腔大小不一，血液从肝小叶周边经血窦汇入中央静脉。电镜下，窦壁由一层扁而薄的内皮细胞构成，内皮细胞间有宽为0.1～0.5μm的间隙；内皮细胞上有许多孔，孔上无隔膜；胞质内有大量吞饮小泡；内皮外无基膜，仅有散在的网状纤维（图11-24）。肝血窦的这些结构特点，有利于血浆中除乳糜微粒外，其他大分子的自由通过，这对肝细胞与血浆间的物质交换具有重要意义。

另外，肝血窦内还散在一种重要的巨噬细胞，称为枯否氏细胞（Kupffer cell）。该细胞体积较大、形状不规则，常伸出伪足与窦壁相连。枯否氏细胞属单核吞噬细胞系统的成员之一，其功能为：①吞噬和清除由胃肠道进入门静脉的细菌、病毒和异物；②监视、抑制和杀伤体内的肿瘤细胞（尤其是肝癌细胞）；③吞噬衰老的红细胞和血小板；④处理和传递抗原。

5. 窦周隙（perisinusoidal space）是肝血窦内皮细胞与肝细胞之间的细小间隙，宽约0.4μm，又称为狄氏隙（Disse space）。血窦内的血浆成分经

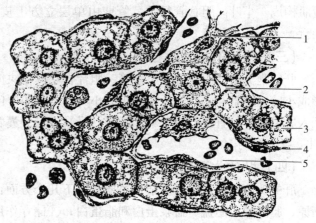

图11-23 肝细胞和肝血窦（高倍）
1. 枯否氏细胞 2. 胆小管 3. 肝细胞 4. 内皮细胞 5. 血窦

内皮细胞上的孔进入窦周隙，肝细胞的微绒毛伸入其中，浸入血浆中。肝小叶内的窦周隙连通成网状管道，是肝细胞与血浆之间进行物质交换的场所。窦周隙内散在一种储脂细胞（fat-storing cell），该细胞形态不规则，胞体小而有突起，胞质内有大小不等的脂滴。具有储存脂肪和维生素A、产生基质和网状纤维的功能。当患慢性肝病或肝硬化时，储脂细胞数量增多，并可转变为成纤维细胞，合成大量的胶原纤维。

6. 胆小管（bile canaliculus）（图11-24）是两个相邻肝细胞之间细胞膜凹陷形成的微细管道，直径为0.5～1.0μm。胆小管以盲端起始于中央静脉周围的肝板内，也以中央静脉为轴心呈放射状排列，并互相吻合成网，肝细胞分泌的胆汁进入胆小管。在胆小管附近的相邻肝细胞膜之间形成紧密连接，将胆小管严密封闭，以防止胆汁流入肝血窦。当胆管阻塞时，胆小管内胆汁淤积，腔内压力增大，迫使胆小管扩张，甚至使紧密连接破坏，胆汁可由胆小管内流入肝血窦，发生阻塞性黄疸。胆小管在肝小叶边缘与小叶内胆管连接。

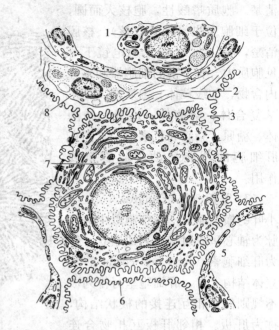

图11-24 肝细胞和肝血窦超微结构模式图
1. 枯否氏细胞 2. 狄氏隙 3. 细胞间隙窝 4. 胆小管
5. 肝血窦 6. 细胞间通道 7. 肝细胞 8. 储脂细胞

（二）门管区

门管区（portal area）是相邻几个肝小叶之间的结缔组织内，小叶间静脉、小叶间动脉和小叶间胆管所伴行的区域。3种管道中以小叶间静脉的管径最大，管腔不规则，管壁薄，仅由一层内皮和一薄层结缔组织构成。小叶间动脉管径最小，管壁厚，由内皮和数层环行平滑肌构成。小叶间胆管管径小，管壁由单层立方上皮构成。在门管区内还有淋巴管和神经伴行。

（三）胆汁的排泄途径

肝细胞分泌的胆汁进入胆小管。胆汁自小叶中央向周边运送，在肝小叶边缘胆小管汇合形成小叶内胆管。小叶内胆管穿出肝小叶，汇入小叶间胆管。小叶间胆管向肝门汇集，最后汇入肝管出肝，直接开口于十二指肠（马）或与胆囊管汇合成胆管后，再开口于十二指肠内（牛、羊和猪等）。

（四）肝的生理功能

肝的功能极为重要而复杂，主要有以下几个方面：①分泌胆汁；②合成作用，可以合成糖原、胆固醇、胆盐、血浆蛋白和脂蛋白；③储存作用，储存糖原、脂滴和多种维生素（如维生素A、维生素B、维生素D、维生素E等）；④解毒作用，肝细胞可以转化和灭活内源性和外源性的有毒物质；⑤防御功能，枯否氏细胞能吞噬细菌、异物等，起到防御作用；⑥造血功能，胚胎时期为造血器官，出生后造血机能停止，但在某些病理情况下仍可恢复。

五、胰　　腺

胰腺（pancreas）由外分泌部和内分泌部构成。外分泌部可分泌胰液，含有多种消化酶，参与对淀粉、脂肪和蛋白质等的消化；内分泌部可分泌激素，参与调节体内的糖代谢。

（一）外分泌部

外分泌部（exocrine portion）构成胰腺实质的绝大部分，为复管泡状腺，分腺泡和导管两部分（图 11-25）。

1. 腺泡　呈泡状或管状，腺泡腔很小，由单层的浆液性腺细胞组成。腺细胞呈锥体形，胞核大而圆，位于细胞基部。细胞基部有许多呈纵行排列的线粒体、丰富的粗面内质网和核蛋白体，呈较强的嗜碱性。胞质顶部有许多圆形或卵圆形、嗜酸性的酶原颗粒，H.E 染色时呈红色。酶原蛋白在粗面内质网合成，被转移到高尔基复合体，浓集成酶原颗粒。成熟的酶原颗粒移向细胞顶端，最后排入腺泡腔内。腺泡腔内常可见到 1~2 个泡心细胞（centroacinar cell），胞质淡染，胞核呈卵圆形，为伸入到腺泡腔内的闰管上皮的起始细胞。

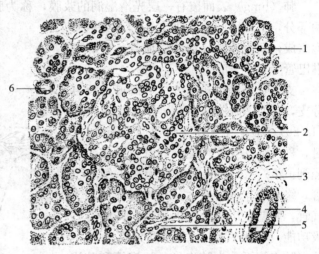

图 11-25　胰腺（低倍）
1. 腺泡　2. 胰岛　3. 小叶间结缔组织
4. 小叶间导管　5. 闰管纵切面　6. 闰管横切面

2. 导管　包括闰管、小叶内导管、小叶间导管和胰管。腺泡以泡心细胞与闰管相连，闰管长而细，由单层扁平上皮围成。小叶内导管为单层立方上皮。在小叶间结缔组织内，若干小叶内导管汇成小叶间导管，最后形成 1~2 条胰管，开口于十二指肠将胰液导入；小叶间导管管壁上皮也由单层低柱状变为高柱状，并夹有散在的杯状细胞和内分泌细胞。导管上皮能分泌大量的水和钠、钾、重碳酸盐等多种物质，参与胰液的组成。

（二）内分泌部

内分泌部（endocrine portion）为散布在外分泌部腺泡之间的圆形或卵圆形细胞团，形如岛屿，称为胰岛（pancreas islet）。胰岛细胞呈不规则索状排列，细胞间有丰富的有孔毛细血管，有利于激素渗透。胰岛细胞分泌胰岛素和胰高血糖素，参与调节血糖代谢。胰岛细胞在 H.E 染色标本中，着色淡，各类细胞不易区分。用马劳瑞-埃赞（Mallory-Azan）法染色，可见以下几种胰岛细胞。

1. A 细胞（α 细胞）　多分布于胰岛的周围部，约占胰岛细胞总数的 20%。细胞胞体较大，胞质内的颗粒粗，染成鲜红色。A 细胞分泌胰高血糖素，有促进糖原分解、升高血糖的作用。

2. B 细胞（β 细胞）　多分布于胰岛的中央部，约占胰岛细胞总数的 75%。胞体略小，胞质内的颗粒细小，染成橘黄色。B 细胞分泌胰岛素，故又称为胰岛素细胞，与 A 细胞分泌的胰高血糖素作用相反,有促进糖原合成和降低血糖的作用。

3. D 细胞（δ细胞） 多数散于 A、B 细胞之间,数量较少,约占胰岛细胞总数的 5%。胞质内含有大量蓝色颗粒。D 细胞分泌生长抑素,有抑制 A、B 细胞和 PP 细胞分泌的作用。

4. PP 细胞（D_2） 数量很少,分泌的胰多肽,具有抑制胰液分泌和胃肠蠕动的作用。

（吴建云）

第四节 呼吸器官——肺

肺（lung）表面覆有一层光滑湿润的浆膜,称为肺胸膜（胸膜脏层）。肺分实质和间质两部分,实质由肺内各级支气管和无数肺泡组成,间质为结缔组织、血管、神经和淋巴管等。

支气管由肺门进入左、右肺叶,反复分支,形成树枝状,称为支气管树（图11-26）。小支气管分支到管径1mm以下时,称为细支气管。细支气管再分支,管径到 0.35~0.5mm 时,称为终末细支气管。终末细支气管继续分支为呼吸性细支气管,管壁上出现散在的肺泡,开始有呼吸功能。呼吸性细支气管再分支为肺泡管,肺泡管再分为肺泡囊。肺泡管和肺泡囊的壁上有更多的肺泡。

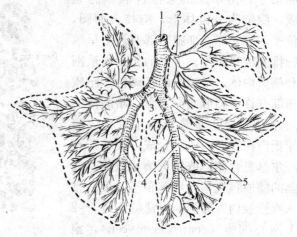

图 11-26 牛的支气管树
1. 气管 2. 右尖叶支气管 3. 支气管
4. 主支气管 5. 小支气管

每一细支气管及其所属的分支和肺泡,构成一个肺小叶。肺小叶（pulmonary lobule）是肺的结构单位,呈大小不等的锥体形或不规则多面形,锥顶朝向肺门,顶端的中心为细支气管（图11-27）。临床上小叶性肺炎就是指肺小叶的炎症。肺小叶之间的间质为结缔组织。

（一）肺的导气部

为气体出入肺的通道,包括各级小支气管、细支气管和终末细支气管。其管壁均由黏膜、黏膜下层和外膜构成。随着管径的逐渐变小,管壁逐渐变薄,组织结构也愈趋简单。

1. 各级小支气管 管壁分黏膜、黏膜下层和外膜3层。上皮为假复层纤毛柱状上皮,但逐渐变薄,杯状细胞渐少。固有层渐薄,内含较多的弹性纤维,有弥

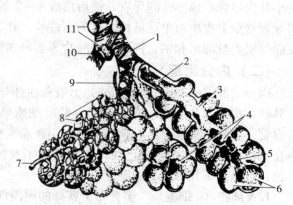

图 11-27 肺小叶立体模式图
1. 细支气管 2. 终末细支气管 3. 呼吸性细支气管
4. 肺泡管 5. 肺泡囊 6. 肺泡 7. 静脉 8. 毛细血管
9. 动脉 10. 平滑肌 11. 软骨

散的淋巴组织和孤立淋巴小结。固有层的外侧平滑肌逐渐增多,形成断续环行或螺旋形的肌层,故黏膜逐渐出现皱襞。黏膜下层的气管腺渐少。外膜的软骨呈片状,且渐减少。

2. 细支气管(bronchiole) 黏膜常见皱襞,上皮由假复层纤毛柱状上皮逐渐过渡为单层纤毛柱状上皮。管壁的三层结构不明显。杯状细胞、软骨片和腺体减少至基本消失,环行平滑肌相对增多,可构成完整的一层。

3. 终末细支气管(terminal bronchiole) 管壁变得更薄,黏膜皱襞渐消失。上皮为单层纤毛柱状上皮,杯状细胞、腺体和软骨片完全消失。环行平滑肌由多变少。

(二) 肺的呼吸部

肺的呼吸部包括呼吸性细支气管、肺泡管、肺泡囊和肺泡(图11-28)。

1. 呼吸性细支气管(respiratory bronchiole) 是终末细支气管的分支,管壁结构与终末细支气管相似。但由于管壁上有肺泡的开口,故管壁不完整且具有气体交换功能。呼吸性细支气管的始端为单层纤毛柱状上皮,逐渐过渡为单层柱状、单层立方,靠近肺泡开口处为单层扁平上皮。上皮下有薄的固有层,内有弹性纤维和分散的平滑肌。

2. 肺泡管(alveolar duct) 每个呼吸性细支气管分出2~3条肺泡管,其末端与肺泡囊相通。管壁因布满肺泡的开口,所以见不到完整的管壁,仅看到轮廓。由于固有层内含平滑肌纤维和弹性纤维,因而在切片中可见到相邻肺泡间的肺泡隔边缘部形成结节状的膨大。

3. 肺泡囊(alveolar sac) 是由数个肺泡共同围成的囊腔,囊壁就是肺泡壁。上皮全部变为单层扁平的肺泡上皮。肺泡隔内无平滑肌纤维和弹性纤维,其末端不形成膨大。

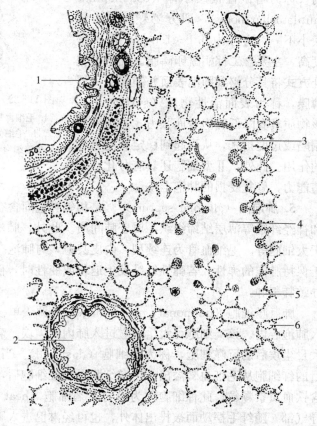

图11-28 肺切片(低倍)
1.支气管 2.细支气管 3.呼吸性细支气管
4.肺泡管 5.肺泡囊 6.肺泡

4. 肺泡(pulmonary alveoli) 呈半球状或多面形囊泡,开口于肺泡囊、肺泡管或呼吸性细支气管,是进行气体交换的场所。肺泡壁薄,表面衬以单层扁平的肺泡上皮,下方为基膜。构成肺泡壁的上皮有以下两种细胞(图11-29):

(1) Ⅰ型肺泡细胞(type Ⅰ alveolar cell) 细胞大而扁,表面较光滑,含核部分厚,其余部分菲薄。胞核扁圆,胞质内细胞器较少,含较多吞饮小泡。相邻Ⅰ型肺泡细胞之间形成紧密连接。Ⅰ型肺泡细胞的数量虽较Ⅱ型肺泡细胞少,但覆盖了肺泡表面的绝大部分面积。该细胞参与气体交换并构成血-气屏障。

(2) **Ⅱ型肺泡细胞**（type Ⅱ alveolar cell）数量较多,散在嵌于Ⅰ型肺泡细胞之间。胞体较小,呈圆形或立方形,略突向肺泡腔。胞核圆形,胞质淡染,呈泡沫状。电镜下,细胞表面有短小微绒毛,胞质内有许多呈同心圆或平行排列的板层结构,称为嗜锇性板层小体（osminophilic mutilamellar body）,即分泌颗粒。小体大小不一,直径为 0.1~1.0μm,电子密度高,主要含二棕榈酰卵磷脂。细胞以胞吐方式将其分泌到肺泡表面并铺展成一层薄膜,称为表面活性物质（surfactant）。该物质具有降低肺泡表面张力,避免肺泡塌陷或过度扩张,从而起到稳定肺泡直径的作用。此外,Ⅱ型细胞还具有分化、增殖能力,修复受损的肺泡上皮。

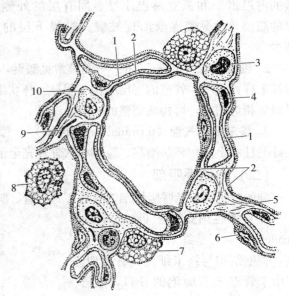

图 11-29 肺泡壁的细胞类型及细胞与基膜的关系
1. 毛细血管的基膜 2. 肺泡上皮的基膜 3. 单核细胞
4. 毛细血管内皮 5. 网状纤维 6. 肺泡扁平细胞
7. 分泌细胞 8. 尘细胞 9. 弹性纤维 10. 结缔组织细胞

5. 肺泡隔（alveolar septum） 是相邻肺泡间含有丰富毛细血管网、弹性纤维、淋巴管和神经纤维等薄层结缔组织,属于肺间质。此外,肺泡隔内还含有巨噬细胞、成纤维细胞、肥大细胞等。毛细血管为连续型,内皮甚薄,与肺泡一起共同完成气体交换。弹性纤维有助于保持肺泡的弹性。若弹性纤维发生退化或变性时,使肺泡弹性下降而持续处于扩张状态,导致肺气肿。

肺巨噬细胞（pulmonary macrophage）来源于单核细胞,广泛分布在肺泡隔,并可游走入肺泡腔内。该类细胞可大量吞噬进入肺内的尘埃、病菌、异物及渗出的红细胞等。吞入了大量尘埃后的巨噬细胞,称为尘细胞（dust cell）。当动物患心力衰竭而出现肺淤血时,大量的红细胞从毛细血管溢出。巨噬细胞吞噬红细胞后,胞质内出现许多血红蛋白的分解产物含铁血黄素颗粒,此种细胞称为心力衰竭细胞（heat failure cell）。心力衰竭细胞常游走在导气部,随纤毛摆动而被排出体外,也可经淋巴进入肺门淋巴结,或沉积于肺间质内。肺的间质内有较多的肥大细胞,当发生变态反应时,可释放大量组胺等生物活性物质,引起各级导管黏膜水肿,分泌增加,平滑肌收缩,出现呼吸困难和哮喘。

6. 肺泡孔（alveolar pore） 是相邻肺泡之间的圆形或卵圆形小孔,直径为 11~15μm,一个肺泡可有一个或多个。肺泡孔可沟通相邻肺泡,平衡肺泡内的气压。当细支气管的各级分支阻塞时,可通过肺泡孔建立侧支通气。但当肺部受感染时,病原微生物亦可经肺泡孔扩散,使炎症蔓延。

7. 血-气屏障（blood-air barrier） 亦称为呼吸膜（respiratory membrane）,是肺泡与毛细血管中的血液之间进行气体交换所通过的结构,包括肺泡表面液体层、Ⅰ型肺泡细胞及其基膜、薄层结缔组织、毛细血管基膜和内皮。有些部位肺泡上皮与血管内皮之间无结缔组织，两层基膜直接融合。血-气屏障很薄，厚为 0.2～0.5μm，若结构在任何一层发生病变，均会影响气体交换或导致病原扩散，如间质性肺炎、肺气肿等可致血-气屏障增厚，从而降低气体交换速率而引起一系列临床症状。

（吴建云）

第五节　泌尿器官——肾

各种家畜肾（kidney）的形态虽不同，但结构上均由被膜和实质两部分构成。

被膜是包在肾外表面的结缔组织膜，分内、外两层：外层为含有胶原纤维和弹性纤维的致密层；内层由疏松结缔组织构成，其中含有网状纤维和数量不同的平滑肌纤维。

实质肾实质可分为外周的皮质和中央的髓质。皮质部富含血管，深红色，髓质由许多直行的小管组成，淡红色，呈条纹状结构，并伸延到皮质称为髓放线（medullary ray）。两条髓放线之间的皮质称为皮质迷路（cortical labyrinth）。每个髓放线及其周围的皮质迷路构成肾小叶，小叶间有小叶间动脉和静脉。肾实质主要由大量的泌尿小管（uriniferous tubule）和少量的间质组成。泌尿小管包括肾单位和集合小管两部分（表 11-1、图 11-30）。

表 11-1　泌尿小管的组成

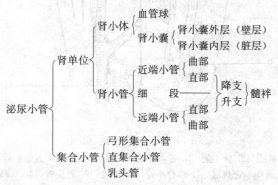

（一）肾单位的组织结构

肾单位（nephron）是肾的结构和功能单位，由肾小体和肾小管组成（图 11-30、图 11-31）。根据肾小体在皮质中分布的部位，可将肾单位分为皮质肾单位和髓旁肾单位。皮质肾单位（cortical nephron）又称为浅表肾单位，其肾小体分布在皮质的浅层，髓袢短，刚刚伸达髓质内，细段很短，只参与组成髓袢降支。髓旁肾单位（juxtamedullary nephron）的肾小体位于皮质深部近髓质处，其肾小体体积较大，髓袢很长，细段也较长，长髓袢对尿的浓缩具有重要的生理意义。

1. 肾小体（renal corpuscle）（图 11-32）　肾小体是肾单位的起始部，位于皮质迷路内，呈球形，由血管球和肾小囊两部分组成。肾小体的一侧有血管极，是血管球的血管出入处；血管极的对侧叫尿极，是肾小囊延接近端小管处。

（1）血管球（glomerulus）　是一团盘曲的毛细血管，包裹在肾小囊内。入球微动脉由血管极进入肾小体，分成数小支，每个小支再分成许多相互吻合的毛细血管袢。这些毛细血

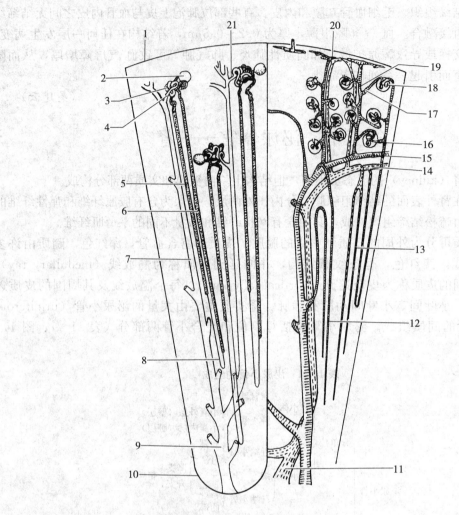

图 11-30 肾结构示意图
1. 被膜　2. 肾小囊　3. 近曲小管　4. 远曲小管　5. 近端小管直部
6. 远端小管直部　7. 集合小管　8. 细段　9. 乳头管　10. 肾乳头
11. 叶间静脉　12. 直小动脉　13. 直小静脉　14. 弓形静脉
15. 弓形动脉　16. 出球微小动脉　17. 入球微动脉　18. 血管球
19. 小叶间动脉　20. 被膜下血管丛　21. 集合小管

管袢又逐步汇合成一支出球微动脉,从血管极离开肾小体。入球微动脉比出球微动脉短而细,从而使血管球内保持较高的血压;同时,血管球毛细血管属有孔型,孔径为 50～100nm,孔上无隔膜封闭,这易于水和小分子物质通过滤过膜到肾小囊内,形成原尿。

(2) 肾小囊 (renal capsule) 　肾小囊是肾小管起始端膨大凹陷形成的双层杯状囊。囊壁分壁层和脏层,两层间有一狭窄的腔隙称肾小囊腔,腔内容纳血管球滤出的原尿。

囊腔壁层的细胞为单层扁平上皮,在血管极处折转为囊腔脏层。脏层的细胞为一层多突的扁平细胞,称为足细胞 (podocyte)。足细胞与血管球毛细血管内皮细胞下的基膜紧贴,在光镜下足细胞胞核较大,凸向囊腔,着色较浅。在电镜下,可见足细胞伸出几个大的初级突起,每个初级突起又垂直分出许多指状的次级突起。次级突起相互交错嵌合排列,形成栏

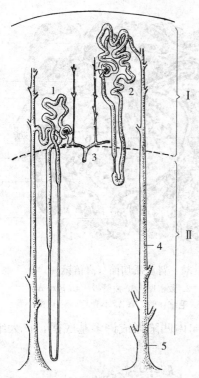

图11-31 肾单位在肾叶内的分布示意图
Ⅰ.皮质 Ⅱ.髓质
1. 髓旁肾单位 2. 皮质肾单位
3. 弓形动脉及小叶间动脉
4. 集合小管 5. 乳头管

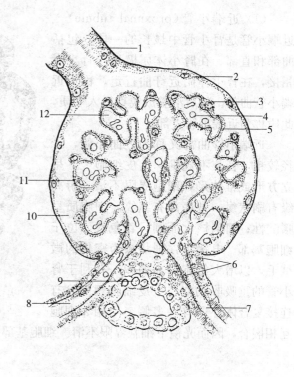

图11-32 肾小体半模式图
1. 近端小管起始部（肾小体尿极） 2. 肾小囊外层
3. 肾小囊内层（足细胞） 4. 毛细血管内的红细胞
5. 基膜 6. 肾小球旁细胞 7. 入球微动脉
8. 出球微动脉 9. 远端小管上的致密斑 10. 肾小囊腔
11. 毛细血管内皮 12. 血管球毛细血管

栅状（图11-33）。突起间的间隙称为裂孔，裂孔上覆盖有裂孔膜。足细胞是过滤膜的重要装置，通过足细胞次级突起的胀大或收缩，调节裂孔的大小，从而影响其通透性。

毛细血管内的物质渗入肾小囊的囊腔时，必须通过毛细血管的有孔内皮细胞、基膜和裂孔膜三层结构，这三层结构统称为肾小体滤过膜或血尿屏障（blood-urine barrier）。

2. 肾小管（renal tubule） 是由单层上皮围成的细长而弯曲的小管，包括近端小管、细段和远端小管，主要具有重吸收和排泄作用（图11-34、图11-35）。

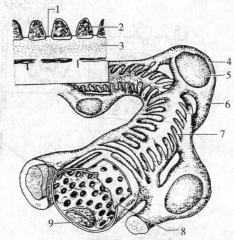

图11-33 肾小囊内层的足细胞与血管球毛细血管
电镜模式图（左上为滤过屏障示意图）
1. 裂孔膜 2. 足细胞突起 3. 基膜 4. 足细胞 5. 足细胞核
6. 足细胞的初级突起 7. 足细胞的次级突起 8. 基膜
9. 内皮细胞核

（1）近端小管（proximal tubule）近端小管是肾小管中最长的一段，包括曲部和直部。在肾小体尿极处与肾小囊相接，在肾小体附近纡曲行走，称为近端小管曲部，随后沿髓放线直行入髓质，此段称为近端小管直部。

近端小管曲部又称为近曲小管，管径较粗，管腔不规则，上皮细胞大，呈立方形或锥体形，细胞界限不清，游离缘有刷状缘，基底部有纵纹。细胞质呈嗜酸性；细胞核大而圆，着色淡，位于细胞基部。电镜下，刷状缘为密集的微绒毛，以增大细胞的表面积，有利于肾小管的重吸收功能。上皮细胞侧面除有连接复合体外还有许多侧突与相邻细胞互相嵌合，因而光镜下细胞界限不清。细胞基部的胞膜向内凹陷形成许多基底褶，扩大细胞

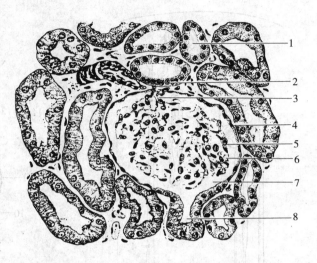

图 11-34 肾皮质切面（高倍镜观）
1. 远曲小管 2. 致密斑 3. 血管极 4. 肾小囊壁层
5. 足细胞 6. 毛细血管 7. 肾小囊腔 8. 近曲小管

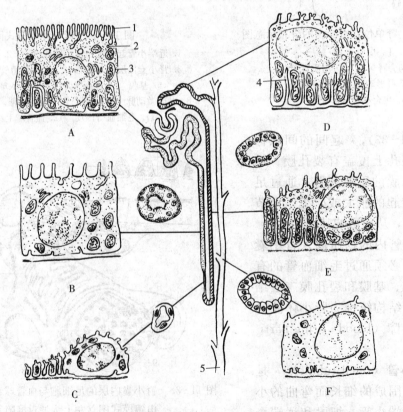

图 11-35 泌尿小管各段上皮细胞超微结构模式图
A. 近端小管曲部 B. 近端小管直部 C. 细段 D. 远端小管曲部 E. 远端小管直部 F. 集合管
1. 微绒毛 2. 吞饮小管或小泡 3. 线粒体 4. 胞膜内褶 5. 乳头管

与间质间的物质交换面积。细胞内线粒体较多,纵向排列在基底褶之间,此结构形成了光镜下所见的基底纵纹,此外,细胞内还有许多溶酶体和微体。

近端小管直部的结构与曲部基本相似,但上皮细胞略矮,微绒毛、侧突、溶酶体和微体等较少。

近端小管具有强大的重吸收功能,原尿中80%以上的水分以及葡萄糖、氨基酸、无机盐离子等几乎全部被吸收。近端小管上皮除有重吸收功能外,还能向管腔分泌一些代谢产物,如马尿酸、肌酐等。

(2) 细段(thin segment) 近端小管直部进入髓质后,管的口径突然变细,称为细段。其为直行小管,管径最小,管壁细胞为单层扁平上皮,胞质很少,着色浅,胞核呈椭圆形突向管腔中(图11-36)。电镜下可见细胞的游离缘有少量不规则的微绒毛,细胞有许多侧突与相邻细胞的侧突交错嵌合。细段上皮薄,有利于水分子及离子的透过,主要功能是重吸收水分,使尿液浓缩。

(3) 远端小管(distal tubule) 亦分直部和曲部。细段返回皮质,管径增粗,此段称为远端小管直部。当远端小管直部回到皮质迷路自身的肾小体附近时,又变成纤曲的管道,称为远端小管曲部,最后汇入集合小管。

远端小管的管径虽较近端小管细,但由于上皮细胞较矮小,故管腔大而明显。远端小管直部和曲部的结构相似。上皮细胞呈矮立方形,细胞界限清晰,排列紧密,细胞着色较浅,细胞核圆形,位于近腔面,细胞表面没有刷状缘。电镜下可见细胞表面有少量微绒毛,细胞基底面有胞膜内褶。

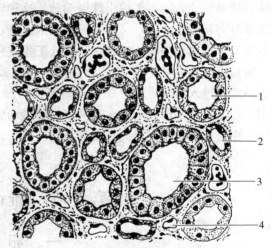

图11-36 肾髓质
1. 远端小管直部 2. 细段
3. 集合小管 4. 毛细血管

远端小管有重吸收钠和排钾的功能,还能继续吸收原尿中的水分并进一步浓缩尿液。

(二) 集合小管

集合小管(collecting tubule)由弓形集合小管、直集合小管和乳头管3部分构成。弓形集合小管起始端与远端小管曲部相连,呈弓形,进入髓放线,汇入直集合小管,直集合小管由皮质向髓质下行,与其他直集合小管汇合,在肾乳头处移行为较大的乳头管,开口于肾盏或肾盂内。

弓形集合小管上皮细胞为单层立方上皮,直集合小管的细胞逐渐变为单层柱状,管腔大而平整,细胞界限明显,胞质明亮,核位于细胞中央。电镜下微绒毛及线粒体甚少。乳头管上皮由单层高柱状过渡为复层柱状上皮,近开口处,转为变移上皮。

集合小管有进一步浓缩尿液的作用,形成终尿,终尿量仅为原尿的1%。

(三) 球旁复合体

球旁复合体(juxtaglomerular complex)亦称为肾小球旁器,是指位于肾小体血管极附近一些结构的总称,由球旁细胞、致密斑和球外系膜细胞组成(图11-32)。

1. 球旁细胞（juxtaglomerular cell） 入球微动脉进入肾小囊处，其管壁的平滑肌细胞转变为上皮样细胞，称为球旁细胞。细胞呈立方形或多边形，核为球形，着色淡。胞质弱嗜碱性，内含有多量的 PAS 阳性颗粒，颗粒内含肾素。

2. 致密斑（macula densa） 远端小管靠近肾小体血管极一侧的管壁上皮细胞，由立方形变为高柱状，排列紧密，胞核深染，形成一椭圆形斑，称为致密斑。致密斑是一种化学感受器，可感受尿液中钠离子浓度的变化，对球旁细胞的肾素分泌起调节作用。

3. 球外系膜细胞（extraglomerular mesangial cell） 因位于肾小体血管极的三角区内，又称为极垫细胞。细胞着色较淡，胞质内有时可见分泌颗粒，功能尚不清楚，有人认为与球旁细胞的功能相似，也可能起某种信息传递作用。

（四）肾的血液循环

肾动脉由肾门入肾后，伸向皮质，并沿途分出许多小的入球微动脉。入球微动脉进入肾小体形成血管球，后再汇成出球微动脉。这种动脉间的毛细血管是肾内血液循环的特点。出球微动脉离开肾小体后，又分支形成毛细血管，分布于皮质和髓质内肾小管周围。这些毛细血管网又汇合成小静脉，后者在肾门处汇集成肾静脉，经肾门出肾入后腔静脉。

肾血液循环的特点是肾动脉直接来自主动脉，在静息的情况下，每次心输出血量的 20%～25% 进入肾脏，其中 90% 经过肾血管球完成过滤作用；动脉在肾内形成两次毛细血管网，即血管球和球后毛细血管网；入球微动脉口径大于出球小微动脉，以提高血管球内的血压；由髓旁肾单位发出的直血管与髓袢平行，这些结构有助于水分重吸收和尿液浓缩。

（陈耀星）

第六节 雌性生殖器官

一、卵 巢

卵巢（ovary）的结构随动物种类、年龄和性周期的不同而异，可分为被膜及实质，实质又由皮质和髓质构成。一般皮质位于外周，髓质分布于中央，但马属动物卵巢的皮质和髓质的位置正好倒置，皮质结构在中央靠近排卵窝处，髓质在外周（图 11-37）。

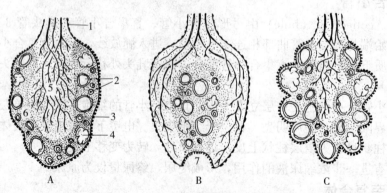

图 11-37 牛、马、猪卵巢结构示意图
A. 牛 B. 马 C. 猪
1. 浆膜 2. 卵泡 3. 生殖上皮 4. 黄体 5. 髓质 6. 皮质 7. 排卵窝

（一）被膜

被膜由生殖上皮和白膜组成。

卵巢表面除卵巢系膜附着部外，都覆盖着一层生殖上皮（germinal epithelium）（图11-38）。年轻动物的生殖上皮为单层立方或柱状，随年龄增长而趋于扁平。在生殖上皮的下面，有一层由致密结缔组织构成的白膜。

马的卵巢仅在排卵窝处有生殖上皮分布，其余部分由浆膜覆盖。

（二）皮质

皮质由基质、处于不同发育阶段的卵泡、闭锁卵泡和黄体等构成（图11-38）。

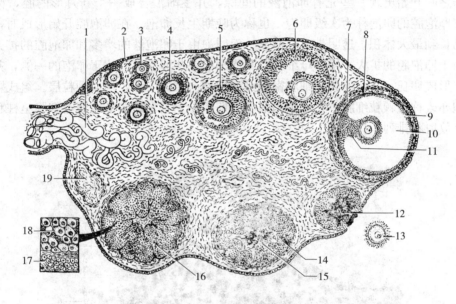

图11-38 卵巢结构模式图

1. 血管 2. 生殖上皮 3. 原始卵泡 4. 早期生长卵泡（初级卵泡） 5、6. 晚期生长卵泡（次级卵泡）
7. 卵泡外膜 8. 卵泡内膜 9. 颗粒膜 10. 卵泡腔 11. 卵丘 12. 血体 13. 排出的卵
14. 正在形成中的黄体 15. 黄体中残留的凝血 16. 黄体 17. 膜黄体细胞 18. 颗粒黄体细胞 19. 白体

1. 基质 皮质内的结缔组织称为基质，内含大量的网状纤维和少量弹性纤维，还有较多的梭形细胞，参与形成卵泡膜，并可分化为间质腺。

2. 卵泡（ovarian follicle） 卵泡由一个卵母细胞和包在其周围的一些卵泡细胞所构成。根据发育阶段不同，将卵泡分为原始卵泡、生长卵泡和成熟卵泡。成熟卵泡排卵后可形成黄体。有些卵泡在发育过程中退化形成闭锁卵泡。

（1）原始卵泡（primordial follicle） 原始卵泡是一种数量多、体积小呈球形的卵泡，位于卵巢皮质表层。每个原始卵泡一般由一个大而圆的初级卵母细胞和其周围单层扁平的卵泡细胞构成。但在多胎动物，如猪、羊、兔、犬、猫的原始卵泡中，可看到有2～6个初级卵母细胞。初级卵母细胞的体积较大，细胞质嗜酸性。细胞核大，呈空泡状，核仁大而明显。原始卵泡可长期处于静止状态，直到动物性成熟才开始陆续成长发育。

（2）生长卵泡（growing follicle） 原始卵泡在雌激素的作用下开始生长发育，称为生长卵泡。卵泡开始生长的标志是原始卵泡中的卵泡细胞由扁平变为立方或柱状，由单层变为多层。根据发育阶段不同,可将生长卵泡分为初级卵泡和次级卵泡两个连续的阶段。

①初级卵泡(primary follicle) 是指从卵泡开始生长到出现卵泡腔之前的卵泡,所以又称为早期生长卵泡。这个阶段的变化包括卵母细胞增大,核也变大,核仁深染。细胞周围出现一层嗜酸性、折光强的膜状结构,称为透明带(zone pellucida)。透明带主要成分是黏多糖蛋白和透明质酸。它是由卵泡细胞和卵母细胞共同分泌形成的。卵泡开始生长时,单层扁平的卵泡细胞变成立方或柱状,并通过分裂增生而成为多层。当初级卵泡体积增大时,卵泡周围基质中的梭形细胞包围卵泡并逐渐分化成卵泡膜。

②次级卵泡(secondary follicle) 当卵泡体积进一步增大,卵泡细胞有6～12层,在卵泡细胞之间开始出现一些充有卵泡液的间隙,并逐渐汇合成一个新月形的腔,称为卵泡腔。含有卵泡腔的卵泡称为次级卵泡,也称为晚期生长卵泡。在卵泡腔开始形成时,卵母细胞通常已长到最大体积,透明带十分明显。而卵泡由于卵泡液的增多和卵泡腔的扩大可继续增大。由于卵泡腔的扩大,使卵母细胞及其周围的一些卵泡细胞位于卵泡的一侧,并突向卵泡腔内,形成卵丘。其余的卵泡细胞密集排列在卵泡腔的周围,构成颗粒层。组成颗粒层的卵泡细胞亦改称为颗粒细胞。在次级卵泡的后期卵丘上紧靠透明带的卵泡细胞呈柱状,围绕透明带呈放射状排列,称为放射冠(图11-39)。

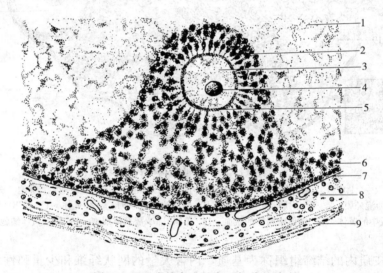

图11-39 成熟卵泡的卵丘部分的放大
1.卵泡液 2.放射冠 3.卵细胞 4.核 5.透明带 6.颗粒层 7.基膜 8.卵泡内膜 9.卵泡外膜

随着卵泡的增大,卵泡膜逐渐分化为内外两层。卵泡膜内层由较多的多边形或梭形的细胞和少量网状纤维组成,又称为卵泡内膜或细胞性膜。卵泡内膜细胞有分泌雌激素的功能,所分泌的雌激素可进入细胞间的毛细血管或经卵泡壁扩散到卵泡液内。卵泡膜外层由胶原纤维束和成纤维细胞构成,与周围结缔组织无明显界限,血管亦较少,又称为卵泡外膜或结缔性膜。

(3)成熟卵泡(mature follicle) 次级卵泡发育到最后阶段即为成熟卵泡。由于卵泡液激增,成熟卵泡的体积显著增大,向卵巢表面隆起。成熟卵泡的大小因动物种类而异,牛的直径约12～19mm,羊的为5～8mm,猪的为8～12mm,马卵泡最大,可达25～45mm。

当卵泡腔形成时,初级卵母细胞直径为100～150μm,此后不再增大。排卵前初级卵母细胞必须完成第一次成熟分裂。分裂时，胞质的分裂不均等，形成两个大小不等的细胞。大的称为次级卵母细胞，其形态与初级卵母细胞相似；小的只有极少的胞质，附在次级卵母细胞旁，称为第一极体。第二次成熟分裂则在排卵受精后完成。

成熟卵泡的卵泡膜达到最厚，内外两层分界更明显，卵泡内膜分泌的雌激素也最多。

由于成熟卵泡内的卵泡液迅速增加，内压升高，颗粒层和卵泡膜变薄，卵泡体积增大，部分突出于卵巢表面，呈液泡状；与此同时放射冠与卵丘之间也逐渐脱离。最后卵泡破裂，初级卵母细胞及其周围的放射冠，随同卵泡液一起排出，此过程称为排卵。排卵时，由于毛细血管受损可以引起出血，血液充满卵泡腔内，形成血体。马、牛和猪出血较羊和食肉兽的多，所以血体较明显。

3. 闭锁卵泡（atretic follicle） 在正常情况下，卵巢内绝大多数的卵泡不能发育成熟，而在各发育阶段中逐渐退化。这些退化的卵泡称为闭锁卵泡。其中以原始卵泡退化的最多，而且退化后不留痕迹。

初级卵泡退化时，卵细胞先萎缩，透明带皱缩，卵泡细胞离散，结缔组织侵入卵泡内形成瘢痕。

次级卵泡退化时，卵细胞内出现核严重偏位、固缩，透明带膨胀、塌陷；颗粒层细胞松散、萎缩并脱落进入卵泡腔内；卵泡液被吸收，卵泡壁塌陷，卵泡膜内层细胞增大，呈多角形，如黄体细胞。这些细胞被结缔组织分隔成团索状，散在于卵巢基质中，形成间质腺（多见于啮齿类和肉食类），间质腺主要分泌雌激素。退化的卵泡内有时可见到萎缩的卵细胞和透明带。

4. 黄体（corpus luteum） 成熟卵泡排卵后，卵泡壁塌陷形成皱褶。残留在卵泡壁的颗粒层细胞和卵泡内膜细胞向内侵入，胞体增大，胞质内出现类脂颗粒，分别演化成粒性黄体细胞（granular lutein cell）和膜性黄体细胞（theca lutein cell），前者较大。黄体细胞成群分布，其中夹有富含血管的结缔组织，周围仍有卵泡外膜包裹，共同形成黄体。

黄体是主要的内分泌腺。其分泌物为孕酮或黄体素，有刺激子宫腺分泌和乳腺发育的作用，并保证胚胎附植和在子宫内发育。黄体的生长和存在受脑垂体分泌的促黄体素控制。同时黄体素又可抑制脑垂体分泌促卵泡素，使卵泡停止生长。

马、牛和肉食兽的黄体细胞内，含有一种黄色的脂色素称为黄体色素，使黄体呈现黄色。羊和猪的黄体细胞缺少这种色素，所以黄体呈肉色。牛、羊、猪的黄体有一部分突出于卵巢表面。马的黄体则完全埋藏在基质内。

黄体的发育程度和存在时间，决定于排出的卵是否受精。如果排出的卵受精，黄体可继续发育，并存在直到分娩，称为妊娠黄体或真黄体（corpus luteum verum）。如排出的卵未受精，黄体逐渐退化，此种黄体称为发情黄体或假黄体（corpus luteum spurium）。真黄体与假黄体在完成其功能后均可退化。退化时黄体细胞缩小，胞核固缩，毛细血管减少，周围的结缔组织和成纤维细胞侵入，逐渐由结缔组织所代替，形成瘢痕，称为白体（corpus albicans）。

（三）髓质

髓质为疏松结缔组织，含有丰富的弹性纤维、血管、淋巴管及神经等，而梭形细胞及平滑肌纤维少。卵巢动脉成螺旋状，而静脉则成静脉丛。

髓质与皮质间并没有明显的界限。

二、输卵管

输卵管（oviduct uterine tube）的管壁由黏膜、肌层和浆膜3层构成，无黏膜下组织（图11-40）。

（一）黏膜

黏膜形成许多纵行的皱褶，适于卵的停留、吸收营养和受精。皱褶多少依部位不同而不同，以壶腹部最多，且反复分支，近子宫端，皱褶变低而减少。猪和马的黏膜皱褶最发达，反刍类较少。

1. 黏膜上皮 黏膜上皮一般是单层柱状上皮，在猪和反刍动物中有的部分是假复层柱状上皮。上皮细胞有两种：一种是有纤毛的柱状细胞；另一种是无纤毛的分泌细胞，二者相间排列。柱状纤毛细胞的纤毛向子宫端颤动，有助于卵的运送。柱状纤毛细胞在漏斗部和壶腹部较多，在峡部较少。无纤毛的分泌细胞，胞质内含有分泌颗粒和糖原，其分泌物可供给卵的营养。在发情周期中，上皮细胞的高矮、分泌细胞的活动性、纤毛的明显与否以及数量的多少都有变化。

2. 固有膜 固有膜由疏松结缔组织构成，含有多种细胞（常有浆细胞、肥大细胞和嗜酸性粒细胞等）、血管和平滑肌。固有膜可伸入皱褶内。

（二）肌层

肌层由内环、外纵两层平滑肌组成，因有些肌束成螺旋形排列，两层之间没有明显界限。肌层从卵巢端向子宫端逐渐增厚，其中以峡部为最厚。肌层的收缩有助于卵向子宫方向移动。

（三）浆膜

浆膜由疏松结缔组织和间皮组成。

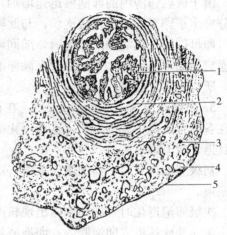

图11-40 输卵管结构模式图（壶腹部）
1. 黏膜皱襞 2. 环肌 3. 纵肌
4. 血管 5. 浆膜

三、子 宫

子宫（uterus）壁由子宫内膜、肌层和外膜3层组成（图11-41）。

（一）子宫内膜

子宫内膜包括黏膜上皮和固有膜。无黏膜下层。

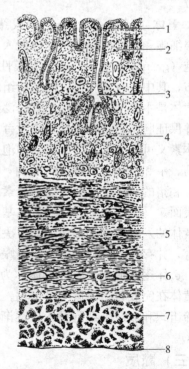

图11-41 子宫组织结构模式图
1. 子宫腺开口 2. 固有膜浅层
3. 子宫腺 4. 固有膜深层 5. 环肌层
6. 血管 7. 纵肌层 8. 浆膜

内膜上皮在马及犬为单层柱状上皮（马为高柱状），猪和反刍动物为假复层或单层柱状上皮。上皮有分泌作用。上皮细胞游离缘有时有暂时性的纤毛。

固有膜的结构比较特殊，由富有血管的胚型结缔组织构成，分深浅两层：浅层细胞成分较多，主要是星形的胚型结缔组织细胞，细胞借突起互相连接，其间有各种白细胞及巨噬细胞；深层细胞成分少，富含子宫腺。子宫腺为弯曲的分支管状腺（牛、羊的子宫阜上无子宫腺分布）。子宫腺的多少因畜种、胎次和发情周期而不同。腺上皮由分泌黏液的柱状细胞构成。子宫腺的分泌物可供给附植前早期胚胎的营养。

（二）肌层

子宫的肌层是平滑肌。由强厚的内环行肌和较薄的外纵行肌构成。在内环、外纵肌层之间为血管层，内有许多血管和神经分布。猪和牛的血管层有时夹于环行肌内。牛、羊子宫的血管层在子宫阜处特别发达。

（三）外膜

子宫外膜为浆膜，由疏松结缔组织和间皮组成。

（陈耀星）

第七节 雄性生殖器官

一、睾　丸

睾丸（testis）具有产生精子和分泌雄性激素的功能。其结构包括被膜和实质两部分。

（一）被膜

除附睾缘外，睾丸的表面均覆盖着一层浆膜，即睾丸固有鞘膜。浆膜深面为白膜，厚而坚韧，由致密的结缔组织构成。在睾丸头处，白膜的结缔组织伸入睾丸实质内，形成睾丸纵隔。马的睾丸纵隔仅局限于睾丸头部，其他家畜的睾丸纵隔贯穿睾丸的长轴。自睾丸纵隔上分出许多呈放射状排列的结缔组织隔，称为睾丸小隔。睾丸小隔伸入到睾丸实质内，将睾丸实质分成许多锥形的睾丸小叶。猪的睾丸小隔发达。牛、羊的睾丸小隔薄而不完整。

（二）实质

睾丸的实质由精小管、睾丸网和间质组织组成。每个睾丸小叶内有2～3条精小管，精小管之间为间质组织。精小管在睾丸纵隔内汇成睾丸网。睾丸网在睾丸头处接睾丸输出小管。

1. 精小管　精小管包括曲精小管和直精小管两部分。

（1）曲精小管（convoluted seminiferous tubule）　为精子发生的场所，是盘曲的袢状管，向纵隔迂曲伸延与直精小管相接。管长50～80cm，直径为100～200μm，管腔大小不一。管壁由基膜和复层上皮细胞组成。上皮包括两种类型的细胞：一类是可分化形成精子的生精细胞；另一类是支持细胞，具有支持和营养生精细胞的作用。上皮外有一薄层基膜，基膜外有一层肌样细胞，可收缩，有助于曲精小管内精子的排出。

①生精细胞（spermatogenic cell）　在性成熟的家畜，睾丸曲精小管内的生精细胞可分为精原细胞、初级精母细胞、次级精母细胞、精子细胞和精子几个发育阶段（图11-42、图11-43）。

a. 精原细胞（spermatogonia）是生成精子的干细胞，胚胎时期即已分化形成。此细胞紧靠基膜分布，胞体较小，呈圆形或椭圆形，胞质清亮。可分为 A、B 两型。A 型又包括明 A 型和暗 A 型两种。暗 A 型细胞核着色深，作为种子细胞能不断分裂增殖。分裂后，一半仍为暗 A 型细胞，另一半为明 A 型细胞。明 A 型细胞核着色浅，再经分裂数次产生 B 型精原细胞。B 型精原细胞的核膜内侧附有粗大异染色质粒，分裂后，体积增大，称为初级精母细胞。

b. 初级精母细胞（primary spermatocyte） 由精原细胞分裂发育形

图 11-42 睾丸曲细精管切面
1. 毛细血管　2. 间质组织　3. 初级精母细胞　4. 支持细胞
5. 精子细胞　6. 次级精母细胞　7. 精子　8. 基膜
9. 间质细胞　10. 精原细胞

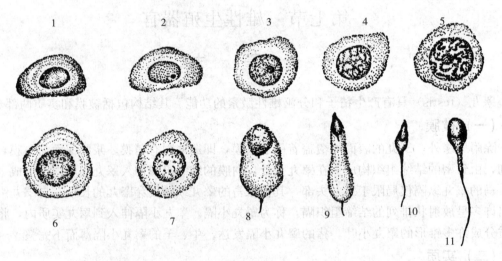

图 11-43 各期生精细胞形态
1～3. 各型精原细胞　4、5. 初级精母细胞　6. 次级精母细胞　7. 精子细胞　8～11. 变态过程中的精子

成，位于精原细胞的内侧，是生精细胞中最大的细胞。胞核大而圆，多处于减数分裂的各个时期，有明显的分裂相，且持续时间长。每个初级精母细胞经第一次成熟分裂产生两个较小的次级精母细胞。

c. 次级精母细胞（secondary spermatocyte） 位于初级精母细胞的内侧。细胞较小，呈圆形，胞核圆，染色较浅，不见核仁。次级精母细胞存在的时间很短，很快进行第二次成熟分裂（DNA 减半），生成两个精子细胞。

d. 精子细胞（spermatid） 位置靠近曲精小管的管腔，常排成数层。细胞小而数量多，呈圆形。胞核圆而小，染色深，有清晰的核仁。精子细胞不再分裂，经过一系列复杂的形态变化，变成高度分化的精子。

e. 精子（spermatozoon） 精子是精子细胞经变态而成的。家畜的精子包括头、颈和尾3部分，形似蝌蚪，其微细结构详见第十二章胚胎学部分。精子细胞转变成精子的主要变化是：细胞核极度浓缩形成精子的头部，高尔基复合体特化为顶体，胞质特化形成鞭毛，多余的胞质（残余体）被脱出（图11-44）。刚形成的精子经常成群地附着于支持细胞的游离端，尾部朝向管腔。精子成熟后，即脱离支持细胞进入管腔。

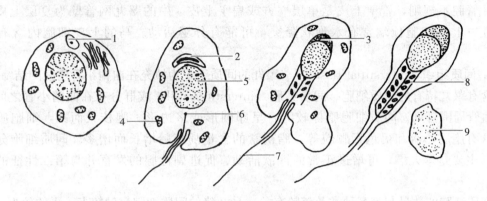

图11-44 精子的变态过程
1. 顶体颗粒 2. 顶体囊泡 3. 顶体 4. 线粒体 5. 核 6. 中心粒 7. 鞭毛 8. 线粒体鞘 9. 残余体

②支持细胞（sustentacular） 又称为塞托利氏细胞（Sertoli's cell）（图11-45），是曲精小管管壁上体积最大的一种细胞。胞体呈高柱状或圆锥状，底部附着在基膜上，顶端伸向管腔。细胞高低不等，界限不清。胞核较大，呈卵圆形或三角形，着色浅，有1~2个明显的核仁。常有数个精子的头部嵌附于细胞的顶端，细胞周围有各发育阶段的生精细胞附着，细胞质内含有丰富的糖原和类脂。支持细胞对生精细胞有营养和支持作用，并能吞噬退化死亡的精子。

电镜观察显示，支持细胞基部的侧突与邻近支持细胞基部的侧突相接，两者的胞膜形成紧密连接。紧密连接的位置恰位于精原细胞的上方。这个连接可阻挡间质内的一些大分子物质穿过曲细精管上皮细胞之间的间隙而进入管腔，起屏障作用，称为血-睾屏障（blood-testis barrier）。它的存在使曲精小管内维持一个有利于生精细胞分化的微环境。

全年繁殖的家畜，从性成熟开始，精子在睾丸内可以源源不断地产生，直到老龄曲

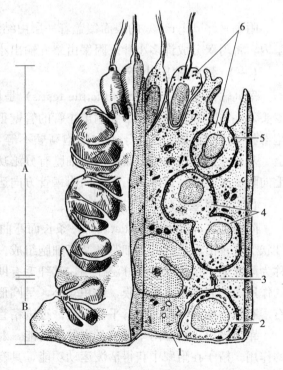

图11-45 支持细胞超微结构立体模式图
A. 支持细胞顶部 B. 支持细胞基部
1. 基膜 2. 精原细胞 3. 紧密连接 4. 精母细胞
5. 支持细胞与生精细胞间的细胞间隙 6. 精子细胞

精小管逐渐萎缩、生精细胞消失而停止。季节性繁殖动物，在繁殖季节外，曲精小管的产精能力减弱或消失。

（2）直精小管（straight seminiferous tubule） 是曲精小管末端变直的一段，末端接睾丸网。直精小管短而细，已无生精细胞，管壁衬以单层立方或柱状的支持细胞。

2. 睾丸网（rete testis） 睾丸网是由直精小管进入睾丸纵隔内互相吻合而成的网状小管，管腔不规则，管壁上皮是单层立方或扁平上皮。牛的睾丸网管壁为复层上皮。猪的在立方上皮细胞顶端常有水泡状隆突，可能有分泌活动。马的上皮细胞内含有大量糖原。

3. 间质组织（interstitial tissue） 睾丸的间质组织为填充在曲精小管之间的结缔组织，其中含有睾丸特有的间质细胞。间质细胞（interstitial cell）成群分布在曲精小管之间，多沿小血管周围排列。间质细胞胞体较大，呈卵圆形或多边形。胞核大而圆，细胞质嗜酸性，含有脂肪小滴和褐色素颗粒等，脂褐素的含量随年龄增长而增多。间质细胞分泌雄激素，主要是睾丸酮，可增进正常的性欲活动、促进副性腺的发育并与第二性征的出现有关。

间质细胞的数量与家畜种类及年龄有关。马、猪的间质细胞数量较多，牛的较少。

二、附　　睾

附睾（epididymis）的表面覆盖着一层由结缔组织构成的白膜。白膜的结缔组织伸入附睾内，将附睾分成许多小叶。附睾由睾丸输出小管和附睾管组成。

（一）睾丸输出小管

睾丸输出小管（efferent ductule testis）是从睾丸网发出的小管，有12~25条，构成附睾头，并与附睾管通连。睾丸输出小管的管壁很薄，由高柱状纤毛细胞群与无纤毛的立方细胞群相间排列组成的。由于上皮细胞高矮不等，所以管腔面起伏不平。上皮细胞位于基膜上，基膜外为薄层的固有膜。立方细胞有分泌功能，其分泌物可营养精子。高柱状细胞的纤毛向附睾方向摆动，有利于精子向附睾管方向运动。

（二）附睾管

附睾管（epididymal duct）是一条长而弯曲的管道，管腔大而整齐，上皮较厚，为复层柱状上皮，由高柱状纤毛细胞和基底细胞组成。高柱状纤毛细胞的纤毛长，但不能运动，又称为静纤毛。这种细胞有分泌作用，其纤毛有助于细胞内分泌物的排出，分泌物有营养精子的作用。基底细胞紧贴基膜，体积较小，呈圆形或卵圆形，染色较浅，核呈球形。在基膜外有固有膜，内含有薄的环行平滑肌层。近输精管端尚有散在纵行平滑肌束。

睾丸输出小管和附睾管都具有分泌功能，对精子除供给营养外，还有促进精子继续成熟的作用。精子在附睾中获得活泼运动功能，具有受精能力。

三、输　精　管

输精管（ductus deferens）的管壁较厚，由黏膜、肌层和外膜组成（图11-46）。

（一）黏膜

输精管的黏膜有纵行皱褶。黏膜上皮由假复层柱状上皮逐渐过渡到单层柱状上皮。在输精管前段，假复层柱状上皮内的柱状细胞有微绒毛；基底细胞紧贴基膜，多呈圆形和卵圆形。固有膜由疏松结缔组织构成，富有血管及弹性纤维。

输精管壶腹部为输精管的有腺部分，在黏膜层的固有膜内，有分支的管泡状腺体，分泌物参与精液的形成。腺上皮为单层立方或柱状上皮，夹有基底细胞。牛和羊的腺上皮细胞和基底细胞内常有脂滴。

（二）肌层

输精管的肌层较发达，由平滑肌组成。马、牛和猪有环行、斜行和纵行肌，但分层不明显。羊只有内环行和外纵行两层平滑肌。

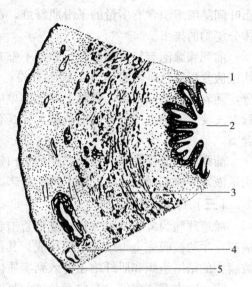

图 11-46 输精管模式图
1. 固有膜 2. 管腔 3. 肌层
4. 浆膜下层 5. 浆膜

（三）外膜

大部分由浆膜被覆。

四、副性腺

（一）精囊腺

精囊腺（resicular gland）除马属动物呈囊状外，其他家畜均为复管状腺或管泡状腺。腺上皮为假复层柱状上皮，包括较高的柱状细胞和小而圆的基底细胞。基底细胞数量少，稀疏地排列在基膜上，叶内导管和主排泄管衬以单层立方上皮（马为复层柱状上皮）。

马的精囊腺有宽阔的囊腔，囊壁内有许多短而分支的管泡状腺体，腺体开口于囊腔。腺体间有少量富有血管的疏松结缔组织。肌层较薄，为不规则排列的平滑肌层。外膜为疏松结缔组织。

猪的精囊腺是实质腺体。外面覆盖有结缔组织被膜，被膜的结缔组织伸入腺内，将腺体分成许多小叶。小叶间结缔组织内还分布有平滑肌纤维。腺腔较宽阔。

牛的精囊腺也是实质腺体，其结缔组织被膜内含有丰富的平滑肌纤维，并伸入到腺实质，将腺体分为许多小叶。腺泡的柱状上皮细胞内含有小的脂滴，基底细胞则含大的脂滴，以致核被挤到边缘部。羊的精囊腺较小，结构与牛相似，但基底细胞内无脂滴。

精囊腺的分泌物是构成精液的主要成分之一，分泌物为弱碱性的黄白色黏稠液体，含有丰富的果糖，具有营养和稀释精子的作用。牛的精囊腺分泌物占射精总量的 25%～30%；猪占 10%～30%；羊占 7%～8%。

（二）前列腺

前列腺（prostate gland）是复管状腺或复管泡状腺（反刍类），其外面包有较厚的结缔组织被膜，其中含有丰富的平滑肌纤维。被膜的结缔组织伸入腺内，将腺体分成若干小叶。小叶间结缔组织含有多量的平滑肌纤维，这是前列腺结构的特点之一。平滑肌纤维有助于腺体分泌物的排出。

前列腺腺泡有较大的腺腔。腔面不整齐，上皮高低不一，腺上皮呈单层扁平、立方、柱状或假复层柱状，与腺体分泌状态有关。前列腺的叶内导管上皮与腺泡上皮相似，不易区分，随着导管逐渐增粗，导管上皮也由单层柱状过渡为复层柱状，在尿生殖道的开口处，导管上皮变为变移上皮。马的前列腺大导管有宽阔而不太规整的腔，此种导管常被称为中央集合窦。

前列腺的分泌物是一种稍黏稠的蛋白样液体，呈弱碱性，具有特殊臭味，能中和酸性的阴道液，并能刺激精子，使精子活跃起来。

（三）尿道球腺

尿道球腺为复管状腺（猪）或复管泡状腺（马、牛、羊）。腺的外面覆盖着结缔组织的被膜。牛的被膜完全为结缔组织构成，其他动物的被膜内含有平滑肌，而马还含有横纹肌。被膜中的结缔组织和肌纤维还伸入到实质内将腺体分为若干小叶。

腺小叶中有许多细、弯曲而分支的复管泡状腺。其小导管为单层柱状上皮，大的导管由变移上皮构成。其导管开口于中央集合窦。腺上皮为单层柱状细胞，偶见有基底细胞。

尿道球腺的分泌物透明黏滑，由黏液和蛋白样液组成。分泌物参与精液的组成，并有冲洗和润滑尿道的作用。

（陈耀星）

第八节　淋巴器官

一、胸　腺

胸腺（thymus）的表面覆有一层结缔组织构成的被膜，被膜伸入实质内将胸腺分隔成许多不完整小叶，称为胸腺小叶。每个小叶分为皮质和髓质（图 11-47），因间隔不完整，各小叶的髓质仍相互连接。胸腺实质内主要以上皮性网状细胞（epithelial reticular cell）为支架，大量的淋巴细胞在此进行发育分化。

（一）皮质

皮质以胸腺上皮细胞为支架，间隙内含有大量的胸腺细胞及少量的巨噬细胞等。由于细胞排列密集，故在切片标本上着色较深。

1. 胸腺上皮细胞（thymic epithelial cell）　又称为上皮网状细胞（epithelial reticular cell），一般认为，胸腺皮质内有两种上皮细胞：①扁平上皮细胞或被膜下上皮细胞，分布于被膜下及小叶间隔。细胞间以桥粒相连，构成了胸腺内微环境与外界之间的屏障。当细胞内有吞噬的胸腺细胞时称为哺育细胞。扁平上皮细胞可分泌胸腺素和胸腺生成素。②星形上皮细胞或上皮性网状细胞有较多的突起以桥粒相互连接成网，细胞质弱嗜酸性，不能分泌激素，可诱导胸腺细胞发育分化。

2. 胸腺细胞（thymocyte）　即 T 细胞的前身，密集于皮质内，占皮质细胞的绝大多数（85%～90%）。外周的胸腺细胞较大，较幼稚，靠近髓质的较小，较成熟。在分化过程中约

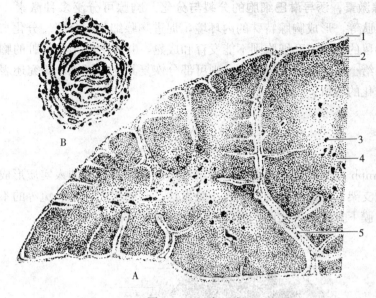

图 11-47 胸 腺
A. 纵切面（低倍） B. 胸腺小体（高倍）
1. 被膜 2. 皮质 3. 胸腺小体 4. 髓质 5. 小叶间结缔组织

95％的胸腺细胞将凋亡，然后被巨噬细胞吞噬清除，仅有一小部分细胞能最后成熟为处女型T细胞进入髓质，或经皮质与髓质交界处的毛细血管后微静脉迁至周围淋巴器官或淋巴组织中。

（二）髓质

髓质与皮质分界不清，细胞排列较松散，染色较浅，主要由大量的上皮细胞和少量的T细胞、巨噬细胞、交错突细胞、肌样细胞及胸腺小体等组成。

髓质的上皮细胞也有两种：①髓质上皮细胞呈球形或多边形，细胞间以桥粒相连，间隙中有少量胸腺细胞。髓质上皮细胞是分泌胸腺素的主要细胞；②胸腺小体上皮细胞为扁平状，呈同心圆状环绕排列，形成胸腺小体（thymic corpuscle）。

胸腺小体呈圆形或椭圆形，直径为 30～50μm，分散在髓质中。小体外周的细胞较清晰，中央的细胞已经解体，核消失，H.E 染色呈强嗜酸性，有时小体内还可见到巨噬细胞或钙化质沉着，或整个胸腺小体发生钙化。胸腺小体的功能尚不清楚。

（三）血-胸腺屏障

胸腺皮质的毛细血管与周围组织具有屏障结构，能阻止血液中大分子抗原物质进入胸腺内，即血-胸腺屏障（blood-thymus barrier）。它保证了胸腺细胞在相对稳定的微环境中发育。其从血管腔向外的结构依次为：①连续性毛细血管内皮，内皮间有紧密连接；②内皮外完整的基膜；③毛细血管周隙和巨噬细胞；④胸腺上皮细胞外完整的基膜；⑤一层连续的胸腺上皮细胞。

（四）胸腺的功能

1. 培育具有各种特异性的T淋巴细胞 从骨髓迁移来的干细胞在胸腺激素的诱导下，分化为成熟的T细胞，经血液输送至周围淋巴器官和淋巴组织。

2. 产生胸腺激素，诱导淋巴细胞的分裂与分化　胸腺可分泌多种激素，如胸腺素、胸腺生成素和胸腺肽等，形成胸腺特殊的内环境，促进胸腺细胞的分裂、分化与成熟。实验表明，切除新生小鼠的胸腺，T 细胞则不能发育和成熟，并在淋巴结和脾脏的胸腺依赖区缺乏 T 淋巴细胞。如给小鼠注射胸腺提取物，则可部分恢复其免疫机能。研究还表明，胸腺也是肥大细胞发育分化的场所。

二、淋巴结

淋巴结（lymph node）　表面覆有薄层结缔组织被膜，被膜伸入实质形成小梁，小梁分支彼此连成网状支架。牛的淋巴结被膜及小梁发达，马的次之，羊、兔等的不发达。淋巴结的实质分布在被膜下方和小梁之间，可分为皮质和髓质（图 11-48）。

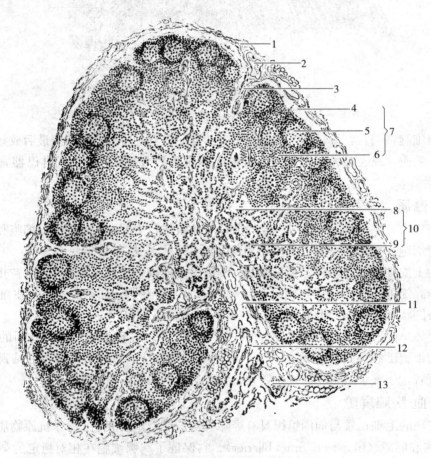

图 11-48　牛的淋巴结（低倍）
1. 被膜　2. 输入淋巴管　3. 小梁　4. 皮质淋巴窦　5. 淋巴小结　6. 副皮质区
7. 皮质　8. 髓窦　9. 髓索　10. 髓质　11. 门部　12. 血管　13. 输出淋巴管

（一）皮质

皮质位于被膜下方，由浅层皮质、深层皮质和皮质淋巴窦组成（图 11-49）。

1. 浅层皮质（peripheral cortex）　由淋巴小结和小结间弥散性淋巴组织构成。淋巴小结呈圆形或卵圆形，其大小和数量与抗原刺激有关，无菌饲养的动物无淋巴小结。淋巴小结位于被膜下和小梁两侧淋巴窦附近，主要由B淋巴细胞和少量巨噬细胞、T细胞及滤泡树突细胞组成。根据淋巴小结发育程度可分为初级淋巴小结和次级淋巴小结两种，前者较幼稚，不分区；后者发育良好，正中切面可见小结帽和由明区和暗区组成的生发中心。小结帽呈新月形，位于淋巴小结近被膜一侧，主要由密集的小淋巴细胞构成。明区位于淋巴小结的上半部，帽区内侧，着色较淡，主要是中B淋巴细胞；暗区位于小结的下半部，明区内侧，着色较深，主要由胞质呈强嗜碱性的大B淋巴细胞组成。暗区的淋巴细胞受抗原的刺激不断分裂分化，移入明区，变成中淋巴细胞，再经多次分裂，变成帽区的小淋巴细胞，其中主要为浆细胞的前身和一些B记忆细胞。浆细胞的前身迁移到髓质或通过血液循环进入其他淋巴器官、淋巴组织或慢性炎症的结缔组织中，转变为能分泌抗体的浆细胞。B记忆细胞可不断

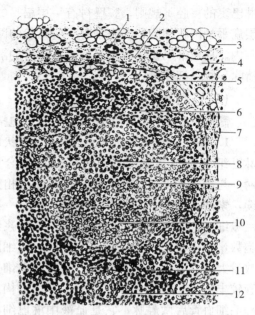

图 11-49　淋巴结皮质结构模式图
1. 小血管　2. 被膜　3. 脂肪细胞　4. 输入淋巴管
5. 被膜下淋巴窦　6. 帽　7. 小梁　8. 明区
9. 有丝分裂相　10. 暗区　11. 副皮质区
12. 毛细血管后微静脉

地参加淋巴细胞再循环，当遇到相应的抗原再次刺激时，即迅速分裂分化转变为浆细胞。

2. 深层皮质（deep cortex）　又称为副皮质区（paracortical zone），位于皮质深部，为厚层弥散淋巴组织，属胸腺依赖区，主要由T细胞和一些交错突细胞组成。在抗原的刺激下，T细胞在此分裂分化，产生大量的特异性T细胞和一些T记忆细胞，使副皮质区迅速扩大。特异性T细胞产生细胞免疫应答，T记忆细胞参与淋巴细胞再循环，处于休止状态，监视和识别入侵的抗原。此区有许多毛细血管后微静脉，是血液内淋巴细胞进入淋巴结实质的重要通道。其管壁由立方型内皮细胞构成，血液内淋巴细胞是以变形运动穿过内皮间隙或内皮细胞质进入深层皮质的。血液流经此段时，约有10%的淋巴细胞穿越进入副皮质区。内皮细胞以胞吞移至对侧，经胞吐再释放，也可通过内皮间隙穿越到对侧。

3. 皮质淋巴窦（cortical lymphatic sinus）　包括被膜下窦和小梁周窦。数条输入淋巴管穿越被膜通入被膜下窦（图11-50），被膜下窦通过深层皮质之间的狭窄通道与髓窦相通。沿小梁两侧为小梁周窦。

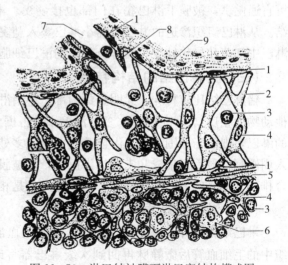

图 11-50　淋巴结被膜下淋巴窦结构模式图
1. 内皮细胞　2. 被膜下淋巴窦　3. 淋巴细胞
4. 网状细胞　5. 扁平网状细胞　6. 巨噬细胞
7. 输入淋巴管　8. 瓣膜　9. 被膜

淋巴窦的窦腔不规则,窦壁衬有一层扁平的内皮细胞,其外有薄层基质、少量网状纤维和一层扁平的网状细胞,窦内常有一些星状的网状细胞作支撑,许多巨噬细胞附着其上或游离于腔内。皮质淋巴窦接收来自输入淋巴管的淋巴,淋巴在淋巴窦内缓慢流动,有利于巨噬细胞清除异物、细菌等。

(二) 髓质

髓质位于淋巴结中央和门部附近,包括髓索和髓窦(图 11-51)。

1. 髓索(medullary cord) 由索状的淋巴组织互相连接而成,它们彼此吻合成网,与副皮质区的弥散淋巴组织直接相连续,索内主要含 B 细胞和浆细胞,还有一些巨噬细胞、T 细胞和肥大细胞等。其中浆细胞数量变化很大,当有抗原刺激时,浆细胞数量大增,表现为髓索增粗。髓索内毛细血管较丰富,其中部常有一条由扁平内皮构成的毛细血管后微静脉,它是血液中淋巴细胞进入髓索的通道。

2. 髓窦(medullary sinus) 即髓质淋巴窦。其结构与皮质淋巴窦相似,但窦腔更为宽大而不规则,常含有较多的巨噬细胞,因此有较强的滤过作用。

淋巴由输入淋巴管进入皮质的被膜下淋巴窦和小梁周窦,有一部分渗入到淋巴组织内,大量淋巴经窄通道进入髓窦。小梁周窦

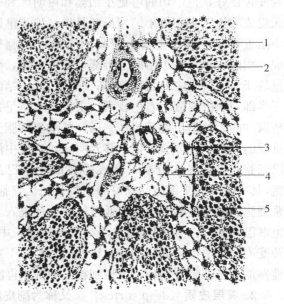

图 11-51 淋巴结髓质结构模式图
1. 小梁 2. 内皮细胞 3. 网状细胞 4. 髓窦 5. 髓索

可直通髓窦,被膜下淋巴窦在门部也接髓窦。淋巴经髓窦汇入输出淋巴管,从门部出淋巴结。从淋巴组织渗透的淋巴可经小淋巴窦入髓窦,最后汇入输出淋巴管。经淋巴结滤过后的淋巴中细菌和异物较少,而含有较多的淋巴细胞和抗体。

(三) 猪淋巴结的结构特点

猪淋巴结比较特殊,无明显的门部。小猪淋巴结的"皮质"和"髓质"的位置恰好和其他动物的相反(图 11-52),多数淋巴小结占据中央区域,而不甚明显的淋巴索和少量较小的淋巴窦则位于周围。输入淋巴管从一处或多处经被膜和小梁一直穿行到中央区域,然后流入周围窦,最后汇集成几支输出淋巴管,从被膜的不同地方穿出。在成年猪,皮质和髓质混合排列。就猪的淋巴流向而言,与其他家畜是相同的。

(四) 淋巴细胞再循环

淋巴细胞离开次级淋巴器官进入淋巴及血液循环后,又可穿越淋巴器官或弥散淋巴组织中的毛细血管后微静脉再回到次级淋巴器官或淋巴组织内,回归到自己的居留区,这种重复循环,称为淋巴细胞再循环(lymphocyte recirculation)。参加再循环的淋巴细胞主要位于淋巴器官和淋巴组织内,其数量为血液内淋巴细胞的数十倍。参加再循环的淋巴细胞主要是长寿的 T 记忆细胞和少量的 B 记忆细胞。通过再循环可使淋巴细胞在全身各处不断巡

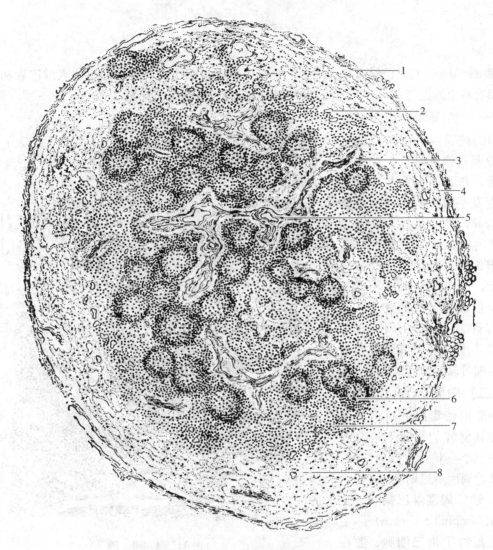

图 11-52 仔猪的淋巴结
1. 被膜 2. 毛细血管 3. 小梁周围的淋巴窦 4. 被膜下淋巴窦
5. 小梁 6. 淋巴小结 7. 弥散淋巴组织 8. 周围组织

行，有助于发现和识别抗原，使免疫系统各部位的组织和细胞协同行动起来，共同清除抗原。

(五) 淋巴结的功能

1. 滤过淋巴 大分子抗原和异物侵入皮下和黏膜后，经毛细淋巴管进入淋巴结，被淋巴结内的巨噬细胞吞噬清除。

2. 免疫应答 抗原进入淋巴结后，巨噬细胞和交错突细胞可将其捕获、处理并呈递给相应的淋巴细胞，使之发生转化，引起免疫应答。当机体体液免疫应答时，淋巴小结增多增大，髓索内浆细胞增多；引起细胞免疫应答时，深层皮质明显扩大，效应 T 细胞输出增多。淋巴结常同时发生体液免疫和细胞免疫。

三、脾

脾（spleen）与淋巴结有相似之处，也是由淋巴组织构成，但脾没有输入淋巴管和淋巴窦，而有输出淋巴管和大量的血窦。脾实质分白髓、边缘区和红髓（图11-53）。

（一）被膜和小梁

脾的被膜由一层较厚的富含平滑肌和弹性纤维的结缔组织构成，其表面有间皮。被膜的厚度及平滑肌的含量因动物不同而异，马的最厚，反刍动物和猪的次之，小动物的最薄。结缔组织伸入脾内形成许多分支小梁，与门部伸入的小梁互相吻合构成脾实质的支架。小梁内有许多小梁动脉和静脉。被膜和小梁内的平滑肌及弹性纤维伸缩可以调节脾的血量。

（二）白髓 (white pulp)

主要由密集的淋巴组织构成，在新鲜脾的切面上呈分散的灰白色小点状，故称为白髓。包括动脉周围淋巴鞘和脾小结。

1. 动脉周围淋巴鞘（peri-arterial lymphatic sheath） 主要由密集的T淋巴细胞、散在的巨噬细胞和交错突细胞等环绕动脉而成，尽管动脉不一定位于白髓中央，但习惯上称为

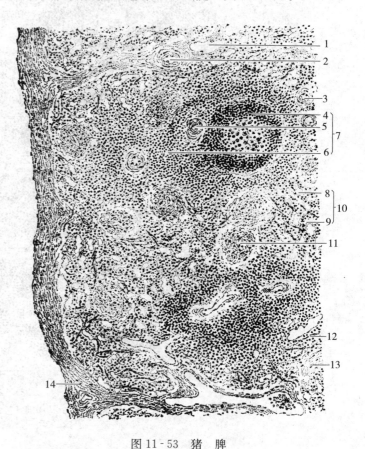

图 11-53　猪　脾
1. 小梁静脉　2. 小梁动脉　3. 鞘动脉　4. 淋巴小结　5. 中央动脉
6. 淋巴鞘　7. 白髓　8. 脾窦　9. 脾索　10. 红髓
11. 鞘动脉　12. 平滑肌纤维　13. 小梁　14. 被膜

这种动脉为中央动脉，其旁边常有伴行的小淋巴管，动脉周围淋巴鞘属胸腺依赖区，当发生细胞免疫应答时，此区明显增厚。

2. 脾小结（splenic nodule） 即淋巴小结，分布在动脉周围淋巴鞘的一侧。主要由B淋巴细胞构成，与淋巴结内的淋巴小结相似，也有明区、暗区和帽，但脾小结内常有中央动脉的分支。健康的动物脾小结数量较少，体积较小，当发生体液免疫应答时，数量增多，体积增大。

（三）边缘区

边缘区（marginal zone）位于白髓与红髓的交界处，宽为100～500μm。主要含有B细胞、T细胞、巨噬细胞、浆细胞及各种血细胞。此处的淋巴细胞较白髓稀疏。在边缘区和白

髓的交界处，有中央动脉分支而来的毛细血管末端膨大形成的边缘窦（marginal sinus），窦内的血细胞可不断进入边缘区的淋巴组织内。边缘窦是淋巴细胞由血液进入淋巴组织的重要通道。淋巴细胞可由此转移到动脉周围淋巴鞘、脾小结或红髓。巨噬细胞可对血液中的异物及抗原进行清理，所以边缘区是脾内首先捕获抗原和引起免疫应答的重要部位。

（四）红髓

红髓（red pulp）主要由脾索和脾窦组成，因含大量的血细胞，新鲜脾的切面呈红色，故称为红髓。红髓约占脾实质的2/3，分布在被膜下、小梁周围和白髓之间（图11-54）。

1. 脾索（splenic cord） 与脾窦相间排列，是一些富含血细胞的互相吻合的淋巴组织索。索内除含有淋巴细胞外，还有大量的血细胞、巨噬细胞和浆细胞，淋巴细胞主要为B细胞。在猪和反刍动物的脾索中，还有少量散在的与小梁相连的平滑肌纤维。巨噬细胞可吞噬衰老的红细胞、血小板以及入侵的病菌和异物。

2. 脾窦（splenic sinus） 位于脾索之间，形状不规则，相互吻合成网，具有一定的伸缩性，扩张时比脾索还宽，收缩时难以分辨。窦壁由一层杆状的内皮细胞纵向排列而成。相邻细胞之间有0.2～0.5μm宽的间隙，内皮基膜不完整，外围以环行的网状纤维环绕，使血窦形成了一种多孔隙的栅栏状结构（图11-55），有利于各种血细胞穿行。脾窦周围有较多的巨噬细胞，其突起可通过内皮间隙伸向窦腔。

（五）脾的种间差异

猪、马和犬的脾小结及动脉周围淋巴鞘都很发达，而猫和反刍动物的动脉周围淋巴鞘则不发达。鞘动脉的大小和数量因动物的种类不同而异。猪的椭球大而多，常出现在动脉周围淋巴鞘和脾小结的边缘区；马、犬、猫的鞘动脉的位置和猪的相似，但数量不及猪的多，体积也小。猪、马、犬、兔的脾窦发达，反刍动物和猫的

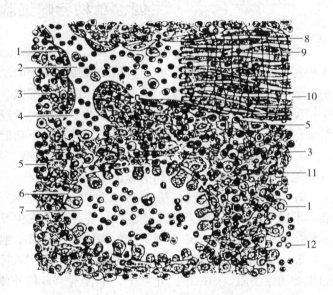

图11-54 脾红髓结构模式图
1. 内皮 2. 毛细血管 3. 网状细胞 4. 末端开放于脾索内 5. 巨噬细胞 6. 基膜 7. 脾血窦 8. 网状纤维 9. 杆状内皮细胞 10. 内皮间隙 11. 浆细胞 12. 红细胞

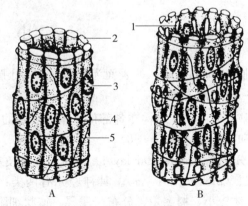

图11-55 脾血窦结构示意图
A. 收缩状态 B. 扩张状态
1. 内皮间隙 2. 杆状细胞 3. 内皮细胞核 4. 网状纤维 5. 内皮连接

不发达。

（六）脾的功能

脾为重要的免疫器官，进入血液内的病原微生物均可进入边缘区引起免疫应答。发生细胞免疫时，动脉周围淋巴鞘增厚；发生体液免疫时，脾小结增生，脾索内浆细胞及巨噬细胞显著增加。脾比淋巴结具有更多的B细胞，能产生更多的抗体。脾还有较多的K细胞及NK细胞，因此脾在免疫系统中发挥着重要的作用。除此之外，脾还有造血、储血和滤血的功能。

四、单核吞噬细胞系统

单核吞噬细胞系统（mononuclear phagocyte system，MPS）是指分散在许多器官和组织中的一些形状不同、名称各异，但均来源于骨髓的幼单核细胞，并具有吞噬能力的巨噬细胞。包括血液中的单核细胞、结缔组织中的组织细胞、淋巴组织和淋巴器官内的巨噬细胞与交错突细胞、肝中的枯否氏细胞、肺中的尘细胞、神经组织中的小胶质细胞、表皮内的朗格罕细胞以及骨组织内的破骨细胞等，它们具有以下功能：

1. 吞噬和杀伤功能 对进入动物体内的病原微生物、病毒、自身衰变细胞、肿瘤细胞及其他异物进行吞噬、杀伤和清除。

2. 免疫功能 在免疫应答的初级阶段，巨噬细胞可以处理抗原并呈递抗原给淋巴细胞，启动淋巴细胞发生免疫应答，增强机体免疫力。在免疫应答的效应阶段，巨噬细胞还能吞噬清除抗原抗体复合物，杀灭细胞内的病原体和肿瘤细胞。

3. 分泌功能 巨噬细胞能分泌溶酶体酶，并且在不同物质的刺激下可产生50多种不同的生物活性物质，如白细胞介素Ⅰ、干扰素、多种补体、凝血因子、肿瘤生长抑制因子等。以上物质都是巨噬细胞在一定条件下临时制造和分泌的，在不同条件下产生不同分泌物对邻近细胞和细胞间质起调节作用。

（杨银凤）

第九节 脑

一、小 脑

小脑（cerebellum）的表面为灰质，称为小脑皮质；深部为白质，称为小脑髓质。

（一）小脑皮质

小脑皮质的组织结构在各部位基本是一致的，由外向内顺次分为3层：分子层、浦肯野细胞层和颗粒层（图11-56）。

1. 分子层（molecular layer） 位于小脑皮质的浅层，因含有大量无髓神经纤维，又称为丛状层（plexiform layer）。其神经元有两类：星形细胞和篮状细胞。星形细胞（stellate cell）胞体较小，树突短，分布于浅层。篮状细胞（basket cell）胞体较大，分布于深层，轴突较长。从胞体发出树突伸展于分子层内，轴突则在浦肯野细胞胞体的上方沿小脑叶片横轴走行，沿途分出若干侧支，其末端呈篮状分支包绕浦肯野细胞胞体，并与之形成突触。

2. 浦肯野细胞层（Purkinje cell layer） 又称为节细胞层，位于小脑皮质的中层，由一

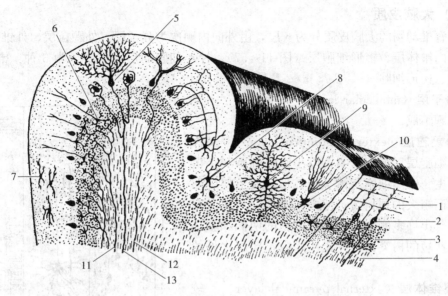

图 11-56 小脑皮质结构模式图
1. 分子层　2. 浦肯野细胞层　3. 颗粒层　4. 白质　5. 浦肯野细胞　6. 颗粒细胞　7. 星形细胞
8. 篮状细胞　9. 高尔基Ⅱ型细胞　10. 神经胶质细胞　11. 苔藓纤维　12. 攀登纤维　13. 浦肯野细胞轴突

层排列整齐的浦肯野细胞构成。浦肯野细胞较大，胞体呈梨形，在尼氏染片中，胞核淡染，核膜、核仁明显；胞质中有较多尼氏小体，围绕胞核排列。树突有许多分支伸向分子层，在小脑叶片的横断面上呈扇形展开，轴突穿过颗粒层进入白质，终止于小脑中央核，是小脑的唯一传出纤维。

3. 颗粒层（granular layer）　为小脑皮质的最深层，主要由密集的颗粒细胞组成。颗粒细胞为小型多极神经元。胞体小呈圆形，核大染色深，胞质少，不含尼氏体。由胞体发出3~4个短的树突，与苔藓纤维的终末分支形成突触。其轴突伸向分子层，形成"T"形分支，与小脑叶片长轴平行伸延，称为平行纤维。平行纤维可与许多浦肯野细胞的树突形成突触关系。颗粒层还有一种高尔基细胞，是大的星形细胞，胞体位于颗粒层浅层。树突分布在分子层；轴突短，在颗粒层内分支，与许多颗粒细胞的树突及苔藓纤维的末端形成小脑小球（cerebellar glomerulus）。

（二）小脑髓质

由出入小脑的纤维构成，含有3种有髓纤维，即浦肯野细胞轴突、苔藓纤维和攀登纤维。在小脑深部尚有灰质构成的3对小脑核，由内向外顺次为顶核、间位核和外侧核，间位核常又可分成内、外侧两部。

浦肯野细胞的轴突止于小脑中央核，是小脑的传出纤维。苔藓纤维主要来自脊髓背核，进入颗粒层其末端呈苔藓状分支，与颗粒细胞树突形成突触。攀登纤维来自前庭神经，穿过颗粒层，沿浦肯野细胞树突攀登而上并与之形成突触。

二、大　脑

大脑（cerebrum）的表面是灰质，称为大脑皮质；深部为大脑白质。

(一) 大脑皮质

高等脊椎动物的大脑皮质分为6层，由外向内顺次为分子层、外颗粒层、外锥体层、内颗粒层、内锥体层、多形细胞层（图11-57）。神经细胞的形态主要分为3种：锥体细胞、颗粒细胞、梭形细胞。

1. 分子层（molecular layer） 细胞少，主要由水平细胞组成。

2. 外颗粒层（external granular layer） 又称为小锥体细胞层。细胞密集，以小锥体细胞和小星形细胞为主。锥体细胞胞体呈锥体形，向上伸延形成一条长而粗大的顶树突，伸向分子层。顶树突在分子层中分出许多侧支。从锥体细胞的两侧和基部还发出一些短的树突。轴突止于除内颗粒层之外的深层细胞。

3. 外锥体层（external pyramidal layer） 较厚，约占皮层厚度的1/3，主要成分为中型锥体细胞。亦有少量小颗粒细胞和星形细胞。

4. 内颗粒层（internal granular layer） 较薄，主要由星形细胞组成。来自丘脑的特异性投射纤维终止于该层，构成致密的横行纤维层，称为外纹带。

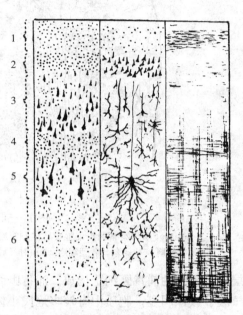

图11-57 大脑皮质分层模式图
1. 分子层 2. 外颗粒层 3. 外锥体层
4. 内颗粒层 5. 内锥体层 6. 多形细胞

5. 内锥体层（internal pyramidal layer） 占皮层厚度的1/5。主要由大、中、小锥体细胞组成。大、中型锥体细胞的顶树突进入分子层，轴突进入髓质，形成投射纤维、联合纤维和联络纤维。小锥体细胞的顶树突仅终止于本层或内颗粒层，轴突形成联合纤维。

6. 多形细胞层（polymorphic layer） 细胞形态多样，以梭形细胞为主，还有少量锥体细胞和星形细胞。梭形细胞体积较小。其树突伸向分子层，轴突较长，并有许多侧支，它们既形成投射纤维，也形成半球各区间的联络纤维。

(二) 大脑白质

大脑白质位于大脑皮质深面。大脑半球内的白质由联合纤维、联络纤维和投射纤维3种纤维构成。联合纤维是连接左、右大脑半球皮质的纤维；联络纤维是连接同侧半球各脑回、各叶之间的纤维；投射纤维是连接大脑皮质与脑其他各部分及脊髓之间的上、下行纤维。

（杨银凤）

第十节 内分泌腺

脑垂体、肾上腺、甲状腺、甲状旁腺、松果体均属独立的内分泌腺，在形态结构具有以下共同特点：①体积比较小；②腺体无导管；③实质内的腺细胞排列成团、索或滤泡状；④间质中有丰富的毛细血管。细胞分泌的激素释入毛细血管或淋巴管，通过血液循环对相应的靶器官或靶细胞发挥作用。

一、脑垂体

脑垂体（hypophysis）从组织结构上分为远侧部、中间部、结节部和神经部4部分，其中远侧部、中间部、结节部合称为腺垂体，神经部称为神经垂体。

（一）远侧部

远侧部的细胞排列呈团状或索状，细胞团索之间分布有丰富的窦状毛细血管和少量结缔组织。在H.E染色切片中，依据细胞着色差异，可将其分为嗜色细胞和嫌色细胞两大类（图11-58）。

1. 嗜色细胞

（1）嗜酸性细胞 数量较多，约占远侧部细胞的40%，细胞呈球形或卵圆形，直径为12～20μm，光镜下，经H.E染色，可见胞质内有密集的嗜酸性颗粒，电镜下又可分为含颗粒不同的两种细胞：

①生长激素细胞 数量较多，胞质内含电子密度高的分泌颗粒，直径为350～400nm，能分泌生长激素（somatotropic hormone, STH）。STH能促进各种代谢，特别是刺激骺板生长。

②催乳激素细胞 细胞较少，细胞内含粗大颗粒，直径为600～900nm，能分泌催乳激素（lactotropic hormone, LTH），LTH可促使乳腺发育和乳汁分泌。

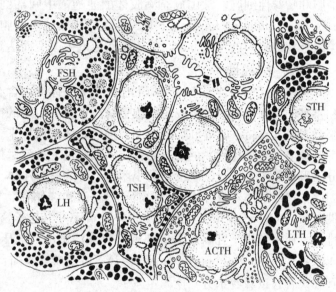

图11-58 脑垂体远侧部细胞超微结构模式图
STH：生长激素细胞　LTH：催乳激素细胞
TSH：促甲状腺激素细胞　FSH：促卵泡激素细胞
LH：促黄体激素细胞　ACTH：促肾上腺皮质激素细胞

（2）嗜碱性细胞 数量少，约占远侧部细胞的10%，细胞体积较嗜酸性细胞稍大，直径为15～25μm，胞质中含较小的嗜碱性颗粒，胞核较大而色浅。电镜下又可分为3种：

①促甲状腺激素细胞 细胞呈多角形，胞质内含直径为100～150nm的小颗粒，能分泌促甲状腺激素（thyroidstimulating hormone, TSH）。可促进甲状腺素的合成和分泌。

②促性腺激素细胞 细胞较大，胞质内的颗粒大小和深浅均不一，能分泌两种激素，即卵泡刺激素（follicle stimulating hormone, FSH）和黄体生成素（luteinizing hormone, LH）。FSH能作用于卵巢促使卵泡发育，对雄性则作用于睾丸支持细胞，使精子正常发育。LH可使卵泡排卵和黄体形成，公畜则作用于睾丸间质细胞分泌雄性激素。

③促肾上腺皮质激素细胞 细胞形态不规则，胞质弱嗜碱性，分泌颗粒小且少，能分泌促肾上腺皮质激素（adrenocorticotropic hormone, ACTH）和促脂激素（lipotrophic hormone, LPH）。ACTH可促进肾上腺皮质分泌糖皮质激素。LPH作用于脂肪，产生脂肪酸。

2. 嫌色细胞 数量最多，约占远侧部细胞的50%，细胞体积小，细胞界限不清，胞质着色浅,核圆形,嫌色细胞有的是嗜色细胞的脱颗粒细胞,有的是未分化细胞,有的具有突起可能有支持营养作用。

(二) 结节部

结节部是前叶的一小部分,细胞成套筒状包在垂体柄的外部,前面较厚,后面较薄,细胞排列呈索状,主要由嫌色细胞和少量的嗜色细胞组成,能分泌少量促性腺激素和促甲状腺激素。

(三) 中间部

中间部呈狭长带状,紧贴神经部,两者合称为垂体后叶。人和灵长类中间部不发达,禽类无中间部,但家畜均有。除马外,中间部和远侧部完全由垂体腔隔开。中间部主要有嫌色细胞和嗜碱性细胞,常围成充满胶体的滤泡。中间部细胞可分泌促黑色素细胞激素(molanocyte stimulating hormone, MSH),可使黑色素细胞分泌增加,皮肤变黑,也可使两栖类黑色素细胞内的色素分散,使皮肤颜色发生改变而达到隐身的目的。

(四) 神经部

神经部又称为神经垂体,与下丘脑连为一体。内含有大量无髓神经纤维、神经胶质细胞和丰富的毛细血管。神经胶质细胞呈纺锤形或具有短的突起,称为垂体细胞,垂体细胞不分泌激素,起支持、营养和保护功能。神经垂体的激素来自下丘脑的视上核(分泌催产素)和室旁核(分泌加压素)的大分泌颗粒沿轴突进入神经垂体,由末梢释放进入毛细血管,许多分泌颗粒能融合成光镜下可见的小团块,称为赫令小体(Herring body),储存于神经垂体。因此,神经垂体本身并无分泌功能,只是运输、储存、释放下丘脑神经元分泌激素的地方。催产素(oxytocin, OT)是一种肽类激素,可引起子宫平滑肌收缩,加速分娩和促进胎衣排出。还可作用于乳腺肌上皮细胞,使乳汁排出。加压素(vasopressin, VP)又称为抗利尿激素(antidiuretic hormone, ADH),可使血管收缩,血压升高,同时又能促使肾远曲小管和集合管重吸收水分,使尿量减少。

(五) 脑垂体与下丘脑的关系

从发生上已知神经垂体是下丘脑的延伸部分,两者实为一体,共同完成激素的合成、运输、储存与释放的全过程(图 11-59)。

下丘脑与腺垂体由于发生上来源不同,因此在组织上没有直接联系,它们之间由特殊的垂体门脉系统来联系。垂体前动脉进入正中隆起形成初级毛细血管网,然后汇合成数条门微静脉进入腺垂体,又二次分成次级毛细血管网最后汇合成输出静脉离开腺垂体。下丘脑促垂体区分泌的促垂体激素通过神经末梢进入初级毛细血管网,经垂体门脉进入腺垂体,由次级

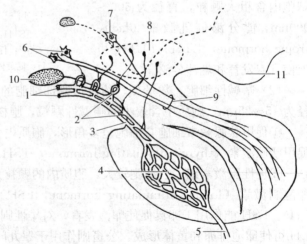

图 11-59 脑垂体门脉循环示意图
1. 垂体上动脉 2. 初级毛细血管网和襻 3. 垂体门微静脉
4. 次级毛细血管网(血窦) 5. 输出静脉 6. 视上核 7. 室旁核
8. 下丘脑促垂体区 9. 下丘脑垂体束 10. 视交叉 11. 乳头体

毛细血管网透出，通过体液作用于腺垂体各靶细胞，以调节腺垂体的分泌活动，其中对腺细胞分泌起促进作用的激素称为释放激素；对腺细胞起抑制作用的激素称为释放抑制激素。目前已知的释放激素有：生长激素释放激素（GRH）、催乳激素释放激素（PRH）、促甲状腺激素释放激素（TRH）、促性腺激素释放激素（GnRH）、促肾上腺皮质激素释放激素（CRH）及黑素细胞刺激素释放激素（MSRH）等。释放抑制激素有：生长激素释放抑制激素（或称为生长抑素 SOM）、催乳激素释放抑制激素（PIH）和黑素细胞刺激素释放抑制激素（MSIH）等。上述各种激素经垂体门脉系统调节腺垂体内各种细胞的分泌活动，因而，将此称为下丘脑腺垂体系。

近年来，国内外一些学者应用电镜免疫组化技术，发现在垂体前叶也有不少肽能神经纤维，并观察到神经末梢与一些腺细胞之间有突触关系。据此我国学者鞠躬等提出垂体前叶不仅受体液调节，也受神经调节。

二、肾 上 腺

肾上腺（adrenal gland）的被膜由致密结缔组织构成，内含少量平滑肌纤维。实质由来源不同的皮质和髓质两部分组成，皮质起源于中胚层，能分泌类固醇激素；髓质起源于外胚层的神经嵴，分秘含氮类激素（图 11-60）。

（一）皮质

皮质位于肾上腺的外周，占腺体的绝大部分，根据细胞形态和排列不同可分为多形带、束状带和网状带。皮质细胞虽然形态和功能不同，但都具有分泌类固醇激素的特点，细胞质内含丰富的滑面内质网、线粒体、高尔基体和大小不等的脂滴。脂滴内含类固醇前体。

1. 多形带（zona multiformis） 位于被膜下，约占皮质的 15%。细胞排列因动物种类不同而异，牛、羊等反刍动物的细胞排列成团块状，又称为球状带；马和肉食兽排列呈弓形；猪排列不规则。马此带细胞呈高柱状，其他动物的细胞呈多边形。多形区细胞分泌盐皮质激素（醛固酮等），可调控肾远曲小管和集合管重吸收 Na^+ 和排 K^+，从而维持机体电解质平衡。

2. 束状带（zona fasciculata） 是多形带的延续，此层最厚，占皮质的 75%～80%。细胞成束状平行排列，束间有丰富的毛细血管，细胞较大，呈多边形，界限清楚，核圆，位于中央，胞质内含有大量脂滴，呈泡沫状。束状带细胞能分泌糖皮质激素（可的松、皮质醇等），对机体蛋白质、脂肪和碳水化合物的代谢均有调节作用，还有降低免疫应答与抗炎作用。束状带细胞的分泌受肾上腺皮质激素（ACTH）的调控。

3. 网状带（zona reticularis） 位于皮质深层与髓质相毗连，此层最薄，占皮质 5%～7%，细胞呈索状排列且互相吻合成网。细胞索之间有窦状毛细血管。细胞小，核深染，胞质弱嗜酸性。细胞能分泌性激素，主要是雄激素，也有少量雌激素，其分泌活动受 ACTH 调节。

（二）髓质

髓质位于肾上腺中央，其中心有一中央静脉。髓质由排列不规则的细胞索和窦状毛细血管组成。用含铬酸盐固定液处理的标本，细胞染成棕黄色，称为嗜铬细胞。细胞分两种，一种为肾上腺素细胞，细胞较大，数量多，电镜下分泌颗粒小且电子密度低，分泌肾上腺素；另一种为去甲肾上腺素细胞，细胞较小，数少，电镜下分泌颗粒大而电子密度高，分泌去甲

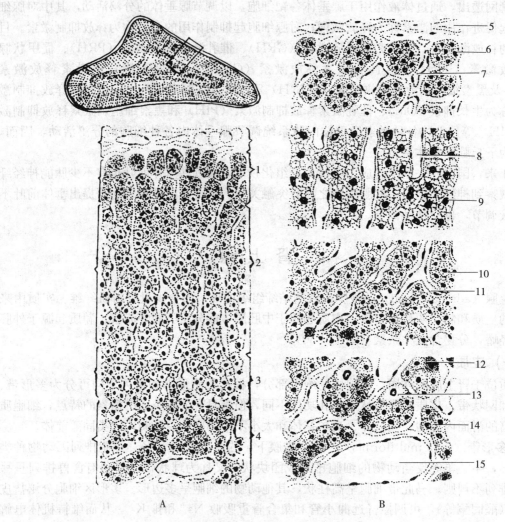

图 11-60 肾上腺组织结构
A. 低倍　B. 高倍
1. 多形带　2. 束状带　3. 网状带　4. 髓质　5. 被膜　6. 多形带细胞　7. 血窦　8. 血窦　9. 束状带细胞
10. 网状带细胞　11. 血窦　12. 去甲肾上腺素细胞　13. 交感神经节细胞　14. 肾上腺素细胞　15. 中央静脉

肾上腺素。髓质中还有少量交感神经节细胞，电镜下还可见到交感神经与腺细胞的突触关系，可见髓质细胞的分泌受交感神经支配。

肾上腺素能提高心肌兴奋性，使心跳加快；去甲肾上腺素可使血管收缩，血压升高。其作用与交感神经相同。

三、甲状腺

甲状腺（thyroid gland）表面有一层薄的结缔组织被膜，纤细的小梁把实质分为许多小叶。牛、猪的小叶明显；马的小梁不发达，小叶不明显。小叶内充满大小不等的滤泡以及分散在滤泡间的滤泡旁细胞（图 11-61）。

1. 滤泡 由单层立方上皮围成。滤泡内充满胶体，胶体内含甲状腺球蛋白。上皮细胞的形态和胶体的状况与细胞的生理活动有关，当滤泡处于静止期，上皮细胞变矮，胶体浓稠边缘光滑。在促甲状腺激素作用下，滤泡处于活动期时，细胞变高，胶体溶解边缘呈空泡状。经碘化的甲状腺球蛋白被上皮细胞以吞饮方式重吸收入胞体后，被溶酶体中的水解酶水解为甲状腺素，经细胞基底部进入血液。甲状腺素的合成、储存、碘化、重吸收和分泌过程都是甲状腺上皮细胞机能活动的结果。

甲状腺素的主要作用是促进机体的新陈代谢，促进生长发育，若分泌不足，可导致呆小症。

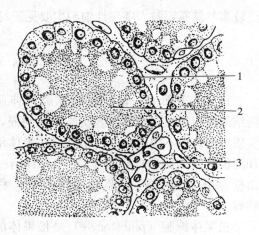

图 11-61 甲状腺滤泡
1. 滤泡上皮细胞 2. 胶体 3. 滤泡旁细胞

2. 滤泡旁细胞（parafolliclar cell） 位于滤泡上皮细胞与基底膜之间或滤泡间的结缔组织内，单个或成群分布。H.E 染色胞质着色浅，银染法胞质内有嗜银颗粒。滤泡旁细胞分泌降钙素，其作用为通过抑制破骨细胞的溶解作用而降低血钙。鸟类（鸡）及低等的脊椎动物，甲状腺无此细胞，这些动物具有腮后体结构，是专门分泌降钙素的器官。

四、甲状旁腺

甲状旁腺（parathyroid gland）外面有一层结缔组织被膜，细胞排列呈团块状或索状，细胞团之间分布有结缔组织和毛细血管。

甲状旁腺的实质由主细胞和嗜酸性细胞构成（图 11-62）。

1. 主细胞（chief cell） 数量多，细胞体积较小，圆形或多边形，胞质均匀透明，核圆，位于中央。电镜下，胞质内含有粗面内质网、高尔基复合体和分泌颗粒。主细胞能合成和分泌甲状旁腺激素（parathyroid hormone, PTH）。甲状旁腺激素的作用是增强破骨细胞活动，使骨质溶解；促进小肠和肾对钙的吸收，能使血钙升高。PTH 和降钙素的协同作用，维持机体内血钙的恒定。

2. 嗜酸性细胞（oxyphil cell）数量少，细胞体积比主细胞大，单个或成群的散布于主细胞之间，胞质内充满嗜酸性颗粒。电镜下，嗜酸性颗粒为密集的线粒体，还可见

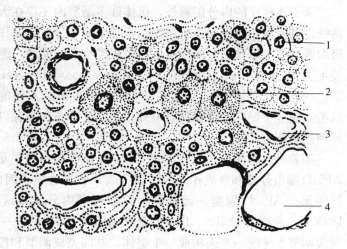

图 11-62 甲状旁腺
1. 主细胞 2. 嗜酸细胞 3. 毛细血管 4. 脂肪细胞

到较多的糖原颗粒。嗜酸性细胞主要见于马、牛和羊，其他家畜罕见。其功能尚不清楚。

五、松 果 体

松果体表面有一薄层由脑软膜延伸而来的结缔组织被膜，被膜伸入实质形成间隔，把实质分为许多不规则小叶。小叶由松果体细胞和神经胶质细胞构成（图11-63），还有一些由松果体分泌物钙化形成的沉积物，称为脑砂。

松果体细胞（pinealocyte）是松果体的主要细胞，数量多，占90%以上，又称为主细胞，细胞呈圆形或多边形，胞核大而圆，核仁明显，细胞周围伸出许多长而弯曲的突起，突起末端膨大，伸向毛细血管附近。神经胶质细胞主要是星形胶质细胞，分散在松果体细胞之间。

松果体细胞主要分泌褪黑素（melatonin, MLT）。哺乳动物褪黑激素的主要作用是通过抑制脑垂体的分泌来抑制性腺的发育，还可抑制中枢神经系统活动，引起催眠；在两栖类褪黑激素可使皮肤颜色变浅。

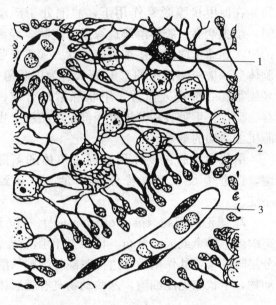

图11-63 松果体（银浸法）
1. 神经胶质细胞 2. 松果体细胞 3. 血窦

六、APUD 细胞系统和 DNES 系统的概念

除上述独立的内分泌腺外，机体许多器官内还存在大量散在的内分泌细胞，这些细胞分泌的多种激素物质在调节机体生理活动中起十分重要的作用。这些细胞的共同特点是都具有摄取胺前体（氨基酸）经脱羧后产生胺类物质的能力，因此将这一类细胞称为摄取胺前体脱羧细胞（amine precursor uptake and decarboxylation cell，APUD），简称为 APUD 细胞系统。现已知此类细胞多达 50 多种，其中不少细胞不但能产生胺类物质还能产生肽类激素。这类细胞分布很广，除在胃肠道外，还广泛分布在胰腺以及呼吸、泌尿、生殖、心血管系统和神经系统等处。

随着研究的深入，发现 APUD 细胞分布的不断扩展，神经系统内的许多神经元也与 APUD 细胞分泌和合成相同的胺和（或）肽类物质。因此有人提出将这些具有分泌功能的神经元和 APUD 细胞一起统称为弥散神经内分泌系统（diffuse nenuroendocrine system，DNES），简称为 DNES。DNES 是在 APUD 基础上进一步发展和扩充，它把神经和内分泌两大调节系统统一起来构成一个整体，共同完成调节和控制机体生理活动的动态平衡。

DNES 的组成至今已知有 50 多种细胞，其数量和种类超过任何一个内分泌腺，其分布可分中枢和周围两大部分。中枢部分包括下丘脑-垂体轴的细胞和松果体细胞，如前述的下丘脑结节区和前区的视上核、室旁核等处的分泌性神经元，以及脑垂体远侧部和中间部的内分泌细胞等。周围部分包括分布在胃肠道、胰、呼吸道、泌尿生殖道内的内分泌细胞，以及甲状腺滤泡旁细胞、甲状旁腺细胞、肾上腺髓质等的嗜铬细胞、交感神经节的小强荧光细胞、颈动脉体细胞、血管内皮细胞、胎盘内分泌细胞和部分心肌细胞与平滑肌细胞等。这些细胞产生的胺类物质如儿茶酚胺、多巴胺、5-羟色胺、去甲肾上腺素、褪黑激素、组胺等；肽类物质种类更多，如下丘脑的释放激素、释放抑制激素、加压素和催产素，腺垂体分泌的各种激素，以及诸多内分泌细胞分泌的胃泌素、P物质、生长抑素、促胰液素、胆囊收缩素、神经降压素、高血糖素、胰岛素、脑啡肽、血管活性肠肽，甲状旁腺素、降钙素、肾素、血管紧张素、心钠素、内皮素等。

DNES细胞数目庞大，种类繁多，它们在功能上既协调统一，又互相制约，精细地调节着机体的许多生理活动及机能。而且DNES细胞的种类随着研究的深入而不断增加，新的肽类和胺类激素也在不断发现。因此，DNES的重要性也在不断在提高。

（杨银凤）

第十二章 畜禽胚胎学

畜禽胚胎学（embryology）是研究畜禽个体发育过程中形态结构及其生理功能变化的一门科学。个体发育包括生殖细胞的起源、发生、成熟、受精、卵裂、胚层分化、器官发生，直至发育为新个体，以及幼体的生长、发育、成熟、衰老和死亡。通常也将个体发育的整个过程分为胚前发育、胚胎发育和胚后发育。胚前发育主要研究生殖细胞的起源、雌雄配子的发生、形成和成熟，一直到形成单倍体的精子和卵子。胚胎发育是指从受精到分娩或孵出前的发育过程。胚后发育包括出生或孵出的幼体的生长发育、性成熟、体成熟，以及以后的衰老和死亡。胚胎学一般只研究胚前发育和胚胎发育。

近年来，自从人工授精技术在家畜中得到广泛应用以来，在家畜胚胎学方面的研究日新月异，体外受精、胚胎移植、胚胎冷冻、性别鉴定、胚胎细胞和体细胞克隆、胚胎干细胞等方面的研究都已取得了很大的进展，不仅广泛应用在畜牧业生产中，而且与医学、制药业等的发展，以及人们的生活有着越来越密切的关系。因此，学习和研究畜禽胚胎发育的客观规律及其所需的环境条件，有效地利用和控制胚胎发育过程为动物科学生产实践服务，是我们学习和研究畜禽胚胎学的主要目的。

第一节 家畜的胚胎发育

一、生殖细胞的起源

生殖细胞也称为配子（gamete），包括雄性生殖细胞和雌性生殖细胞两种。雄性生殖细胞也称为精子，雌性生殖细胞也称为卵子。性别分化前的生殖细胞称为原始生殖细胞（primordial germ cells，PGCs）。一般认为，早在卵母细胞中靠近植物极的一部分细胞质为生殖质，在以后的卵裂及胚层分化过程中，具有生殖质的细胞就形成原生殖细胞。鸟类和哺乳动物的原生殖细胞来自上胚层。一般在原肠胚之后或胚胎发育后期，它们以变形运动的方式，自主地迁移到背肠系膜。然后，通过背肠系膜进入位于中肾内侧和背肠系膜之间的、由脏壁中胚层形成的生殖嵴中。在小鼠和大鼠中为交配后8～13d，牛为交配后34d。原生殖细胞为碱性磷酸酶和过碘酸雪夫反应阳性，为鉴定原生殖细胞的主要指标。原生殖细胞进入生殖嵴后，随着胚胎性别的分化，在雌性发育成卵原细胞，而在雄性发育成精原细胞。

二、配子发生

（一）精子发生

由精原干细胞增殖、分裂和分化形成精子（spermatozoon）的过程称为精子发生

(spermatogensis)。精子发生包括增殖期、生长期、成熟期和成形期（图12-1）。

1. 增殖期　原生殖细胞到达生殖嵴后生殖腺分化为睾丸，曲细精管中的精原细胞首先分裂产生 A_1 型精原细胞，A_1 型精原细胞可分裂产生更多的 A_1 型精原细胞和第二类浅色的 A_2 型精原细胞。A_1 型精原细胞作为一种具有分化潜能的干细胞而存在。

2. 生长期　A_2 型精原细胞产生 A_3 型精原细胞，A_3 型又可产生 A_4 型精原细胞，A_4 型精原细胞产生中间型的精原细胞。这些中间型的精原细胞通过有丝分裂一次产生 B 型精原细胞，B 型精原细胞再分裂一次，并生长变大形成初级精母细胞，后者进入减数分裂。

3. 成熟期　每一初级精母细胞经历第一次减数分裂产生一对次级精母细胞，后者完成第二次分裂产生4个单倍体的精子细胞。

4. 成形期　单倍体的精子细胞为一圆形、无尾的细胞。精子细胞不再分裂，经过一系列变化后，由圆形逐渐分化转变为蝌蚪形的精子，这一过程称为精子形成（spermiogenesis）。首先细胞核中染色质极度浓缩，核变长并移向细胞的一侧，构成精子的头部。由高尔基复合体形成的顶体泡以后逐渐增大，并凹陷成为双层帽状覆盖在精子的头端，形成顶体（acrosome）。当这一帽形结构形成时，精子发生旋转，自核旁的中心粒开始形成尾巴，尾巴将伸入曲细精管腔中，头端朝向管壁。在精子发生的后期，剩余的细胞质被丢弃，而线粒体则聚集于近段轴丝的周围，螺旋形盘绕构成线粒体鞘。由此形成精子后便进入曲细精管管腔中。

在精子发生从 A_1 型精原细胞分裂形成精子细胞期间，这些细胞逐渐远离曲细精管的基膜，而接近其管腔，精子细胞位于管腔的边缘。

（二）卵子发生

由卵原细胞分裂和分化成为成熟卵子（ovum）的过程称为卵子发生（oogenesis）。卵子发生包括增殖期、生长期、成熟期（图12-2）。

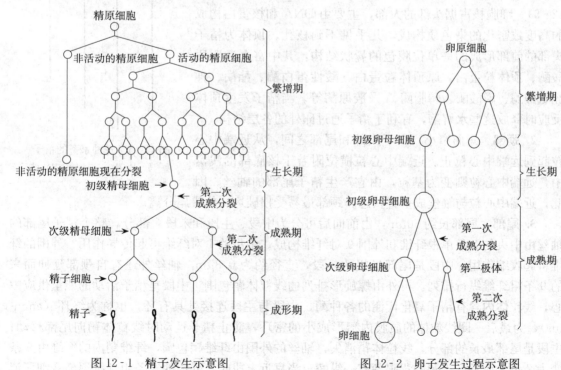

图12-1　精子发生示意图　　　　图12-2　卵子发生过程示意图

1. 增殖期 卵原细胞经多次有丝分裂，数目显著增加，最后分裂形成初级卵母细胞。大多数家畜繁增期是在胚胎时期完成，出生后不再形成新的初级卵母细胞，只是继续发育进入生长期。

2. 生长期 初级卵母细胞进入生长期，体积不断增大，胞质不断增加，并开始积存卵黄物质。核内脱氧核糖核酸含量倍增。

3. 成熟期 初级卵母细胞进行两次成熟分裂，分裂后产生的卵细胞的染色体只有初级卵母细胞的一半，所以成熟分裂又称为减数分裂。

初级卵母细胞第一次成熟分裂后，产生大小不等的两个细胞，大的称为次级卵母细胞，小的称为第一极体。第二次成熟分裂后，形成一个大的卵细胞和一个小的第二极体。初级卵母细胞经两次成熟分裂，只产生一个卵细胞。第一次成熟分裂是在排卵前进行的，而第二次成熟分裂是在输卵管内，精子穿入的短时间内完成的。

三、配子的形态结构

（一）精子的形态和结构

家畜的精子形态各异（图 12-3），长度为 55～75μm，主要由头部、颈部和尾部组成，尾部从前到后又可分为中段、主段和末段（图 12-4）。

1. 头部 不同动物的精子头部形态差异很大，猪、牛、羊精子头部为扁卵圆形，马精子头部为正卵圆形，禽类精子的头部为细长的锥形。精子头部由细胞核和顶体组成（图 12-5）。细胞核占据头部的大部，主要由 DNA 和核蛋白构成的高度致密化的染色质构成，几乎见不到核孔。顶体为精子头部的前部形成的一单位膜包的囊状结构，其中富含透明质酸酶、顶体粒蛋白、原顶体粒蛋白、酸性蛋白酶、酯酶、神经氨酸酶、磷酸酶、磷脂酶 A 及胶原酶等。当精子发生顶体反应时释放这些水解酶，有利于精子通过卵外的各层结构。

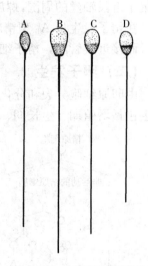

图 12-3 各种家畜的精子
A. 马 B. 牛 C. 绵羊 D. 猪

2. 颈部 短而窄小，介于头部和尾部之间，从近端中心粒起到远端中心粒止。近端中心粒横位附着于核底部的浅窝中，远端中心粒则变为基粒，由它产生精子尾部的轴丝。因此，近端中心粒与轴丝成垂直状态。颈部最易受损破坏，使头尾分离。

3. 尾部 尾部长约 50μm，由前向后可分为中段、主段和末段 3 部分。整个精子尾部的轴丝由中央的 2 条单根纤维和外围 9 对纤维构成。中央的 1 对纤维可起传导作用，外围的纤维可起收缩作用。中段是尾部最粗的一段，直径约为 0.8μm，轴丝外还有自颈部延伸而来的 9 条粗纤维纵行排列，再外由螺旋形排列的线粒体鞘包围，中段是精子活动的能量供应中心，线粒体内含有精子氧化代谢的各种酶，中段与主段连接处具有环，也称为终环（annulus），为最后一圈线粒体的质膜内褶形成小的密环，防止精子运动时线粒体鞘向尾部移动；主段是尾部最长的部分，线粒体鞘消失，轴丝的外围由纤维鞘包围，纤维鞘内的纤维由 9 条变为 7 条，而且纤维鞘的背腹各有一纵嵴，当靠近末段时，外周的 9 条粗纤维逐渐变细而消失;末段为精子最后的一段,仅由中央的轴丝和外围的质膜构成。

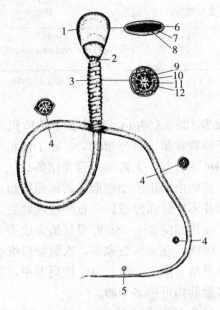

图 12-4 精子外形及其各部切面模式图
1. 头部 2. 颈部 3. 尾部中段 4. 尾部主段
5. 尾部末段 6. 细胞膜 7. 顶体 8. 细胞核
9. 周围9根粗丝 10. 9对内部纤维
11. 中央纤丝 12. 线粒体

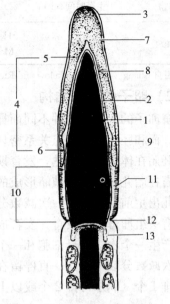

图 12-5 精子头部模式图
1. 核 2. 核膜 3. 质膜 4. 顶体
5. 顶体帽 6. 赤道段 7. 顶体外膜
8. 顶体内膜 9. 顶体下物质
10. 后顶体区 11. 后顶体致密层
12. 后环 13. 残余核膜

精子的最大特点是有运动能力。精子尾部的节律性收缩,使精子绕纵轴旋转前进。据观察,牛精子尾部每秒钟摆动10次,在生理盐水中前进约 $10\mu m$,而在子宫颈黏液中前进较快。

精子是一种高度分化的细胞,生存能力差。家畜的精子在母畜生殖道内,一般只能存活1~2d,也因家畜种类和发情期不同而有差异。据观察,马精子生存时间较长,个别可达5~6d,一直保持受精能力。现代的精液冷冻技术,可使精子在-78 ~ -196℃条件下长期保存。各种家畜精子的生存时间与受精能力保持时间见表12-1。

表 12-1 各种家畜精子的生存时间与受精能力保持时间

动物	生存时间 (h)	研究者	受精能力时间 (h)	研究者
牛	30~40	Beschlebnov, 1938	24~48	Laing, 1945; Vandeplassche and Paredis, 1948; Tarosz, 1961
马	40~60	佐藤与星, 1934	48 64	佐藤与星, 1934; Day, 1942; Burkhadt, 1949
绵羊	34~36	Polovcera et al, 1938	22.5 24~28	Anderson, 1941; Dauzier and Wintenberger, 1952
猪	43	伊藤等, 1944	25~30 24~48	伊藤等, 1944 Pitkjanen, 1960
犬	48~72	Whitney, 1927	24	

动物	生存时间（h）	研究者	受精能力时间（h）	研究者
兔	96	Hammond and Marshall，1925	24～30	Hammond and Asdell，1926

注：引自 Chang（1965）、Dukelow and Riegle（1974）、西川（1949）、Gwatkin（1977）、Hafez（1987）

（二）卵子的形态结构

家畜卵子的大小因物种不同而异，直径一般为 120～160μm。动物卵子的体积与个体大小无关，而和胚胎发育特点关系密切。家畜卵子卵黄含量少且分布均匀，卵子体积不大，这是因为胚胎在体内发育成熟，发育期间可以利用母体营养，无需很多营养储备。

家畜在胎儿时期由生殖嵴形成的卵巢内有大量的由原生殖细胞形成的卵原细胞，这些细胞在胎儿出生前后进入第一次减数分裂前期，但并不生长而停滞。一直到性成熟后，每一周期内只有一组卵母细胞发育，发育成熟后排卵。在排卵前 36～48h 卵母细胞完成第一次减数分裂，产生一个次级卵母细胞和一个很小的第一极体。在大多数家畜，次级卵母细胞随即进入第二次减数分裂中期，一直停留在此期，等待受精（图 12-6）。每个性周期中，单胎动物一般只排 1 个（偶尔可排 2 个或以上）卵，而多胎动物可排多个卵。

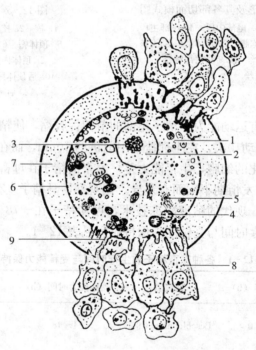

图 12-6 哺乳动物排卵时卵细胞结构示意图
1. 细胞质 2. 细胞核 3. 核仁 4. 线粒体
5. 内质网 6. 卵黄膜 7. 透明带 8. 放射冠
9. 卵细胞的突起及放射冠的突起伸到透明带中

成熟卵子的外面都包有一层透明带，其主要成分是糖蛋白。卵子的基本结构与一般细胞是一样的，即由细胞膜（也叫卵质膜）、细胞质和细胞核 3 部分构成。

卵质膜向外突出许多微绒毛。在卵成熟之前，微绒毛伸入透明带内，与放射冠颗粒细胞的突起发生指间镶嵌。卵成熟之后，微绒毛自透明带中撤出，倒伏在卵表面上。

卵细胞质的细胞器主要有线粒体、内质网和皮质颗粒。成熟卵母细胞的线粒体分散在整个胞质中。粗面内质网很少，滑面内质网较多，多以小泡形式存在。滑面内质网往往与线粒体关系密切，二者共同处理和利用卵内的营养物质。皮质颗粒（cortical granule）由高尔基体或滑面内质网产生，其结构类似于溶酶体，是一些由单位膜包裹的小泡。成熟卵子的皮质颗粒在质膜下排列成一行，其内容物中含有蛋白水解酶类。卵母细胞的内容物主要包括脂滴、糖原和卵黄物质。脂滴和糖原在整个胞质中，而卵黄物质则主要分布在卵植物极胞质中。

大多数家畜排卵排出的是处于第二次减数分裂中期的次级卵母细胞，没有真正的细胞核结构，只有在动物极胞质中的第二次减数分裂中期的纺锤体。在次级卵母细胞和透明带之间的卵周隙内可见到第一极体。但马、犬和狐狸排卵排出的是处在第一次减数分裂的卵母细胞，卵周隙内没有第一极体。

四、早期胚胎发育

家畜的早期胚胎发育过程包括受精、卵裂、胚囊、原肠形成、胚泡植入、三胚层形成及分化等过程。家畜属胎生动物，胚胎在母体子宫内发育。在胚胎发育过程中，通过胎膜和胎盘吸收营养，排出代谢废物。

（一）受精

受精（fertilization）是两性配子相互融合，形成一个新的细胞——合子（zygote）的过程。受精前，家畜的精子和卵子都必须发育到一定的成熟阶段才能受精。精子在睾丸中产生，在附睾内发育成熟。直接从睾丸中取出的精子或刚射出的精子没有受精能力，只有在母畜生殖道内或类似于生殖道的环境（如培养液）中停留一段时间，才具有受精能力，此过程称为精子获能（capacitation）。如绵羊、猪、兔的精子，需要在子宫、输卵管内渡过一段时间（2～4h）进行获能。获能过程在于精子发生形态生理和生物化学变化，有利入卵。精子获能实质上是去掉在附睾内成熟期间及与精清接触后，吸收和整合到精子头部质膜上的某些物质的过程，结果暴露出精子质膜上的受体和使质膜性质发生某些改变，便于其后的受精。未获能的精子无法进入卵内。通常自然交配在发情早期进行，排卵在发情末期和发情过后，精子和卵子在母畜生殖道内出现的时间差异，使精子具有足够的获能时间。

所有家畜的卵母细胞，在尚未完全成熟以前就由卵巢排出进入输卵管，但成熟程度并不一样。牛、绵羊、山羊和猪卵，在第二次减数分裂中期排出，此时第一极体已经排出；马、犬和狐狸的卵细胞，在第一次减数分裂尚未完成时排出卵巢。卵巢排出的卵，进入输卵管内。当精子入卵以后，卵子才可以说最后成熟。此时卵子完成第二次减数分裂，排出第二极体。如果未能受精，卵子一直处于排卵时的成熟阶段，直至死亡解体。

一般认为，家畜受精发生在输卵管壶腹上半部。精子进入母畜生殖道，到达受精部位所需时间少则十几分钟，多则数小时。进入母畜生殖道的精子，并非同时全部到达受精部位。牛、羊狭窄的子宫颈管和猪的子宫输卵管连接的狭部，有淘汰死弱精子和储存精子的作用。

当获能的精子和卵子接触后，精子首先与卵周围的放射冠相遇，这时精子顶体的外膜最先与精子的质膜发生点状融合，顶体多处破裂后所含的顶体粒蛋白、透明质酸酶及酸性水解酶等逐渐释放出来。精子的这种变化称为顶体反应（acrosome reaction）。精子经过顶体反应，释放出透明质酸酶，溶解放射冠，穿过透明带，并立即通过卵周隙附着于卵黄膜上。受精时精子的头尾全部进入卵内。精子进入后，卵母细胞浅层细胞质内的皮质颗粒立即释放出溶酶体酶样物质，使透明带结构发生变化，从而阻止其他精子穿越透明带，称为透明带反应（zona reaction）。精子一旦与卵子质膜接触后，卵子就开始发生一系列的变化，使卵得以激活。首先精卵接触处的卵母细胞表层的皮质颗粒与质膜发生融合，然后整个卵子表层的皮质颗粒都发生胞吐作用进入到卵周隙，将整个过程称为皮质反应（cortical reaction），皮质反应的主要作用为阻止多精受精（图12-7）。

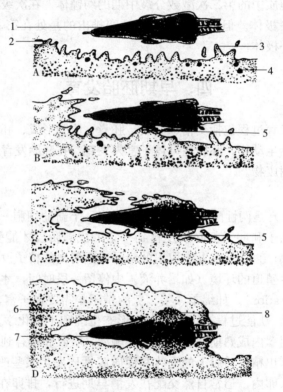

图12-7 哺乳动物精子入卵和精卵融合过程
A. 顶体反应后精子穿过透明带进入卵周隙 B. 以赤道段质膜与卵质膜相融合 C. 融合后CGs胞吐，核开始去致密
D. 精子头部完全入卵，将一部分卵质膜带入
1. 进入卵周隙的精子 2. 卵质膜 3. 微绒毛 4. CGs
5. 精卵开始融合处 6. 带入的卵质膜 7. 顶体内膜 8. 精核去致密
（绘自Bedford等，1978）

精子入卵后，头尾分离，核内染色质解聚，头部迅速膨大，胞核出现核仁，形成明显的核膜。这种圆形核称为雄原核。与此同时，卵排出第二极体，完全成熟并形成雌原核。猪的雌雄原核大小一致；大鼠的雄原核比雌原核大。随后，雌雄原核逐渐在细胞中部靠拢，核膜消失，染色体彼此混合，同源染色体配对，形成二倍体的受精卵，又称为合子，受精过程到此结束。随后发生第一次卵裂（cleavage），即普通的有丝分裂（图12-8）。

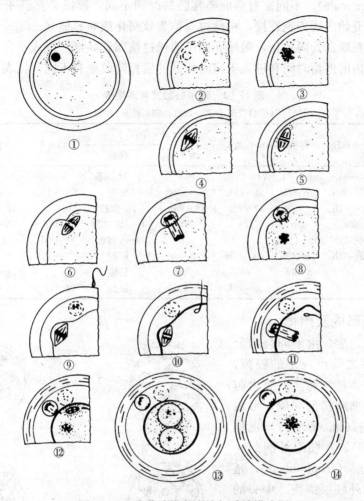

图 12-8 哺乳动物卵成熟与受精模式图

①②③示核向外移，染色质密集 ④示第一次成熟分裂中期 ⑤示第一次成熟分裂后期 ⑥⑦⑧示第一极体排出 ⑨示刚排出卵的特征（牛、猪、羊等），第二次减数分裂中期 ⑩示精子已进入，卵黄膜和透明带反应发生 ⑪示第二极体排出 ⑫示雌雄原核形成 ⑬⑭示雌雄原核结合，形成合子

（二）卵裂、桑葚胚形成

家畜卵子属次生均黄卵，即其祖先的卵子并非均黄卵（属极端端黄卵），后来随着进化成了均黄卵。因此，家畜的卵子在胚胎发育方式上既保留了端黄卵的特征，也具有均黄卵的特点，进行不规则的异时全裂。不同种类的动物，卵裂的速度不同。同一种动物，无论是在胚胎与胚胎之间，还是在一个胚胎内的细胞与细胞之间，卵裂的速度变化也是常见的。第一次卵裂沿动物极（极体所在的一端）向植物极方向，将单细胞合子一分为二成为两个细胞。分裂后的细胞称为卵裂球。每一个卵裂球都有发育成为一个新个体的全能性。由于卵裂一直在透明带内进行，随着卵裂的不断进行，卵裂球数量虽不断增加，但分裂后的细胞并不生长增大，所以卵裂球的体积随卵裂次数增多而逐渐变小。由于卵裂并非完全同时进行，由此可以见到3、5、7、9等单数分裂球的存在。进行几次卵裂后形成一实心的胚胎，形似桑葚，

故称为桑葚胚（morula）。不同家畜形成桑葚胚的时间不同，形成桑葚胚不久，卵裂球之间排列更加紧密，开始出现细胞连接，将此过程称为致密化或叫紧缩（compaction）。

卵裂开始是在输卵管内进行，随后胚胎迅速通过输卵管峡部，进入子宫。各种家畜的早期胚胎在输卵管内的停留时间和进入子宫时所处的发育阶段稍有不同，见表 12-2。

表 12-2　家畜胚胎发育时期表
（引自菅原七郎，1981；陈正礼，2009）

种类	2-细胞期	4-细胞期	8-细胞期	16-细胞期	进入子宫 时期	进入子宫 状态	胚泡期	着床	分娩（怀孕日数）
牛	40~50h	44~65h	46~90h	71~141h	96h	8~16 细胞	8~9d	30~35d	277~300d
马	24h	27~39h	50~60h	96~99h	96~120h	胚泡	120~144h	8~9 周	345d
绵羊	36~50h	50~67h	67~72h	48~96h		16-细胞	144~168h	17~18d	144~152d
山羊	30~48h	60h	85h	98h	98h	10~13 细胞	158h	13~18d	147d
猪	51~66h	66~72h	90~110h		75h	4~6 细胞	5~6d	11d	112~115d
兔	21~25h	25~32h	32~40h	40~47h	2.5~4d	胚泡	75~96h	7~8d	30~32d
猫	40~50h	3d	3~4d	4d	4~8d	胚泡		13~14d	58d
犬			48~72h	96~120h		胚泡	96~120h	15~18d	62d

（三）胚泡形成及附植

桑葚胚形成之后，由于卵裂球分泌液体，卵裂球之间出现小的腔隙，而且腔隙中的液体越来越多，腔也越来越大，将内部细胞挤向一侧，形成一个有腔的胚泡（blastocyst），也称为囊胚（blastula）。在胚泡外围的一层细胞称为滋养层（trophoblast），是将来形成胎膜的外胚层细胞。中央的腔为胚泡腔，位于胚泡一侧的一群细胞为内细胞团（inner cell mass），将来发育成胚体和胚外部分（图 12-9）。

胚泡逐渐长大，透明带也随之逐渐变薄，胚泡从透明带中孵出，开始胚胎附植（implantation，也称为着床），即胚胎在子宫内膜相接触并附着或侵入子宫内膜的过程。大部分动物胚胎自透明带中孵出后，立即附植。但牛及猪等动物中，圆形的胚泡通过滋养层吸收子宫腔内的营养，迅速生长变成纺锤形和长带状。牛配种 21d 后，胚泡长 30cm，胚体长 3mm 左右；猪配种 13d 后，个别胚泡可长达

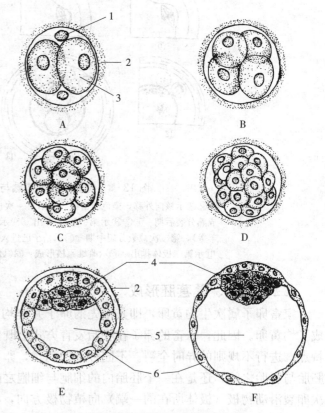

图 12-9　卵裂和胚泡形成
A. 二细胞期　B. 四细胞期　C. 八细胞期
D. 桑葚期　E. 早期胚泡　F. 胚泡
1. 极体　2. 透明带　3. 卵裂球　4. 内细胞群
5. 胚泡腔　6. 滋养层

157cm，但此时胚体尚小（图 12-10）。

初期的胚泡仍然游动于子宫腔内。随后，胚胎在子宫角内调整间隔后均匀分布于子宫角中，由于胚泡变长变大，胚泡腔内液体增多，胚泡在子宫内的运动受到限制，胚泡逐渐定位在子宫角内特定的位置，然后开始附植。猪等多胎动物的胚胎在子宫内的迁移和均匀分布对于胚胎存活是至关重要的，而羊和牛排一个卵时很少发生胚胎迁移。但羊一侧卵巢排多个卵时则可发生迁移，牛一侧卵巢排多个卵时则不发生迁移。因此，一般不对牛进行超数排卵。附植过程在各种家畜略有不同。家畜在子宫内的植入是表面的、非侵入性的，仅为滋养层和子宫上皮细胞相贴和黏着在一起的过程，所以应准确称为附植。

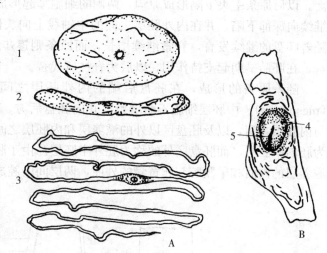

图 12-10　8~11d 猪胚半模式图
A. 示从椭圆形到丝状胚泡　B. 11d 丝状胚泡中部切下（示胚盘部）
1. 8~9d 椭圆形胚泡（×10）　2. 约 9d 长泡状胚泡（×5）
3. 约 10d 丝状胚泡（×8）　4. 胚盘　5. 原条
（改绘自 Marrable, 1971）

猪胚泡滋养层迅速生长变长后形成皱襞，此时子宫黏膜的皱襞也加深，胚泡的皱襞逐渐附着在子宫黏膜上。牛和羊胚泡的附植与猪不同，滋养层只在子宫肉阜处与子宫黏膜接触，随后胚泡滋养层细胞侵入并破坏子宫黏膜上皮，联系更为紧密。马胚泡长度不大，附植时间较晚。胚泡表面生出绒毛与子宫黏膜的腺窝和皱襞相接触。附植时，子宫黏膜还形成特有的结构子宫内膜杯（endometrial cups）。子宫内膜杯由胚泡滋养层细胞侵入子宫黏膜形成。子宫内膜杯与孕马血清促性腺激素（PMSG）的合成有关。妊娠约 20 周，内膜杯脱落，孕马血清促性腺激素的含量显著减少。

附植开始的确切时间，观察尚少，其说法不一。一般认为，猪配种后 11~15d，绵羊 16~17d，牛 30~35d，马 40~50d，胚泡开始附植。胚胎附植是家畜妊娠过程中最关键的阶段，很多胚胎损失发生在此阶段。胚胎附植的成败，是早期胚胎存活的关键。因此，母畜妊娠初期，应该特别注意保胎，以免胚胎死亡流产。

（四）三胚层形成

1. 内胚层和外胚层的形成　胚泡附植后，随着胚胎的发育，囊胚内细胞团上方的滋养层首先溶解，使内细胞团呈盘状裸露出来，内细胞团继续增殖分化形成有两层细胞构成的圆盘状的胚盘（embryonic disc），即靠近表面滋养层的外胚层（ectoderm）和下面的位居胚泡腔顶侧的内胚层（endoderm）。随后，在外胚层的近滋养层侧出现一个腔，为羊膜腔，腔壁为羊膜。这时外胚层构成羊膜腔的底部，而内胚层的周缘向下延伸形成卵黄囊。由原始内胚层所围成的腔称为原肠腔，此时的胚胎又称为原肠胚。

2. 中胚层形成　随着胚泡变长，圆形的胚盘变成卵圆形。胚盘外胚层细胞迅速增殖并不断地自两侧向胚盘尾侧的中轴迁移，在尾侧中轴线上形成一条增厚的细胞索，称为原条（primitive streak）。原条出现后，在其前端膨大形成原结。在原结的后部有一凹陷，称为原窝。以后原条中央下陷形成原沟,两侧的细胞隆起形成原褶。此时,原条头端原结处的细胞继续向深部下陷,并在内外胚层之间的中轴线上向头侧生长,形成一条脊索(notochord)。随着胚盘的继续发育,脊索继续增长,而原条则逐步缩短,最后消失。脊索是胚胎中轴器官,在胚胎早期起支持作用,以后为脊柱所代替。

随着原条的形成,在胚盘后端的内外胚层之间逐渐分化出另一层细胞,即中胚层(mesoderm)。中胚层细胞不断增殖,并向胚盘后方、两侧及前方扩展,便在胚盘的外胚层与内胚层之间,以及胚盘区以外的滋养层和内胚层之间形成一个完整的中胚层。在胚盘区的为胚内中胚层,而胚盘区外的称为胚外中胚层。由于胚外中胚层细胞聚集分为两层并贴附在滋养层的内面和羊膜腔与卵黄囊的外面,两层间的腔成为胚外体腔(图12-11)。

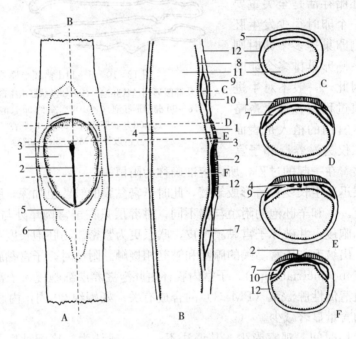

图12-11 12d猪胚泡背侧观及纵横断面
A. 背侧表面观 B. 纵切线和纵切面右半内侧观
C、D、E、F. 胚泡不同部位横断面
1. 胚盘 2. 原条 3. 原结 4. 脊索 5. 中胚层(胚外部分)
6. 滋养层 7. 体腔 8. 内胚层 9. 体壁中胚层 10. 脏壁中胚层
11. 原肠 12. 外胚层(滋养层)

五、胚体的形成、三胚层分化和组织器官发生

(一) 胚体的形成

随着发育的进行,由于胚盘各部位的生长速度不同,扁平形的胚盘周区向腹侧陷入并向中央集中,逐渐使胚体变为圆柱形。这时胚盘中部的生长速度快于边缘部,外胚层的生长速度快于内胚层,使外胚层包在胚体外部,而内胚层包在内部,形成头尾方向的原始消化管。由于胚盘头部的生长速度快于尾部,前后方向的速度又快于左右方向,胚盘卷折形成头大尾

小的筒状结构，且胚盘的边缘也向胚体的腹部汇合，最终在胚体腹侧形成条状的原始脐带。胚体通过边缘形成头褶、尾褶和左右褶，使胚体凸入羊膜腔的羊水中。

（二）胚层分化与组织器官发生

胚层分化成各种组织，称为组织发生（histogenesis）；由各种组织相互协同形成各种器官的过程，称为器官发生（organogenesis）。

1. 外胚层的分化及神经系统、皮毛结构的发生　由外胚层发育而来的主要有神经系统、感觉器官、皮肤的表皮层、毛和皮肤腺等，所以，外胚层可区分为神经外胚层和体表外胚层。

脊索出现后，在其诱导下，其背侧的外胚层迅速增厚形成一条板状结构，称为神经板（neural plate）。神经板随着脊索的生长而增长，且头部宽于尾部，神经板的两侧向上突起形成神经褶，中间凹陷成神经沟。神经褶在背侧逐渐靠拢并愈合形成神经管。神经管分化形成前脑、中脑、后脑及脊髓等中枢神经系统，以及松果体、神经垂体和视网膜等。在神经褶闭合形成神经管的同时，一部分细胞分离出来，在神经管的背外侧形成两条纵行的细胞索，称为神经嵴。神经嵴形成周围神经系统及肾上腺髓质等（图12-12）。

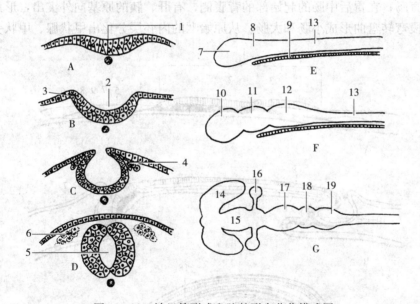

图12-12　神经管形成和脑的形态分化模式图
A~D. 神经管形成横断面　E~G. 脑泡的分化
1. 神经板　2. 神经沟　3. 神经褶　4. 神经嵴　5. 神经管　6. 神经节　7. 索前脑
8. 索上脑　9. 脊索　10. 前脑泡　11. 中脑泡　12. 后脑泡　13. 脊髓　14. 端脑
15. 间脑　16. 视泡　17. 中脑泡　18. 小脑　19. 末脑

家畜皮肤的表皮及衍生物由体表外胚层发育；真皮及皮下组织由中胚层发育而成。家畜毛和皮肤腺的发生，较其他器官晚，绵羊毛囊原基在胚胎发育50~110d发生。

家畜毛纤维长出以前，先在皮内形成毛囊。毛囊发生时，由表皮向真皮形成毛囊原基及其侧旁的汗腺、皮脂腺原基。毛囊原基初呈芽状，随后变长变大，外包结缔组织形成毛囊结构。毛纤维在毛囊内角化后长出体表。

根据毛囊发生的时间和形态结构，绵羊的毛囊可分为初级毛囊（primary follicle）和次级毛囊（secondary follicle）。伴随初级毛囊发生的有汗腺、皮脂腺等附属结构；伴随次级毛囊的皮脂腺小，缺乏汗腺。初级毛囊发生早，在羊胚50～90d时发生；次级毛囊发生晚，在90d以后出现。羔羊出生后，毛囊一般不再发生。

绵羊皮肤内由初级毛囊和次级毛囊组成毛囊群，每个毛囊群一般由3个初级毛囊和数量不等次级毛囊（粗毛羊少，细毛羊多）组成。毛囊长出的毛纤维形成毛被。初级毛囊和部分次级毛囊的毛纤维，在胚胎中后期长出体表；有些次级毛囊要在羔羊出生以后，才能长出毛纤维，或者潜在皮肤内退化消失。

2. 内胚层的分化和消化呼吸器官的形成　由于体褶发生，胚体逐渐隆突于胚盘之上，胚内和胚外两部分的界限更加清楚。内胚层在胚体下部缩细，胚内为原肠，胚外为卵黄囊。原肠在脊索下方，纵贯前后，可分为前肠、中肠和后肠。中肠与卵黄囊连通。随着胚胎发育，前肠形成食管和胃，中肠形成小肠，后肠形成大肠。前肠前段头部下面与内陷的外胚层相贴近，形成口咽膜，口咽膜破裂形成口（图12-13）。后肠后端尾部腹侧与内陷的外胚层贴近形成肛膜，然后破裂形成肛门。在发育过程中，初为直的肠管，后来形成肠祥。肠祥向脐部垂下形成降支和升支。两支相连处有卵黄囊柄与卵黄囊相连。在升支的初段，出现盲肠原基，形成盲肠；在胃后中肠的起始部的背腹侧，有肝、胰的原基向外突出，形成肝脏和胰脏。其余肠段弯转盘曲形成小肠和大肠。从原始咽的内胚层分化出甲状腺、甲状旁腺和胸

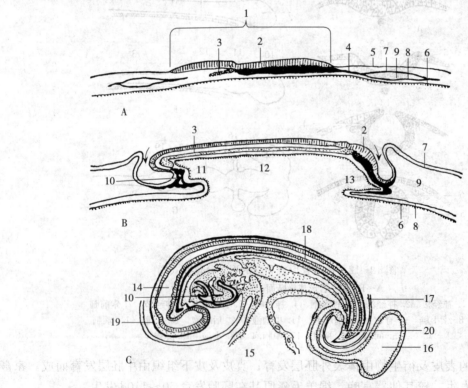

图12-13　猪胚胚体分出与卵黄囊、尿囊形成
A. 原条期　B. 体节开始形成期　C. 25对体节期
1. 胚盘　2. 原条　3. 脊索　4. 中胚层　5. 滋养层　6. 内胚层　7. 体壁中胚层
8. 脏壁中胚层　9. 胚外体腔　10. 心脏　11. 前肠　12. 中肠　13. 后肠
14. 脑　15. 卵黄囊　16. 尿囊　17. 羊膜断端　18. 脊髓　19. 头部　20. 尾部

的上皮。在咽的后部，原肠腹侧形成一个盲管。盲管末段分叉形成气管和肺的原基，以后形成喉、气管、支气管和肺（图12-14）。

应该指出的是内胚层细胞仅仅形成消化和呼吸系统的上皮和腺体（口咽和肛门的上皮除外），其余组织除神经成分外，均由脏壁中胚层发生。

3. 中胚层分化及循环、泌尿生殖器官的形成 畜体全身的肌组织、结缔组织、心血管、淋巴系统和泌尿生殖系统，都由中胚层分化形成。

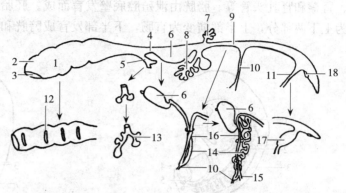

图 12-14 内胚层分化、消化呼吸器官形成模式图
1. 咽部 2. 咽囊 3. 口 4. 食管 5. 肺芽 6. 胃 7. 胰 8. 肝和胆囊
9. 小肠 10. 卵黄柄 11. 尿囊柄 12. 鳃裂 13. 支气管树 14. 肠
15. 盲肠 16. 结肠 17. 膀胱 18. 肛门

它们对畜体的物质代谢、运动、保卫和繁殖起重要作用。随着三胚层的形成，中胚层进一步分化。在脊索两侧形成上段中胚层、中段中胚层和下段中胚层。下段中胚层延续至胚外称为胚外中胚层。随后胚外中胚层中央出现腔隙并扩展到胚内下段中胚层内形成体腔。体腔延续胚体内外，分别称为胚内体腔和胚外体腔。

上段中胚层初呈长带状，随后由前向后分裂成节段称为体节（somite），体节逐渐增生和进一步发育分化为生肌节、生皮节和生骨节。生肌节位于背外侧部深层，发育形成骨骼肌，分节的骨骼肌相互合并成大块长肌，或移位形成板状肌肉。生皮节位于背外侧部表层，移向外胚层下形成皮肤真皮。生骨节位于腹内侧，围绕脊索形成脊柱。

下段中胚层分裂为两层，外层称为体壁中胚层，与外胚层相贴；内层称为脏壁中胚层，与内胚层相贴。两层之间的腔即为体腔。下段中胚层的脏壁中胚层形成消化、呼吸器官壁的平滑肌、结缔组织和浆膜。体壁中胚层形成体壁肌肉及结缔组织。

心血管和淋巴系统都是由中胚层的间充质演变而来。血管的发生，始于间充质细胞聚集形成血岛（blood island）。血岛周围的细胞分化为扁平的血管内皮细胞，形成原始血管。血岛中央的细胞形成原始的血细胞。许多血岛相互衔接形成血管网。血岛最早出现在卵黄囊上，以后与体内较晚出现的血管网相连。心脏由咽下部的一对血管原基发生。开始由脏壁中胚层分化形成1对心内膜管，后来随着胚体的发育，2条心内膜管互相接近并在中部融合，形成一条前后端都有2个杈的心管。心管周围的脏壁中胚层发育形成心外肌膜，包围心管并分化形成心肌层与心外膜。由于心脏形成并开始收缩产生血流频率，使某些血管网形成动静脉主干，从而形成原始的血管系统。

心管在心包内进一步发育成"U"形，由于心管各部分发育不均衡，以致使外形扭曲，内部生出隔膜，将心脏分为心房和心室。

中段中胚层又称为生肾节，形成泌尿生殖器官。肾脏的发生重演系统发生过程，先后形成前肾、中肾和后肾。其发生时间、位置和结构都不相同。前肾存在时间短，不起泌尿作用就消失；中肾及中肾管是胚胎早期的排泄器官；中肾消失，被终身存在的后肾代替。后肾发生时，中肾管离胚胎泄殖腔不远处的背侧形成突起，向前生长形成输尿管并伸入肾内形成肾盂、肾盏和肾乳头管等。膀胱由泄殖腔底壁发育而成。胚胎泄殖腔在发育过程中由隔膜将其分为上下两部分，上半部演变为直肠，下半部发育成膀胱和尿道等结构（图12-15）。

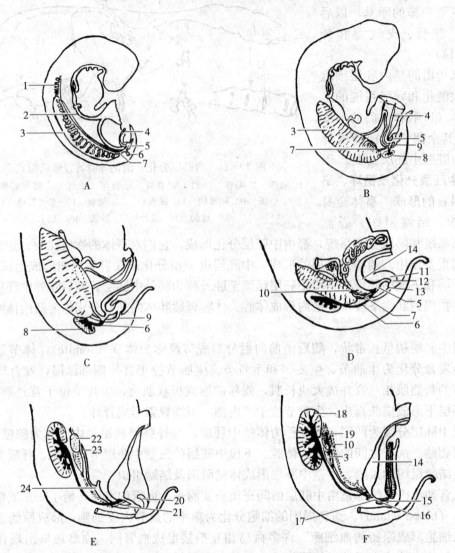

图12-15 猪泌尿生殖器官发生模式图
A. 6mm胚胎 B. 10mm胚胎 C. 15mm胚胎 D. 35mm胚胎
E. 85mm雌性胚胎 F. 85mm雄性胚胎
1. 前肾 2. 消化道 3. 中肾 4. 尿囊 5. 泄殖腔 6. 后肾管 7. 中肾管 8. 后肾 9. 直肠
10. 缪勒氏管 11. 生殖突 12. 尿生殖孔 13. 肛门 14. 膀胱 15. 尿道球腺
16. 前列腺 17. 尿道 18. 集合小管 19. 睾丸 20. 阴蒂 21. 阴道
22. 卵巢 23. 输卵管 24. 子宫

家畜的生殖腺及主要生殖管道都由中胚层发生。当中肾还是胚胎主要排泄器官的时候，生殖腺在中肾腹内侧发育，该处脏壁中胚层细胞形成上皮团，突入中肾形成生殖嵴。随后生殖嵴与中肾分开。生殖嵴表层为间皮和由卵黄囊内胚层迁移而来的原始生殖细胞共同构成的生殖上皮，内部为索状细胞团和间充质。索状细胞团是由表层细胞向内增殖而成。这个时期的生殖腺在形态结构上没有性别差异，属未分化时期或中性时期。这时，尚未分化的生殖管道也无性别差异，即在两条中肾管的外侧都有两条由脏壁中胚层内凹形成的缪勒氏管（Muller's duct）存在。在性别分化时，生殖腺、中肾管和缪勒氏管都发生相应的变化。

当胚胎向雄性发展、生殖腺变为睾丸时，索状细胞团变成精小管索。精小管索间的间充质细胞构成间质组织。随后精小管变为曲细精管。这时，中肾小管与睾丸相连，形成睾丸输出小管；中肾管变为附睾管和输精管；缪勒氏管退化成为某些家畜残留的雄性子宫。

当胚胎向雌性发展、生殖腺变为卵巢时，细胞索分散成许多细胞团，再分化形成原始卵泡。有些原始卵泡在胚胎期发育，出生后逐渐退化，有些原始卵泡直至性成熟后才逐渐分别发育成熟。缪勒氏管前段发育成输卵管，中段形成子宫角，后段融合形成子宫体和阴道前部。中肾管退化（图12-16）。雌雄间性在家畜中偶尔遇到，即在同一个体身上具有雌雄两性的生殖器官或是其中的一部分。这种现象是由胚胎发育时期性分化异常所引起。

综上所述，在胚胎发育过程中，由内、中、外三胚层分化形成的主要组织器官如下：

（1）外胚层 神经系统及感觉器官上皮；肾上腺髓质部；垂体前叶；口腔、鼻腔的黏膜上皮；肛门、生殖道和尿道末端部分的上皮；皮肤的表皮及其衍生物——蹄、角、毛、汗腺、皮脂腺和乳腺上皮。

（2）中胚层 各种肌组织；各种结缔组织；心血管、淋巴系统；肾上腺皮质部；生殖器官及泌尿器官的大部分；体腔上皮等。

（3）内胚层 消化系统从咽到直肠末端的上皮及壁内、壁外腺上皮；呼吸系统从喉到肺泡的上皮；甲状腺、甲状旁腺和胸腺上皮等。

在器官形成过程中，通常是由两种或两种以上胚层分化成的组织结合起

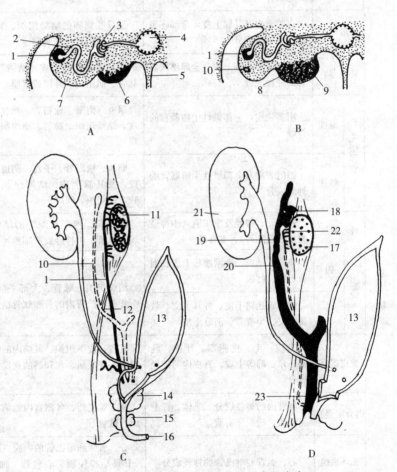

图12-16 哺乳动物胚胎生殖器官的发育
A、B. 哺乳类生殖峭的发育（无性别期的左半侧横断）
C. 雄性生殖器官（右半侧腹侧）   D. 雌性生殖器官（右半侧腹侧）
1. 中肾管 2. 中肾小管 3. 肾小球 4. 主动脉 5. 背肠系膜 6. 生殖峭
7. 中肾峭 8. 原始性索 9. 体腔上皮增生 10. 缪勒氏管 11. 睾丸
12. 雄性子宫 13. 膀胱 14. 前列腺 15. 尿道球腺 16. 尿道 17. 卵巢
18. 输卵管口 19. 输卵管 20. 子宫角 21. 后肾 22. 卵巢冠 23. 阴道

来形成一个器官，由3个胚层分化形成的组织和器官见表12-3。

表12-3 三胚层分化形成的组织和器官简表

（引自秦鹏春等，2001）

分化物		胚层	外胚层	中胚层	内胚层
基本组织		上皮组织	＋	＋	＋
		结缔组织	－	＋	－
		肌组织	＋（虹膜）	＋	－
		神经组织	＋	＋（小神经胶质细胞）	－
器官系统		消化器官	口腔及肛门上皮、唾液腺上皮、舌上皮、牙釉质、全部消化器官的神经成分	从咽到直肠的结缔组织、脉管、肌层、间皮、壁内的淋巴组织	从咽到直肠的上皮、壁内腺和壁外腺（肝、胰）及胆囊等上皮
		呼吸器官	鼻腔上皮及其腺上皮，全部呼吸器官的神经成分	从鼻腔到肺的结缔组织、脉管、软骨、肌组织、肺胸膜	从喉、气管到肺的上皮及其有关的腺上皮
		泌尿器官	雄性尿道末端上皮、全部泌尿器官的神经成分	肾和输尿管的上皮、结缔组织、脉管、肌组织、外膜或浆膜	雄性尿道近端上皮、雌性尿道上皮、膀胱大部上皮
	生殖器官	雄性	阴茎包皮，全部雄性生殖器官的神经成分	睾丸、附睾、输精管、精囊等上皮、结缔组织、脉管、肌组织、浆膜	前列腺和尿道球腺上皮
		雌性	阴门表皮及全部雌性生殖器官的神经成分	卵巢、输卵管、子宫、阴道等上皮，及其腺上皮、结缔组织、脉管、肌组织、浆膜	阴道前庭上皮及其腺上皮
		神经系统	神经元、神经胶质细胞（小神经胶质细胞除外）、室管膜	脑脊膜、神经组织中的结缔组织、脉管、小神经胶质细胞	
	感官	眼	角膜、结膜、视网膜等上皮、泪腺上皮、虹膜	结缔组织、脉管、大部平滑肌、听骨、咽鼓管内的骨和软骨组织	
		耳	内耳膜迷路上皮、外耳上皮、鼓膜上皮、半规管、前庭上皮		鼓膜黏膜层、鼓室、耳咽管等上皮
		被皮器官	表皮、毛、皮脂腺、汗腺、乳腺、角、蹄等上皮、真皮内的神经成分	真皮、皮下组织、乳腺内的结缔组织、竖毛肌、角和蹄的真皮、脉管	
		内分泌器官	器官内的神经成分、垂体、肾上腺髓质、松果体实质	肾上腺皮质、各器官内的结缔组织、脉管	甲状腺、甲状旁腺、胸腺、后腮体等上皮
		循环系统	心、血管和淋巴管的神经成分	心、血管和淋巴管的内膜、肌膜（中膜）和外膜、心包膜、血液、淋巴液、骨髓	
		淋巴器官	淋巴器官内的神经成分	淋巴组织、淋巴结、血淋巴结、脾脏	扁桃体上皮
		运动系统	该系统内的神经成分	骨组织、骨膜、关节、骨骼肌组织	

注：＋为有，－为无。

六、胎膜与胎盘

家畜胚胎由于卵内所含的卵黄物质很少，只够囊胚期阶段的发育之用。因此，胚胎在母体子宫内发育，需借助胎膜和胎盘与母体进行物质交换，吸取营养，排泄废物，创造胚胎发育的条件，保证胎儿正常发育。

（一）胎膜

家畜的胎膜（fetal membrane）也称为胚外膜（extraembryonic membrane），依据结构部位和功能可分为卵黄囊、羊膜、绒毛膜和尿囊。

1. 羊膜（amnion）和绒毛膜（chorion） 早期胚胎体褶形成时，胚盘周围的胚外外胚层和胚外体壁中胚层，向胚体上方褶起形成羊膜褶。猪胚15d左右，羊膜褶在背侧会合形成羊膜和绒毛膜。羊膜在内，直接包围胎儿；绒毛膜在外，包围所有其他胎膜，并与子宫黏膜直接接触。羊膜和绒毛膜的胚层结构相同，只是胚层内外排列顺序相反。羊膜壁的外胚层在内，体壁中胚层在外；绒毛膜壁的体壁中胚层在内，外胚层在外。

由羊膜围绕胚胎形成的密闭膜囊，即为羊膜囊（amniotic vesicle），其围成的腔即羊膜腔（amniotic cavity）。羊膜上皮细胞分泌的羊水充满羊膜腔。猪妊娠初期羊水较少，随后羊水分泌量增多，妊娠末期又重新减少。羊水呈弱碱性，所含成分不甚稳定，其中有蛋白质、脂肪、葡萄糖、果糖、无机盐、黏蛋白、尿素等，此外，还有脱落上皮和白细胞。随着胚胎胃肠发育和吞咽反射建立以后，胚胎吞食羊水，这种吞食现象在妊娠后期尤为显著，其消化残渣积蓄在肠内形成胎粪。

胎儿在羊水的液体环境中生长发育，既保证了相对恒定的温度、化学成分、渗透压和浮力环境，又能缓冲来自各方面的压力，保证胎儿正常的形态发生。分娩时，胎膜破裂，羊水连同尿囊液外流，能扩张子宫颈，润滑产道，有利于胎儿分娩。

在家畜，由于尿囊的接触与迅速扩大，绒毛膜与尿囊壁紧密相贴发育成尿囊绒毛膜（allantochorion）。猪胚约在妊娠后第18天形成羊膜和绒毛膜，在第19天绒毛膜与尿囊相贴形成尿囊绒毛膜。尿囊绒毛膜的表面着生绒毛与子宫黏膜紧密联系，通过渗透进行物质交换，这就构成了胎盘的基础（图12-17）。

2. 卵黄囊（yolk sac） 虽然家畜卵的卵黄含量少，但在胚胎发育过程中仍有卵黄囊形成。早在原肠胚形成时期，由于体褶发生，胚体上升，原肠缢缩成胚内的原肠和胚外的卵黄囊两个部分，二者之间的狭窄部分形成脐带中的卵黄囊柄。卵黄囊壁是由位于内层的胚外内胚层和位于外层的胚外脏壁中胚层构成的。

卵黄囊早期较大，随着胚胎的发育很快缩小退化。猪在胚胎13d左右形成，17d开始退化，1个月左右完全消失。牛、羊和猪的卵黄囊对胚胎营养作用不大。马的卵黄囊与绒毛膜接触，形成卵黄囊胎盘，并有丰富的血管吸收子宫乳，作为胚胎早期的营养。

3. 尿囊（allantois） 尿囊是由后肠末端腹侧向外突出的盲囊发育形成。尿囊壁的结构同肠壁和卵黄囊，由内层的胚外内胚层和外层的胚外脏壁中胚层构成。

猪胚13d时尿囊发生，突向胚外体腔。16d左右与绒毛膜接触，随后逐渐发育形成尿囊绒毛膜胎盘。通过分布于尿囊上的脐血管到达胎盘，与母体间进行物质交换。

尿囊发展迅速，1个月左右扩展至整个胚外体腔并包围羊膜。但尿囊的形状和在胚外体腔内扩展的程度因家畜种类而异。马的尿囊呈盲囊状，充满整个胚外体腔，完全包围羊膜，形成尿囊绒毛膜和尿囊羊膜；牛、羊和猪的尿囊分成左右两支，且尿囊未完全包围羊膜。除有尿囊绒毛膜和尿囊羊膜外，还有羊膜绒毛膜存在。

尿囊腔内储存尿囊液，其性质和成分与羊水类似，其中除无机离子外，还有尿素和肌酸酐。尿囊液初期清亮，以后变成黄色至淡褐色，内含胎儿排泄的废物。尿囊通过尿囊柄与胚体后肠部分相连通。胎儿出生后随着脐带的断离，残留在胚体内的尿囊柄闭合形成膀胱的韧带。

多胎动物猪胚的胎膜，在子宫内常常相互靠接；多胎羊的胎膜上的血管也很少相互吻合。然而，雌雄孪生犊牛胎膜上的脐血管常常吻合，雌雄胎儿的血液相互交

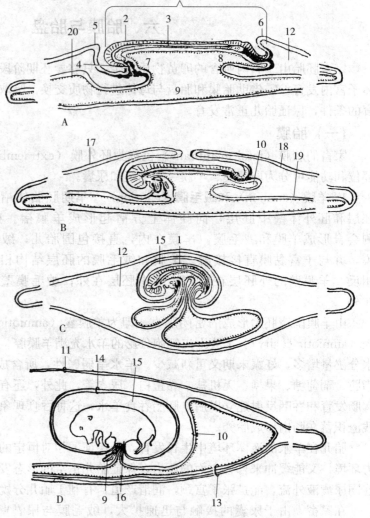

图 12-17 猪胚胎膜形成
A. 体节开始形成　B. 约15体节期　C. 约25体节期　D. 猪胚长30mm
1. 胚胎　2. 神经板　3. 脊索　4. 心脏　5. 羊膜头褶　6. 羊膜尾褶
7. 前肠　8. 后肠　9. 卵黄囊　10. 尿囊　11. 绒毛膜　12. 胚外体腔
13. 尿囊绒毛膜　14. 羊膜　15. 羊膜腔　16. 脐带　17. 胚外外胚层
18. 胚外体壁中胚层　19. 胚外脏壁中胚层　20. 胚外内胚层

流，而引起雌犊生殖器官发育不全的间性现象（freemartinism）。

（二）脐带

脐带（umbilical cord）起源于胚胎早期的体褶，随着胚胎发育逐渐向胎儿腹部脐区集中缩细。由于羊膜腔的扩大，使尿囊柄和退化的卵黄囊柄靠拢缩细，并被羊膜包围形成长索状称为脐带，是胎儿与母体进行物质交换的主要通道。

脐带外被覆着一层光滑的羊膜，内部主要为中胚层发生的黏性结缔组织。脐带的黏性结缔组织中有尿囊柄、脐动脉和脐静脉通过。胎儿体内的尿液可通过脐带中的尿囊柄储存于尿囊腔内。脐动脉将胎儿体内血液输至胎盘，而脐静脉将胎盘处的血液输送至胎儿体内。脐带中的脐动脉、脐静脉及其在胎膜上的分支，构成胎儿血液循环的体外部分。

（三）胎盘

胎盘（placenta）由母体子宫内膜和胚胎的尿囊绒毛膜相结合形成，包括母体胎盘和胎儿胎盘两部分。胎儿在母体子宫内发育，通过胎盘从母体获得营养并进行物质和气体交换。随着胚胎的生长发育，胎儿和母体间通过胎盘的物质通透量不断增加。因而胎盘的形态结构也发生相应的变化，如胎盘体积增大，皱襞形成，绒毛和微绒毛的发生等，以此增加通透面积，适应功能变化的要求。胎盘通透面积的增大，在胚胎发育前半期特别明显。

家畜的胎盘属于尿囊绒毛膜胎盘，由尿囊部分的绒毛膜与母体子宫内膜之间建立相互联系，营养和氧通过尿囊血管传递给胚胎。依据胎盘的形态和尿囊绒毛膜上绒毛的分布不同，高等哺乳动物的胎盘可以分为如下4种类型（图12-18）。

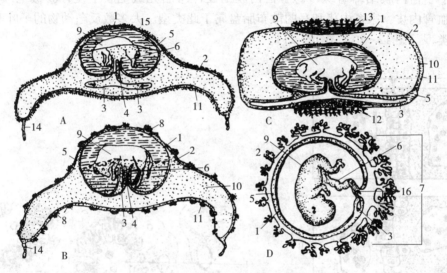

图12-18 哺乳动物胎盘模式图

A. 猪分散型胎盘 B. 牛子叶型胎盘 C. 肉食兽环状胎盘 D. 人盘状胎盘
1. 羊膜 2. 绒毛膜 3. 卵黄囊 4. 尿囊管 5. 胚外体腔 6. 脐带 7. 盘状胎盘
8. 子叶 9. 胎儿 10. 尿囊 11. 尿囊绒毛膜 12. 绒毛环 13. 环状胎盘
14. 退化的绒毛膜端 15. 晕 16. 尿囊血管

（A绘自Michelle，1983；B绘自Michelle，1983；C绘自Michelle，1983；D绘自Patten，1953）

1. 散布胎盘（diffuse placenta） 除尿囊绒毛膜的两端和子宫腺开口处外，胎盘的绒毛（马）或皱褶（猪）比较均匀的分布在整个绒毛膜表面。绒毛或皱褶与子宫内膜相应的凹陷部分相嵌合。此种胎盘构造简单，易剥离，胎衣易脱出。猪和马的胎盘属于此类胎盘。

2. 子叶胎盘（cotyledonary placenta） 胎儿绒毛膜上表面的绒毛集合成丛，构成绒毛叶或称为子叶（cotyledon）。子叶与子宫内膜上的子宫肉阜（caruncle）紧密嵌合。牛、羊等反刍动物的胎盘属于此类胎盘。羊的子宫肉阜上有一大的陷凹，绒毛叶伸入陷凹内构成胎盘块（placentome）；牛的子宫肉阜上无陷凹，由绒毛叶包裹子宫肉阜而构成胎盘块。

3. 环状胎盘（zonary placenta） 胎儿绒毛膜上的绒毛仅分布在绒毛膜的中段（相当胚体腰部水平位），呈一宽环带状，只有此处的绒毛膜与子宫内膜形成紧密接触。猫和犬等肉食动物的胎盘属于此类胎盘。

4. 盘状胎盘（discoidal placenta） 胎儿绒毛膜上的绒毛集中在一盘状区域内,与子宫内膜基质相结合形成胎盘。灵长类和啮齿类动物的胎盘属于此类胎盘。

另外,母体胎盘和胎儿胎盘两部分的血液循环是相互独立的体系,二者之间的血液是不混合的,物质的交换经渗透通过数层组织结构,这称为胎盘屏障（placental barrier）。胎盘屏障的组织结构层次在不同家畜差异较大。根据胎盘的组织结构和对母体子宫内膜的破坏程度,又可将高等哺乳动物的胎盘分为以下4类（图12-19）：

（1）上皮绒毛膜胎盘（epitheliochorial placenta） 这种胎盘的胎盘屏障组织层次结构比较完整,物质由母体血液渗透到胎儿血液中或反向渗透时,都要经过6道屏障：①母体血管内皮；②子宫内膜结缔组织；③子宫内膜上皮；④胎儿绒毛膜上皮；⑤绒毛膜间充质；⑥绒毛膜血管内皮。家畜中猪和马的散布胎盘属于此类型。大多数反刍动物的子叶胎盘初期也是此种类型（图12-20、图12-21）。

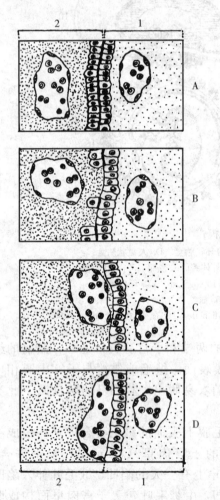

图12-19 胎盘屏障类型模式图
1. 胎儿胎盘 2. 母体胎盘
A. 上皮绒毛膜胎盘 B. 结缔组织绒毛膜胎盘
C. 内皮绒毛膜胎盘 D. 血绒毛膜胎盘

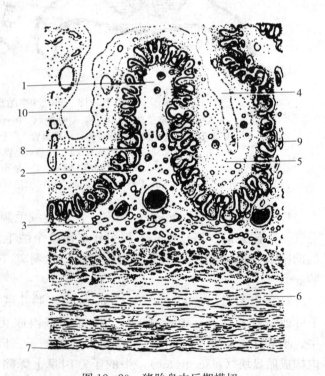

图12-20 猪胎盘中后期横切
1. 初级皱襞 2. 次级皱襞 3. 子宫内膜及子宫腺 4. 尿囊腔
5. 尿囊绒毛膜 6. 子宫肌膜 7. 子宫外膜 8. 子宫上皮
9. 滋养层 10. 内胚层

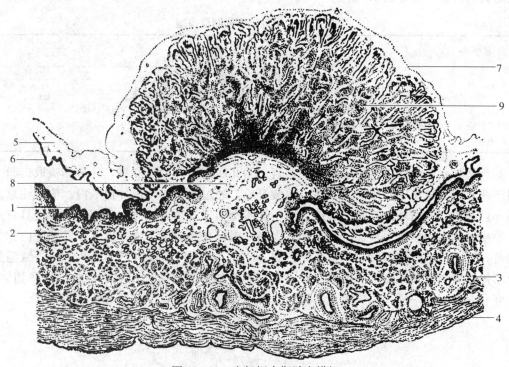

图 12-21 牛妊娠中期胎盘横切
1. 子宫上皮 2. 子宫内膜及子宫腺 3. 子宫肌膜 4. 子宫外膜
5. 尿囊绒毛膜 6. 滋养层 7. 内胚层 8. 胎盘块柄 9. 胎盘块

这种胎盘的绒毛膜上皮和子宫内膜上皮均比较完整，绒毛嵌合于子宫内膜相应的陷凹内。电镜观察表明，绒毛膜上皮细胞和子宫内膜上皮细胞均可出现微绒毛相互嵌合而增大物质交换的表面积。

（2）结缔绒毛膜胎盘（syndesmochorial placenta） 这种胎盘的子宫内膜上皮脱落，绒毛膜上皮直接接触子宫内膜的结缔组织。这种胎盘的联系较散布胎盘紧密，物质交换经过 5 道屏障：①子宫血管内皮；②子宫内膜结缔组织；③绒毛膜上皮；④绒毛膜间充质；⑤绒毛膜血管内皮。反刍动物妊娠后期胎盘属于此类。

上述两种胎盘，胎儿绒毛膜与子宫内膜接触时，子宫内膜没有破坏或破坏轻微。分娩时胎儿胎盘和母体胎盘各自分离，没有出血现象，也没有子宫内膜的脱落，又称为非蜕膜胎盘。

（3）内皮绒毛膜胎盘（endotheliochorial placenta） 这种胎盘的绒毛深达子宫内膜的血管内皮，物质交换经过 4 道屏障：①子宫血管内皮；②绒毛膜上皮；③绒毛膜间充质；④绒毛膜血管内皮。犬、猫等肉食兽胎盘属这种类型。

（4）血绒毛膜胎盘（hemochorial placenta） 胎盘的绒毛浸在子宫内膜绒毛间腔的血液中，物质渗透经过 3 道屏障：①绒毛膜上皮；②绒毛膜间充质；③绒毛膜血管内皮。啮齿类和灵长类动物及人的胎盘属这种类型。

上述两种胎盘，胎儿胎盘伸入子宫内膜，子宫内膜被破坏的组织较多。分娩时不仅母体子宫有出血现象，而且有子宫内膜的大部或全部脱落，所以又称为蜕膜胎盘。以上各种高等哺乳动物的胎盘类型见表12-4。

表12-4 哺乳动物的胎盘类型

种类	胎盘类型
猪	分散型胎盘；上皮绒毛膜胎盘；非蜕膜胎盘
马	分散绒毛型胎盘；上皮绒毛膜胎盘；非蜕膜胎盘
牛、羊	绒毛叶胎盘；上皮绒毛膜胎盘；结缔绒毛膜胎盘；非蜕膜胎盘
犬、猫	环状胎盘；内皮绒毛膜胎盘；蜕膜胎盘
兔和人	盘状胎盘；血绒毛膜胎盘；蜕膜胎盘

胎盘是胎儿与母体进行物质交换的器官。胎儿所需营养物质和氧，从母体吸取；胎儿的代谢产物，如二氧化碳、尿素、肌酸、肌酸酐等，通过胎盘排入母体血液内。应该注意，胎儿循环血管和母体循环血管并不直接连通，物质交换以渗透方式进行。但这种渗透具有选择性，物质通过主动运输而传递。有关试验表明，果糖在胎盘中形成并储存于胎儿肝内作为能量储备；绒毛膜上皮细胞含有大量核糖核酸（RNA），能合成蛋白质供胎儿生长。绒毛膜还能分泌促性腺激素和孕激素。因此，胎盘对于胎儿的作用，有如出生后动物的胃肠道、肺、肾、肝和内分泌腺一样，完成吸收、排泄、合成等重要机能，保证胎儿正常发育。

第二节 家禽的胚胎发育

一、生殖细胞的形态和结构

（一）精子

家禽的精子外形纤细，也可以区分为头、颈、尾3部分（图12-22）。鸡精子的头、颈和尾部的长度，分别为 $15\mu m$、$4\mu m$ 和 $80\mu m$，总长度约为 $100\mu m$，比家畜的精子稍长。精子的头部呈圆锥形而稍弯曲。主要由细胞核构成。头前端有一帽状的顶体。顶体长约 $2\mu m$，由高尔基复合体转变而成。顶体下腔内有一穿孔器或称为顶体下棒。穿孔器在顶体反应时并不形成顶体突起。精子的颈部甚短。近端中心粒为一短的圆筒状结构，位于核后端的凹陷内，与核的长轴垂直，而远端中心粒则与核的长轴平行。尾部也由中段、主段和末段3部分组成。中段主要为由远端中心粒形成的轴丝，同哺乳动物一样也为9+2结构，这些管状物质埋于致密物质内，轴丝外具有线粒体鞘。主段主要为轴丝，外面包有一些不定型物质。头部和颈部稍粗，直径为 $0.5\mu m$。精子的尾部较细。

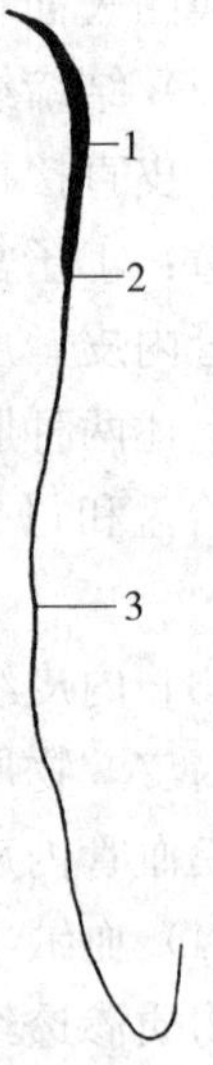

鸡的精液为白色，呈弱碱性。鸡每次射精量约1ml，但精子密度大，总数可达10亿个左右。鸡的精子对温度有较宽的适应范围，在20～43℃条件下都能具有活力。鸡卵的受精部位在输卵管的漏斗部。交配后精子储存在母鸡输卵管漏斗部的黏膜皱襞内，可达350万个/mm³，精子可存活15～20d。因此，每交配一次后，至少可使一周内母鸡所排的卵子受精。鸭和鹅的精子存活时间比鸡稍短。

图12-22 鸡的精子
1. 头部 2. 颈部
3. 尾部

（二）卵和蛋的形成

鸡卵为典型的端黄卵，直径达到数厘米，卵内含有大量的卵黄。丰富的卵黄物质和蛋白将保证在蛋内形成能够独立生活的雏禽。卵的细胞膜外为卵黄膜。卵内细胞质很少，主要位于动物极卵黄顶部的一个小区域内，称为胚盘或胚珠（germinal vesicle）（图12-23）。细胞核位于此胚盘区的细胞质内。卵黄由黄卵黄层和白卵黄层相间组成，由白卵黄形成卵黄心，从此向动物极延伸，末端略膨大。延伸部分为卵黄心颈，膨大部分称为潘氏核（Pander nucleus）。

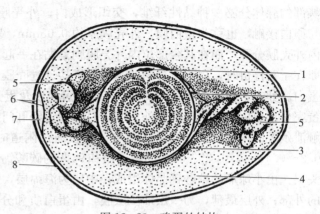

图12-23 鸡蛋的结构
1.胚珠或胚盘 2.卵黄膜 3.浓蛋白 4.稀蛋白
5.系带 6.壳膜 7.气室 8.蛋壳

鸡卵细胞在卵巢内生长发育时，卵黄物质在卵内逐渐积累增多。卵黄物质的积累，以排卵前7～9d最为迅速。这个时期卵细胞的重量由0.5g增至19g左右，直径由6mm增至30～40mm。卵黄物质以同心圆的层次，形成深色卵黄（黄卵黄）和浅色卵黄（白卵黄）相间排列的卵黄结构（图12-23）。白卵黄含有较多的蛋白质；黄卵黄富含类脂物质。随着卵细胞内卵黄物质增多，体积变大，卵泡突向卵巢表面。此时卵泡仅由卵泡柄与卵巢相连。排卵前，卵细胞完成第一次减数分裂，排出第一极体，成为次级卵母细胞。随即进入第二次减数分裂中期。

排卵时，卵泡膜破裂，卵细胞进入输卵管内（图12-24）。此时输卵管漏斗部蠕动强烈，有助于接纳新排出的卵子。卵子进入输卵管后，借助输卵管肌肉的波状收缩，推卵前进。鸡蛋除蛋黄以外，还包括蛋白、蛋壳膜和蛋壳等，都是卵子在输卵管内向泄殖腔方向移动时，由输卵管分泌后附在卵黄外面形成的。

在接近漏斗部的输卵管部位，首先分泌一种黏胶状的蛋白，附在卵黄膜上。由于输卵管壁螺旋形黏膜皱褶的存在，使卵运行时旋转前进。这样就使附在卵上的黏胶状蛋白团，形成两条索状扭曲的卵系带（chalazae）附在卵的前端，卵系带可使卵黄在卵白中的位置固定。输卵管膨大部分

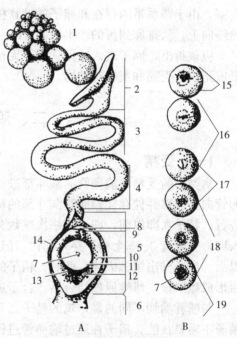

图12-24 鸡卵经输卵管的过程
A.鸡卵通过输卵管各部分 B.在输卵管各部时胚盘发育的情况，时间表示卵在输卵管各部停留的时间
1.卵巢 2.输卵管漏斗部 3.输卵管膨大部
4.输卵管狭窄部 5.子宫 6.阴道 7.胚盘
8.气室 9.内壳膜 10.稀蛋白 11.卵黄
12.卵带 13.浓蛋白 14.卵壳
15.精子入卵（1/3h） 16.精卵结合到第一次卵裂（3～4h） 17.第一次卵裂到8-细胞期（1h）
18.8-细胞期到胚盘形成（19h）
19.产出（几分钟）
（引自 Nelsen，杨增明 略修改，2002）

泌浓蛋白，包在卵的外面。在输卵管膨大部运行 3h 左右以后，卵进入输卵管峡部。输卵管峡部的腺体分泌一种黏性纤维，交织形成内、外壳膜。内壳膜很薄，约为 0.015mm，直接与卵白接触，也称为蛋白膜。外壳膜厚约 0.05mm，紧贴卵壳的内壁。在气室内，由空气将内外壳膜分开，而在其余部位内外壳膜则紧贴在一起。卵在狭部停留约 1h 然后进入子宫部。卵在子宫停留时，由子宫分泌的水和无机盐透过壳膜上的气孔渗入浓蛋白将其稀释，形成稀蛋白。卵在子宫内停留 18～20h，多孔的蛋壳以及蛋壳上的色素斑点，都在子宫内形成。鸡蛋完全形成后，很快产出体外。产蛋时，阴道经肛门外翻，所以在正常情况下，鸡蛋并不接触泄殖腔的内容物，不会受到污染。鸡蛋通过阴道时，蛋壳外覆盖一薄层胶质膜。蛋壳厚 0.2～0.4mm，由 3%～4% 的蛋白质和 94% 的碳酸钙组成，自内向外由 3 层组成：内层为乳头层，由小球形的碳酸钙晶体组成；中层为海绵层，约占卵壳的 2/3，壳的色素聚集于此层的外部；外层最薄，为一层油质层膜，由蛋白质和分散的脂肪球组成，可防止微生物入侵。卵壳上分布有约 7 500 个微细的气孔，这可使空气自由出入，对于胚胎发育极为重要。卵壳有一定的透明度，在一般光源照射下即可透视内部的变化。

鸡蛋产出后，温度下降，空气进入蛋内，在钝端的内、外壳膜之间逐渐形成腔隙，称为气室。由于卵系带的存在和卵子的动物极较植物极轻，因而卵可在蛋内转动，使胚珠或胚盘始终向上。从排卵到蛋的产出约需 24h。

应该指出，卵子进入输卵管后，无论受精与否，在输卵管向阴道的迁移过程中，都同样形成蛋白、壳膜和蛋壳等结构。

二、鸡胚的早期发育

（一）受精

禽类卵的受精在输卵管的漏斗部进行。由卵巢排出的卵子进入输卵管漏斗部时，与沿输卵管向上迁移并储存在输卵管漏斗部的精子相遇，发生受精。受精在卵子从卵巢排出后不久进行。精子入卵以前，卵子第一次减数分裂已经完成，处于第二次减数分裂中期。鸡为多精入卵，一般有 3～5 个精子穿入卵内，但只有一个形成雄原核，多余的精子退化。精子入卵以后，卵子排出第二极体。此时，精子的头部膨胀，形成雄原核。卵细胞核在排出第二极体后形成雌原核。雌雄原核结合后，合子进行第一次卵裂。

与哺乳动物不同的是，鸡的精子离开睾丸之前就具有使卵受精的能力，所以，受精之前精子不需要获能。精子在通过输卵管过程中，后者分泌 4 种蛋白质结合于精子表面，对精子在输卵管中的储存起保护作用。

（二）卵裂和囊胚形成

受精卵在输卵管内向外移动的同时，进行细胞分裂称为卵裂。鸡卵属于端黄卵，由于植物极的卵黄不能分裂，卵裂就集中在动物极一个小的圆盘状范围内，即胚盘处进行，故称为盘状卵裂。鸡受精卵的第一次卵裂，在排卵后 3～5h 发生，以后几次的卵裂方向基本上互相垂直，至第六次的卵裂开始不规则；中央的细胞分裂完全，而周围的细胞分裂不完全。由于卵裂集中在动物极范围内，随着卵裂进行，形成一个逐渐扩大的盘状结构，称为胚盘。胚盘的细胞位于卵黄表面；胚盘细胞与卵黄之间逐渐形成一个腔隙。由于此腔的腹面为卵黄，无卵裂球包围，特称为胚盘下腔，以区别于别的动物的囊胚腔。此期称为囊胚（blastula）（图

12-25)。

鸡的囊胚属于盘状囊胚。胚盘中央，由于囊胚腔的存在，颜色清亮称为明区；胚盘四周的细胞和卵黄直接接触，色暗称为暗区。胚盘随着卵裂进行而逐渐扩大，胚盘有5～6层细胞。这时面向胚盘下腔的细胞与胚盘分离，下落到胚盘下腔的卵黄表面。这些下陷的细胞逐渐形成一层细胞，称为下胚层。由于细胞的下落使得胚盘明区的细胞由多层变为单层，而胚盘暗区并不发生这种情况。这时胚盘下腔上部的细胞层称为上胚层。此时上胚层和下胚层之间的腔相当于囊胚

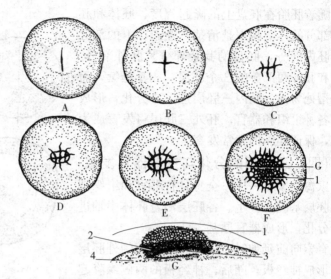

图 12-25 禽类卵裂和囊胚
A～F. 胚盘表面观 A. 第一次卵裂 B. 第二次卵裂 C. 第三次卵裂
D. 第四次卵裂 E. 第五次卵裂 F. 早期囊胚 G. 切线和囊胚断面
1. 胚盘 2. 连接带 3. 囊胚腔 4. 卵黄

腔。囊胚期的上胚层和下胚层不同于外胚层和内胚层。将来的三个胚层都由上胚层形成，而下胚层只形成卵黄囊等胚外结构。

（三）原肠胚形成

因卵在输卵管内停留的时间长短不同，鸡蛋产出时胚胎发育的程度存在差异，一般在囊胚晚期或原肠胚早期，鸡蛋产出体外，此时胚盘直径为3～5mm。

受精蛋产出体外后，温度降低导致鸡胚暂停发育，经过一定时间后胚胎死亡。在鸡胚死亡之前，创造一定的条件进行孵化，可使暂停发育的胚胎继续发育。如将鸡蛋孵化时，囊胚进一步发育，胚盘扩大，并在胚盘明区出现明显变化。首先胚盘明区的一端，由于细胞集中形成一个半月形的加厚区，以后细胞从明区后缘和两侧继续向中线移动，上述加厚区逐渐变长，在胚盘的中央形成了原条。原条的出现确定了胚体的方向，胚体将以原条为中轴进行发育。原来形成半月形加厚区的一端，为将来胚胎的尾端。

在原条形成的同时，半月形加厚区的一些细胞沉陷入深层，与由胚盘深层以分层方式分离出来的零散细胞共同形成内胚层。内胚层开始不完整，以后逐步形成完整的一层细胞。内胚层下面的腔，此时称为原肠腔。内胚层上面的细胞层称为外胚层，这时的胚体具有内外两个胚层，即称为原肠胚（图12-26）。

中胚层的发生开始于原条的形成，原条开始较短，以后逐渐变长。鸡胚孵化16h，原条中央凹陷形成原沟，两侧隆起形成原褶。原沟前方深陷后形成原窝，原窝周围的增厚突起部分称为原结（primitive node），也称为亨氏节。以后上胚层的细胞由原窝向内卷入后，向前伸到内、外胚层之间形成头突（head process），进而发育形成脊索。原条两侧的细胞向原条集中，并沿原沟卷入内外胚层之间，并向两侧扩展形成侧中胚层。

鸡胚孵化的第一天末，内、中、外3个胚层均已初步形成。在以后的发育过程中，随着脊索伸长，原条逐渐退缩直到原条消失，胚胎进入器官分化阶段。

随着胚胎在胚盘上的隆起程度，胚体和胚外两部分的界限越来越清楚。隆起在上的部分称为胚内部分，胚盘的其余部分称胚外部分。胚内和胚外两部分的3个胚层，相互延续，而以体褶处为界。胚内三胚层进一步分化，形成胚体各种组织和器官；胚外三胚层将发育成为胎膜，保证胚胎的正常发育。

（四）三胚层的分化与主要器官发生

家禽和家畜一样，全身各种器官和组织都在三胚层基础上发生。各胚层沿着胚体中轴进一步分化，形成器官原基。

脊索向前延伸时，诱导脊索上面的外胚层加厚形成神经板。随后，神经板的两侧缘隆起形成神经褶，中间凹陷形成神经沟。孵化24h后，神经褶在中线相遇融合围成神经管，原条也随之消失（图12-27）。神经管的形成奠定了神经系统的基础。其前部膨大，后部较细，将分别发育成脑和脊髓。神经管刚形成时，前端也出现分节现象，共有11节：前3节为前脑，4~5节为中脑，最后6节为菱脑。以后前脑分化为端脑和间脑；中脑背部分化为视叶，腹部分化为大脑脚；菱脑分化为后脑和末脑。在神经褶合并成神经管时，有部分神经褶细胞没有全部并入而留在神经管背部两侧，形成两条细胞带，以后分节成为细胞嵴，也称为神经嵴，将来参与脑和脊神经节的形成。

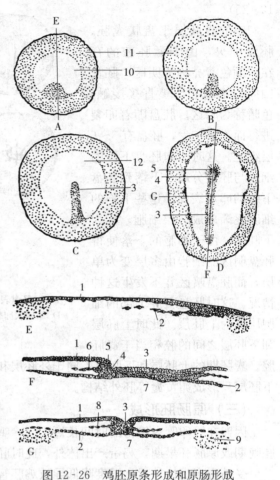

图12-26 鸡胚原条形成和原肠形成
A. 孵化3~4h B. 孵化7~8h C. 孵化10~12h
D. 孵化16h E. A图纵切 F. D图纵切
G. D图原条横切
1. 外胚层 2. 内胚层 3. 原条 4. 原窝 5. 原结
6. 脊索 7. 原肠 8. 中胚层 9. 卵黄 10. 明区
11. 暗区 12. 胚盘

在神经褶形成的同时，胚体前端出现体头褶。随着体头褶加深和头部的生长，胚体的头部首先从胚盘上隆突于胚盘水平线上。胚体两侧的体侧褶和体尾褶相继出现，使胚体逐渐完全从胚盘上独立出来的时候，内胚层突入头部形成前肠，其后端的开口为前肠门。由于前肠门两边边缘不断向中央集中，使前肠门逐步向后移而加长前肠。后肠的形成并不是伴随尾褶的出现而出现，而是由尾芽组织中产生一个囊状结构，向前开口于中肠。当前肠门和后肠门相互靠近时，最后汇合形成一圆口，即鸡胚体脐带的接口处。中肠开始一直与卵黄囊相连通。当卵黄囊向内收缩，体壁封闭时，中肠才闭合。

位于脊索两旁的中胚层进一步分化成为轴旁中胚层、侧中胚层和间介中胚层。上段中胚层靠近胚体中轴，又称为轴中胚层。随着脊索向前延伸，轴中胚层也开始逐渐由前向后，形成对称的体节。孵化21h后，第一对体节出现，孵化84h后，体节已达43~44对。

随着体节的出现，侧中胚层分为靠近外胚层的体壁中胚层和靠近内胚层的脏壁中胚层。体壁中胚层和脏壁中胚层之间的裂隙称为体腔。间介中胚层既不分节，也不分层，以后形成泌尿生殖器官原基。还需指出的是鸡的右侧卵巢和输卵管在胚胎期退化，只有左侧卵巢和输卵管正常发育，具有生殖功能。迄今所知，孵化后期左侧卵巢分泌的雌激素妨碍右侧生殖器官的发育。位于前肠门附近的体腔则成为围心腔，由该处的脏壁中胚层分出一些间叶细胞形成心内膜管。当前肠门向后移动时，两侧心内膜管和围心腔相互靠近，在新形成的消化道的腹面相遇而成为心脏。

胚内血管与心脏形成是同步进行的。与心脏相连的大血管是由心脏内膜向外延伸而成。也可能由间叶细胞在原位形成血管，以后彼此相连构成胚内血管。鸡胚在孵育26～29h时，伸入到暗区的中胚层聚集成团，形成血岛。位于血岛四周的细胞分化为血管内皮，血岛内部的细胞分化为血细胞，二者彼此联合形成血管网。这些血管网再汇合形成大的血管，并与胚内卵黄动脉和卵黄静脉相连，构成完整的卵黄循环系统。

（五）鸡胚发育分期

胚胎学家将鸡胚发育过程划分为若干时期，现在广泛采用两个发育时期表：一是Eyal-Giladi和Kochav（1976）主要根据受精卵在母体内发育的情况而制定的，共分14期，均以罗马字母Ⅰ～ⅩⅣ表示（表12-5）；二是Hamburger和Hamilton（1951）将初产的受精卵到孵育21d出雏为止，共分46期，均以阿拉伯字1～46表示（表12-6）。

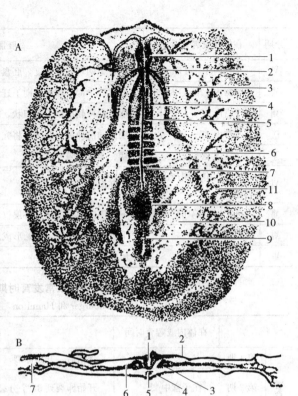

图12-27　鸡胚孵化24h整装观
A. 背面观
1. 脑　2. 前肠　3. 前肠门　4. 神经褶　5. 神经沟
6. 第4对体节　7. 脊索　8. 原结　9. 原条
10. 明区　11. 血管区
B. 过第4对体节横切面
1. 神经沟　2. 外胚层　3. 体节　4. 内胚层　5. 脊索
6. 中段中胚层　7. 胚外体腔

表12-5　鸡胚正常发育时期表（从卵裂到原条期）

（Eyal-Giladi和Kochav，1976；张天荫，1996）

分期	在体内或孵育时间	胚胎特征	备 注
Ⅰ		2～12个分裂球，卵裂不同步	第一阶段卵裂期
Ⅱ	子宫内2h	14～16个分裂球，未见横分裂沟	第一阶段卵裂期
Ⅲ	子宫内3～4h	胚盘上层80～90个分裂球，下层10～16个分裂球	第一阶段卵裂期
Ⅳ	子宫内5h	胚盘上层250～300个分裂球，下层80～90个分裂球，产生胚下腔	第一阶段卵裂期
Ⅴ	子宫内8～9h	上、下层分裂球呈圆形，数量增多，胚下腔向四周扩大	第一阶段卵裂期

(续)

分期	在体内或孵育时间	胚胎特征	备 注
VI	子宫内 10～11h	上、下两层同样厚度，胚盘形成	第一阶段卵裂期
VII	子宫内 12～14h	胚盘后半部下层细胞向下迁移，胚盘后半部透明，明区初显	第二阶段明区形成
VIII	子宫内 15～17h	明区向两侧扩展呈镰刀状，暗区初显	第二阶段明区形成
IX	子宫内 17～19h	明区向前伸展，明区即将完成，明、暗区界限尚不明显	第二阶段明区形成
X	子宫内 20h	明、暗区界限明显	第二阶段明区形成
XI	即将产出或刚产出的鸡卵	下胚层开始形成	第三阶段下胚层形成
XII	已产出的鸡卵	下胚层向前推进，下胚层仅在上胚层后半部（原条前期）	
XIII	起始孵育	下胚层完全形成，开始形成原条	
XIV	孵育 6～7h	原条早期	

表 12-6 鸡胚正常发育时期表（从产卵前到产雏）

(Hamburger 和 Hamilton, 1951; 张天荫, 1996)

	分 期	在体内或孵育时间	胚胎特征	备 注
孵育前	第1期		受精后，开始卵裂	
	第2期	在子宫中 2h	开始卵裂到 32 个分裂球（卵裂早期）	相当于 Eyal-Giladi 和 Kochav I、II 期
	第3期	在子宫中 20h 后到产卵前	卵裂晚期到开始形成下胚层	相当于 Eyal-Giladi 和 Kochav X、XI 期
孵育后	第1期	开始孵育	胚盘后部细胞层加厚，出现"胚盾"	相当于 Eyal-Giladi 和 Kochav XII、XIII 期
	第2期	孵育 6～7h	在胚盘后部形成锥形的原条（原条早期）	相当于 Eyal-Giladi 和 Kochav XIV 期
	第3期	12～13h	原条向前伸至胚盘中央，原沟未出现（原条中期）	
	第4期	18～19h	原条完成，并形成原沟、原窝和原结（原条后期）	
	第5期	19～22h	出现头突（头突期）	
	第6期	23～25h	在脊索前出现头褶（头褶期）	
	第7期	23～26h	第一对体节出现，开始形成神经褶	
	第8期	26～29h	4 对体节，出现血岛	
	第9期	29～33h	7 对体节，出现眼泡	
	第10期	33～38h	10 对体节，心脏开始向右弯曲，形成 3 个脑泡	
	第11期	40～45h	13 对体节，眼泡明显分出。心脏向右弯曲，突出于胚体外	第一对体节消失，以后计数可少计 1 对
	第12期	45～49h	16 对体节，头转向右，听窝出现，心脏成 S 形	
	第13期	48～52h	19 对体节，头曲和颈曲明显，羊膜头褶边缘已达到后脑的前部	
	第14期	50～53h	22 对体节，胚体转到 7～9 对体节，第一至二对鳃弓和鳃裂出现	

第十二章 畜禽胚胎学

(续)

分　期		在体内或孵育时间	胚胎特征	备　注
孵育后	第15期	50~55h	24~27对体节，第三对鳃弓和鳃裂出现，肢芽原基出现	
	第16期	53~56h	26~28对体节，前肢芽为嵴状，后肢芽扁平，尾芽从胚盘后端突出	
	第17期	52~64h	29~32对体节，肢芽明显，形成脑上腺	
	第18期	孵育3d	33~36对体节，尿囊出现，尾芽呈90°弯曲，羊膜完全封闭	
	第19期	3~3.5d	37~40对体节，第四对鳃裂出现，胚体开始完全左侧卧于卵黄上	
	第20期	3.5d	40~43对体节，尿囊为泡状，眼出现黑色素，后肢芽明显大于前肢芽	
	第21期	3.5d	43~44对体节，脑端弯到前肢下方几乎与尿囊接触，第四对鳃弓明显	
	第22期	4d	体节到尾端，眼呈淡黑色	
	第23期	4d	肢芽长和宽大致相等	
	第24期	4.5d	肢芽长比宽略长，后肢芽前端开始出现趾板	
	第25期	4.5~5d	肘和膝关节出现，前肢芽出现指板	
	第26期	5d	指板和趾板上有指(趾)痕，第三和第四对鳃弓和鳃裂已经消失	
	第27期	5~5.5d	指(趾)痕明显，喙已微露	
	第28期	5.5~6d	喙突出现，前指3个，后趾4个	
	第29期	6~6.5d	喙突明显，指(趾)之间有浅沟，将指(趾)明显分开	
	第30期	6.5~7d	肘和膝曲出现，羽原基出现，喙突更突出	
	第31期	7~7.5d	股部出现羽原基，眼出现6个巩膜突起	
	第32期	7.5d	第五趾消失，巩膜突起增至8个，羽原基扩大到肩胛	
	第33期	7.5~8d	13个巩膜突起，尾部出现3个羽原基	
	第34期	8d	13~14个巩膜突起，羽原基几乎遍及头、背、胸、腹等部	
	第35期	8.5~9d	指间蹼不明显，趾节明显，前肢接近成体翼，眼睑明显	
	第36期	10d	眼睑周围变为椭圆形，鸡冠初显，前肢外形上成为真正的翼	
	第37期	11d	冠齿出现，下眼睑已覆盖角膜1/3~1/2	
	第38期	12d	后肢蹠部和趾部出现鳞片，上、下眼睑靠近	
	第39期	13d	喙长约3.5mm，上、下眼睑靠近成翼月牙形眼缝	
	第40期	14d	喙长约4.0mm，中趾长12.5~13mm	
	第41期	15d	喙长约4.5mm，中趾长14.5~15mm，上下眼睑合拢，眼紧闭	

(续)

分期		在体内或孵育时间	胚胎特征	备注
孵育后	第42期	16d	喙长约4.8mm,中趾长16.5~17mm	
	第43期	17d	喙长约5.0mm,中趾长18.5~19mm	
	第44期	18d	喙长约5.7mm,中趾长20.5~21mm,卵齿锐利坚硬	
	第45期	19~20d	喙由于表层组织脱落而发亮,卵黄囊被吸入一半	
	第46期	20~21d	初生雏	

注:孵化温度38℃。

三、胎膜的形成及生理作用

家禽的胚胎发育主要在体外孵化过程中进行。禽蛋含有丰富的卵黄和蛋白营养物质,供胚胎发育利用。胚胎对营养物质的吸收、氧和二氧化碳的气体交换、代谢废物的排泄和储藏等都需要有专门的胎膜结构辅助完成。

鸡的胎膜有4种:卵黄囊、羊膜、浆膜和尿囊。4种胎膜先后发生,逐渐完善。胎膜不仅是胚胎发育的营养、呼吸、排泄和保护的重要结构,也是禽蛋孵化期间,用以鉴定胚胎发育状况的重要依据。

(一)卵黄囊

卵黄囊的形成与消化道的建立是密切相连的。随着胚体从胚盘上隆起而独立出来,胚内和胚外两部分逐渐分开。由于体褶的缢缩,原肠也分成胚内和胚外两部分。胚内部分仍为原肠,胚外部分即称为卵黄囊。卵黄囊壁与原肠壁胚层结构相同,由内胚层和脏壁中胚层紧密结合构成,因此可把卵黄囊看作消化道的延伸部分。卵黄囊开始并非完整的囊,恰似一个倒置而生长迅速的漏斗,将卵黄逐渐包入其内,直到胚胎发育后期,最后将卵黄完全包围。

鸡胚孵化发育24h以后,卵黄囊脏壁中胚层细胞开始形成血岛(blood island),继而形成原始血管网。卵黄囊血管网逐渐和体内心血管相连,构成卵黄囊血液循环。卵黄囊血液循环的建立,为扩大利用卵黄营养和进行气体交换创造了条件。在孵化初期,卵黄囊内的卵黄,因吸收蛋白内的水分逐渐稀释,体积变大。孵化第7~8天时,卵黄达到最大重量。此时的卵黄重量比鲜蛋卵黄重增加70%左右。随着卵黄囊血管区的扩大和皱襞的发展,胚胎对卵黄的吸收利用加快。由于卵黄物质被吸收和卵黄内的水分减少,卵黄重量又逐渐减少,直到孵出以前,卵黄囊连同剩余的卵黄,经脐部收入腹腔。进入腹腔的卵黄,作为胚胎营养的延续,为雏鸡利用。出雏时尚有卵黄5~6g,直到孵出7日龄后,雏鸡卵黄囊内的卵黄才被完全用尽。此后,卵黄囊残留在小肠壁上成为一个小突起,称为卵黄囊憩室或卵黄囊柄。

卵黄的吸收主要是通过卵黄囊壁细胞的活动实现的。卵黄囊壁内胚层细胞产生消化酶,将卵黄改变成液体状态,通过囊壁吸收,进入卵黄囊血液循环,运至胚胎体内。在卵黄囊进入腹腔时,部分卵黄可被挤入肠内,为肠管直接消化利用。

(二)羊膜和浆膜

羊膜和浆膜(serosa)是同时发生的两种胎膜。鸡在孵化第2天,胚外的外胚层和体壁中胚层向胚体上方褶起,形成羊膜褶。羊膜头褶首先出现,羊膜侧褶和尾褶相继发生。到孵化第3天，羊膜褶在胚体背部会合，形成囊状的羊膜，包围胚胎。羊膜褶会合处的外缘发育为浆膜。浆膜迅速生长发展，最初在蛋白内面，随着蛋白浓缩和减少，浆膜直接与壳膜接触，并将其余胎膜都包围在内。浆膜和羊膜的会合连接处称为浆羊膜缝（图12-28、图12-29）。浆膜与羊膜之间的腔隙称为浆羊膜腔，属于胚外体腔的一部分。

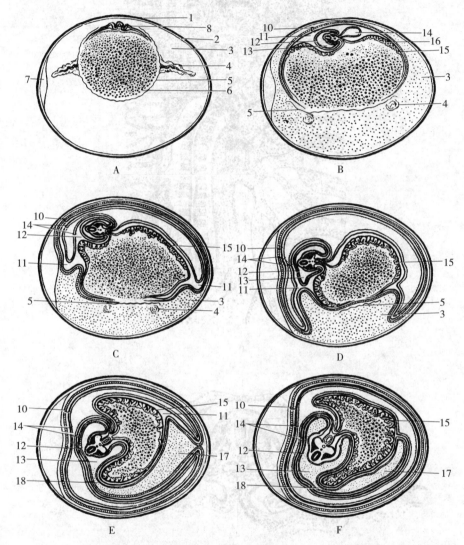

图12-28 鸡胚胎膜形成（鸡胚横切，A～F示顺序）
1. 蛋壳 2. 壳膜 3. 蛋白 4. 系带 5. 卵黄膜 6. 卵黄 7. 气室 8. 胚体横切
9. 羊膜侧褶 10. 浆膜 11. 浆羊膜腔 12. 羊膜 13. 羊膜腔 14. 尿囊 15. 卵黄囊
16. 卵黄囊血管 17. 蛋白囊 18. 浆羊膜道

羊膜壁由胚外外胚层（在内）和体壁中胚层（在外）构成。羊膜的外胚层上皮为多边形扁平细胞，可分泌羊水。羊膜壁上有平滑肌纤维，肌纤维的节律性收缩，使胚胎在羊水中浮动，这种浮动现象，在鸡胚孵化7～8d时最为明显。羊水充满羊膜腔，鸡胚在羊水中发育。此发育环境对防止组织脱水，防止温度突然变化和缓冲机械冲击免受损害，有利于胚胎正常发育。无羊膜鸡胚，孵化期间必然死亡。

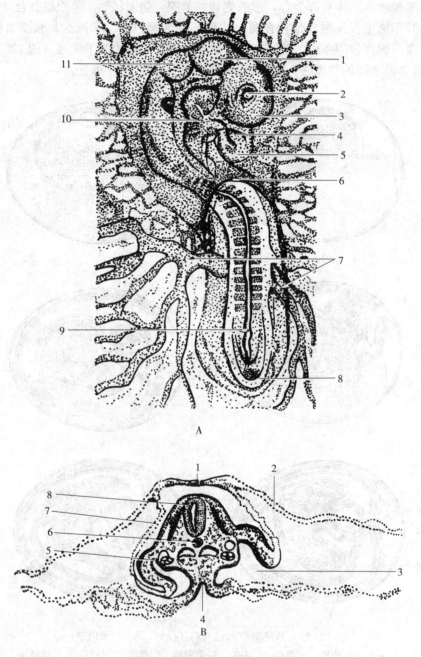

图 12-29 鸡胚孵化 48h 整装背面观
A. 背面观
1. 中脑 2. 晶状体泡 3. 前脑 4. 心房 5. 心室 6. 羊膜头褶
7. 卵黄囊血管 8. 尾褶 9. 神经管 10. 鳃裂 11. 后脑
B. 过胚体后部横切
1. 浆羊膜缝 2. 浆膜 3. 体腔 4. 中肠 5. 中肾管 6. 脊索 7. 羊膜 8. 神经管

浆膜的胚层结构与羊膜相同，但位置相反。浆膜的外胚层在外，体壁中胚层在内，两者紧密结合。浆膜外胚层上皮分化成类似肺泡状的呼吸上皮，在尿囊和浆膜接触以后，共同执行重要的呼吸功能。

（三）尿囊

鸡胚孵化第 3 天末，由后肠壁的腹侧向外伸出一囊，这是尿囊形成的开始。尿囊向胚外体腔迅速发展，第 5 天接触浆膜，形成尿囊浆膜。尿囊进一步扩展，占据整个胚外体腔，包住羊膜和卵黄囊，在羊膜外构成包围胚胎的第二个含有液体的囊腔。

蛋白在孵化初期包在蛋黄之外。由于水分渗入蛋黄，蛋白逐渐浓缩，体积变小，位于鸡蛋的一侧。随着胚胎和尿囊浆膜的发育，逐渐浓缩的蛋白移向蛋的锐端。在鸡胚孵化第 11 天左右，位于锐端的蛋白被尿囊浆膜完全包围，形成蛋白囊（albumen sac）。在鸡胚孵化第 12～13 天时，浆羊膜缝处出现裂隙，形成浆羊膜道。这一管道连通蛋白囊和羊膜腔。此后，蛋白囊内的浓稠蛋白经浆羊膜道流入羊膜腔内，混成蛋白羊水，为鸡胚吞食。鸡胚吞食蛋白羊水，被胃肠直接消化吸收，开始了鸡胚孵出前的胃肠营养时期。经过 4～5d，蛋白囊内的蛋白全部流入羊膜腔内，很快为鸡胚吞食完毕。

从发生看，尿囊的胚层结构和位置关系与卵黄囊相同，脏壁中胚层在外，内胚层在内，在尿囊和浆膜接触并融合成尿囊浆膜后，中胚层发生形成大量血管。尿囊浆膜血管网经尿囊动静脉和胚体血管连通，构成尿囊循环。在多孔的蛋壳和蛋膜之内的尿囊浆膜血管网通过血管壁吸收氧、排出二氧化碳，具有强盛的气体交换功能。尿囊浆膜的呼吸功能，从形成开始直到雏鸡孵出以前（肺呼吸发生之前）一直发挥作用。因而尿囊浆膜是胚胎发育期间的重要呼吸结构。

尿囊腔内储有尿囊液。因而尿囊又是重要的排泄储存器官。早期胚胎排出的蛋白质代谢产物以尿素为主。在中、晚期胚胎，尿酸排出增多，难以溶解的尿酸存积在尿囊腔内。当雏鸡孵出时，细的尿囊柄断开，尿囊浆膜及其囊内排泄物全部遗弃于壳内。

囊内浆膜在与蛋白接触时，特别是蛋白囊形成时，也有吸收蛋白的作用。胚胎对蛋白的利用，早在孵化第 5 天就能在胚胎血液和羊水中显现出来。

（陈正礼）

主要参考文献

陈海英. 2009. 组织学与胚胎学[M]. 北京：人民卫生出版社.
陈耀星. 2005. 畜禽解剖学[M]. 北京：中国农业大学出版社.
董常生. 2001. 家畜解剖学[M]. 3版. 北京：中国农业出版社.
范光丽. 1995. 家禽解剖学[M]. 西安：陕西科学技术出版社.
高英茂. 2006. 组织学与胚胎学彩色图谱和纲要[M]. 北京：科学出版社.
林大诚. 1994. 北京鸭解剖[M]. 北京：北京农业大学出版社.
马仲华. 2002. 家畜解剖学及组织胚胎学[M]. 北京：中国农业出版社.
南京农学院等. 1984. 拉·汉兽医解剖学名词[M]. 长沙：湖南科学技术出版社.
彭克美. 2009. 动物组织学与胚胎学[M]. 北京：高等教育出版社.
沈和湘. 1997. 畜禽系统解剖学[M]. 合肥：安徽科学技术出版社.
沈霞芬. 2007. 家畜组织学与胚胎学[M]. 3版. 北京：中国农业出版社.
杨维泰. 1998. 家畜解剖学[M]. 北京：中国科学技术出版社.
张立教. 1984. 猪的解剖组织[M]. 2版. 北京：科学出版社.
Evans H E. 1993. Miller's anatomy of the d09[M]. 3rd ed. London：W. B. Saunders Company Philadelphia.
Popesko P. 1985. Atlas of topographical anatomy of the domestic animals[M]. London：W. B. Saunders Company Philadelphia.

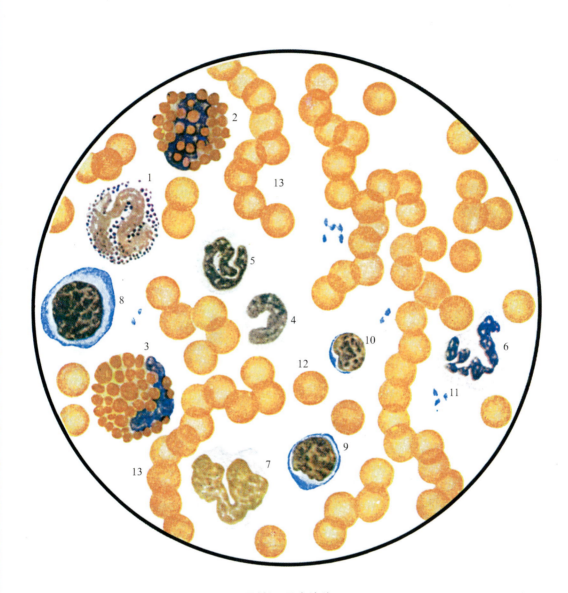

图版1 马血涂片

1.嗜碱性粒细胞 2、3.嗜酸性粒细胞 4.幼稚型嗜中性粒细胞 5.杆状核型嗜中性粒细胞 6.分叶核型嗜中性粒细胞 7.单核细胞 8.大淋巴细胞 9.中淋巴细胞 10.小淋巴细胞 11.血小板 12.单独的红细胞 13.串状红细胞

图版2 骆驼血涂片

1.分叶核型嗜碱性粒细胞 2.病理形态杆状核型嗜酸性粒细胞 3.分叶核型嗜酸性粒细胞 4.幼稚核型嗜中性粒细胞 5.杆状核型嗜中性粒细胞 6.分叶核型嗜中性粒细胞 7.单核细胞 8.大淋巴细胞 9.中淋巴细胞 10.小淋巴细胞 11.血小板 12.红细胞 13.有核红细胞

图版3 猪血涂片

1. 嗜碱性粒细胞　2. 幼稚型嗜酸性粒细胞　3. 分叶核型嗜酸性粒细胞　4. 幼稚型嗜中性粒细胞
5. 杆状核型嗜中性粒细胞　6. 分叶核型嗜中性粒细胞　7. 单核细胞　8. 大淋巴细胞　9. 中淋巴细胞
10. 小淋巴细胞　11. 浆细胞　12. 血小板　13. 红细胞

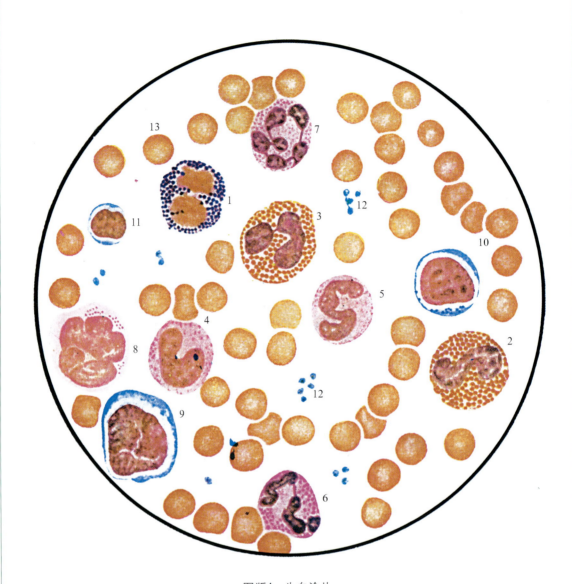

图版4 牛血涂片
1. 分叶核型嗜碱性粒细胞 2. 杆状核型嗜酸性粒细胞 3. 分叶核型嗜酸性粒细胞 4. 幼稚型嗜中性粒细胞 5. 杆状核型嗜中性粒细胞 6、7. 分叶核型嗜中性粒细胞 8. 单核细胞 9. 大淋巴细胞 10. 中淋巴细胞 11. 小淋巴细胞 12. 血小板 13. 红细胞

图版5 水牛血涂片
1.红细胞 2.嗜碱性粒细胞 3.嗜酸性粒细胞 4.嗜中性粒细胞 5.杆状核型嗜中性粒细胞
6.分叶核型嗜中性粒细胞 7.单核细胞 8.大淋巴细胞 9.中淋巴细胞
10.小淋巴细胞 11.血小板

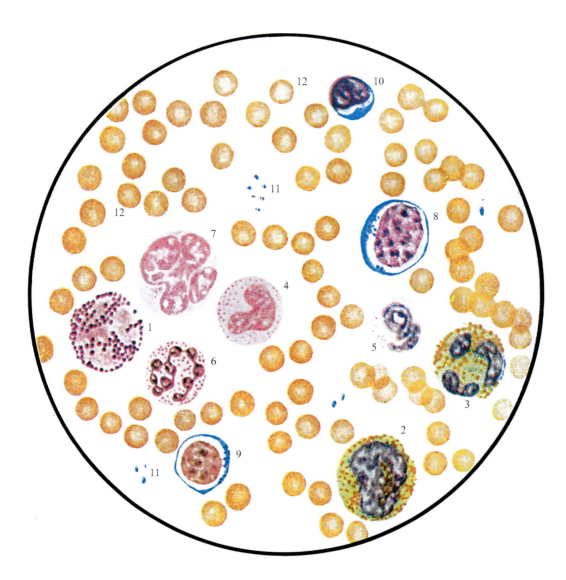

图版6　绵羊血涂片
1.嗜碱性粒细胞　2.杆状核型嗜酸性粒细胞　3.分叶核型嗜酸性粒细胞　4.幼稚型嗜中性粒细胞
5.杆状核型嗜中性粒细胞　6.分叶核型嗜中性粒细胞　7.单核细胞　8.大淋巴细胞　9.中淋巴细胞
10.小淋巴细胞　11.血小板　12.红细胞

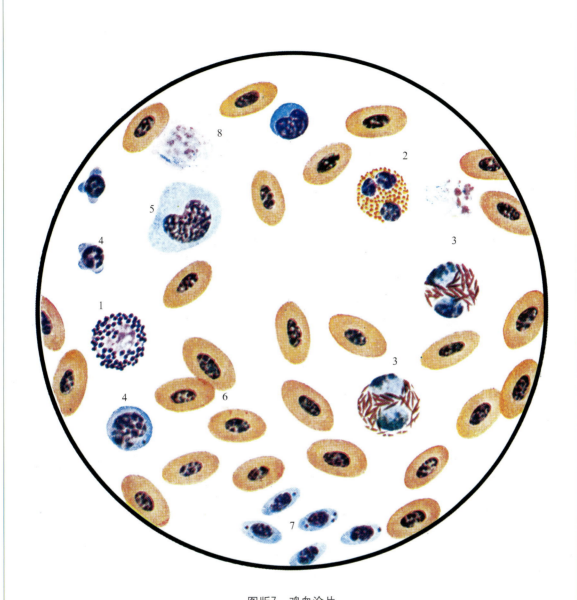

图版7 鸡血涂片
1.嗜碱性粒细胞 2.嗜酸性粒细胞 3.嗜中性粒细胞 4.淋巴细胞 5.单核细胞 6.红细胞
7.血小板 8.核的残余

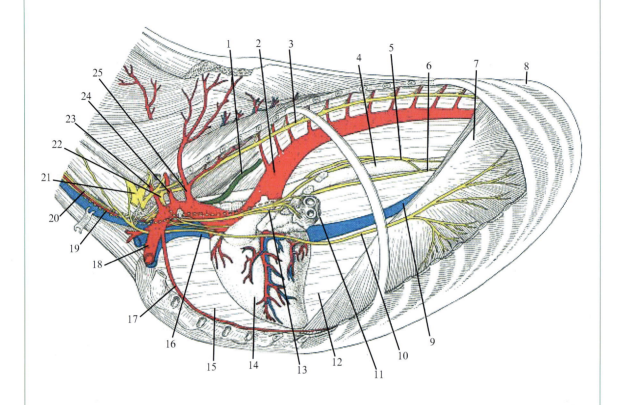

图版8 马胸腔解剖（左侧）

1.胸导管 2.主动脉 3.胸交感干 4.食管 5.食管背侧干 6.食管腹侧干 7.膈 8.第18肋骨
9.后腔静脉 10.膈神经 11.肺根 12.心后纵隔 13.返回神经
14.右心室 15.心前纵隔 16.前腔静脉 17.胸内动脉 18.腋动脉
19.颈总动脉 20.迷走交感干 21.臂神经丛 22.星状神经节 23.椎动脉
24.颈深动脉 25.肋颈动脉